U0178521

WUHU GUDAI CHENGSHI YU JIANZHU

芜湖古代城市与建筑

葛立三　葛立诚◆著

安徽师范大学出版社
ANHUI NORMAL UNIVERSITY PRESS
·芜湖·

图书在版编目(CIP)数据

芜湖古代城市与建筑 / 葛立三，葛立诚著. — 芜湖 : 安徽师范大学出版社，2020.12
ISBN 978-7-5676-4123-5

Ⅰ. ①芜… Ⅱ. ①葛… ②葛… Ⅲ. ①古城 – 保护 – 芜湖 Ⅳ. ①TU984.254.3

中国版本图书馆CIP数据核字（2019）第100641号

芜湖古代城市与建筑　　葛立三　葛立诚◎著
WUHU GUDAI CHENGSHI YU JIANZHU

总 策 划:张奇才
责任编辑:祝凤霞
责任校对:彭　敏
装帧设计:丁奕奕
责任印制:桑国磊
出版发行:安徽师范大学出版社
芜湖市北京东路1号安徽师范大学赭山校区　邮政编码:241002
网　　址:http://www.ahnupress.com/
发 行 部:0553-3883578　5910327　5910310(传真)
印　　刷:浙江新华数码印务有限公司
版　　次:2020年12月第1版
印　　次:2020年12月第1次印刷
规　　格:880 mm × 1230 mm　1/16
印　　张:15.5
字　　数:416千字
书　　号:ISBN 978-7-5676-4123-5
定　　价:280.00元

葛立三，1939年生，安徽滁州人。1962年毕业于南京工学院（现东南大学）建筑系。高级建筑师，国家一级注册建筑师，注册城市规划师。1999年退休于芜湖市规划设计研究院（2009年改制，现名为“中铁城市规划设计研究院”），退休后被返聘为该院顾问总工程师，直到2016年12月底。2013—2016年被安徽师范大学聘任为兼职教授。已公开发表学术论文十余篇，1993年与他人合著《中国近代城市与建筑》，2019年出版专著《芜湖近代城市与建筑》。

葛立诚，1945年生，安徽滁州人。1966年毕业于安徽大学物理系。毕业后在辽宁抚顺化工企业从事仪表自动化、计算机管理和过程控制方面的技术工作，1992年晋升为教授、研究员级高级工程师，2002年以后从事DCS计算机集散管理系统的应用研究。曾任抚顺炭黑厂厂长。主持研制的国内炭黑行业第一套计算机过程控制系统，获化工部科技司鉴定，被国家科学技术委员会评为“国家科技成果”。在国内有关刊物上发表论文数十篇。2019年协助胞兄葛立三出版专著《芜湖近代城市与建筑》。

序　言

本书作者葛立三君长期致力于我国城市建设与规划工作，1999年退休后，继续发挥余热。首先整理了历年积累的心得体验，撰成《芜湖近代城市与建筑》一书，博得好评。随后又对芜湖古代城市和建筑的嬗变与发展进行多方面研究，并实地考察、收集资料，再次精心撰写了目前这部新著。作者并非专攻历史考古和古代建筑的学者，在一年内竟出此硕果，实属罕见，令人不胜钦佩！广大读者通过该书介绍，得知芜湖地区自原始社会迄今的五千年间，城市和建筑演绎进化的过程和成就，受益良多。同时，该书也给大家提供了一个问题：面对历代祖先艰苦奋斗创造的辉煌，当今我们这些新中国的后继者，应当再做些什么？

我国传统建筑在世界古文明中占有突出地位，它的整个体系，从规划构思、设计准则，到具体的材料使用、结构形制、外观造型等诸多方面，都强烈体现了中华民族意识和地方风貌，创建了许多举世闻名的杰作。它有别于世界其他地域的建筑文化，也影响了东方诸多的近邦邻国，然而出于自然和人为的诸多负面因素，以及缺乏科学的保护意识和手段，致使大量辉煌成果遭受破坏甚至荡然无存。这不仅是中国，也是世界古文化的巨大损失！这种情况直到20世纪30年代才渐有改观，而真正取得实质改变则是在新中国成立以后。

此破坏性影响带来的一个重大危害，就是使人民大众对传统建筑的发展和成就，产生不连贯和不完整的认识，这就大大削弱了传统建筑的光辉和价值。然而，改善这一情况十分困难，必须通过大量人力物力，进行超长期的挖掘和研讨。旧中国在这方面是无力的，新中国成立后国家对该项工作的全面开展获得巨大成果。当前科学技术更为进步，祖国的人力物力也更加丰厚，新的胜利自当“指日可待”。然而开展该项工作最关键的是人，不但需要大量专业人才，也需要更多非专业人员参与。作为光荣的中华儿女，面对自身的优秀传统文化，大家都应当义不容辞地站出来，从各方面采用不同的方式，参与到这一振兴与发扬中华优秀传统文化的实际行动中来，就像葛立三君那样，贡献自己尽可能多的光和热，除了做一名尊崇祖先的贤后代，更要做一位永志华夏的爱国人。

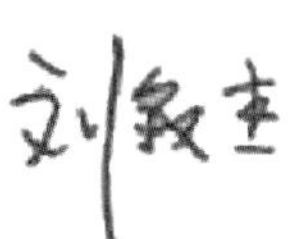

二〇一九年十一月十六日志于南京东南大学校舍

目 录

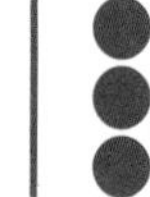

第一章　中国古代城市的起源与变迁

一、城市的概念与城市的起源

1. 城、市与城市的概念

“城”的本意，是“古代建在居民聚集地四周用来防守的高大围墙”[①]，即指城墙。城一般有两重，里面的称“城”，外面的称“郭”。《管子·度地》载：“内为之城，城外为之郭。”《轩辕本纪》《黄帝内经》《世本·作篇》《吴越春秋》等古籍有“黄帝筑城”“鲧作城郭”“鲧筑城以卫君，造郭以守民，此城郭之始也”的记载。这都说明我国古代城墙起源于原始社会的后期。古代“城”有两个概念：一是既指城墙又指城墙以内的地方，二是指“国”。“周代，国字即或字，或字象形以戈守土，国与土义同，国象形，土象意，故国与城意义也同”[②]。如《周礼·考工记》就有“匠人营国”的记载，这里的“营国”就是“筑城”。“城”和周边的领地代表一个国家。这里说的“城”即“城郭”，与“城市”是两回事。可以说，“城”的性质是奴隶制国家的统治据点。城墙的起源比城市早得多，我国古代的城墙最早出现于6000年前，世界历史上的城墙早在8000年前的埃及就出现了[③]。

“市”是集中做买卖的场所，开始时是物物交换、以物换物，货币产生后就成为货物交易的市场。《周易·系辞》：“日中为市，致天下之民，聚天下之货，交易而退，各得其所。”这样的“市”与“城市”自然也是两回事，因为它并不具备城市的基本形态。我国的市最早出现于何时说法诸多，尚无定论。除了史籍根据传说作的一

①《现代汉语词典》，北京：光明日报出版社2012年版，第45页。

② 董鉴泓：《中国城市建设史》，北京：中国建筑工业出版社2004年版，第14页。

③ 马正林：《中国城市历史地理》，济南：山东教育出版社1998年版，第53页。

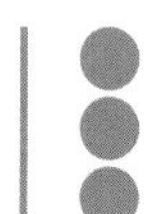

些记载，有“神农氏日中为市”等说法以外，主要有夏代起源说和商代起源说两种说法。就目前已知的史料和出土文物来说，商代起源说的理由似乎更充分一些[①]。

“城市”的概念比城市的实体出现得晚。也就是说，城市兴起在前，概念形成在后。从史籍记载中可见，最早出现“城市”名称是在战国时期：《战国策·齐策五》载，“通都小县，置社有市之邑”；《战国策·赵策一》载，赵曾割“城市邑十七”；《资治通鉴·周赧王五十三年》载，韩愿献赵“城市邑十七”。以上“置社有市之邑”指的就是“城市”，而“城市邑”直接用了“城市”一词。《韩非子·爱臣》更是明确使用了城市的概念：“大臣之禄虽大，不得藉威城市。”尽管《诗·鄘风·定之方中》记载了春秋时卫“文公徙居楚丘，始建城市而营宫室”的事，但这里所言是筑城、立市、营宫室这个城市建筑的过程，并非指城市这一特殊地理实体[②]。现今给“城市”下的定义是：“工商业、交通运输都比较发达，非农业人口较集中的地方，通常是周围地区的政治、经济、文化中心。”[③]更简单的城市定义是“人口密集、工商业发达的地方”[④]。可见“人口密集”和“工商业发达”是城市的两个要义，缺一都不能称为城市。中国早期的城市，都是在城内或城的附近设市以后才产生的。从行政管理和军事防御需要出发，都筑有城墙，中外古城皆如此。

本书中“古城”的概念既可指“古代的城”，也可作为“古代城市”的缩写，用在不同的地方有不同的含义。

2. 城市的起源

人类聚居的形式有两次大的变化。第一次大的变化是从巢居和穴居到固定居民点的形成。伴随着人类第一次劳动大分工，农业从采集业中分离出来，从根本没有聚落到出现半永久性的农牧业村舍，然后过渡到定居的乡村聚落。到新石器时代的后期，随着农业成为主要的生产方式，固定的居民点就逐渐产生了。第二次大的变化就是城和市的出现。伴随着人类第二次和第三次劳动大分工，手工业与商业从农业中分离出来，手工业品与农牧产品需要交换，集市开始形成。其后又出现了以直接的交换为目的的商品生产，而不从事生产只从事产品交换的商人阶层也出现了，于是早期城市便产生了。

综上可见，城市不是自古就有的，它是社会经济发展到一定阶段的必然产物，是人类文明发展的结果。人类文明的四大标志是：城市的出现、文字的产生、金属的使用和礼仪中心的建立。城市是人类文明的四大标志之一，文明以前的人类称之为史前人类，其时只有聚落，没有城市。从考古发现的一些史前人类遗址中，既没有发现文字，也没有发现金属制品，只有石器、骨器和陶器，更没有发现礼仪中心。所以这些遗址，只能说是乡村聚落，而不能说是城市聚落。

与世界文明发源地一致，世界上最早的真正意义上的古代早期城市出现在美索不达米亚平原（即两河流域）、尼罗河中下游地区、印度河流域、黄河流域、中美洲和南美洲等几个主要城市起源区。

从外国城市建设史可知：公元前4000年前后在两河流域（幼发拉底河和底格里斯河）平原上建立的埃及斯、乌鲁克、乌尔等城市，公元前3500年前后在古埃及出现的梅里姆达、孟菲斯、阿玛纳等城市，公元前3000年前后在印度河流

① 余鑫炎：《中国商业史》，北京：中国商业出版社1987年版，第16页。
② 马正林：《中国城市历史地理》，济南：山东教育出版社1998年版，第20–21页。
③《现代汉语词典》，北京：光明日报出版社2012年版，第45页。
④《辞源》，北京：商务印书馆1988年版，第326页。

域兴起的哈拉巴、摩亨佐·达罗等城市，以及出现时间相对要晚得多的中美洲的迪奥狄华肯（距现在的墨西哥48千米）和南美洲的蒂亚瓦纳科（玻利维亚与秘鲁交界处）等城市都很著名[①]。现举例如下：

乌尔城：位于今巴格达市东南约300千米的幼发拉底河畔（图1-1-1），王朝都城。公元前4000年前后形成城市，是当时两河流域南部的宗教和商业中心。城市平面为卵形，有城墙与城壕。南北最长处约为1250米，东西最宽处约为850米。城市面积为88公顷，人口34000人。城西和城北各有一处码头。城内有塔庙区和居民区。

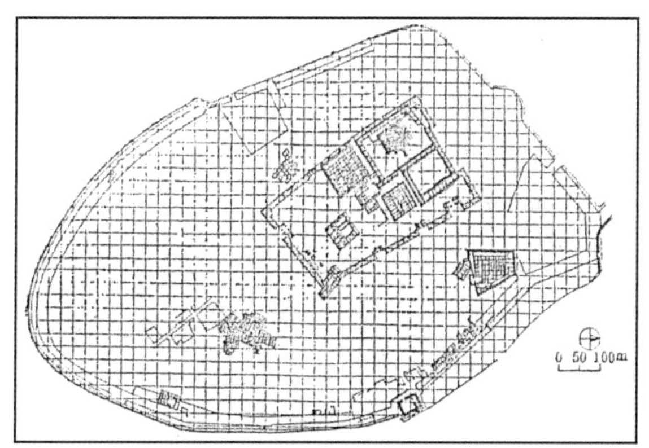

图1-1-1　乌尔城平面示意图

巴比伦城：位于现巴格达以南约90千米处。公元前19世纪王朝首都，公元前689年被毁。公元前650年建立新巴比伦王国后，扩建此城，重建为新巴比伦城（图1-1-2）。城市跨越幼发拉底河两岸，城市平面为长方形，筑有两重城墙，有深而阔的护城河环绕，城东还加筑了一道外城墙。内城面积约350公顷，有9座城门。南北大道西侧是皇宫及塔庙。皇宫分南北两处，南宫东北部有著名的“空中花园”（希腊人称之为世界七大奇迹之一），长约275米，宽约183米。公元前4世纪末，这座古城由盛转衰，公元2世纪化为废墟。

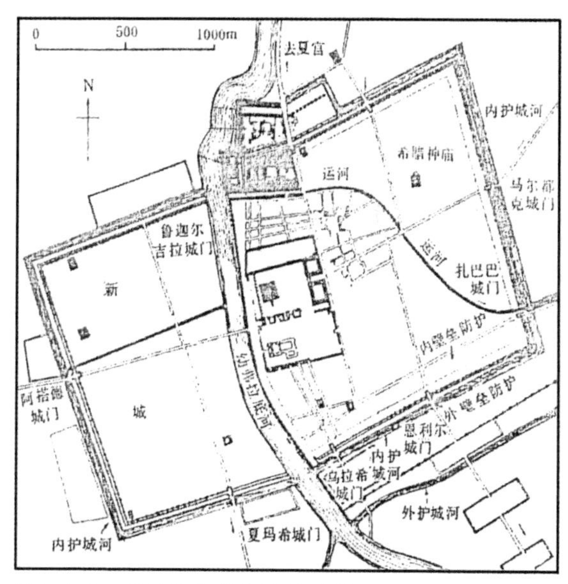

图1-1-2　新巴比伦城平面示意图

孟菲斯城：位于尼罗河三角洲最南端，是公元前3200年前后古埃及第一王朝的都城。城市以白色城墙围绕，故当时名为白城。第三至第六王朝期间孟菲斯城有很大发展，成为当时的大城市。法老的陵墓和神庙都建在远离尼罗河泛滥区的西岸高地，在公元前2263年的一次革命中被毁坏。

卡洪城：位于尼罗河下游，是埃及第十二王朝约于公元前2000多年建的城市（图1-1-3）。城市平面为长方形，长约380米，宽约260米，围有砖砌城墙，有9座城门。城市用厚墙划分为东西两部分。城西为奴隶居住区，面积约占整个城市的三分之一。城东被一条东西长280米的大路分成南北两部分。北部是贵族区，南部是商人、手工业者、小官吏等阶层居住区。城东有市场和商铺，城市中心有神庙，城东南角有一大型墓地。

① 郑国:《城市发展与规划》,北京:中国人民大学出版社2009年版,第3-17页。

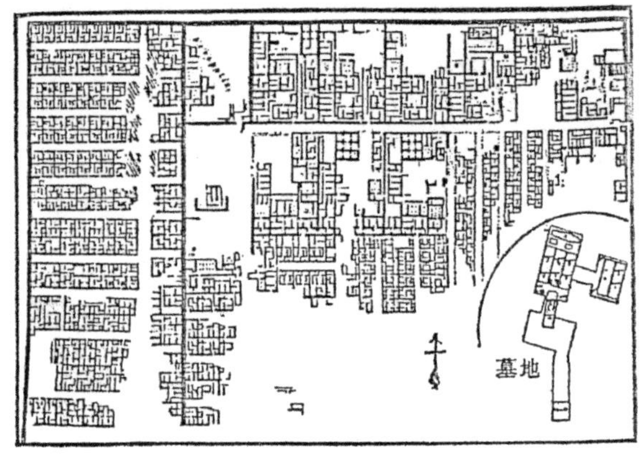

图 1-1-3　卡洪城平面示意图

阿玛纳城：是埃及新王国时期国王于公元前1370年前后建立的首都（图 1-1-4）。此城西临尼罗河，三面山陵环抱，无城墙，用十年时间建成。城市沿尼罗河稍呈弯曲的带状布局，长约3.7千米，宽约1.4千米。城市分北、中、南三个部分。北部为劳动人民居住区；中部为帝皇统治中心，有皇宫、神庙和许多国家行政与文化建筑物；南部为高级官吏们的府邸。

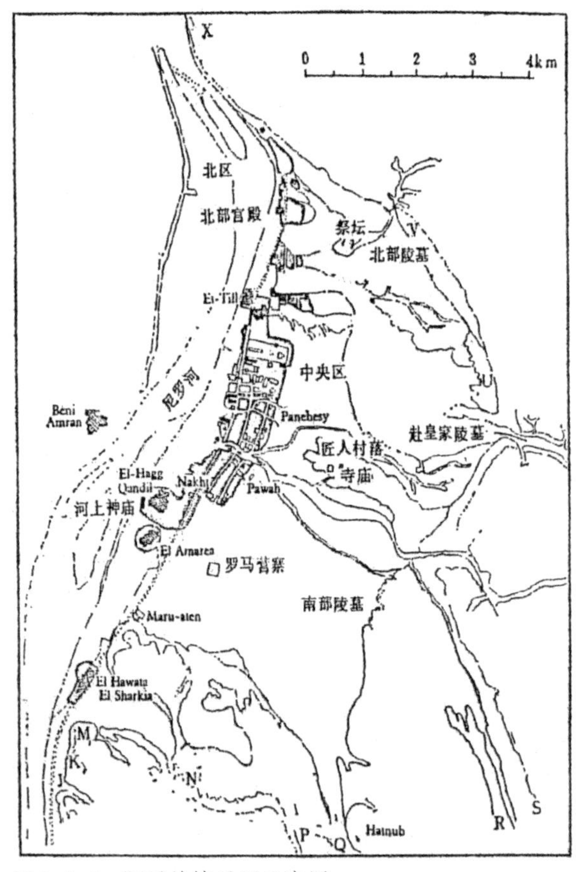

图 1-1-4　阿玛纳城平面示意图

莫亨约·达罗城：是印度河流域早期最有代表性的城市，建于公元前2550—前2000年（图 1-1-5）。此城周长5千米多，平面为方形，约1千米见方。离印度河右岸5千米。当时人口3万～4万人。西侧稍高是“卫城”，东侧是较广而低的市街地。城西有13.1米高的砖砌厚墙围护，主要建筑物有窣屠婆、大谷仓、大浴场、列柱厅及两个大型建筑物。城东市街地是棋盘式道路划成的居住街坊，有的房屋为两层结构。排水系统较完善。

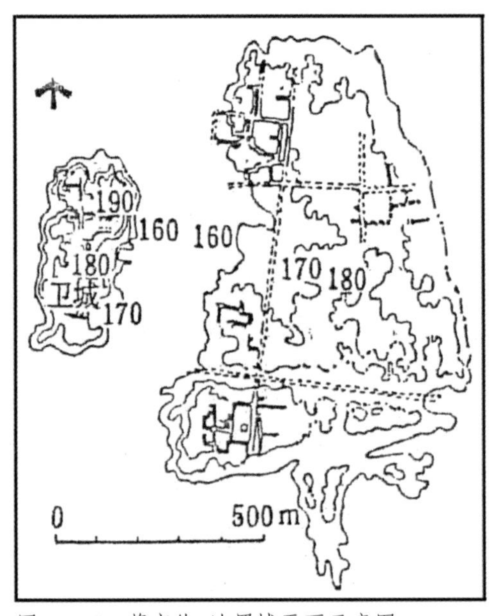

图 1-1-5　莫亨约-达罗城平面示意图

哈拉巴城：是印度河流域早期有代表性的城市之一（图 1-1-6），与莫亨约·达罗城同时建造，可能是同一国家二元统治的两个首都。两城规模和布局大致相同。此城西部中央也有高地城堡，设置行政中心。东部偏北有仓库和市民居住区。道路系统、排水系统都比较完善。

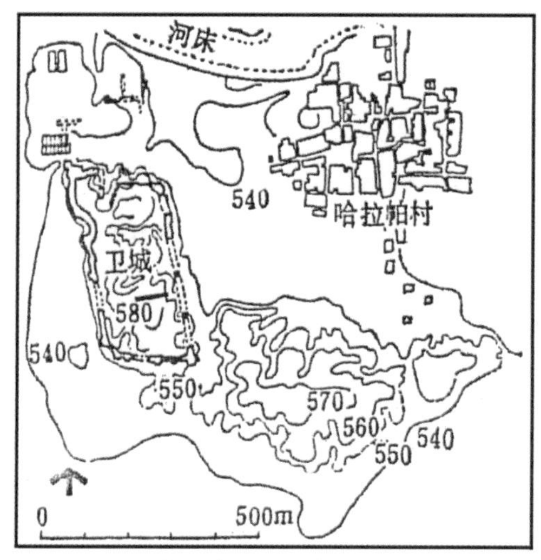

图1-1-6　哈拉巴城平面示意图

再翻开中国城市建筑史，我们看到中国城市的起源也很早。目前已发现的黄河流域和长江流域的史前时代城址共有50余座，建成年代为公元前3300—前2000年，但是这些城址只能视为聚落遗址或古城遗址，而不能称之为中国古代城市遗址。中国古代城市的真正出现是由原始社会进入奴隶制社会以后。鸦片战争前的中国历史可分为先秦、秦汉、三国至隋唐、宋元和明清五个时期。中国古代城市的初步形成是在先秦时期，之前只能称为中国古代城市的滥觞时期。先秦时期是指原始社会末期到秦朝建立之前的历史时期，经历了夏、商、西周、东周（春秋、战国）等历史阶段，这是中国历史由原始社会进入文明社会的重要历史时期。夏、商、周三个朝代的历史共延续了1000多年。我国第一个奴隶制社会夏代的始年约为公元前2070年，距今4000多年，自此中国古代城市经历了漫长的诞生、演变直到逐渐定型的过程。

关于中国城市真正出现的具体时代，学术界一直有争论。有原始社会后期说[1][2]，有西周说[3]，有春秋后期说[4]，也有东周说[5]，等等。董鉴泓主编《中国城市建设史》的提法是：“殷商时代已出现为考古证实的城市，……周代……已有按一定规划建设的城市。”[6]这种提法一度成为主流。

2019年7月6日，良渚古城遗址申遗成功，被列入世界遗产名录，实证了中华五千年文明史的圣地在位于杭州西北约20千米的良渚。距今约5000年前的良渚古城成为迄今为止考古发现的我国最早出现的古城。内城300万平方米，外城630万平方米。已有土城墙和城外壕沟。此城为水城，依靠水路交通（图1-1-7）。

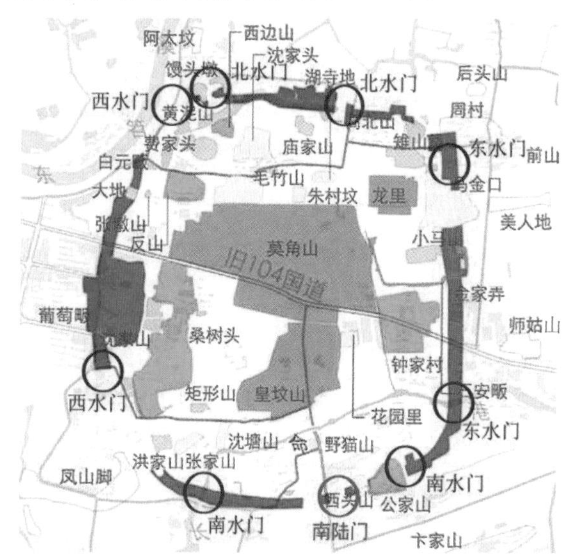

图1-1-7　良渚古城遗址平面示意图

陕西神木石峁遗址（皇城台）是我国2019年全国十大考古新发现之一，证明了早在4000年前这里就是当时的一处区域行政中心和宗教中心，已有目前东亚地区规模最大的早期宫城建筑。皇城台位于遗址西侧，北、东、南三面为内城，内城东南侧尚有外城（图1-1-8）。这是一

① 杜瑜:《中国城市的起源与发展》,《中国史研究》,1983年第1期。
② 郑国:《城市发展与规划》,北京:中国人民大学出版社2009年版,第90页。
③ 马正林:《中国城市历史地理》,济南:山东教育出版社1998年版,第19页。
④ 郑昌淦:《关于中国古代城市兴起和发展的概况》,《教学研究》,1962年第2期。
⑤ 沈福煦:《城市论》,北京:中国建筑工业出版社2009年版,第153页。
⑥ 董鉴泓:《中国城市建设史》,北京:中国建筑工业出版社2004年版,第16页。

座具有军事性质的山城，10米高的城墙随地形而变化，外形显得不规则，应是一座当时的古国都城。除有高等级宫殿区，还有宗教祭祀场所和高级墓葬区。

图1-1-8　陕西神木石峁古城遗址影像图

以上考古重大发现足以证明，中国城市的起源与其他世界文明发源地的古代早期城市的历史同样久远。

依笔者之见，原始社会后期出现的“城”仅是“城堡式聚落”，与“城市”的概念还相距较远。如在陕西临潼北发现的姜寨遗址（图1-1-9），是夏代（约前2070—前1600）出现的“城”，笔者赞成汪德华的提法，将之称为早期的“雏形城市”。又如位于洛阳东20千米的洛河边的二里头遗址，即夏代末期桀时代的都城斟鄩。中央部位已发掘两座宫殿遗址，但未发现城墙。商代（约前1600—前1046），已正式形成“雏形城市”，如河南偃师商城遗址（图1-1-10），城墙上开有7座城门，南部有3座小城，宫城位于中间。此遗址可能是商代早期都城汤都西亳。又如郑州商城遗址（图1-1-11），是商代中期都城，它被压在现在郑州的老市区之下，难以挖掘。该城有城墙，城周近7千米，城内东北部发现20多个夯土台基，为宫殿区。西周（前1046—前771）处于奴隶制鼎盛期，都城一直在丰水旁的丰、镐两京，还营建了东都洛邑王城和成周两座城市。可惜西周城市遗址尚未完整挖掘，对西周时代的城市特征还难做定论，只能认为是晚期的“雏形城市”，或称“早期城市”，尚处于向真正城市的过渡类型。此时西周的都城已经设市，只是尚处于定时交易的初级阶段，据此推断一般诸侯国的都城也应设市。按《周易》规定，王城方九里，则公城方七里，侯伯之城方五里，子男之城方三里。此为周尺，换算为今公制，则九里之城边长3222米，七里之城边长2500米，五里之城边长1790米，三里之城边长1074米。

东周（前770—前256），其中前770—前476年为春秋时期，前475—前221年为战国时期。这是中国历史上筑城较多的时期之一，也是中国历史上城市大发展的时期。此时社会大变革，经济大发展，城市数量激增，春秋战国城邑合计当在两千数以上①。奴隶社会的政治城堡“城”，演变为封建社会政治、经济中心的“城市”，这是一次空前的质的飞跃，是我国城市发展史上的

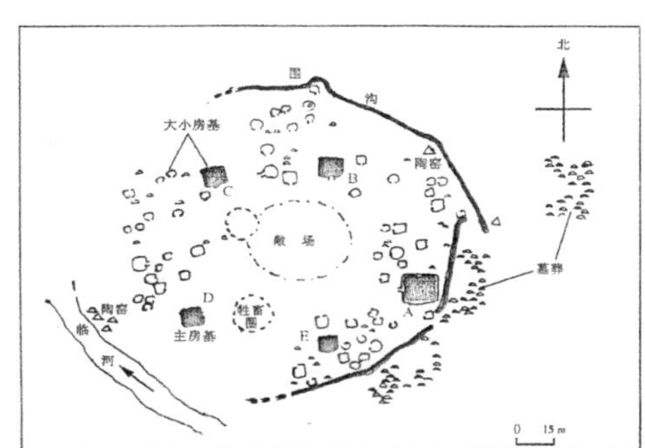

图1-1-9　姜寨遗址平面示意图

图1-1-10　偃师商城遗址平面示意图

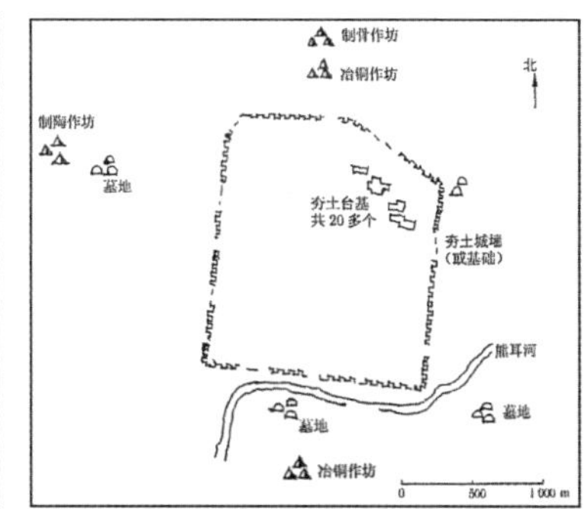

图1-1-11　郑州商城遗址平面示意图

① 马正林：《中国城市历史地理》，济南：山东教育出版社1998年版，第63页。

一个重要里程碑。城市的概念也由“筑城为君”变为“城以盛民”。

下面举周代城市的三个实例：

鲁曲阜：西周时期诸侯国鲁国都城，东周时期有很大发展（图1-1-12）。西、北临自然河道洙水，东、南城墙外是人工壕沟护城河。城呈矩形，东西最长处3.7千米，南北最宽处2.7千米，面积约10平方千米，周长11771米。鲁本侯爵，这样的规模已超出其等级。东、西、北各有3座城门，南有2座城门。宫城位于中央偏东主轴线上，市在宫北，也基本位于主轴线上。城内分为宫廷区、官署区、居住区、手工作坊区、市区及墓葬区，是我国古代礼制城市规划的一处重要实例。

齐临淄：西周时期诸侯国齐国都城，东周时期改造扩建后有很大发展，到战国时期已是当时最宏大繁华的都城（图1-1-13）。位于今山东省淄博市东北，东临淄河。此城由大、小城相嵌而成。大城为外城，南北长约4.5千米，东西宽约4千米。大城内有居住区与作坊区，也有商业性街道，还有墓地。小城位于西南隅，是内城，有宫殿区。桓公台位于小城西北部，台高14米。两城总面积约18平方千米。全城共有城门11座，城墙为夯土版筑，外有城壕。城市规划不苟方正，因地制宜，利用自然河道，体现了顺应自然条件的筑城思想。

燕下都：西周时期诸侯国燕国都城，战国时期有较大发展（图1-1-14），位于今河北易县县城东南北易水与中易水之间。此城东西长约8.3千米，南北宽约4千米，城市面积是现存战国城址中最大者。西、北、西南山峦环抱，东南面向华北大平原，城市由大城和小城并联而成。城墙为版筑土城墙，最高处达10米，东有城壕，中间有运粮古河道。东城是内城，有宫殿区、作坊区、市民居住区以及墓葬区，遗址内有30多个夯土台，一般高6~7米，最高达20米，上应有建筑。西城是外城，为加强防御而建，是居住区与墓葬区。

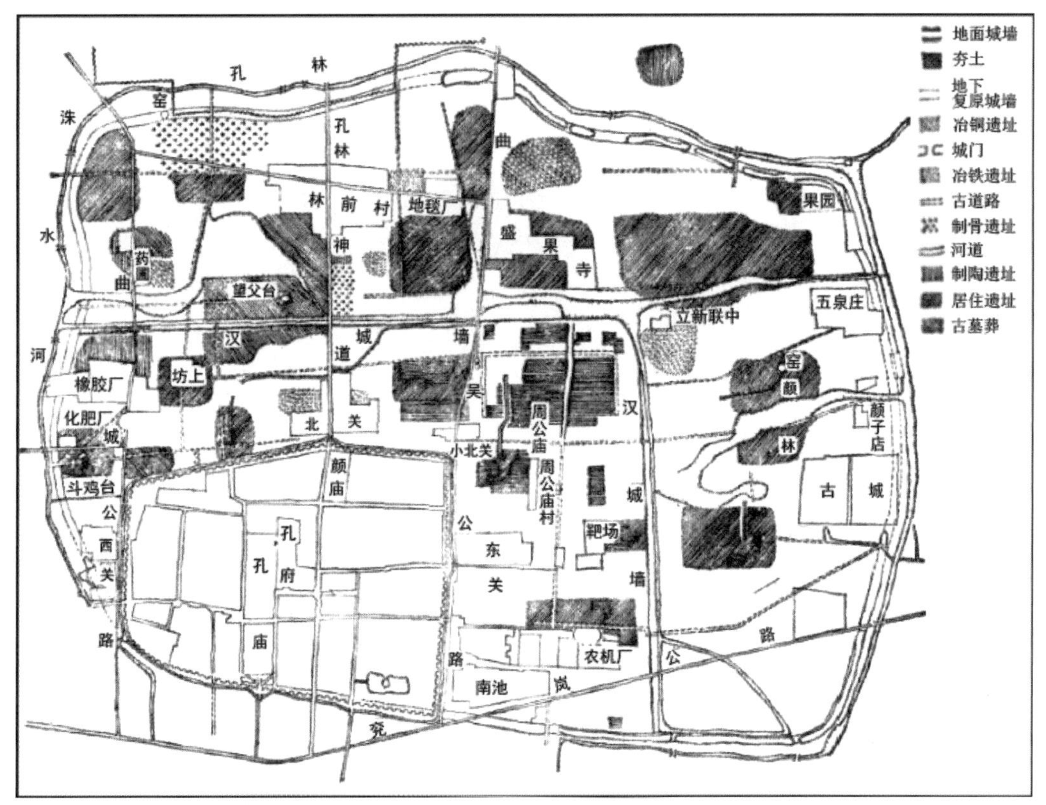

图1-1-12 鲁都曲阜故城遗址平面示意图

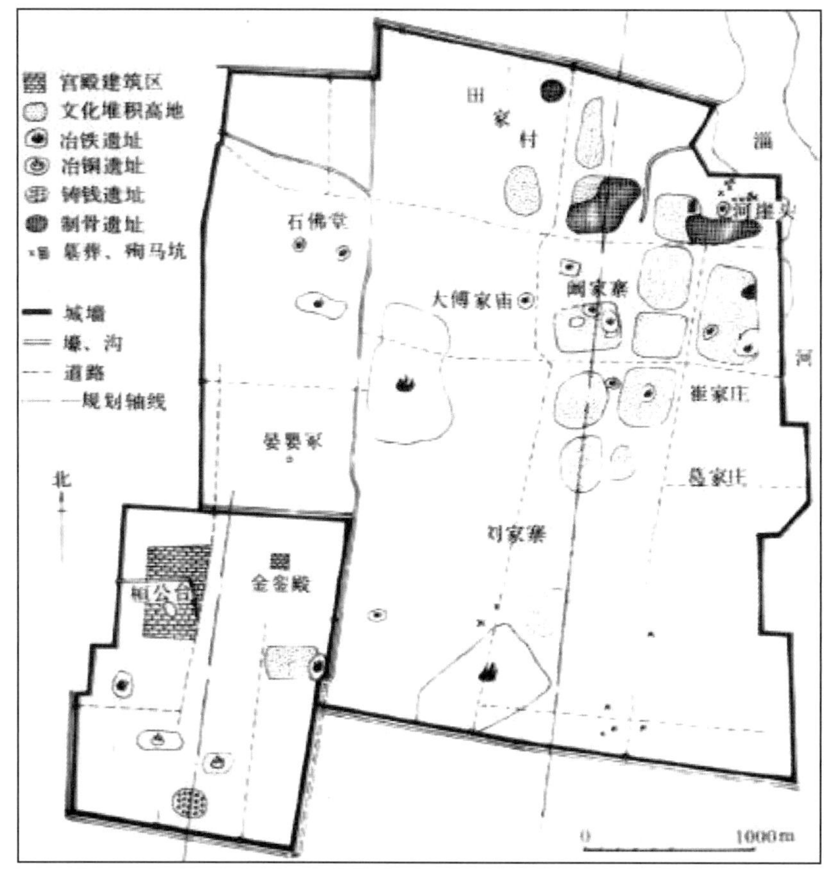

图 1-1-13　齐临淄故城遗址平面示意图

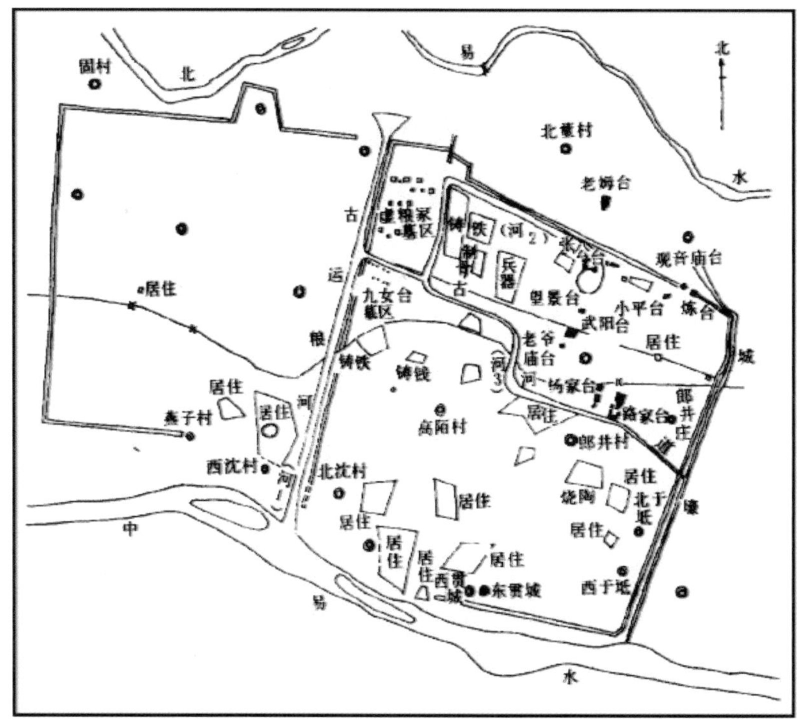

图 1-1-14　燕下都故城遗址平面示意图

二、城址的选择与迁移

1. 城址的选择

城址是指城市的具体位置和地理空间。在建城之前都要进行精心的位置选择，这就是城址的选择。其实，远在氏族社会的居民点和奴隶制社会初期的聚落就已遇到选址问题，那时主要考虑如何防御野兽和洪水等自然灾害，都选择较高及土壤较肥沃松软的地段，多在向阳的山坡上，一般还靠近河湖。水不仅是生活不可缺少的条件，而且靠近河湖对农业和交通及渔业、牧业有利。

“城”和“城市”出现后，城址的选择要考虑更多的因素，如地处平原，腹地广阔；地形有利，高低适中；气候温和，资源丰富；靠山面水，交通便利；军事要冲，战略要地；等等。

关于选址，特别要提到《周易》对中国古代城市选址的影响。《周易》据说是由周文王演绎而成的一部书，其中“观物取象”“象天法地”，尤其是“形胜”说（所谓“得形势之胜便也”）影响深远。如写成于宋代的《吴郡志》记载：吴王阖闾命伍子胥筑城（今苏州古城），伍子胥“相土尝水”“象天法地，建成大城”。又如三国时，吴国君主孙权采纳了诸葛亮“钟阜龙蟠，石头虎踞，真乃帝王之宅也”之说才将国都从镇江迁到了建康（今南京）。诸葛亮就是通过对建康山川形势的观察，才作出了形胜方面的精辟判断。

《管子》对中国古代城市选址的影响也很大。此书是战国至秦汉时代人根据管子的言论汇编而成。管子（？—前645），名夷吾，字仲，春秋时期颍上（今安徽颍上县）人。他有一套完整的哲学思想和社会政治思想，长期担任齐国宰相，实行了一系列有效措施使齐国经济突飞猛进，政治面貌焕然一新，军事实力大大增强，尤其对临淄都城的规划建设贡献很大。他在《度地》中说：“圣人之处国者，必于不倾之地，而择地形之肥饶者。乡山，左右经水若泽。”主张建城时要非常注意地形的选择，要注意排水防涝。他在《乘马》中说：“凡立国都，非于大山之下，必于广川之上，高毋近旱而水用足，下毋近水而沟防省。因天材，就地利，故城郭不必中规矩，道路不必中准绳。”他的这种“天材地利”之主张，影响大而深远，这与《周礼·考工记》中的主张是完全不同的。

2. 城址的迁移

中国古代城市建成后的城址迁移可以说是普遍现象，也很频繁。究其原因，多种多样。概括来说，是为了适应社会发展和城市发展的需要；具体来说，包括政治、军事、经济、自然环境、意识和观念等方面的原因。当然，也有原城址选择不佳甚至不当的原因。举例如下：

洛阳城址的变迁。古代洛阳曾为“九朝故都”“八朝陪都”，建都的时间前后长达950多年。周成王（前1042—前1020在位）时，营建了东都洛邑王城（今洛阳市内王城公园一带）和成周城（今洛阳市白马寺东）。直到公元前770年，周平王把京都从镐京迁往洛阳，王城改为国都，拉开了“九朝故都”的序幕。251年间，历经二十三王，直到公元前519年，周敬王为避王子朝之乱，都城迁至下都。又历十王，到赧王时（前314—前256在位）又居王城。从平王到赧王，史称东周，历时515年。周下都是成周城郊区，位于今洛阳市东15千米处，即白马寺东1千米。秦时吕不韦被封为文信侯，曾扩建周下都。东汉光武帝建武元年（25）在此定都，大建宫殿。至汉明帝永平三年（60）东汉洛阳城已具规模，城东西六里十一步，南北九里一百步，城门12座，外围挖有护城河。此城于东汉末年毁于战火，后经曹魏、西晋、北魏等朝代再度恢复都城。汉魏洛阳东迁后，因更朝换代，继而是隋唐洛阳的西移，由南临洛水变成跨洛河两岸，背靠

邙山，面对伊阙，交通更为便利。该城由宫城、皇城和廓城三大部分组成，规模明显扩大（图1-2-1）。今天的洛阳城就是在此基础上发展起来的，可见这才是洛阳城址的最佳选择。今天的洛阳不仅是我国黄河中下游的大城市之一，作为国家级历史文化名城，我国八大古都之一，已成为我国著名的文化旅游城市，也发展为以农业机械、矿山机械、轴承制造为主的新兴工业城市。

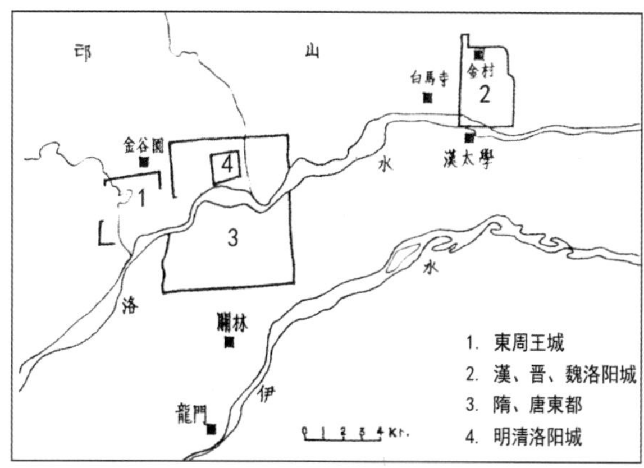

图1-2-1　洛阳城址变迁示意图

西安城址的变迁。古代西安曾为“十二朝故都”，前后长达1000多年。为了取得更为有利的地理条件和城市发展空间，有过四次城址迁移。公元前11世纪周文王建都于沣水西岸的丰邑，其子周武王灭商后，在沣水以东建立了镐京。西周的丰镐城，成为西安地区最早的城址（东距今西安市很近）。西周末年，周平王迁都洛邑，丰镐城被废，作为都城历时360余年。到春秋时期，秦国曾有九次迁都。到秦孝公十八年（前350），最后定都咸阳，这一选址有利于秦国东出函谷关与六国争锋。秦咸阳城位置在今咸阳市东北15千米处，地处谓河之北，也位于渭河平原中部九嵕（zōng）山之南，山与水俱阳，因命名新都城为咸阳，又称渭城。到秦朝灭亡，这里作为秦都计142年，其中作为全国统一的都城仅16年。其间渭河以南地区因地势低平，水源丰富，也有很大发展，修建了阿房宫、章台宫等大的宫殿群，都城规模更加扩大。此时的咸阳已是全国最大的政治、经济中心。公元前206年，项羽率军攻入咸阳，所有宫殿均被焚毁，一代帝都变成废墟。公元前202年，刘邦建立西汉王朝，新都城选址在秦咸阳渭河以南，位于今西安市西北的汉城乡一带，先修建了长乐宫、未央宫。汉长安的城垣周长2.57万米，辟12门，外有护城壕沟，面积约35平方千米。始建于公元前194年，历时5年完成。此城北濒渭河，西临潏河，东近灞水、铲水，是西安地区最为平坦的地方。汉长安的城址显然要比秦咸阳优越得多。建武元年（25）东汉国都东迁，长安城地位下降，难有昔日鼎盛时期景象。汉长安最终还是毁于“董卓之乱”。192年，长安城又被焚毁。到隋文帝时只得放弃汉长安城，而选择龙首原与少陵原之间平原为新的城址，也就是今西安城及其附近郊区所在地。这里地势基本平坦，引水尤为方便，建成了隋大兴城。618年，李渊建立了唐王朝，将隋大兴城易名为长安，经过近半个世纪的经营，把长安建成了当时世界上最大、最繁华的都市，总面积达83.8平方千米，几乎是今日西安城垣（明筑）内面积的十倍。唐末长安城废不为都，但仍是地方性政治中心和经济都会。明初改长安为西安，扩大了范围。现存的西安古城保持了明初的规模，城址再无变化（图1-2-2）。从西安城址的四次变迁可以看出，越迁越有利，终于选择出了最佳城址。作为陕西省省会，今天的西安是我国八大历史文化名城之一，既是国家历史文化名城，又是国家经济和社会发展计划单列市，新兴工业城市，还是我国高等教育基地之一，我国科学技术研究和开发的重要基地。

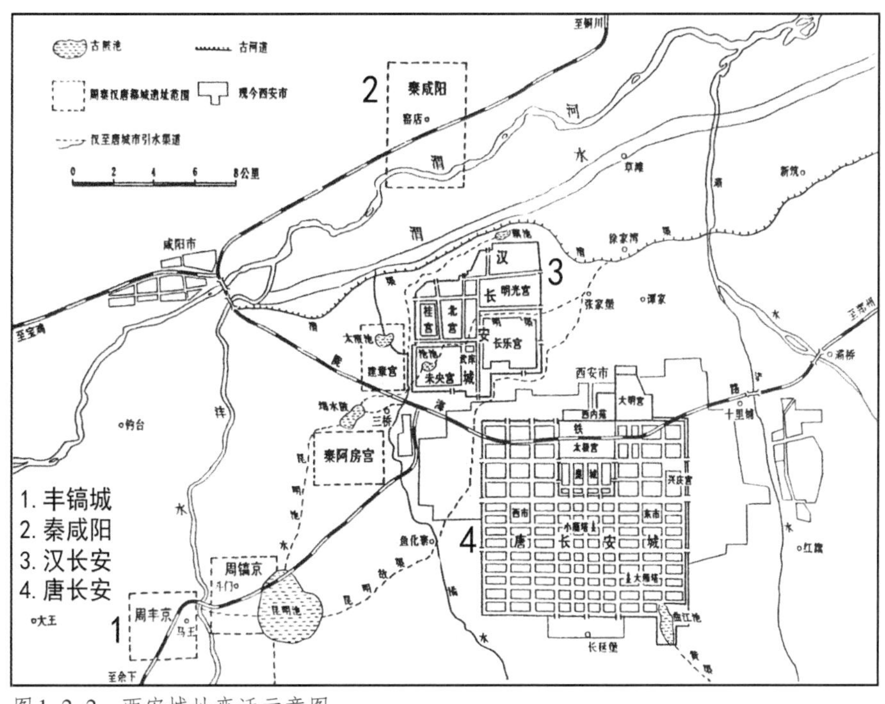

图1-2-2　西安城址变迁示意图

合肥城址的变迁。合肥位于江淮地区中部，地处长江与淮河分水岭的南侧，南临巢湖，南淝河水从北、东饶过后南注巢湖，再经裕溪河进入长江。这里的地势西北高而向东南倾斜，地面标高一般在12～45米，西部的大蜀山海拔284米，东南有较开阔的平地，与巢湖北岸的冲积平原相连。合肥古为淮夷地，春秋战国时期，先属楚，后属吴，属越，再后又属楚，终为秦所兼并。春秋时巢湖流域已方国林立，建有一些城邑，今合肥附近曾有庐邑（具体城址不详）。秦始皇二十六年（前221）废分封，立郡县，置九江郡，合肥为其属县。可见，最迟战国末期已有合肥“城”，只是具体位置难以确定。据徐学林考证：“合肥在春秋时已由聚落发展成为江淮地区的城邑……至秦汉正式为县治。”“西汉时期的合肥已随着江淮地区的进一步开发及对江南闽越的经营，已成为江淮地区巨埠名镇。”关于具体城址，他认为：“建城于今合肥市西北。汉故城遗址位今水西门外二里，南淝河北岸，四里河东岸。”[①]战国时期合肥城是否在此，尚难作推断。因汉常承秦制，秦合肥城很可能在此，可待进一步考证。此处可暂定为秦汉合肥城，建于公元前220年前后。此城位于两河交汇处，符合城市选址常规，只是地势较低，并不理想。汉末三国初期，建安五年（200）曹操表刘馥为扬州刺史，来到合肥建立州治，曾加固合肥城。已知的第二个合肥城址是魏青龙元年（233）建成的三国新城，位于旧城以西三十里，主要为军事需要而建。新旧两城互呈掎角之势。新城略呈长方形，南北长360米，东西宽240米，城墙为夯土版筑，外有城壕。自此，三国时的合肥新旧二城成为江淮地区政治首邑和魏国军事重镇。西晋统一后新城因失去军事功能而废，旧城在梁武帝天监五年（506）“韦叡堰肥水取合肥”后，城被冲毁。合肥的第三个城址即唐代金斗城，是唐太宗贞观年间（627—649）在旧城东南的高阜岗地营建的庐州新城（隋初在合肥设置庐州，唐宋以来沿制不改），其位置在今合肥市区南部。经过唐宋500

① 徐学林：《安徽城市》（内部资料），安徽“社联通讯”丛书，1984年，第8–9页。

多年的发展，北门外已形成商埠大镇，形成“镇大城小”局面。南宋时，孝宗乾道五年（1169）为防金人渡淮南侵，跨金斗河筑“斗梁城”，把金斗城北半部划入城内，金斗河成为内河，县城范围扩大了几倍，初步奠定了合肥老城的基础（今环城马路内的老城区）。①元初，斗梁城遭夷平，城墙尽毁，合肥再度衰落。明、清合肥城都是在南宋斗梁城基础上固城深池而成，重建砖质城墙，城周约13千米，开7门，并疏浚加宽护城河，城市虽有建设但城址与范围均无变化。古代合肥城址选择逐渐优化（图1-2-3），为此后的发展打下了基础。作为安徽省省会，合肥今天已是新兴的工业城市，是我国重要的开放城市和科研基地之一，也是我国长江中下游重要的中心城市之一。

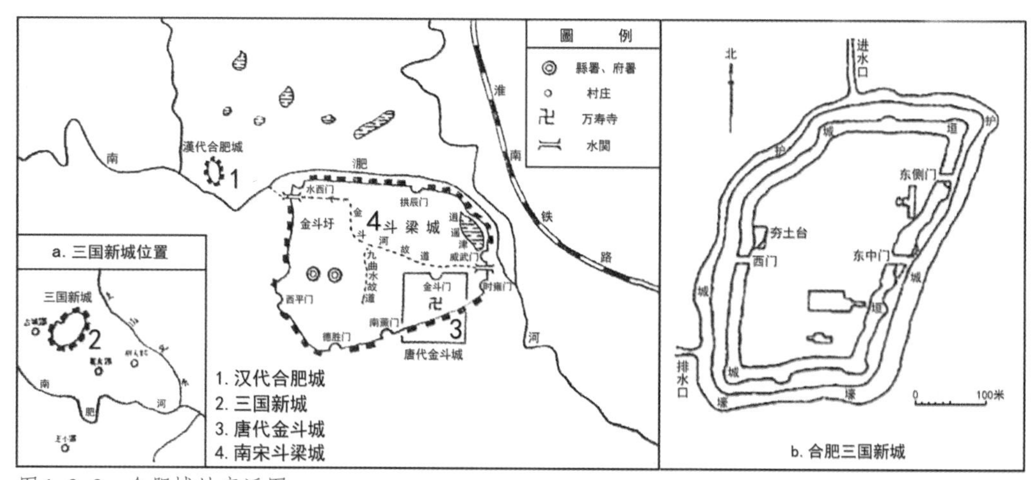

图1-2-3　合肥城址变迁图

① 郭万清:《安徽地区城镇历史变迁研究(下卷)》,合肥:安徽人民出版社2014年版,第8页。

第二章　芜湖古代城市的起源与发展演变

一、芜湖古代城市的起源

研究芜湖古代城市的起源，首先要研究芜湖古代“城”的起源，这就要追溯到芜湖地区新石器时代的原始聚落，还要上溯到芜湖地区旧石器时代的原始群落，甚至要从探索人类的起源开始。

1. 繁昌人字洞——芜湖地区旧石器时代早期文化遗址

随着爪哇猿人和北京猿人化石的发现，20世纪20年代以后，东亚地区一直被认为是人类起源之地。20世纪50年代以后，随着非洲地区一系列重要人类化石的发现，世界大多数科学家相信，人类可能最早起源于非洲。20世纪末，我国组织实施了“九五”攀登专项“早期人类起源及环境背景研究”，繁昌人字洞遗址被发现。遗址北距芜湖市40多千米，位于繁昌县孙村镇癞痢山东南坡，海拔约120米。根据发现的哺乳动物化石，初步鉴定其地质年代为早更新世。同时获得人工制品100余件（其中石制品90余件，骨制品10余件），石制品显得粗糙，简单而原始。人字洞堆积厚度约30米，现发掘深度已达7米。尽管现在还没有发现人类化石，相信随着今后的发掘，会有更多新发现。繁昌人字洞遗址为迄今亚欧地区已知最早的早期人类文化遗存，它的发现是国家“九五”攀登专项的重大突破，为寻找早期人类化石提供了重要线索，将亚欧大陆人类生存的历史向前推至220万—250万年。[①]繁昌人字洞遗址于2006年5月被国务院公布为第六批全国重点文物保护单位。该遗址位于芜湖地区，说明当时已有古人类在此生活，这里是一处早期古人类的原始居住点之一。

① 周崇云:《安徽考古》,合肥:安徽文艺出版社2011年版,第2页。

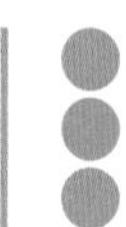

2. 旧石器时代中晚期芜湖地区的原始聚落

大约距今100万年，人类进入旧石器时代中期。大约距今10万年，人类进入旧石器时代晚期。在这漫长的年代中，原始人类生产方式由以狩猎为主逐渐过渡到以农业为主。由于氏族部落的形成，出现了原始聚落，有了固定的居民点。芜湖地区水阳江流域先后发现了20余处旧石器时代遗址，多位于二级阶地上。如距今80万—12万年中更新世芜湖金盆洞遗址，位于火龙岗镇高山行政村陶家山。又如距今10万—5万年晚更新世南陵小格里遗址，位于烟墩镇格里景区。

3. 新石器时代芜湖地区的原始聚落

大约距今1.2万年，人类进入新石器时代。这时农业逐渐发展为主要生产方式，兼营渔猎、家畜饲养业（畜牧业），制陶业也开始产生。定居生活导致人口增长，聚落数量与规模逐渐增长。芜湖地区新石器时代遗址已经发现数十处，只是大多未经过大规模挖掘[①]。较重要的有：位于繁昌县繁阳镇峨溪河东岸的缪墩遗址，距今7000年左右；位于芜湖市大荆山附近的蒋公山遗址，距今6000年左右；位于繁昌县繁阳镇柳墩行政村中滩村东侧的中滩遗址，距今4500—4000年。这一时期划时代的进步是繁昌缪墩遗址和南陵奎湖神墩遗址干栏式建筑的出现，距今7000—6000年，这与浙江余姚河姆渡遗址发现的干栏式建筑同处一个时期。

4. 夏商周时期芜湖地区的古城遗址

公元前21世纪，我国中原地区率先进入早期文明社会，先后建立了夏、商、周王朝，进入了青铜文化时代。芜湖所在的长江以南地区也已经出现了较大的部族，史称“越人”，很早便与中原地区有了文化上的联系。相传，夏禹治水曾导“中江”。中江水道的开通，不仅沟通了芜湖地区与沿海地区的联系，更重要的是芜湖水运节点的位置进一步增强，从而加快了本地区社会经济的发展进程。

夏时期宁镇和皖南地区的“点将台文化”，分布于水阳江以北以东的姑溪河流域、石臼湖周围、秦淮河流域和苏皖南部的沿江地区，是由中原河南龙山文化晚期“有虞氏”部族文化南下到达宁镇、皖南地区，与当地土著文化相融合而形成的本地区夏时期的青铜文化。距今4100—3600年，芜湖繁昌县鹭鸶墩遗址（位于沈弄行政村北，西北临水）、芜湖县望马墩遗址（位于花桥镇妙因行政村何村自然村北，东临水，西北临山）、南陵县邬林村（位于九连乡上朱村东一里），是已发现的点将台文化遗址。点将台文化仍以农业经济为主，狩猎经济占有一定比例，手工业也比较发达。

芜湖地区古城的出现，据目前考古发掘所知，最早为商代。自1984年全国第二次文物普查以来，芜湖地区已发现商、周遗址94处，主要分布于境内的青弋江、水阳江、漳河等河道两侧及沿江地区[②]。

据专家考证，商周时期，中原王朝为掠夺江南的铜（尤其是南陵到铜陵一带的铜），屡向江南用兵，曾发动的“吴干之战”就是周王朝的“虞侯”（虞通“吴”）对干越人（当时分布于皖南和宁镇地区的土著民族，“干”古音读“攻”）发动的一次铜资源争夺战。“战后，干和吴统一成为干吴王国”[③]。可见这一地区最迟在西周时已立国，既立国，自然会建都设邑，芜湖地区的

① 芜湖市政协学习和文史资料委员会，芜湖市地方志编辑委员会办公室：《芜湖通史（古近代部分）》，合肥：黄山书社2011年版，绪论第5页。

② 芜湖市政协学习和文史资料委员会，芜湖市地方志编辑委员会办公室：《芜湖通史（古近代部分）》，合肥：黄山书社2011年版，第16页。

③ 芜湖市政协学习和文史资料委员会，芜湖市地方志编辑委员会办公室：《芜湖通史（古近代部分）》，合肥：黄山书社2011年版，第19页。

古城也就应运而生。其中最重要的两座古城址：兴建于商代晚期至春秋时期的牯牛山古城址[①]，和兴建于春秋时期至西汉时期的鸠兹邑古城址。

二、芜湖古代城市的发展演变

1. 牯牛山古城址——芜湖地区最早的古城址

牯牛山古城址位于南陵县城东3千米籍山镇先进村，北距今芜湖市中心区约50千米（图2-2-1至图2-2-3）。1984年文物普查时发现，1997—1998年正式考古发掘，并经过遥感探测，确认这里是一处以水为障的水城城址。由于它形似浮在水中的牯牛，故称之为“牯牛山城址”。城址呈长方形，东西约750米，南北约900米，面积近70万平方米。古城四周围有四条水道，即当时的护城河，宽20～50米。古城四周有人工堆建的夯土城垣，城内有用土墙草顶筑造的房屋千万间，还有用鹅卵石铺就的街心大道。据专家估计，这座城邑当时至少居住着万余人，其规模和布局在当时应当排进大城市的行列[②]。在南城河中段、西城河北段和城东北角，各有一水口，分别与青弋江和漳河相通。古城内有四个高台地，每个台地之间均有水道隔开，水道又与城外的护城河相通。这种既相对独立，又可用绳索板桥相连，防御性很强的水城，以水为路、以船代步、以桥相通的格局很有南方古城特色。城址北部“由东西两个台地组成，东西长500米，南北宽约100米，面积20万平方米，文化层平均厚3米。东部北端有一烧制印纹陶的圆形窑址，西部南端有一铸铜遗迹”，应为生产区[③]。从古城发掘出陶器、瓷器、石器和冶炼铜渣等百余件，标本数百件。从器物分析，它们具有鲜明的地域特色，可以形成独立的考古文化类型。考古专家通过器物类型学的对比分析，认为“牯牛山类

图2-2-1　牯牛山古城址全貌

图2-2-2　牯牛山古城址航拍图

图2-2-3　牯牛山古城址遥感解析图

① 郭万清：《安徽地区城镇历史变迁研究（下卷）》，合肥：安徽人民出版社2014年版，第432-433页。

② 郭万清：《安徽地区城镇历史变迁研究（下卷）》，合肥：安徽人民出版社2014年版，第433页。

③《安徽文化史》编纂工作委员会：《安徽文化史》，南京：南京大学出版社2000年版，第52页。

型”的年代上限为商代晚期，下限为春秋时期[①]，也就是说，牯牛山古城兴建于商代晚期延续至春秋时期，至战国早期突然被废弃，前后存在1000余年。以前大家一直认为鸠兹邑古城是芜湖的第一个城址，其实牯牛山古城址才是芜湖地区真正的最早的古城址。

牯牛山古城址西南约1千米为千峰山土墩墓群，古城址以西约20千米是大工山古铜矿遗址群，三大遗址为同一时期，同一行政区划范围，足以说明牯牛山古城址是一个地区的行政、生活中心。大工山古铜矿遗址群是一处开采和冶炼中心，千峰山土墩墓群则是共用的墓葬区，三者应是一个整体。大工山-凤凰山铜矿遗址1996年被国务院公布为第四批全国重点文物保护单位，千峰山土墩墓群作为皖南土墩墓群的组成部分，2001年被国务院公布为第五批全国重点文物保护单位，牯牛山城址2013年被国务院公布为第七批全国重点文物保护单位，都得到了很好的保护。

关于牯牛山古城的性质一直缺少深入的研究，目前至少可以做出以下两个判断：其一，牯牛山古城是芜湖地区比鸠兹邑古城更早更大的古城，虽然它还不是完整意义的“城市”，但可定位为早期的“雏形城市”，比中原地区的郑州商城出现稍晚。其二，牯牛山古城可能是吴国最早都城的所在地，它是当时这一区域的政治、经济、文化、交通中心。先秦时期吴国疆域起先主要在长江以南的芜（芜湖）铜（铜陵）宁（南京）镇（镇江）一带，后来才扩张至太湖流域，最后到春秋晚期才定都苏州。早期的吴国都城在哪里，一直是个谜。牯牛山古城建城较早，规模较大，是吴国早期都城的可能性很大。查《越绝书·记军气》，载有“吴故治西江”，西江即皖南地区的青弋江，牯牛山古城正位于青弋江西侧，“故治”应即指牯牛山古城。再查初唐史料《李怀州墓志铭》，载有：“迁宣州刺史，吴王旧邑，楚国先封；江回鹊尾之城，山枕梅根之冶。”鹊尾城是唐初建在长江边的南陵旧县城，今繁昌县新港镇，梅根冶即今大工山古铜矿遗址[②]。“吴王旧邑”位置与牯牛山古城址正合，讲明是“吴王旧邑”而不是“吴国旧邑”，这里应是吴国都城，也是有根据的了。

牯牛山古城这种江南水城格局，在战国时期的“淹”城遗址有过重现和发展。淹城在今常州市南约7千米，是西周时代淹国的都城，有三重土筑城墙，三道护城河。王城周长约500米，内城周长约1.5千米，外城周长约3千米[③]。两座古城都是防御性很强的古城。也有学者认为，淹城是“一处春秋时期古城，可能就是吴太子季扎所封的‘延陵’”[④]。

东距牯牛山古城址约6千米还有一座商周时期古城址，叫“甘宁城”，民国《南陵县志》称“甘公城”[⑤]。该县志载：“县北七里，□筑坚固，以障水。可容数千人。”甘宁城址位于今南陵县家发乡泉塘村，坐落在“孟塘湖”中的岛上。遗址台状，高出水面8至9米，由“大山墩”（面积约1万平方米）和“小山墩”（面积约1.2万平方米）两部分组成，两墩相距约80米。遗址西1千米处有一土墩墓群，遗址北2.5千米处有一西周至春秋时期的古窑址[①]。这是古城址、

① 宫希成，杨则东：《安徽省南陵县千峰山一带土墩墓及石铺塘西古城遗址遥感调查》，《光电子技术与信息》1998年第5期，第73-77页。

② 芜湖市政协学习和文史资料委员会，芜湖市地方志编辑委员会办公室：《芜湖通史（古近代部分）》，合肥：黄山书社2011年版，第22页。

③ 董鉴泓：《中国城市建设史》，北京：中国建筑工业出版社2004年版，第22页。

④ 周崇云：《安徽考古》，合肥：安徽文艺出版社2011年版，第79页。

⑤ 民国《南陵县志》卷七《舆地·古迹》。

古窑址、古墓葬三者成为一个整体的古遗址群。甘宁古城遗址周围水域广阔，水道四达，在古代以舟师水战为主要作战形式的江南水乡，应是一座防御性很强的军事水城。“甘宁古城”与“牯牛山古城”呈犄角之势，起着很好的拱卫作用。

2. 春秋时期鸠兹邑古城——西汉“楚王城”前身

有学者考证和统计，到春秋时期，我国的城邑数量急剧增加。有史可考的大小城邑有近600个，分布于35个诸侯国，其中楚88个，吴10个……而实际总数估计应在1000个以上。鸠兹邑应是这时吴国的10个城邑之一。

吴国是位于长江下游的姬姓诸侯国，也叫勾吴、攻吴。其国境在今皖苏两省长江以南地区以及太湖流域（图2-2-4）。吴国在江东地区兴起后，逐渐向江淮之间发展。与此同时，在江汉地区的楚国也开始向江淮地区扩张。芜湖地区成了“吴头楚尾”，也成了两国必争之地。吴国的疆域虽然不大，但跨越的历史时间长度却不短。从西周初期（前12世纪）直到春秋末期（前473年被越国所灭），前后长达700年之久。谈到吴国的起源，要从周太王说起。据史书记载，周太王有三个儿子，他想传位给三子季历之子姬昌（后来的周文王），于是长子泰伯、次子仲雍一起逃到江南，定居梅里（今江苏无锡的梅村），自创基业，建立勾吴古国，此所谓“泰伯奔吴”。自泰伯到夫差，共传25代吴王。也就是说，王室来源于周室，吴地的人民是当地的古越族。传至19代吴王寿梦（前585至前561年在位）时，发生了一件大事，即寿梦十六年（前570），楚共王（前590—前559年在位）征伐吴国，直至衡山。这就是《左传》记载的鲁襄公三年（前570）春，“楚子重伐吴，为简之师，克鸠兹，至于衡山”。这是自吴王寿梦称王起（前585），吴楚百年战争中的一场大战。《左传》杜预（晋）注曰：“鸠兹，吴邑，在丹阳（郡）芜湖县东，今皋夷也。”可见鸠兹设邑筑城应在鸠兹大战之前，至今至少有2600年。“邑”即城市，“大曰都，小曰邑”[2]。

鸠兹邑古城位于今芜湖市城东约20千米的芜湖县花桥镇黄池行政村，该城遗址在古中江水道上水阳江南岸的一处侵蚀残丘上，处于这一片残丘向水阳江边延伸的端头。鸠兹何时设邑建城，最初有无城垣，最早的土城墙筑于何时，均难考证。现存古城址“楚王城遗址”位置即鸠兹邑古城位置。1978年，时任北京大学地理系主

图2-2-4　春秋中晚期吴国位置图

①《安徽文化史》编纂工作委员会:《安徽文化史》,南京:南京大学出版社2000年版,第53-54页。

②《辞源》,北京:商务印书馆1991年版,第1684页。

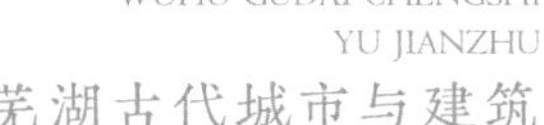

任侯仁之教授带师生前来考察后曾有结论："楚王城应是西汉芜湖县城的遗址，亦即古鸠兹所在之地。"[①]该城平面呈长方形，东西长370米，南北宽310米，面积约11万平方米。城墙用土筑夯打，夯土内夹有绳纹板瓦。现存城墙最高处达8.5米，墙面宽5～10米，墙基宽18～28米。北、南、西各开有一座城门。遗址地形东南高、西北低，北面护城河保存完好，水面仍较宽阔（图2-2-5）。城内东部有一葫芦状约5万平方米的大土墩，南坡有古建筑遗迹。

经考古发现，其文化堆积层厚2～3米。出土有石器时代的砍砸器，磨制的石刀、石斧，还有春秋战国时期的印纹陶片、鼎足、筒瓦、板瓦、蚁鼻钱，有汉代的五铢钱、陶豆、陶水管，有六朝的青瓷残片，有唐代的铜镜，有宋代的瓷粉盒、虎皮釉瓷瓶，有明清的青花瓷等。城外的河沟中还曾出土过三柄春秋时期的青铜剑和一支已残损的木船。由此可见，此城存续历史久远。

从青弋江中下游西岸的牯牛山城址北迁到水阳江下游南岸的鸠兹邑城址，这是芜湖地区古城址首次大迁移。其原因，一是军事上的需要，这里是吴楚相争的战略要地；二是政治上的需要，是吴国早期行政中心的转移；三是交通上的需要，这里是古代"金道锡行"的主要集散和启运之地。

有关专家对吴越古音进行研究发现，在已调查的春秋吴国故城中，鸠兹城、固城、朱方城、姑苏城等，其先秦古音与"勾吴"相同或相近，这些古城可能是不同时期的吴国都城[②]。其中，"鸠兹邑当为春秋中期之前的吴国故都"。2014年南京博物院张敏撰文，明确指出："鸠兹扼西伐荆楚、东控於越的中江水道之要冲，周边的汤家山西周墓为吴国王陵，附近的大工山铜矿为吴国的经济命脉。通过与古代都城基本要素的比较研究，鸠兹应为西周晚期至春秋早期的吴国都城。"[③]文中"汤家山西周墓"位于芜湖繁昌县平铺镇，是皖南土墩墓群中规模最大、等级最高的墓群。可见，"芜湖地区的牯牛山古城与鸠兹

图2-2-5　芜湖"楚王城"遗址北面护城河

① 唐晓峰等:《芜湖市历史地理概述》(内部资料),芜湖市城市建设局,1979年,第6页。
② 毛颖,张敏:《长江下游的徐舒与吴越》,武汉:湖北教育出版社2005年版,第143页。
③ 张敏:《鸠兹新证——兼论西周春秋时期吴国都城的性质》,《东南文化》,2014年第5期,第80页。

邑古城是吴国最早的两座都城”的观点当可成立。

在春秋时期吴国故城中，除鸠兹城外，还有固城（位于江苏省高淳县东）、朱方城（位于江苏省镇江市东），都可能是不同时期的吴国都城。固城在鸠兹城东约50千米，其古城也俗称“楚王城”。据张敏考证，该城筑于鸠兹城后约40年。在江苏省镇江市东10~20千米的谏壁至大港一带沿江山脉，有一片背山面江的吴国贵族墓葬区。其中，烟墩山、荞麦山两处西周墓可能分别是吴国第5代国君周章和第6代国君熊遂的墓地，北山顶、青龙山两处春秋墓可能分别是吴国第22代王余眜和第23代王僚的墓地，都距朱方城不远。芜湖地区汤家山西周墓所处的年代正是上述墓地中不见一等贵族墓葬的时代，且汤家山西周墓与烟墩山、荞麦山西周墓同样出土了象征王权的“鸠杖”。因此，张小帆认为：“汤家山西周墓的墓主也应为西周晚期的一位吴国国君。”[①]这为鸠兹可能曾是吴国早期都城增加了有力的佐证。

关于“鸠兹”，范晔撰《后汉书·郡国志》解释为：“鸠兹意指鸠鸟栖息繁殖之所。”唐宋以来，史家多引用之。时至今日，仍多取此说。也有人认为这是“望文生义”：鸠鸟并非食鱼的水禽，而是生活在丛林中的鸟类，与芜湖古地名无关[②]。还有人认为鸠兹还可称勾兹、皋兹、祝兹等，就不必义解，而从音训角度分析，认为“吴国语言与中原语言有着较大的差异……因而这些记音汉字的本身并没有实际的意义……吴国地名只可音训而不可义解”[③]。笔者认为，看问题不能绝对化，对“鸠兹”的理解既可音训也可义解，音训有音训的道理，义解也有义解的根据。汤家山、烟墩山、荞麦山三处西周墓、吴王墓发掘出来同样的青铜权杖的杖首（图2-2-6），可以认为这是一种权力的象征，也可以认为鸠鸟很可能是春秋战国时期芜湖等地古越族的一种图腾。更何况这还可以和《诗经》的开篇之作《关雎》里提到的“在河之洲的关关雎鸠”联系起来。1999年芜湖城市广场的中心立起了33米高“鸠顶泽瑞”巨型雕塑，由我国著名美术家韩美林设计，得到广泛认可，成为芜湖当代的一处城市文化标志（图2-2-7）。至于“鸠兹”的“鸠”到底是什么种类的鸠，刨根问底，大可不必。

图2-2-6　芜湖汤家山西周墓出土的杖首

图2-2-7a　韩美林设计的“鸠顶泽瑞”雕塑细部

① 张小帆：《繁昌汤家山西周墓的再认识》，《南方文物》，2014年第1期，第52页。

② 芜湖市政协学习和文史资料委员会，芜湖市地方志编辑委员会办公室：《芜湖通史（古近代部分）》，合肥：黄山书社2011年版，第20页。

③ 张敏：《鸠兹新证——兼论西周春秋时期吴国都城的性质》，《东南文化》，2014年第5期，第83页。

图2-2-7b “鸠顶泽瑞”雕塑

3. 两汉时期的芜湖县——春秋鸠兹城的延续

春秋时期的鸠兹邑，一直属吴。战国初年，越王勾践灭吴（前473）后属越。战国中期，楚灭越（前355）后属楚。战国末年，秦王政灭楚（前223）后属秦。

公元前221年，秦始皇统一全国。公元前213年，废弃分封制，推行郡县制。最初全国分为36郡，后又增至41郡，均未设置鄣郡。原江南吴越地区只设一会稽郡，秦末才设鄣郡。汉武帝元封二年（前109）改鄣郡为丹阳郡，治宛陵（今宣州区境内），领十七县。其中，皖南占有十县，内有芜湖。一般认为，这是芜湖作为县治之始，也是作为县名之始。县治设在鸠兹城，直到东吴黄武二年（223）。鸠兹城作为县治长达332年。两汉时期芜湖县的辖区范围包括今当涂县大部、芜湖县全部和繁昌、南陵两县的北部，南北长约65千米，东西宽约50千米。“百里芜湖县，封侯自汉朝。”①芜湖设县以后，汉王朝曾多次封侯于芜湖。汉章帝章和元年（87）、汉安帝建兴元年（121）都曾封过芜湖侯。汉和帝永元二年（90），芜湖侯无忌还被封为齐王，芜湖城市的政治功能有了加强。汉代芜湖县城与春秋鸠兹邑同为一个城址。自汉武帝元封二年置芜湖县，至东晋安帝义熙九年（413）被撤销，历时522年。也有学者认为，汉代芜湖县设置至迟在前128年，县治并不设在鸠兹邑②，均尚待进一步考古论证与研究。

据光绪《宣城县志》记载：“楚王城，北一百一十里……旧云吴楚相距，因山创城，形势逶迤，门阙俨然。又云楚王英筑。”这就是说宣城以北55千米处有座楚王城，是春秋时期吴楚相争时所创建，后楚王英又在此基础上有过重筑。这也是当地人俗称其为“楚王城”的原因。楚王刘英是东汉光武帝刘秀（25至58年在位）之子，曾被封于此。1978年秋北京大学地理系师生来此实地考察后，曾写过专题报告《芜湖市历史地理概述》，指出“‘楚王城’应是西汉芜湖城的遗址，亦即古鸠兹所在之地”，并附有一张楚王城遗址及附近地形图（图2-2-8）。这个专题报告经过细致的现场考察，也做了周密的历史考证，对以后的楚王城研究影响很大。笔者根据现有资料试绘出芜湖楚王城遗址平面示意图（图2-2-9），供以后的深入研究作参考。

① 刘秩：《过芜湖》。

② 姚永森：《长江重镇芜湖之谜》，合肥：安徽人民出版社2009年版。

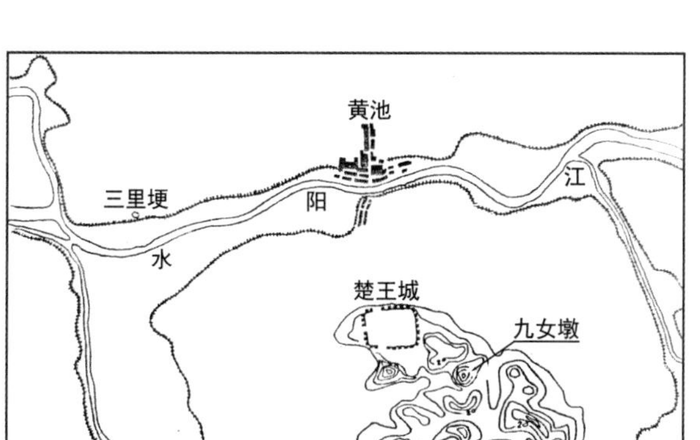

图2-2-8　楚王城遗址及附近地形示意图

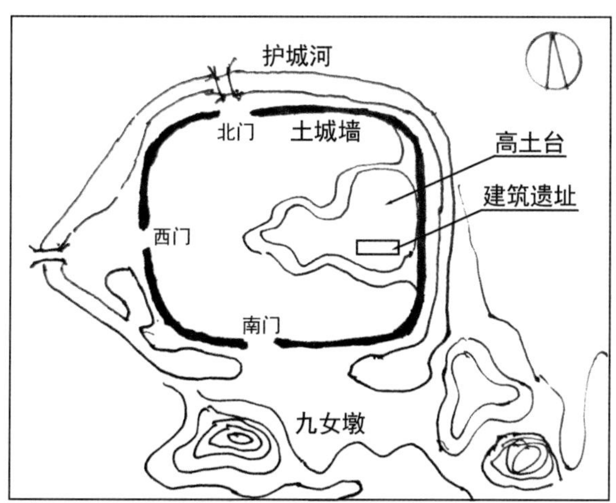

图2-2-9　楚王城遗址平面示意图

关于“芜湖”县名，是“无”还是“芜”，说法不一。“无湖”与“芜湖”有一字之差。一种观点认为，从汉武帝元封二年（前109）置县，到东晋安帝义熙九年（413）被撤销，县名一直沿用“无湖”，既有史料记载，又有文物印证①。另一种观点认为，“芜湖县”是因“芜湖（水）”而得名，这也有史料为证。唐李吉甫《元和郡县图志》载：宣州当涂县下“芜湖水，在（当涂）县西南八十里，源出丹阳湖，西北流入大江。汉末湖侧亦尝置芜湖县”。北宋乐史《太平寰宇记》引《元和郡县图志》并加以解释说：“芜湖（水名），长七里，蓄水不深而多生芜藻，故曰芜湖，因此名县。”清顾祖禹《读史方舆纪要》再引《太平寰宇记》云：“以地卑蓄水而生芜藻，因名。”笔者认为，“芜湖”与“鸠兹”同样均为古越语地名的汉语译音，文字用“芜”或“无”表达皆可。但从含义的准确性出发，“芜湖县”似更妥，理由很简单，“芜湖”确实有湖，即长七里的“芜湖水”，“芜湖县”是因湖而得名。“芜湖”并不是“无湖”。这与无锡、无为两地名不同，在《辞源》里能查到无锡、无为两县，但查不到无湖县。

4. 三国至东晋时的芜湖城——从鸡毛山城到王敦城

（1）三国鸡毛山城。

东汉末年，孙吴割据江东，赤壁之战（208）后，与魏、蜀鼎足而立，争霸中原。东汉献帝建安十六年（211），孙权将都城迁至建业（今南京）。为抗拒曹操，保卫京都，第二年春在芜湖长江西岸修筑濡须坞。濡须，水名，今称裕溪河。在入江口筑坞，即修建御敌的城堡。建安二十三年（218），孙权命大将军陆逊率数万人屯驻芜湖。黄武二年（223），孙权将芜湖县的治所楚王城迁到今市区鸡毛山一片高地，并将丹阳郡治也迁于此。自此，完成了芜湖古城址的又一次大迁移，这是一次城址由临内陆小河变为临通江大河的重要转变。这里距离长江不到5千米，芜湖遂成为长江东岸的军事重镇。三国时期的鸡毛山芜湖城应是芜湖地区的第三个古城址。

当时，青弋江与长江交汇处是大片的湿地，鸡毛山、神山、赭山、范罗山、弋矶山等地势较高，山上散布着许多聚族而居的村落。文物部门曾在鸡毛山附近发掘了数十座战国至两汉时期的墓葬，陪葬器物有陶器、铜器、铁器、玉器、骨器、琉璃器，数量大，种类多。可见鸡毛山一带自古以来就是一处比较理想的宜居之地，自然是一处好的城址。

① 芜湖市政协学习和文史资料委员会，芜湖市地方志编辑委员会办公室：《芜湖通史（古近代部分）》，合肥：黄山书社2011年版，第36页。

孙吴政权在鸡毛山初建三国城时，城周围还是一片湖泊，无须筑城墙。后来湖泊逐渐消失，周围陆地不断扩大。孙吴在此建城不仅满足了军事需要，客观上也促进了这一地区的经济发展。这一时期，大量北方人口为避战乱多批南迁，不仅使这里劳动人口明显增多，也带来了先进的农耕技术。黄武五年（226），陆逊为解决军粮问题，就近屯兵垦殖，对丹阳湖区进行军屯，万春圩始筑于此。赤乌二年（239），孙吴又在此大修水利，并从江北招来十万流民在此围湖造田，著名的咸保圩即当时所筑。荒芜的湖泊低地开始变成农田，活跃了当时的社会经济，推动了商贾贸易，还促进了港口的发展。

赤乌二年，即鸡毛山建城16年后，芜湖建筑史上发生了一件大事，就是建了一座见于记载的全国最早的城隍庙[①]。自从有了城墙，就同时有了城隍神的观念。在周代，祭祀城隍神已列入国家的祀典。“城”是城墙，“隍”是城墙外环绕的深沟，“城隍神”是我国古代城市的守护神。城隍庙就是人们祭祀城隍神的建筑。郝铁川认为，“据宋代越与时《宾退录》及清代秦蕙田《五礼通考》记载，为城隍神建庙始于三国时期的东吴政权赤乌二年，地点是安徽芜湖”[②]，是有根据的。有人认为此庙在当涂，证据不足。当涂的城隍庙应当明确称为当涂城隍庙，与芜湖城隍庙是两回事。公元239年既然已有了城隍庙，也应当建有城池。芜湖三国城的城墙最迟建于公元235—238年，这是笔者的初步推断，尚需进一步深入论证。芜湖最初的城隍庙应在“三国城”内，并不在现存的这座城隍庙位置。

（2）东晋王敦城。

太康元年（280），西晋灭吴。公元317年，司马睿在建康（今南京）称帝，史称东晋。东晋初年，权臣王导的族弟镇东大将军王敦图谋篡位。明帝太宁元年（323），王敦举兵武昌，顺江东下，屯兵芜湖。在鸡毛山旧城（三国城）的基础上，高筑土城墙，外有壕沟，史称“王敦城”，其城中心位于今芜湖二中老校址。王敦叛乱，后被平定。之后，东晋政权一直派权臣驻守芜湖，可见晋室对芜湖的重视。“王敦城”与“三国城”为同一个城址。从1300多年后明末清初芜湖画家萧云从所绘的《太平山水图》之“东皋梦日亭”中依然可见当年王敦城的险要地势（图2-2-10）。图中绘有砖砌城墙，不知根据何在。图中文字讲了王敦梦日的故事。

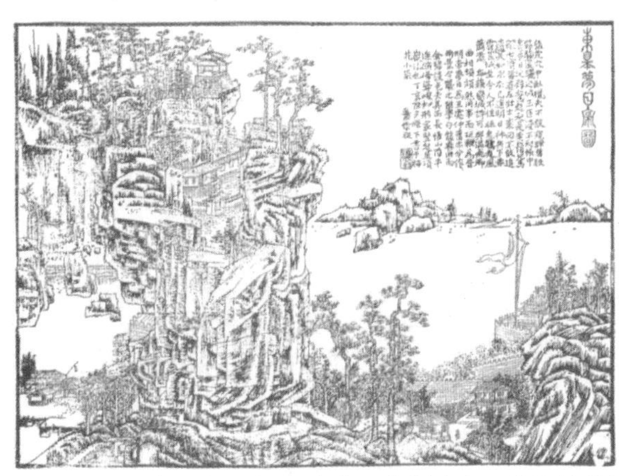

图2-2-10　萧云从所绘“东皋梦日亭”(绘有王敦城城墙)

东晋时期，因战争频繁，北方移民大量南迁，芜湖成为南渡的重要地区。如晋成帝咸和四年（329）侨立豫州于芜湖，孝武帝宁康二年（374）又侨立上党四县于芜湖。到晋末义熙九年（413），正式撤销芜湖县，将其并入侨置的襄垣县，治所在芜湖城（鸡毛山），使设县520多年、迁治190多年的芜湖县退出历史舞台，直到500多年后的南唐时才重新设立芜湖县，但是芜湖城市本身一直存在。

“于湖”和“芜湖”，都是县名，两晋时期直到隋末两县并存。因于湖和芜湖两地相连，读音相近，两县常被混为一谈。如宋代著名文学家陆游在《入蜀记》中认为，于湖乃东晋时期改自芜

①《辞海》，上海：上海辞书出版社1999年版，第1536页。

② 郝铁川：《灶王爷、土地爷、城隍爷：中国民间神研究》，上海：上海古籍出版社2003年版，第201页。

湖。南宋著名词作家张孝祥晚年寓居芜湖，却自称“于湖居士”，有《于湖居士文集》《于湖词》传世。其实，西晋统一后，安徽设有3州13郡70县。扬州丹阳郡下置丹阳、于湖、芜湖三县。于湖县设立于晋武帝太康二年（281），到隋炀帝大业十年（614）裁撤，存在了300多年。晋末芜湖曾并入襄垣，又与于湖同隶淮南郡。据秦建平考证，东晋成帝侨立豫州于江淮之间，居芜湖；侨立淮南郡，居于湖（今当涂南）。晋末（420年前）割于湖县为实土，治所在今南陵东南。隋开皇九年（589）移治姑孰，即今当涂县治[①]。可见，于湖非芜湖。因为曾有于湖县治设置在芜湖县境内的情况，所以容易混淆。于湖县具体位置，据《读史方舆纪要》记载：“于湖城，在府治（今当涂）南三十八里。”北京大学侯仁之教授经过实地考察，认为于湖县城可能在今鸠江区的王拐附近。太平府旧志谓：于湖城“高九丈，周十九里，门六”。常有人将此城误为楚王城，这就是张冠李戴了。

5.南北朝至宋元芜湖城——宋城是芜湖历史上最大的城

（1）南北朝至隋唐时期的芜湖。

南北朝长达170年的分裂时期，今芜湖境先后属宋、齐、梁、陈四个短命的南方王朝。此时期，芜湖有过多次大战，成为南北争峙的军事重镇，各方统治者都委派重要将领镇守芜湖。隋朝，芜湖镇随襄垣并入当涂，属丹阳郡。唐初，芜湖是江南道宣州当涂县的一个镇。直到南唐升元年间（937—943）复置芜湖县（县治仍设在鸡毛山城址），隶属于国都所在的江宁府（今南京市），政治地位才有所回升，经济也得到长足发展。

隋唐时期，我国封建经济进入全盛阶段。随着国家的统一和南方生产水平的提高，中国经济重心南移。芜湖城市的军事功能逐渐减弱，但随着漕运和贸易的加强，城市经济得到较大发展。由于水利工程的兴修，圩田事业的继续，大批农田得到开垦，又促进了手工业（酿酒业、陶瓷业、纺织业等）、矿业（尤其是铜矿的开采和冶炼）和商业的发展。至于这一时期芜湖文化方面的兴盛，特别要提到佛教寺院的兴建以及唐代诗人与芜湖的交集。佛教自东汉传入中国，东吴时传至建业。隋唐时期，佛教在芜湖地区的传播进入快速发展时期。最著名的是唐昭宗乾宁四年（897）在赭山建造的广济寺。唐代著名诗人李白从729年到754年的25年间曾在芜湖留下七次游踪和大量诗篇。除李白之外，王维、杜牧、孟浩然、王昌龄、贾岛等唐代著名诗人也在芜湖地区留下了他们的足迹和诗歌。

（2）宋元芜湖城。

公元960年，宋太祖赵匡胤建立北宋政权。太宗太平兴国二年（977），设太平州，含当涂、芜湖、繁昌三县，州治当涂。元时，芜湖先后属江浙行中书省、太平路、太平府。北宋初年，芜湖只是千户以上的中县，人口在6000人左右。元代，芜湖已是拥有万户以上的中县。南宋至元朝芜湖人口迅速增长，经济发展也加快。

芜湖自南唐重设县治后，宋代相沿。978年，原属宣城管辖的芜湖改属太平州（治当涂姑熟城）管辖。因无城垣，就“编户三十五里”作为范围[②]，可见城市规模已经不小。北宋结束了五代十国的分裂局面后，很多城市重修、扩建或重新筑城。芜湖随着地方经济的发展，筑城提上议事日程。芜湖宋城到底筑于何年，现已无确切史料可查，有人推断筑于11世纪初的北宋初年，姑且信之。芜湖宋城范围有多大？民国《芜湖县志》记载：“明初筑城，收缩甚多，则宋城之大

① 秦建平:《“于湖”与“芜湖”》,大江晚报,2016年11月20日。

② 唐晓峰等:《芜湖市历史地理概述》(内部资料),芜湖市城市建设局1979年,第11页。

亦可想见。”[①]由此可推测：宋城范围北至“高城坂”，离神山不远；东至“鼓楼岗”，东南角抵“濮家店”；南临青弋江；西至西门外“大城墙根”（图2-2-11）。民国《芜湖县志》载“宋城规模周1900余丈”，这是明城周长的2倍多，可见面积比明城大4倍。此城城垣系以夯土筑成，土中加有石灰等。城市布局现难知晓，只知县衙位于古城西部核心位置，有南北向中轴线。今存的商业街，如兴隆街、笆斗街、打铜巷、米市街、薪市街、鱼市街、花街、南正街、西内街等，都属宋城内的商业区，是昔日各行各业的集中场所。惜芜湖宋城毁于南宋建炎年间（1127—1130）的战乱。淳熙七年（1180）又一次重建城垣，但城内的繁荣程度已大不如前。元末，至正十五年（1355）又被兵火所毁。相当于府城规模的芜湖宋城，竟未能留下一点痕迹，实在可惜。

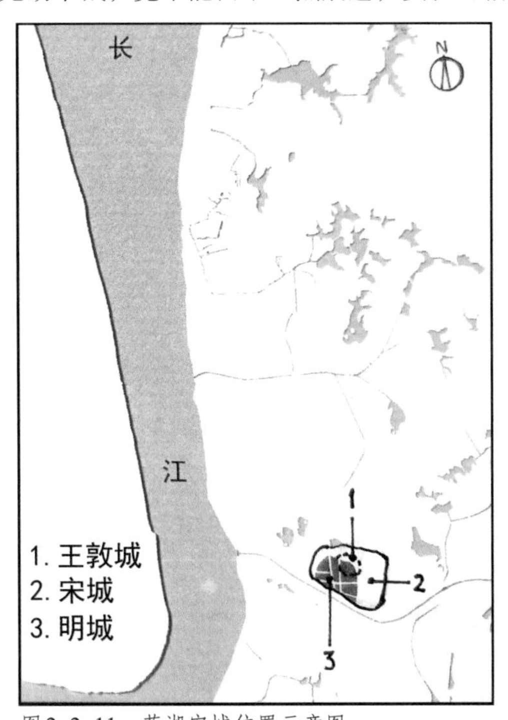

图2-2-11　芜湖宋城位置示意图

芜湖圩田，始自孙吴政权对这里的开发，据嘉庆《芜湖县志》载：“芜湖东四十里有圩曰咸保，古丹阳湖地也，世传吴赤乌二年围湖成田。”农家有云：“圩者，围也，内以围田，外以围水。”南唐时期，芜湖境内兴修的圩田，到北宋初江南发大水，尽被洪水吞没，其后荒废约80年。直到宋仁宗嘉祐六年（1061），沈括、沈披弟兄二人指导重修万春圩，该圩成为当时江南最大的圩田（今芜湖城东新区一带）（图2-2-12）。圩田筑有宽6丈、高1.2丈、长84里的大圩埂，四周建有5座圩门，圩内开垦良田1270顷。圩内有一条纵贯南北22里长大道，宽可供两辆马车并行。北宋末年，宋徽宗政和年间（1111—1117）官方修筑了政和、易泰、陶辛、行春四大官圩，周长45里。到1165年，芜湖各圩周长合计已达290里。因两宋期间大规模开垦圩田，原来的芜湖泊收缩很快，到13世纪元代时只剩下三个小湖（天成湖、易泰湖、欧阳湖）。到19世纪，因进一步围垦，芜湖泊最后消失。

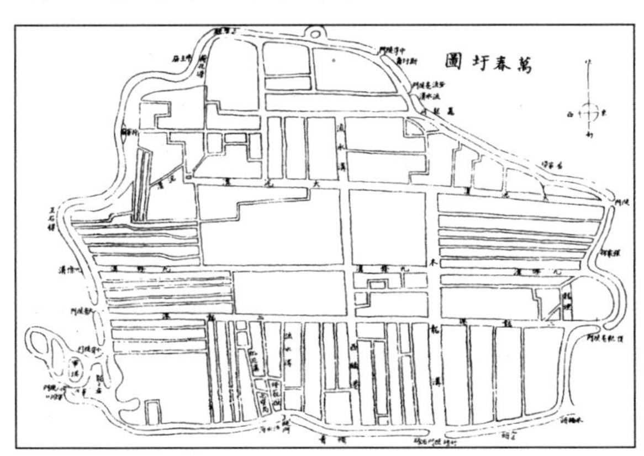

图2-2-12　万春圩总平面示意图

圩田的发展使芜湖成为宋代农业生产发达的地区，农业发展又带动商业发展，宋元时期的芜湖已是江南大县，皖南门户，“万家之邑，百贾所趋”，成为长江流域著名的商业城市。商业兴盛又是农村设镇的主要条件，因此出现了一批镇和“市”，如黄池镇、符里镇（东门渡）和澛港、荻港、新林等。

宋代芜湖地区制瓷业有很大发展，其中繁昌县在中国陶瓷史上占有重要地位。位于繁昌县城

① 民国《芜湖县志》卷十《建置志·城》。

南1千米的柯家村窑，创烧于五代，兴盛于北宋早、中期，烧制的影青瓷，又叫青白瓷，比较罕见。繁昌窑是长江中下游地区专烧青白瓷的古瓷窑遗址，2001年被国务院公布为第五批全国重点文物保护单位。

宋元时期芜湖文化十分活跃，著名文人如梅尧臣、苏轼、黄庭坚、陆游、萨都剌、欧阳玄等或游历芜湖，或曾在此任职，他们留下的一些诗篇，对芜湖的历史文化、风土民情有生动的反映。张孝祥（1132—1170），两岁随父徙居芜湖，22岁廷试擢进士第一，成为芜湖历史上唯一的状元。他是宋代词坛上承苏东坡、下启辛弃疾的著名词作家。他捐田百亩，给芜湖留下了珍贵的镜湖。欧阳玄（1274—1358），欧阳修之后，1319年在芜湖知县任上，悉心保护修葺芜湖的名胜古迹，为“芜湖八景”定名并赋诗，肯定和丰富了芜湖的地方文化。

北宋元符三年（1100），芜湖知县蔡观在县治东南创建芜湖学宫，建造文庙，实行“庙学合一”。南宋建炎年间（1127—1130）毁于兵火，绍兴十三年（1143）重建。这是芜湖最早的官办教育基地。宋元时期，芜湖共出进士16人。

宋元时期，佛教盛行。芜湖有四大名寺：东有能仁寺，西有吉祥寺，南有普济寺，北有广济寺。四寺分布在县城四方，象征着佛教的四大菩萨道场。其中广济寺影响较大，位于赭山南麓，始建于唐代，初名永青寺，宋代改为广济寺，以后历代有重修。

6. 明清芜湖城——芜湖古城最终定型

（1）明代芜湖城。

明初，朱元璋建都南京，为巩固政权和恢复社会经济，多次下达《免租赋诏》。经过一段时间的休养生息，芜湖的经济逐步恢复，人口也逐渐增多，到洪武二十四年（1391）全县人口已有3万余人，成为一个繁华的工商业城市。芜湖乡村由于兴修水利，继续开发圩田（仅1413年修的陶辛、政和二圩面积就有9.3万亩），农业生产也得到发展。全县境域出现繁荣景象（图2-2-13）。“芜湖附河距麓，舟车之多，货殖之富，殆与州郡埒。”[①]一个县城竟能比肩州郡，说明芜湖的地位已不下于州郡了。各地的商人和工匠纷纷来芜经营，尤其是以阮弼为代表的大量徽商云集芜湖，使芜湖的浆染业和炼钢业进入鼎盛时期。“织造尚淞江，浆染尚芜湖”，“铁到芜湖自成钢”，闻名遐迩。芜湖不仅成为著名浆染中心、冶铁中心，而且成为长江中下游地区的交通枢纽和商业中心。明朝中后期在芜湖设立了征收商税的机关——工关（1471年设）和户关（1630年设），这体现了明朝廷对芜湖税源的重视，也反映出芜湖经济功能增强后政治地位的提升。

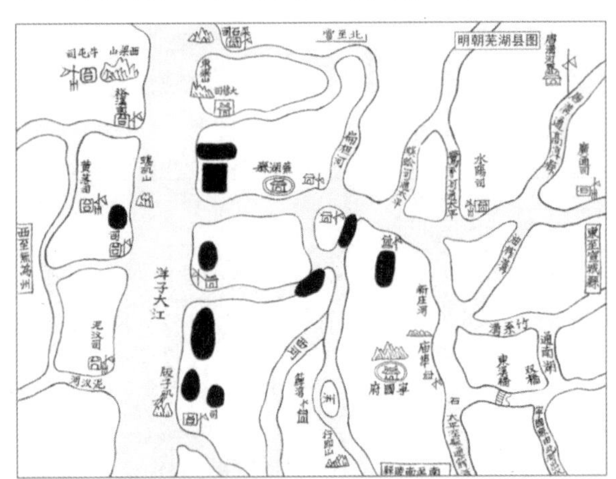

图2-2-13　明代芜湖县全境示意图

由于明初朱元璋的“堕城罢戍”政策，“邑非附郡者不城”，芜湖在入明200年中一直没有城垣。明代芜湖商业、手工业、贸易的发展带来了城市的繁荣，也招来了日本海盗的垂涎。嘉靖年间（1522—1566），倭寇常扰沿海、沿江城镇，1559—1574年芜湖又多次出现抢掠和盗劫县库事件。为安全计，决定筑城，并讨论了三个方案：其一，城周1900丈，基本上恢复原宋城规模，因所需经费太多被否决；其二，城周300

① 嘉庆《芜湖县志》卷一。

丈，仅将县署附近圈于城墙之内，因“城应卫民而非弃民”，也被否决；其三，城周939丈，这个折中方案最后被采纳。在原宋城的西南部也是当时的街市中心划出一个城圈，用商民出大头，乡绅出小头，县衙少量投资的办法修建明城。万历三年（1575）二月开工，先建了城门，历时六年，于万历九年（1581）完全建成。这座“市中之城”的城垣即后来的环城路。城周约2500米，城高约10米，城基厚约6米，城顶厚约4米。这座砖城用砖较大，厚7～10厘米，长34～37厘米。明城共设4座城门，东为宣春门，南为长虹门，西为弼赋门，北为来凤门，门上皆有城楼。其中长虹门与来凤门尚筑有月城。另设3座便门，东有迎秀门，南有上水门和下水门。考虑文庙的风水，万历四十年（1612）又在城的东南角开了金马门。明城范围已较宋城大大缩小（图2-2-14）。芜湖明城应是芜湖古代城址与宋城略同的第五座城池，筑有砖质城墙。

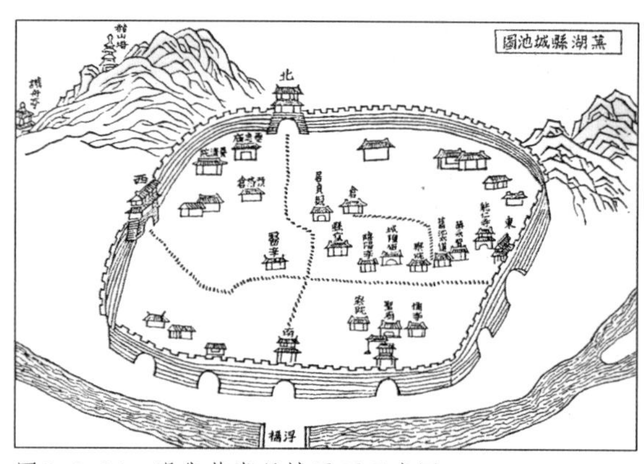

图2-2-14　明代芜湖县城平面示意图

建芜湖明城之前，南陵筑过城（图2-2-15）。南陵在明武宗正德年间（1506—1521）先建造了城门，城墙工程采取乡民和富户分配包筑的方法。嘉靖四十二年（1563）十二月开工，第二年三月完工。城周六里，四面有城门，东曰宝宏，南曰福宏，西曰瑞宏，北曰灵宏。门上有城楼，四城门皆有月城，南北门另有水关。墙高二丈五尺，厚三丈，为砖包土城墙。万历九年（1581），又将城墙增高三尺。清康熙五十三年（1714）、乾隆二十九年（1764），城垣两度重修①。

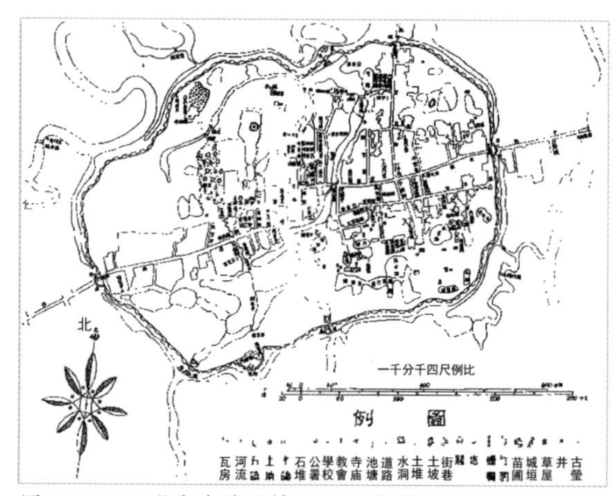

图2-2-15　明代南陵县城平面示意图

建芜湖明城之后，繁昌筑过城。县治原在滨江的新港镇，明英宗天顺元年（1457）迁至峨山西北麓。崇祯十一年（1638）二月开始筑城，第二年三月告成。城周三里二百一十二步，城高二丈三尺，有五门。另设二水关（图2-2-16）②。此城建造曾得到芜湖县的银两帮助。

图2-2-16　明代繁昌县城平面示意图

① 芜湖市政协学习和文史资料委员会，芜湖市地方志编辑委员会办公室：《芜湖通史（古近代部分）》，合肥：黄山书社2011年版，第152-153页。

② 芜湖市政协学习和文史资料委员会，芜湖市地方志编辑委员会办公室：《芜湖通史（古近代部分）》，合肥：黄山书社2011年版，第152页。

(2) 清代芜湖城。

明末清初的易代之变以及清前期的三藩之乱，对芜湖经济发展虽有影响，但影响不大，芜湖的社会经济恢复很快。清初地理学家刘献廷曾言："天下有四聚：北则京师，南则佛山，东则苏州，西则汉口。然东海之滨，苏州而外，更有芜湖、扬州、江宁、杭州以分其势，西则惟汉口耳。"[①]可见芜湖在全国城市中已有相当高的地位，清初的芜湖已是我国最繁华富庶地区的核心城市之一。"四大聚""四小聚"之说虽是一家之言，但可以想见芜湖当时在国内的影响。

清代芜湖城垣沿用明城，顺治十五年（1658）、乾隆十年（1745）曾两度维修。咸丰三年（1853），太平军与清军在此争战，城垣毁损过半。同治年间（1862—1874），对三面城墙进行了修整加固。

至1876年《中英烟台条约》签订，清代芜湖以明城为基础，向西不断扩大（图2-2-17）。据嘉庆《芜湖县志》记载，嘉庆年间的街巷已由清初的87条增加到125条。当时，城内街巷已有39条（图2-2-18），城外街巷已有86条（河北63条、河南23条）。清代的长街已号称"十里长街"（其实城内外街道加在一起只有七里长）。弼赋外的街巷已发展到33条，初步形成商业街区，城市的商业中心已由城内的花街、南大街转移到长街。长街建起的多是二层砖木结构的楼房，前店后坊或前店后宅，一派皖南徽派建筑风貌。长街后沿紧靠青弋江北岸，江边有徽州码头、寺码头，还有头道渡、二道渡以及老浮桥、利涉桥（1946年改建后称"中山桥"），都通往长街，货运交通极其方便。随着青弋江两岸联系的改善，河南的"南市"也初步形成。

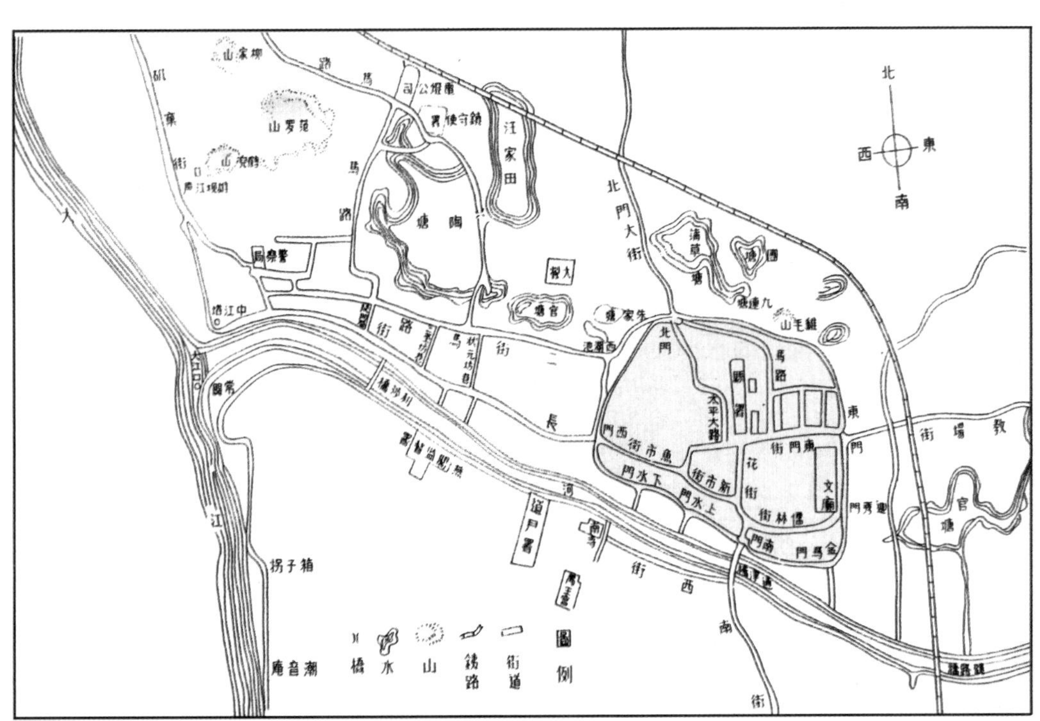

图2-2-17　清末芜湖城厢示意图

① 刘献廷:《广阳杂记》卷四。

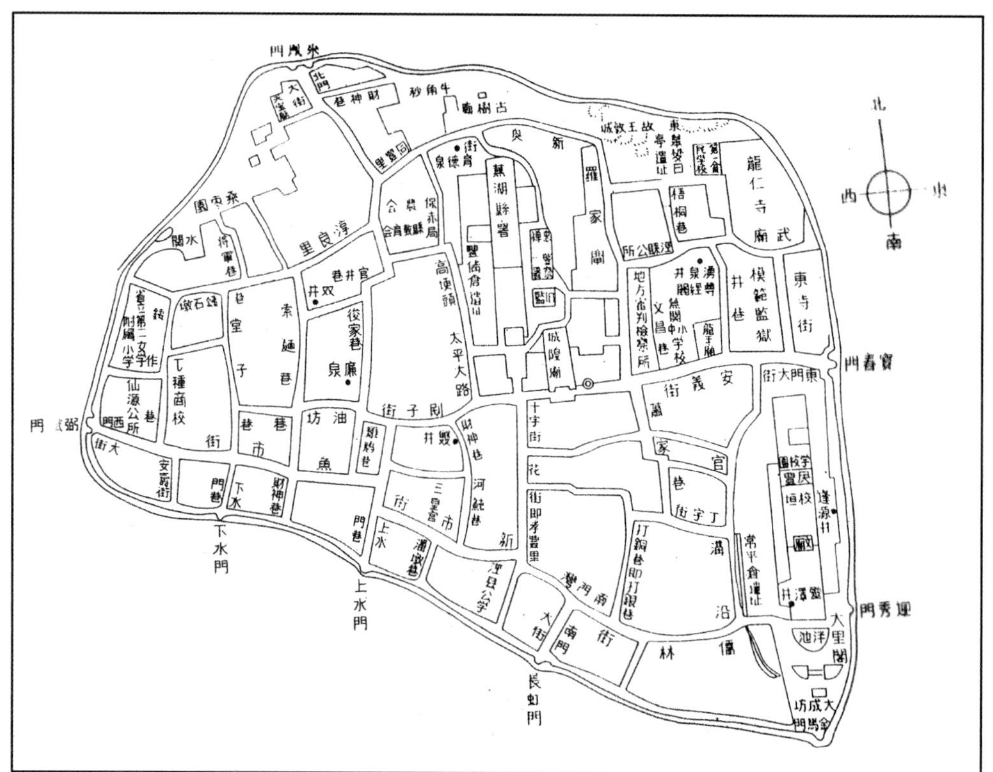

图2-2-18　清末芜湖老城区示意图

农业生产方面，明清时期圩田继续发展。一是新筑圩田增多，如万春圩的耕地面积清代比元代扩大了近7倍，又如明代新筑的南陵下林都圩，清代新筑的繁昌天成圩。二是实施联圩并堤，将小圩联成大圩，如红杨镇和平圩（由明代六圩联成）、繁昌高安圩（由清代三圩联成）、南陵太丰圩（由明代十三圩联成）。丘陵山区，种植经济作物，开发广度和深度均超过宋元时期。芜湖境内水网纵横，湖塘棋布，水产资源十分丰富，带动了鱼米贸易的繁荣。芜湖四乡鱼市就有19个，极为红火。古城内还有专门经营鱼类商品的“鱼市街”“河豚巷”“螺蛳巷”。

由于商品经济的发展，芜湖清代出现不少兴盛的乡村市镇。如澛港镇，芜湖县首镇，商业发达，米商云集；湾沚镇，千年古镇，重要盐埠，“商贩辐辏”；荻港镇，千年古镇，商船云集，商业繁盛；弋江镇，千年古镇，船只密泊，商埠重镇。这些市镇与芜湖构成了有密切联系的城镇体系。

各地来到芜湖的商人，经营种类众多，如竹木、茶叶、烟草、药材、米业、盐业、布业、杂货业等等。到晚清之际，都成立了各个行业的公所。来自不同地区的外地商人，也各自形成了帮派，如徽帮、江西帮、江浙帮、宁波帮、广西帮等等。各帮都有自己擅长的业务，各领风骚，各扬其长。

徽商，顾名思义就是徽州商人，俗称徽帮。当时的徽商多生活在今黄山市、绩溪县和江西婺源县一带。徽商起步于东晋，成长于唐宋，兴盛于明清，是我国十大商帮之一。徽商通过青弋江向北到芜湖，或通过新安江向东到杭州，再沿长江和运河辐射四方。“无徽不成镇”，可见徽商影响之大。在芜湖的众多商人中，尤以徽州商人数量最多、实力最强、影响最大。清朝时，在芜湖的徽商大户有38家，有行商，有坐商。盐、典、茶、木、粮、布、药等是徽商的主要行业。著名的徽商有：阮弼，歙县人，明代在芜湖开设染坊，佣工几千人，经营规模相当大，使芜湖浆染

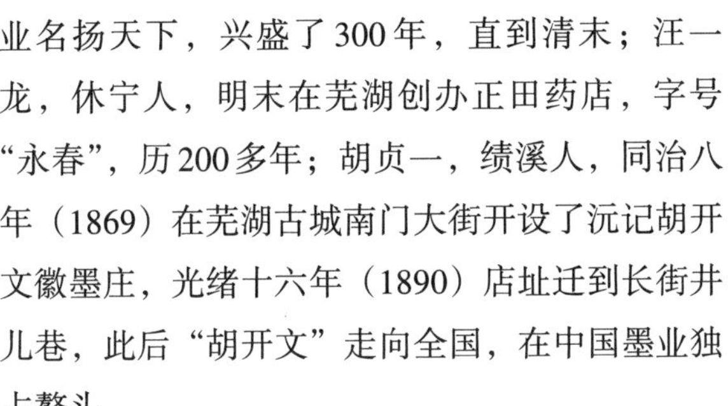

业名扬天下，兴盛了300年，直到清末；汪一龙，休宁人，明末在芜湖创办正田药店，字号“永春”，历200多年；胡贞一，绩溪人，同治八年（1869）在芜湖古城南门大街开设了沅记胡开文徽墨庄，光绪十六年（1890）店址迁到长街井儿巷，此后“胡开文”走向全国，在中国墨业独占鳌头。

会馆是各地商人联络乡谊的聚会之所，还能“平物价、息争端、制良善”。早在明永乐十九年（1421），芜湖人俞谟（时任工部主事）捐资创建京都芜湖会馆，开创了我国会馆建筑之先。当时在芜湖本地建造的会馆有20多所，最早的会馆是建于明代的山东会馆。规模最大、规格最高、影响最深的是建于康熙十九年（1680）的徽州会馆，也叫新安文会馆，起初建在西门索面巷内，因“嫌其狭小”，后改在长街状元坊一带重建。约建于清中叶的有湖北会馆、湖南会馆，建于道光年间（1821—1850）的有庐和会馆、旌德会馆、山陕会馆、宿太会馆、潇江会馆。稍晚兴建的还有宁波会馆、浙江会馆、福建会馆、江苏会馆、广东会馆、安庆会馆、江西会馆、太平会馆、潮州会馆等[①]。芜湖的会馆对芜湖的商业发展起到了积极的作用。

清初时芜湖已成为安徽的手工业中心，浆染业在清代已居全国前列。芜湖的手工炼钢在清代得到较快发展。较大规模的钢坊，清初只有8家，到乾隆、嘉庆年间（18世纪下半叶）已发展到18家，较小规模的冶钢业者数十家。芜湖靠着悠久的冶炼历史和炼钢技艺的大胆创新，与广东佛山、江苏苏州并列为当时中国南方的三大钢铁制造中心。由于芜湖钢铁冶炼业发达，以此为材料制成的芜湖特产“三刀”（剪刀、菜刀、剃刀）和铁画远近闻名。

芜湖铁画开拓者汤鹏，字天池，大约生活在清初顺治到康熙年间（1644—1722）。汤鹏原以打铁为生，乐于绘画，后致志研制铁画，向姑熟画派创始人萧云从（1596—1673）学画后功力大增，达到“铁为肌骨画为魂”的境界，终成铁画名家。铁画技艺传到乾隆、嘉庆年间，芜湖工匠已能成批生产铁画。到了当代，芜湖铁画已成为中华文化艺术品市场的一朵奇葩，也是我国首批国家级非物质文化遗产保护项目之一。

工商业的繁盛，自然吸引了大量金融行业的商人进入芜湖，于是徽商的典当、晋商的票号纷纷入驻。“钱业：道光间，票号十数家，钱业十余家。”“典业：嘉道间十二三家，光绪间七家。”[②]

清代芜湖米市开始崭露头角，青弋江南北都是米行、米商云集。城东门以外加工稻谷的砻坊密布。康熙年间（1661—1722）有砻坊80所，至乾隆、嘉庆年间（1736—1820）也有20余家，另有箩头行（小市行）20家[③]。这为以后芜湖成为我国“四大米市”之一打下了基础。

开埠前芜湖城市形态的变化是：古城内有填充式发展，西门外长街商业街区形成，河南沿江地区有了发展，与明代芜湖比较向西发展态势得到强化。

---

① 芜湖市地方志办公室，芜湖市商务局：《芜湖商业史话》，合肥：黄山书社2012年版，第143-145页。

② 民国《芜湖县志》卷三十五《实县志·商县》。

③ 芜湖市地方志办公室，芜湖市商务局：《芜湖商业史话》，合肥：黄山书社2012年版，第101页。

三、结语

1. 芜湖古代城市起源于商周时期

（1）繁昌人字洞遗址的发现证明芜湖地区是迄今亚欧地区已知最早的人类起源之地。

1929年北京猿人的发现和稍前爪哇猿人的发现，东亚地区被视为人类起源之地。20世纪50年代以后，非洲地区相继发现大批古人类化石，世界大多数科学家相信，人类可能最早起源于三四百万年前的非洲，世界各地的古人类都是从非洲迁移而来。繁昌人字洞的发现打破了这一结论，约250万年前的芜湖地区也是一处古人类的发源地，意义非常重大。

（2）芜湖地区在旧石器时代中晚期出现原始人类聚落。

我国旧石器时代的初、中期，原始人类以穴居、巢居为主，以狩猎为生，逐渐掌握石器制作技术。经过漫长的岁月，从穴居、半穴居过渡到旧石器时代晚期出现地面排屋，虽仍以渔猎为主，但开始有了农业，能够制造陶器，由不固定的群居，过渡到固定的居住点，再到出现最初的原始村落。在芜湖地区出现了距今80万—12万年的芜湖金盆洞遗址和距今10万—5万年的南陵小格里遗址。

（3）芜湖地区在新石器时代出现原始聚落。

距今7000—6000年前，我国黄河、长江、珠江、辽河等流域广大地区跨入新石器时代，产生了多种多样的彩陶文化，进入城市起源的滥觞期。在芜湖地区发现的聚落遗址有距今7000年左右的繁昌缪墩遗址，距今6000年左右的芜湖蒋公山遗址以及距今4500—4000年的繁昌中滩遗址。此时，两河流域的乌尔城（距今6000年左右创建）、尼罗河流域的孟菲斯城（距今5200年左右创建）和卡洪城（距今4000年左右创建）已有相当规模。

（4）芜湖地区在商周时期出现早期城市。

我国夏商周时期进入青铜文化时代，“雏形城市”开始出现。城市、文字、冶金术三大人类文明要素的出现，反映出社会发展已向国家过渡。夏代有陕西临潼的桀都斟鄩（姜寨遗址），河南偃师商城、郑州商城等。到西周出现晚期的雏形城市，或称“早期城市”，如鲁曲阜、齐临淄、燕下都。春秋战国时期我国城邑数已过千，得到了很大的发展。芜湖地区出现了商周时期的牯牛山古城和“甘宁城”。

2. 芜湖古代城市城址的选择及变迁

（1）围湖造田对芜湖古代城市选址及变迁的重大影响。

影响芜湖古代城市选址及变迁的因素很多，地形地势条件十分重要。古代芜湖地区绝大部分属古丹阳湖的湖区，湖区内又有漳河、青弋江、水阳江三条河流（图2-3-1）。最初城市的选择首先是要避开湖区，所以选择了湖区南侧漳河旁的牯牛山位置。自春秋时期吴筑相国圩于固城湖之西开创湖区开发先例，历经2000多年的围湖造田，促进了这一地区的农业经济和城市发展[①]。芜湖古代第二个城址（鸠兹城）和第三个城址（三国城）也都是选择在湖区中地势较高的高地上，又加速了周围的圩田建设。

（2）芜湖古代三个主要城址的确定都经过精心的选择。

芜湖古代城市城址的确定有过三次大的选择。第一次是商代末年牯牛山古城的选址，作为“吴王旧邑”，要“山枕梅根之冶”，也就是说要靠近大工山古铜矿，要利于铜矿开采与冶炼、管理与防卫。同时，古城的外城壕东通青弋江，西通漳河，交通十分方便。第二次是春秋中期鸠兹古城的选址，当时吴楚相争，战事频繁，中江水道成了战略要地，满足军事上的需要成为首要因

① 郭万清：《安徽地区城镇历史变迁研究（下卷）》，合肥：安徽人民出版社2014年版，第43-44页。

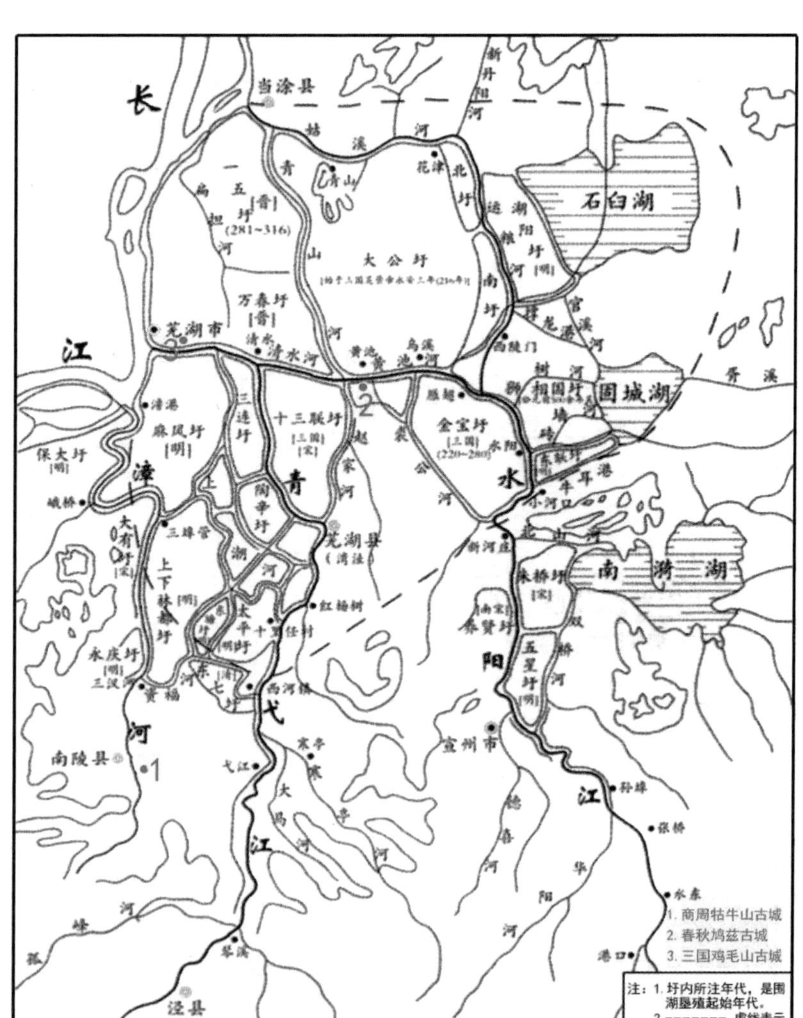

图2-3-1　丹阳湖流域围湖造田与城址变迁示意图

素。随着吴国疆域的东扩，吴都逐渐东移，这也是政治上的需要，同时还能保障“金道锡行”的转运。第三次是三国时期初年所做的城址选择。当时，魏、蜀、吴鼎足而立，争霸中原。为扼长江之险，拱卫孙吴都城建业（今南京），临近长江的鸡毛山高地十分理想，那时城址周围是大片湿地，湖泊很多，无需修筑城垣即能防卫。

（3）芜湖古代城市城址经过五次变迁确定了最终位置。

芜湖古代城市第一次城址变迁是牯牛山古城建城400多年后，在春秋中期向北偏东方向约50千米外的黄池鸠兹城址的大迁移，这是由近丘陵地区的流域城市向水网地区的临河城市转变。第二次城址变迁是800年后在三国时期初年由“楚王城”城址向西约20千米外的鸡毛山高地迁移，这是由临河城市向近江城市的重要转变，意义十分深远。约100年后的东晋初年，王敦城“原地踏步”，城址不变，范围不变，只在建城之始高筑了夯土城墙。第三次城址变迁是宋代芜湖城市范围向南的大幅度扩大，直抵青弋江边。距今约1000年前修筑的土筑宋城规模甚大，“殆与州郡埒（同等）”。第四次城址变迁是明代芜湖城址范围的明显缩小，只是440多年前修筑的芜湖明城已是砖筑城墙。第五次城址变迁是清代芜湖向西的明显发展，已抵达长江岸边，芜湖城市形态有了极大的改变，由块状城市变成了带状城市（图2-3-2），为今天已成为滨江城市的芜湖跨江发展打下了基础。

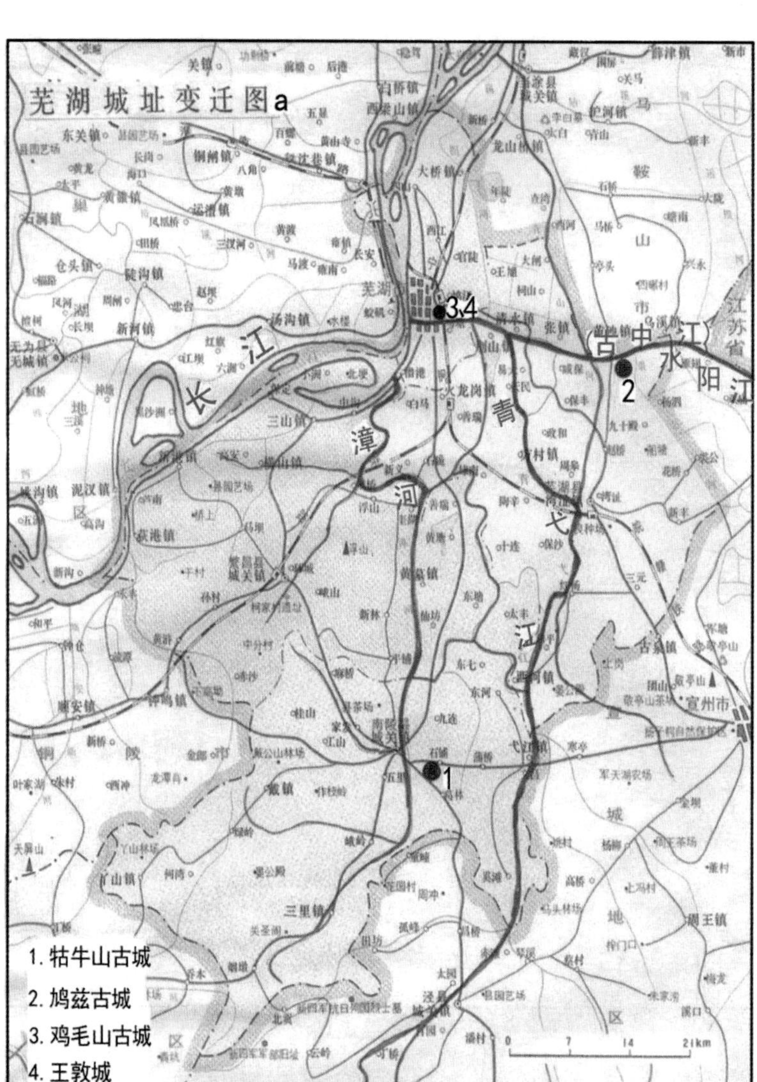

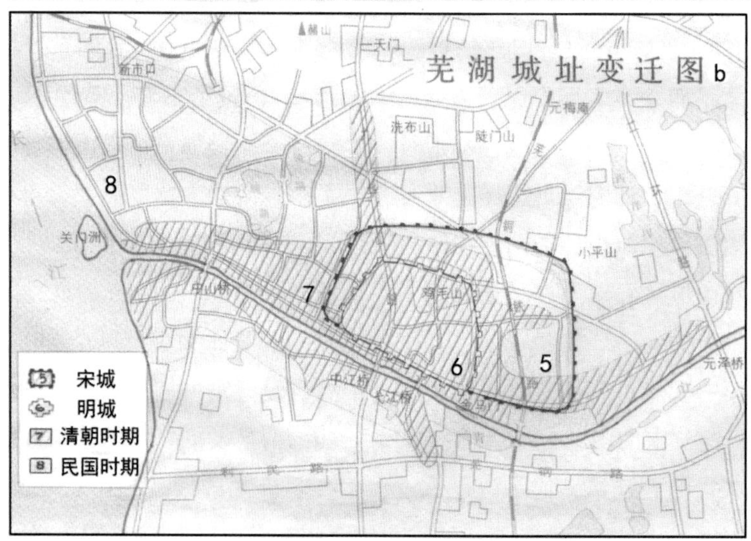

图2-3-2　芜湖城址变迁示意图

（4）从先秦时期的古遗址分布看芜湖古代城市城址的确定。

笔者对芜湖地区迄今已发现的先秦时期古遗址作了统计，总计140处，其中位于今市区内的有45处（含原芜湖县），位于原繁昌县的有70处，位于今南陵县的有25处。此外，还有繁昌县的万牛墩土墩墓群（分布6平方千米，全国重点文物保护单位），南陵县的千峰山土墩墓群（分布13平方千米，古墓995座，全国重点文物保护单位）（图2-3-3）。由此可以发现以下规律：主要分布在青弋江流域、漳河流域及沿长江一带；今芜湖市区、南陵县城、繁昌县城是其中三个核心位置，众多先秦遗址都围绕在其周围；今芜湖县是现代所设，原芜湖县位置的中心在芜湖市区，所以现芜湖县内分布的古遗址较少。可见古代城市城址是在众多古遗址中经过长期历史优化选择后的最佳结果。

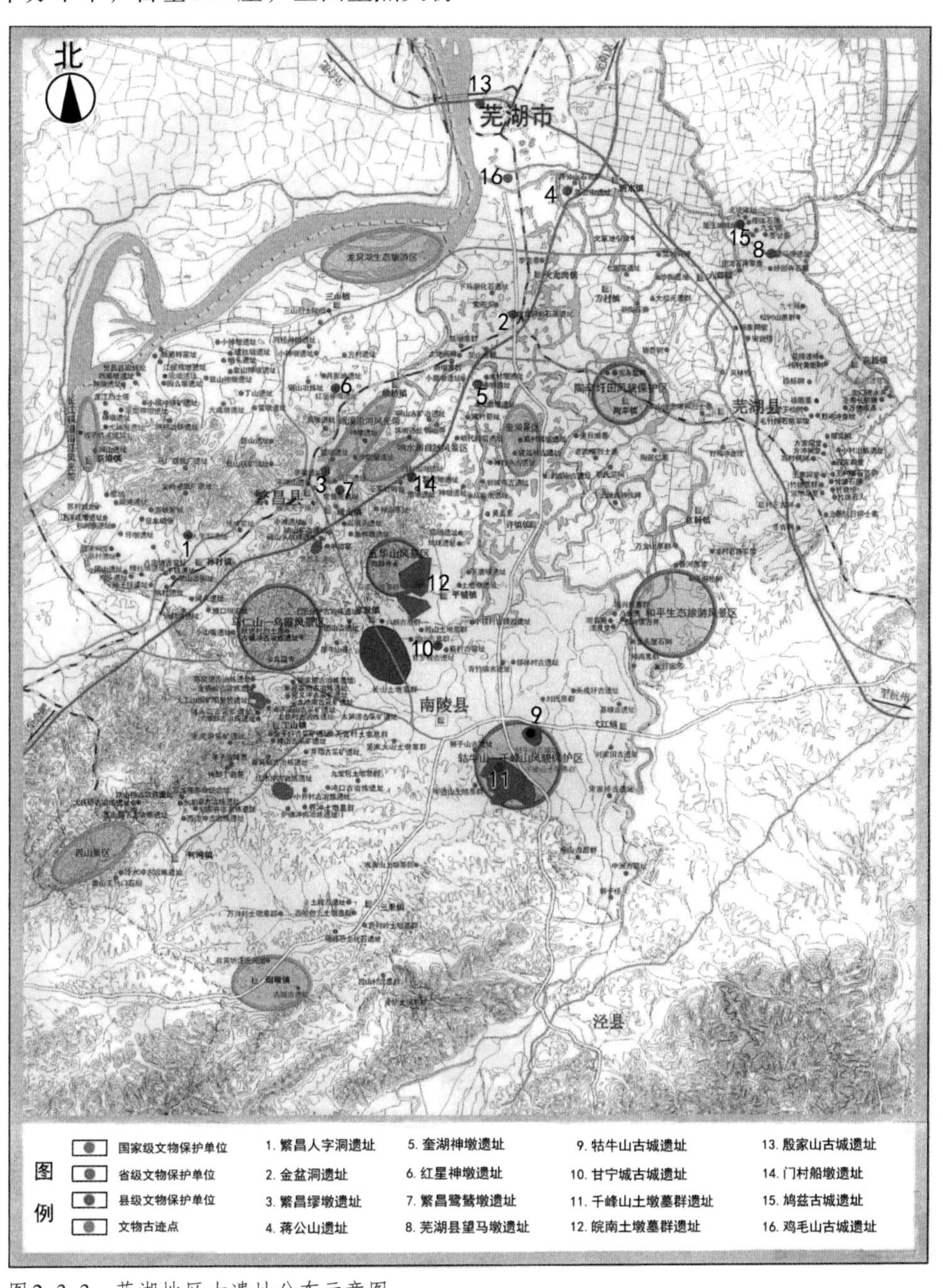

图2-3-3　芜湖地区古遗址分布示意图

第三章　芜湖明清古城的街巷

一、概况

狭义的芜湖古城仅指明清时期的城市，广义的芜湖古城则泛指清末以前的芜湖城市，自然超出了明城的范围。

街巷是城市内部交通网络的组成部分，使城市机能有效发挥，也是组织城市活动的重要通道。街巷的形态和结构反映城市的形象和机理。我国古代的城市既有规则的“方格式”路网，也有不规则的“自由式”路网，这是由一定的规划观念和地形地貌条件所决定的。

我国古代城市城门的位置和数量对城内的道路系统影响很大，连接东西城门的道路常为城市横向的主要道路，连接南北城门的道路常为城市纵向的主要道路，所以我国古代城市道路的主要骨架多为“井”字形或“十”字形。纵横道路交会处常为宫城或官署的位置。芜湖明清古城东西南北各有一主要城门，故采取了“十”字形的主要道路骨架，且向城外四个方向延伸出去（图3-1-1）。

中国历史上长期实行“坊”（居民区）和“市”（商业区）相隔离的分设制度，到北宋时期转变为街巷制，商业街开始出现，居住区也有了商业。古代芜湖自宋城起已是开放的商街宅巷格局，明城有了收缩和充实，清城有了更好的延续和发展。这是商品经济的发展带来的城市格局的变化。这些古街古巷都有着悠久的历史，记载着各自昔日的繁华与兴盛。

芜湖宋城范围较大，已形成一定的道路系统。芜湖明城筑城时，城垣范围明显缩小，道路系统也有所简化。从明代芜湖县城平面图中可以清晰地看出，城市的道路骨架呈“十”字形，略有曲折。县衙位于道路交叉处的北侧，道路通向东、南、西、北四个方向的城门。县衙前有一横一纵名为“十字街”的官道。东西向的横街东接

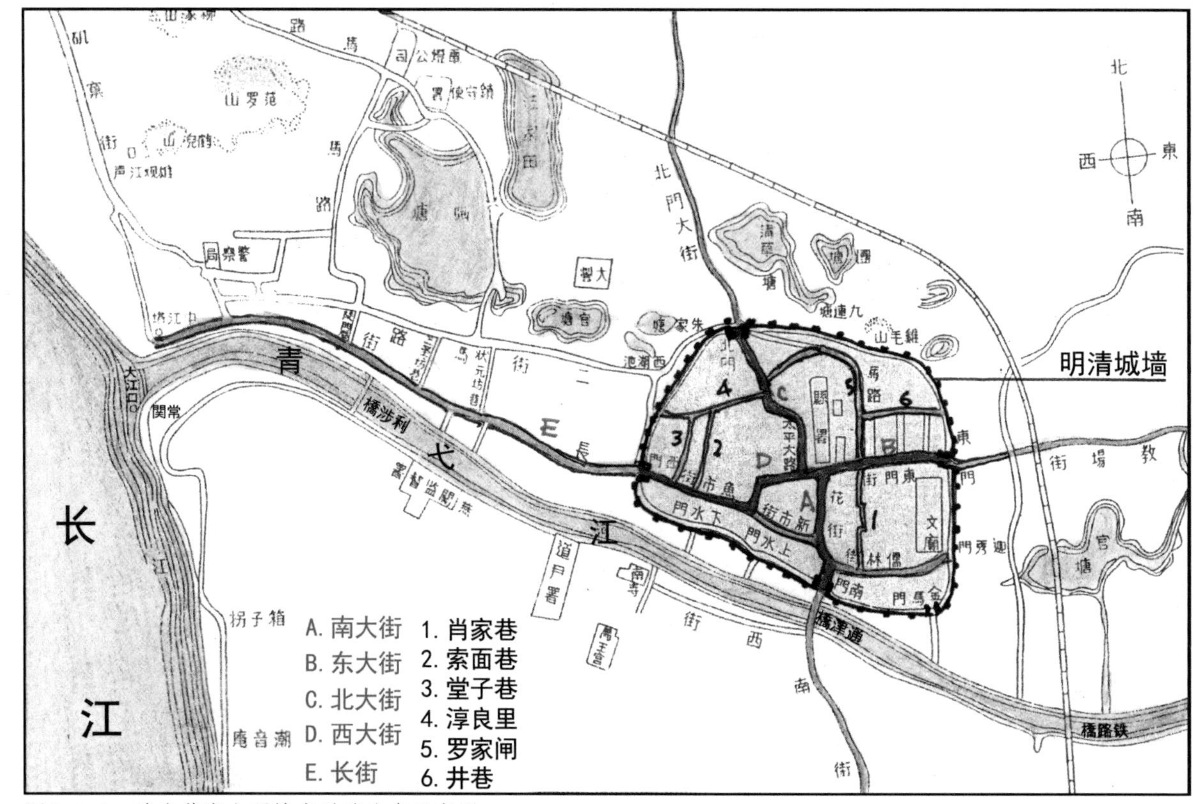

图3-1-1　清末芜湖主要城市道路分布示意图

马号街，西通太平大路，长80余米。南北向的纵街南端东接东大街，西接米市街，南接南大街，长70余米，东侧是城隍庙。这个格局在宋代已经形成，到了明清时期有所强化和发展。

二、南大街（花街—南门湾—南正街）

南大街总体上是南北走向，由花街、南门湾、南正街三段组成，总长约360米，是城内最主要的一条道路（图3-2-1）。向北经过花街，可至县衙门和城隍庙。从南门湾向东，经过儒林街，可通文庙；从南门湾向西，经过薪市街、鱼市街，可通弼赋门。从南正街向南，穿过长虹门，便是青弋江（昔称长河）上的老浮桥（又名通津桥），过了老浮桥便是位于河南（即青弋江以南）的南街和西街，也就到了河南的南市。尽管南大街有重要的交通功能，但街道的主要功能仍然是商业，且是古城内最主要的商业街。

1. 花街

位于南大街北端的花街基本上是南北走向，南端较北端偏西只有2度左右。街长约190米，宽4～7米，原为石板路面。街道始建于北宋初年，距今已有1000年左右的历史，是一条很古老的商业街。花街于明代开始兴盛，清咸丰三年（1853）因太平军与清军交战而毁，清同治三年（1864）以后逐渐恢复。花街之名称很有诗意，可是清乾隆年间至民国初期曾一度改称“安丰里”，也曾名“孝丰里”，后来还是恢复了原来的名称——花街。

花街并非出售花草之街，而是一条以竹木篾器业生产和销售为主的特色商业街，更是一条正月闹花灯时的节庆娱乐街。这里竹木器店一家挨着一家，平时专营生活和生产用的竹木器具，如生活用的桌、凳、椅、床、竹篮、竹帘、竹席、筲箕、筷子、斗笠等，生产用的扁担、竹箍、箩、筐、篓、筛、畚箕等，还有洗澡用的木澡盆、提水用的木桶、如厕用的马桶等等，应有尽有。还有一些竹编的工艺品，如鸟笼、蝈蝈笼、灯笼、香笼、花篮以及兔、猫、鸡、猪等小动物形状的玩具。花街最有名气的还是扎花灯，每年春节前后，各个篾匠铺都会把他们精心编扎的各种花灯悬挂在店堂里、大门前，琳琅满目，争奇斗艳。有各种鸟兽虫鱼灯，如鱼灯、兔子灯、螃蟹灯、蛤蟆灯等，形态逼真；有各式宫灯、走马灯、花球灯、花篮灯、花鼓灯等，异彩纷呈；还有形状各异的大型龙灯，如滚龙灯、板龙灯等，活灵活现；还有诸多根据神话故事造型的人物灯，如观音、地藏、唐僧、孙悟空、猪八戒、沙僧、三国人物灯，栩栩如生。尤其到了晚上，花灯内的蜡烛被一一点亮，整个花街变成一片灯海，那是一幅多么灿烂的景象！难怪有民谣赞曰："花街半里路，尽是篾匠铺。平时卖竹器，正月花灯出。夜晚点亮灯，疑是天仙处。"到了每年的正月十五元宵节前后，芜湖人几乎倾城而出，到花街看舞龙灯，甚至吸引了南京、当涂、无为等地的游人赶来逛花街、看龙灯，街面之上看热闹的人摩肩接踵。花街还有一绝，就是扎风筝。每逢清明前后，这里的篾匠铺又会扎出各式各样的风筝，有金鱼形、蝴蝶形、灯笼形、鹰形、蜈蚣形等，五颜六色，造型生动，挂在店外，十分好看。

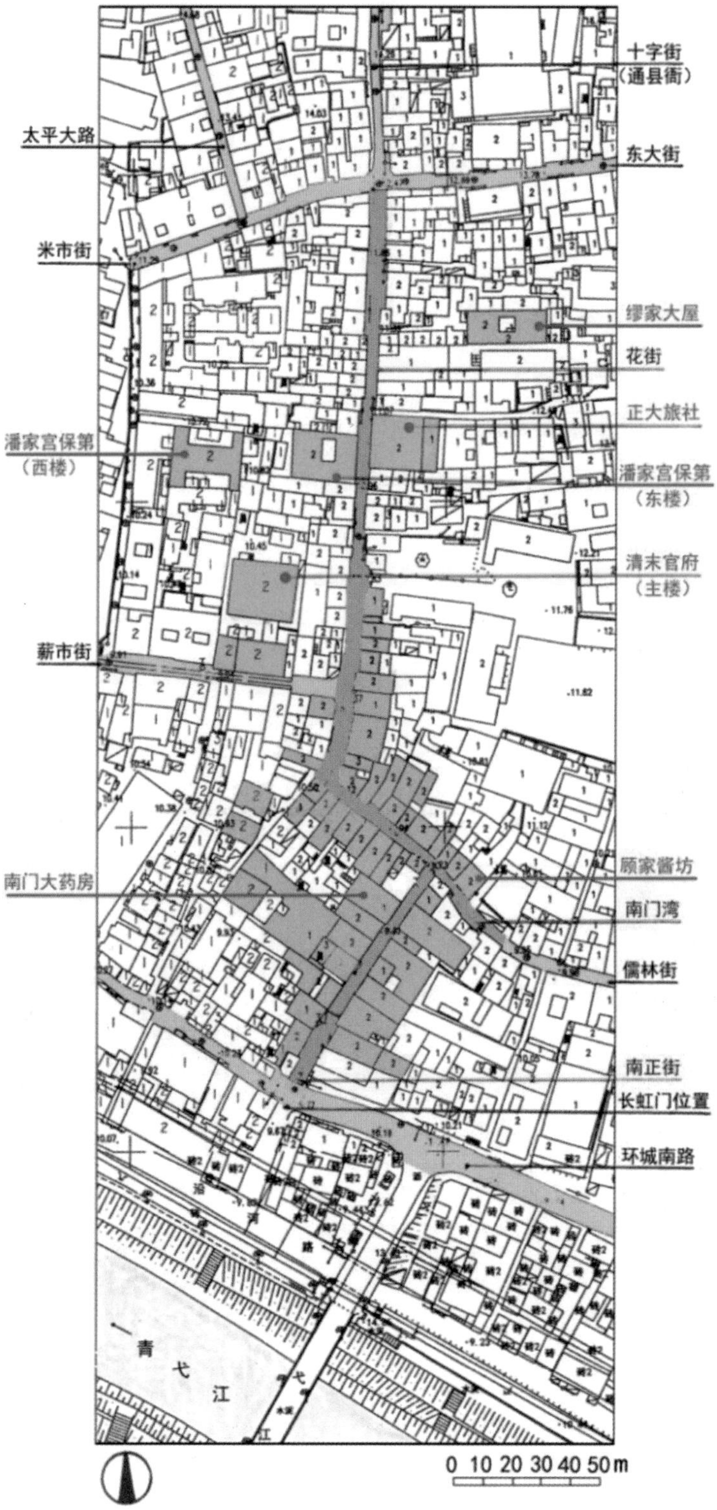

花街竹编的产生是因为皖南山区盛产竹子，竹排沿着青弋江顺流而下，来到芜湖，再经过技艺高超的篾匠之手，割篾、编篾、扎篾，竹制品的生产生形成竹编一条街。花街的篾匠铺多时达到30多家，超过花街店铺的一半以上。随着各种塑料制品的产生，竹制品逐渐衰微，竹编工艺几乎失传。但愿随着花街的复兴，花街能够重现

图3-2-1　南大街总平面示意图

昔日风采。

花街的建筑多为两层砖木结构，徽派建筑形式（图3-2-2）。各店多为一至两开间的小门面，少有三开间的大店铺，采取联排式组合。各店进深比面宽大得多，多为前店后坊或前店后宅。较有名气的篾器店有：王泰兴山货篾器店（花街2号）、梁义发竹器山货店（花街6号）、吕兴发篾器店（花街28号）、王兴发篾器店（花街58号）[①]、胡同兴山货篾器店、中义和竹匠店、杜万顺篾器店等。也有其他店铺，如小乐轩馒饼店、协记小月轩（酒面饭店）、马祥兴面饭馆、王义发炒货店、同义兴麻油店、王义和成衣店、棉布货栈、芮兴泰陶瓷制品店、崔家声纸张店、余国祥色纸坊、牛顺兴元木店、裕源祥记米厂、冯和记机坊等[②]。可惜花街建筑今已大多不存。

花街两侧规模较大的现存建筑如下：

（1）缪家大屋。

缪家大屋位于花街东侧原44号，为两层砖木结构，抬梁式建筑（图3-2-3）。此大屋虽建于清代中期，却承袭了明代建筑的遗风。梁部装饰十分精美，天井廊屋上拱轩形制尤为特别。几进建筑皆有互通的“走马楼”式回廊，尤其是天井两侧八根粗壮的楠木柱十分珍贵，堪称芜湖古建筑中的一处精品。大屋原有四进，1938年日机轰炸时前进被炸毁，现存二、三进建筑，面宽三间，宽10.23米，进深26.33米，建筑面积约518平方米。中有天井，四周有回廊。屋主缪阗，是清代官员，为官清正，也是乐理学家，晚年定居芜湖。

图3-2-2　花街街景

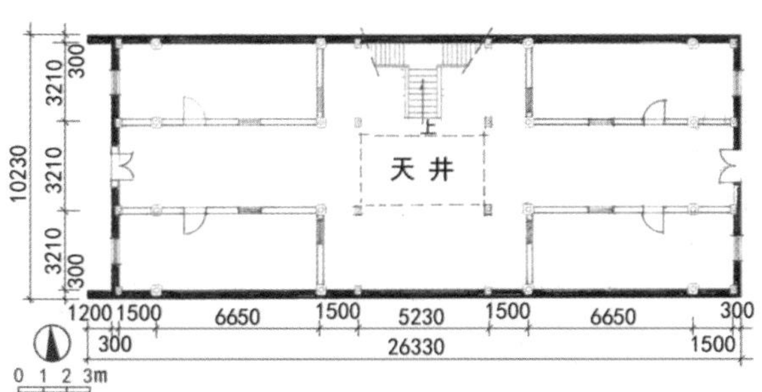

图3-2-3a　缪家大屋平面图

图3-2-3b　缪家大屋梁部装饰

图3-2-3c　缪家大屋拱部装饰

① 刘尚恒:《花街的竹编》,芜湖日报,2012年9月18日。
② 杨维发:《芜湖古城》,合肥:黄山书社2011年版,第101页。

（2）花街潘家“宫保第”。

花街中部西侧27号有一处重要的建筑遗存——“宫保第”（图3-2-4），即曾任江南河道总督兼漕运总督、加封太子少保衔的潘锡恩（1785—1866）的府邸，建于1860年。潘锡恩还有另一处府邸在太平大路15号。“宫保第”占地面积很大，由前楼和后楼两部分组成。前楼坐西朝东，东临花街，“口”字形平面，是一幢两进楼房。中有天井，后有庭院。面阔15米，进深约28米。后楼通过庭院与东侧的前楼相通，其南侧另有出入口。后楼是“工”字形平面，坐北朝南，南、北两侧皆有天井。面阔22米，进深约19米。这组建筑可谓芜湖古城内一处豪华府第。2012年以前，此处曾是原北门街道花街居委会所在地。

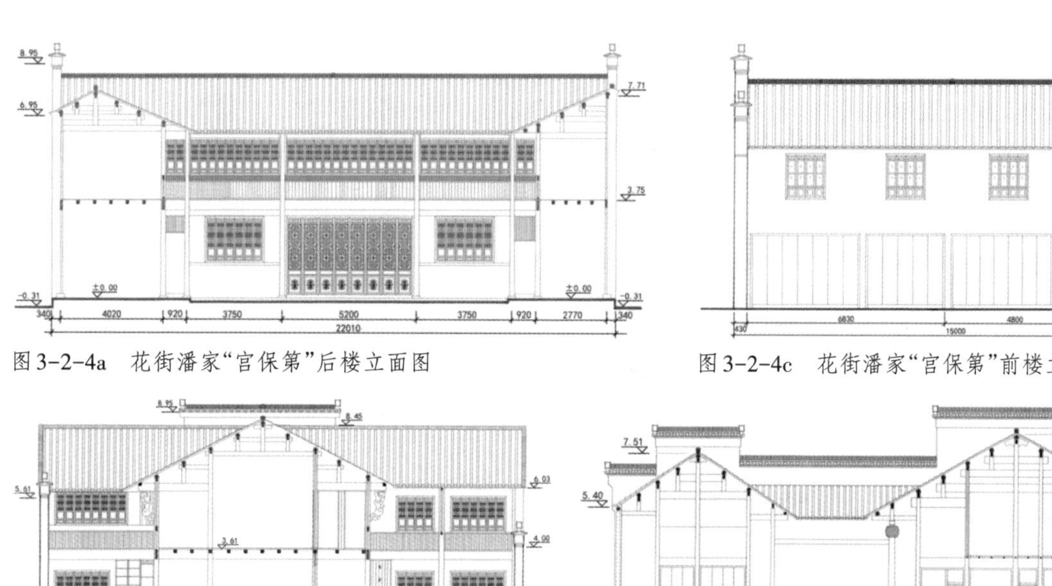

图3-2-4a 花街潘家“宫保第”后楼立面图

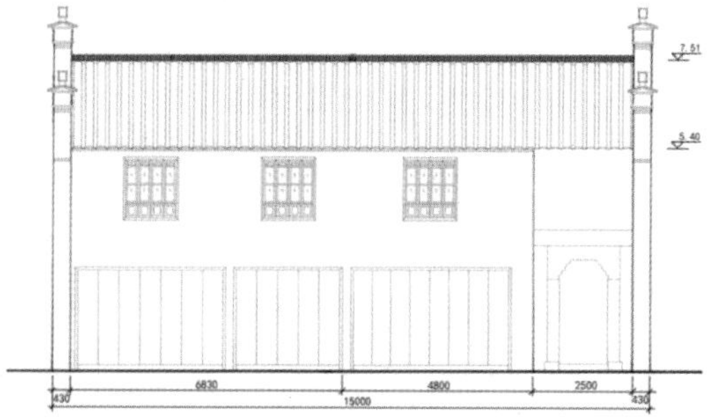

图3-2-4c 花街潘家“宫保第”前楼立面图

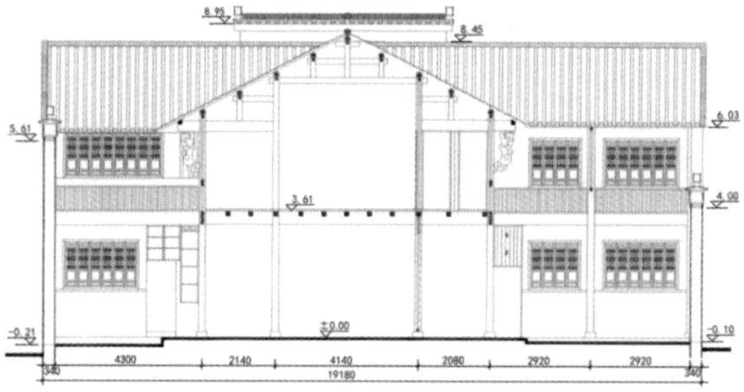

图3-2-4b 花街潘家“宫保第”后楼剖面图

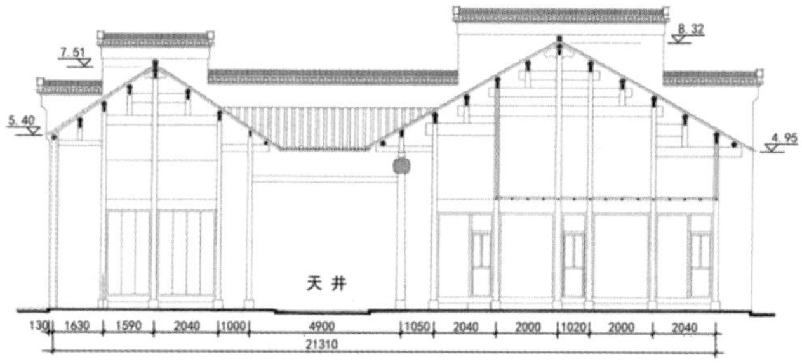

图3-2-4d 花街潘家“宫保第”前楼剖面图

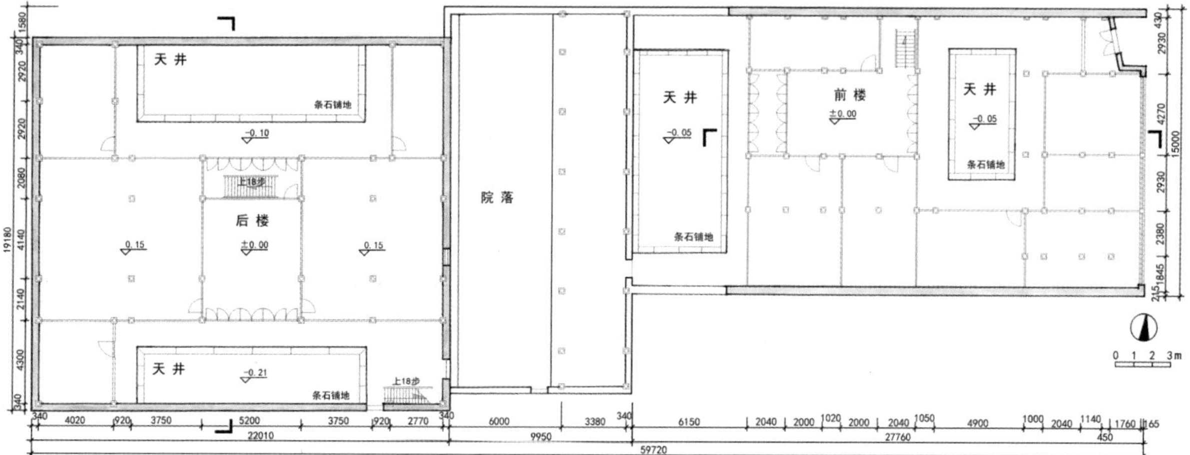

图3-2-4e 花街潘家“宫保第”一层平面图

（3）正大旅社。

正大旅社位于花街中部东侧32号，原名大同旅社。旅社面阔三大间，总宽约16.4米，进深十一小间，总进深约23.7米。共两进，前进两层（中间设天井），后进单层，总建筑面积约570平方米。正大旅社曾是中国共产党地下活动时的秘密集会场所。2011年被列入第三次全国文物普查芜湖市不可移动文物目录，是芜湖古城重点保护的建筑之一（图3-2-5）。

图3-2-5a　正大旅社内部楼梯

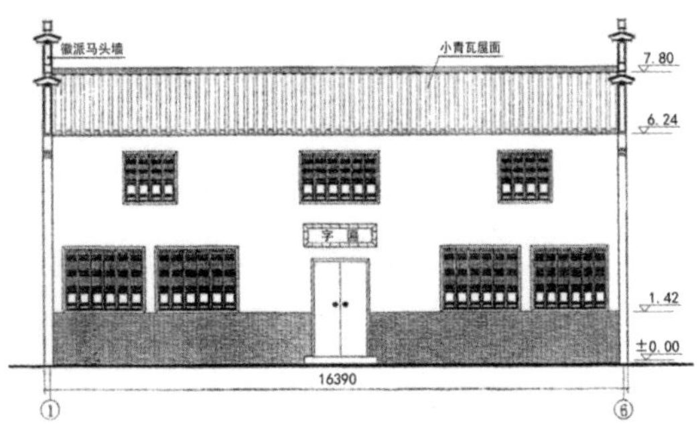

图3-2-5b　正大旅社西立面图

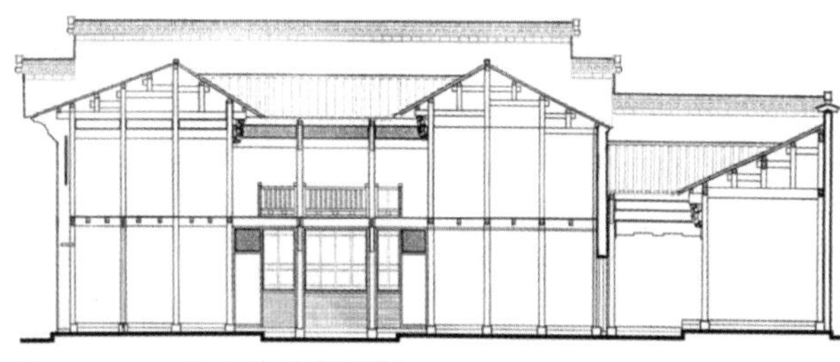

图3-2-5c　正大旅社剖面图

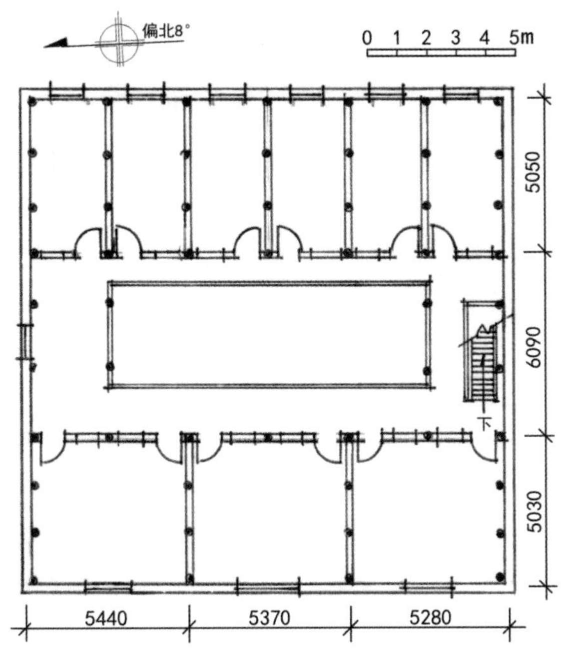

图3-2-5d　正大旅社二层平面图

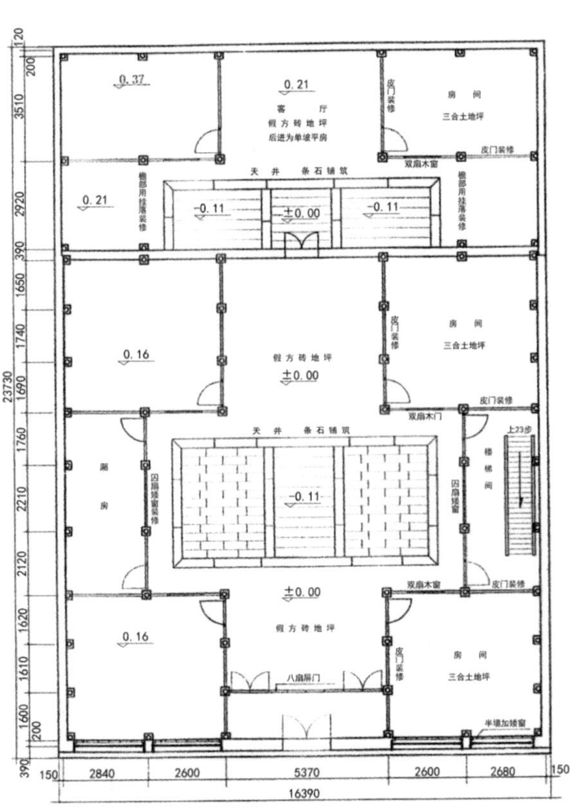

图3-2-5e　正大旅社一层平面图

2. 南门湾

位于南大街中段的南门湾（街），与花街约有120度的夹角，在这里转个弯后与南大街南段的南正街相接。南门湾的西段从花街南端到南正街的北端，长约45米。东段向东延伸约40米与儒林街相接，全长约85米，宽3～4米。该街道始建于宋代，兴盛于明代，是一条业态丰富的商业街（图3-2-6）。沿街建筑是两层砖木结构，但多为一至二开间，面阔大多4米左右，进深也略浅于花街，多为10米左右，少数20米上下。层高底层3.2～3.8米，二层2.4米，常为下店上宅。各店均采用抬梁、穿斗并用式梁架，用撑拱承挑较大的出檐，用于避雨遮阳。直到20世纪50年代还在经营的店铺有：永泰酱作、王义记肉业、张祥兴烟店、成兴发油点店、同泰豆腐店、仁泰烟庄、万记裕大祥调味品店、民生机面店、夏鸿兴水作、人人理发店、王德和百货、鸿发棉纱、义兴和布店、新光照相馆、泰昌五洋、瑞昌杂货、明记百货、南桥酒庄、裕新面坊等，一家连着一家。

较有名气的是百年老字号“顾家酱坊”，该店坐北朝南，是顾姓扬州人带着祖传的秘制酱手艺来芜所经营，自产自销，左店右坊（图3-2-7）。店铺专售自产的酱制品，尤以酱油干子（其技术后被黄池干子借鉴）、五香萝卜干、醉鱼享誉在外。

南门湾的建筑现存较多，如7、9、11、13、15、36、38号都已被列入第三次全国文物普查芜湖市不可移动文物目录（图3-2-8、3-2-9）。

据说著名作家张恨水寓居芜湖时曾在此街流连，巧遇三个美村姑，却一时对不出三村姑所出的三副对联的下联，留下了一段轶事。

图3-2-6 南门湾南立面图

图3-2-7 顾家酱坊

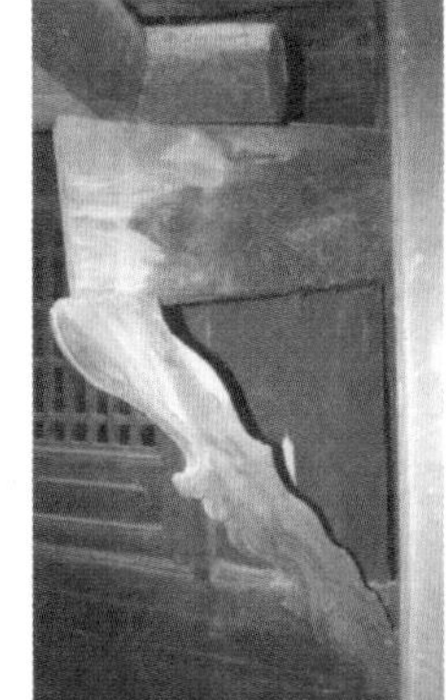

图3-2-8 南门湾7号商铺门面及承挑出檐撑拱

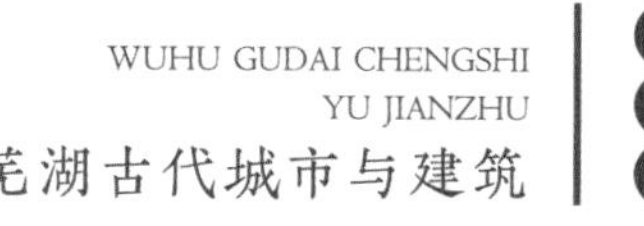

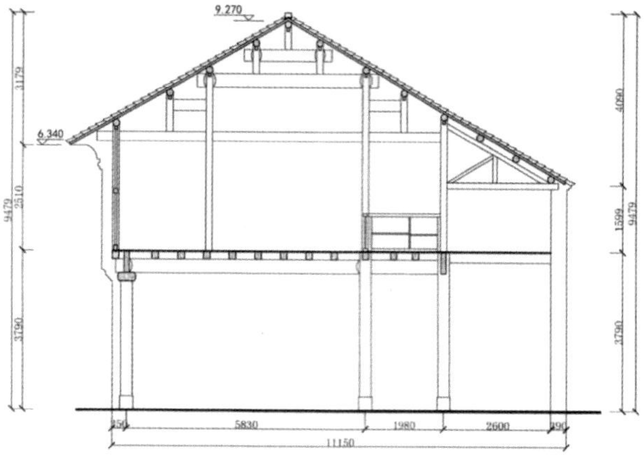

图3-2-9a　南门湾38号商铺剖面图

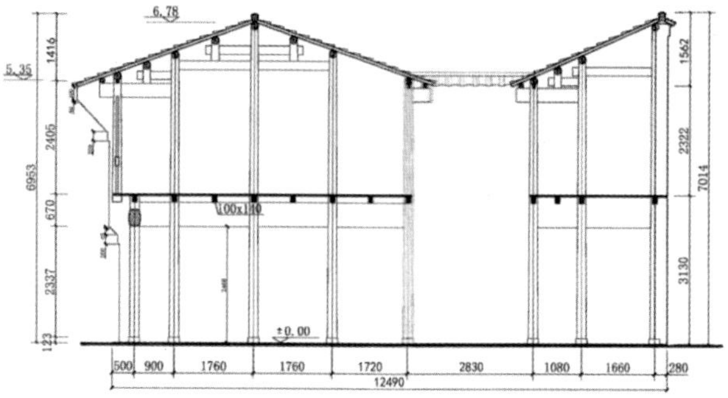

图3-2-9d　南门湾9号商铺东间剖面图

图3-2-9b　南门湾38号商铺立面图

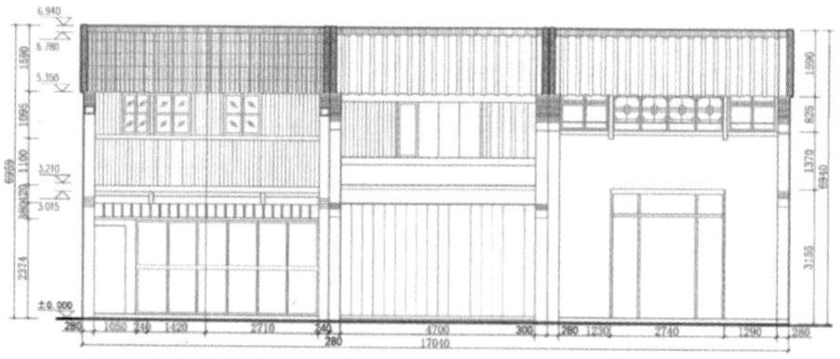

图3-2-9e　南门湾7、9、11号商铺正立面图

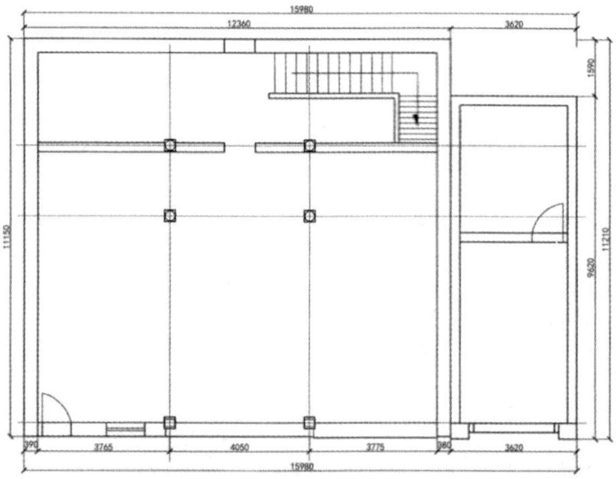

图3-2-9c　南门湾38号商铺平面图

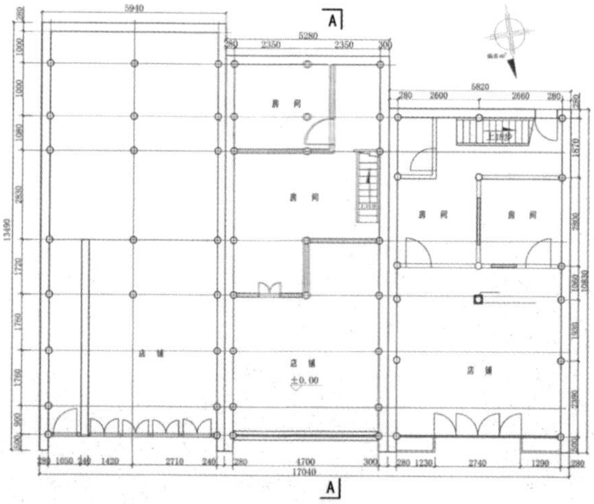

图3-2-9f　南门湾7、9、11号商铺平面图

3. 南正街

位于南大街南段的南正街与南门湾近乎垂直，南端较北端偏西约60度，其走向是由东北到西南，正对南城门长虹门，此段青弋江西偏北约30度，由东南流向西北。南大街中间有个弯主要出于城市规划的考虑，这样南大街既能南向正对城门，又能北向正对衙署。民国《芜湖县志》县城图上注名为“南门大街”，后易名为“南正街”（图3-2-10）。

南正街长约80米，宽3～5米。路面用花岗岩条石铺设，路中长条石下设有60厘米宽的砖砌下水道。路两侧店面均为两层砖木结构建筑，主要采用徽派建筑风格。店铺多以三开间为一单元而连排组合，每开间3～4米。有的店铺临街面做了大跨度月梁，面阔做到7米左右，如15、19、21、22号（图3-2-11、图3-2-12）。进深有深有浅，浅的只有7米多，深的20多米（前店后坊或前店后宅）。底层层高一般为3.2～3.8米，高的达4.5米（如20、22号）。

南正街与南门湾同样始建于宋代，兴盛于明代，是一条商业业态更为多样的综合性商业街。店有酒店、茶楼、旅店、布店、瓷器店、徽墨店、古玩店、中医店，铺有铁匠铺、剪刀铺、浆染铺、山货铺，坊有酱坊、书坊、糕点坊、豆腐坊，行有米行、斛行、靛行、萝头行、轿行……应有尽有。南正街现存建筑较多，西侧有11、13、15、17、19、21、23、25号，东侧有6、8、12、16、20、22号，其中20、22、23号已被列入第三次全国文物普查芜湖市不可移动文物目录。

街上有家著名的百年老店“胡开文制墨作坊”，同治八年（1869）开办，光绪五年（1879）年改名“沅记胡开文墨庄”，以制作高级墨为主，薄利多销，影响很大。光绪十六年（1890）已发展成为拥有44名职工的大型手工作坊。到20世纪已成为全国知名品牌，1930年前后进入全盛时期，还在陡门巷下首设了分店[①]。此店除墨外，还经营笔、砚和其他文具。废除科举制度后，该店主要生产普通墨。另一说认为，南正街胡开文墨店创办于咸丰二年（1852），同治元年（1862）店迁至鱼市街，后又迁到上长街井儿巷口[②]。两种观点，孰是孰非，有待进一步考证。

图3-2-10　南正街东立面图

图3-2-11a　南正街22号商铺门面

图3-2-11b　南正街22号商铺挑檐

图3-2-11c　南正街22号商铺二层外景

① 芜湖市地方志办公室，芜湖市商务局：《芜湖商业史话》，合肥：黄山书社2012年版，第178页。

② 胡毓华：《芜湖胡开文是“沅记”还是“源记”》，大江晚报，2013年1月30日。

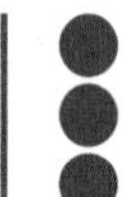

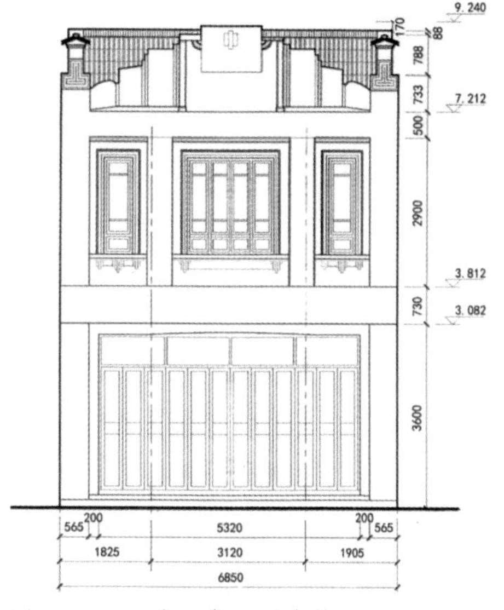

图3-2-12a　南正街21号商铺立面图

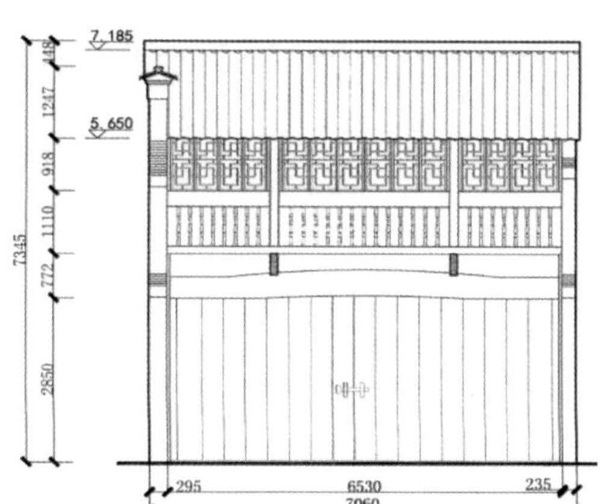

图3-2-12c　南正街22号商铺立面图

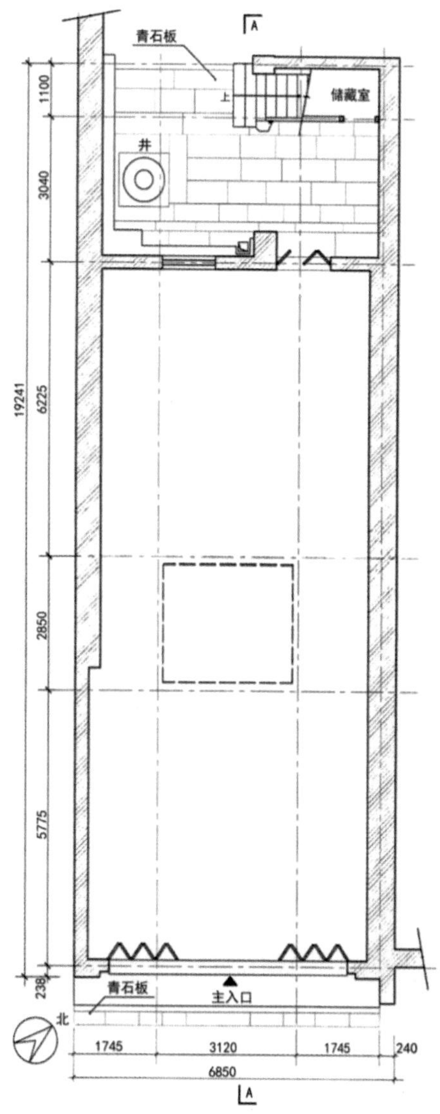

图3-2-12b　南正街21号商铺一层平面图

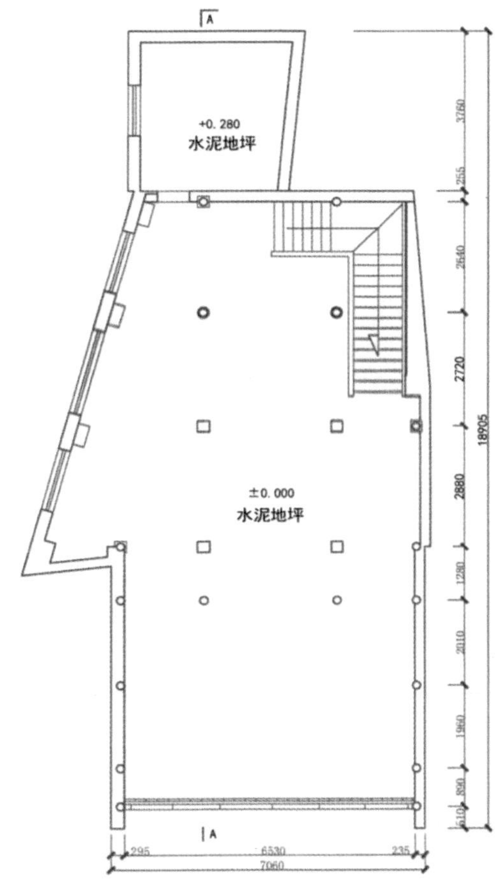

图3-2-12d　南正街22号商铺平面图

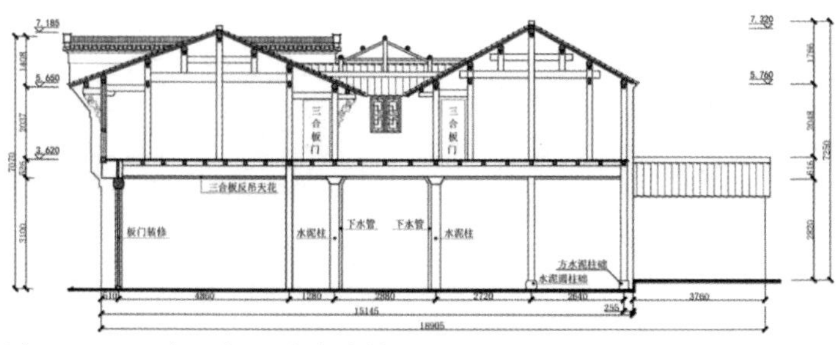

图3-2-12e　南正街22号商铺剖面图

三、东大街

东大街是芜湖古城内最古老的街道之一，宋代已形成街市。因此街位于县衙前十字街的东边，直通县城东门——宣春门，故始称“县东大街”。明初城墙内缩时，县东大街被一分为二，新修的宣春门外被称为东外街，宣春门内被称为东内街。到了清乾隆十八年（1753），芜湖修编县志时，东内街被称为“东门大街”，其中自萧家巷至旧千总署又名“安义街”。民国《芜湖县志》将东外街改称为“教场街”。民国二十一年（1932），靠近城门内的一段又称“东内街”[①]。查1950年《芜湖市全图》，教场街又复名为“东外街”，城门以内、梧桐巷（即井巷）以东称“东内街”，梧桐巷以西称“城隍街”，后统称“东内街”。本书使用最初名称“东大街”，从西端的花街至东端的环城东路，全长345米。井巷以东的东段长135米，井巷至罗家闸的中段长90米，罗家闸以西的西段长120米。整个东大街的路宽为3～6米。东大街总的走向是东西向，中间略向北弯，成一半径较大的弧形（图3-3-1）。

这里曾留下著名章回小说家张恨水（1895—1967）的足迹。1918年，23岁的张恨水来到芜湖，出任《皖江日报》副刊编辑，曾租住在东大街附近的一处民房里。《皖江日报》连载过他的第一部长篇言情小说《紫玉成烟》，他从此开始了小说创作的生涯。

1. 东大街东段

从东门宣春门进入古城后，到井巷这一段是东大街的东段，曾被称为“东内街”。街南侧有文庙，北宋元符三年（1100）创建，亦称学宫，是县城内的文化中心。街北侧有武庙，即关帝庙。芜湖最早的关帝庙建于明隆庆元年（1567），此庙位于青弋江口，是一处完整的礼制建筑群。

图3-3-1　东大街总平面图

清光绪元年（1875）移至东能仁寺废址，建了正殿，只供奉关羽神像。其正殿与文庙大成殿等级

① 杨维发:《芜湖古城》,合肥:黄山书社2011年版,第109页。

相当，同为规格较高的重檐歇山顶。文武两庙，南北耸立，隔街对峙，成为重要的祭祀中心。

县监狱光绪五年（1879）建于县衙西侧。光绪三十三年（1907），清政府狱制改革，审监分离，要求各地建设新式监狱。民国七年（1918）在清千总署旧址新建了安徽第二监狱，亦称“芜湖模范监狱”，成为安徽省当时设施最齐全、设备最先进的新式监狱（图3-3-2）。此建筑群应该进行整体性保护。

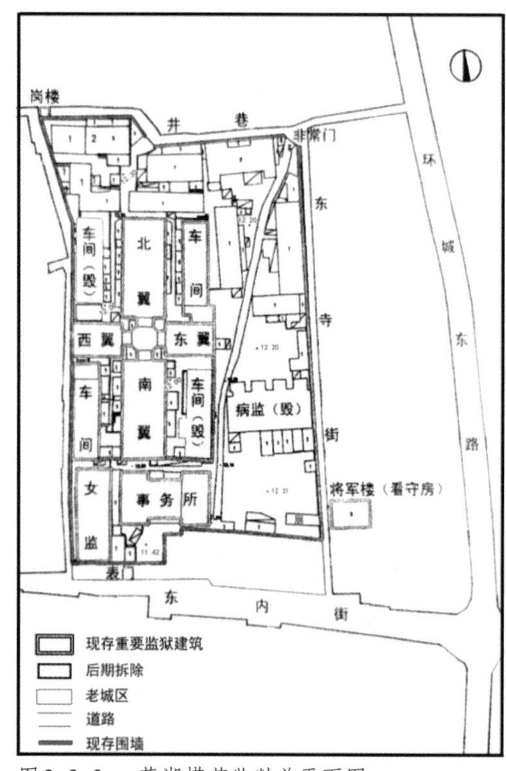

图3-3-2a　芜湖模范监狱总平面图

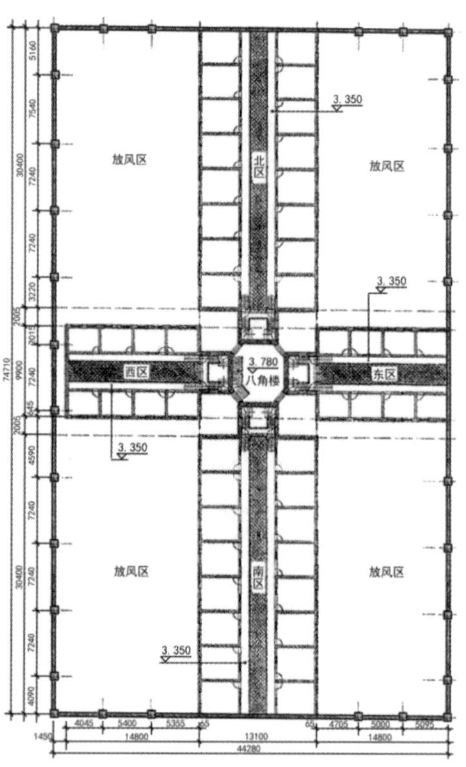

图3-3-2b　芜湖模范监狱二层平面图

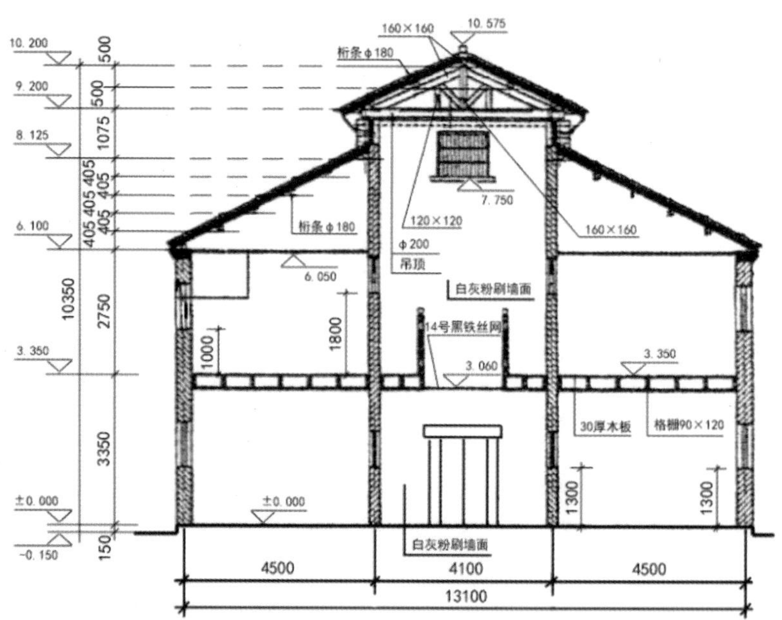

图3-3-2c　芜湖模范监狱剖面图

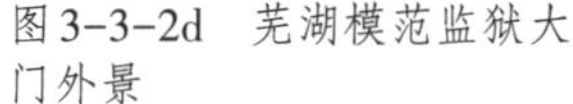

图3-3-2d　芜湖模范监狱大门外景

图3-3-2e　芜湖模范监狱西南面外景

图3-3-2f　芜湖模范监狱岗楼

2. 东大街中段

从井巷到罗家闸（原名罗家巷，一度更名为芜采营）这一段是东大街的中段，这里曾在芜湖教育史上写下重要的一页，那就是位于街道北侧的书院、中学的建立和发展。清同治九年（1870），鸠江书院迁此，其前身是创立于清乾隆三十年（1765）的中江书院（始建于芜湖的河南蔡庙巷）。光绪元年（1875）恢复“中江书院”名称，学生来自皖南28个县。书院在此办学长达133年，直到光绪二十九（1903）年底，学校迁到大赭山，更名为“皖江中学堂”。1912年在中江书院旧址创建芜关中学，又前后在此办学长达34年。

这段街道的南侧有不少商铺和作坊，名气较大的是秦何机坊（图3-3-3）。1924年，一对来自巢湖的秦、何两姓郎舅，在正对井巷的街道南侧建了坐南朝北的两幢连排建筑，都是三间二进两层砖木结构的徽派楼房，开办了染布和织布的作坊，均为前店后坊，前面做门市买卖，后面加工生产。

3. 东大街西段

从罗家闸向西到十字街这一段是东大街的西段，曾被称为“城隍街”。此路段西段北侧有建于宋绍兴四年（1134）的芜湖宋城城隍庙，前有照壁和庙前广场，后有四进建筑。这里既是道教活动的场所，也汇集着当地的民俗文化。芜湖城隍庙曾几毁几建，现存的建筑为光绪六年（1880）建造，已不完整。此路段西端与十字街交会处，现存具有一定文物价值的建筑（图3-3-4），需进一步加以保护。

图3-3-3a　秦何机坊外景

图3-3-3b　秦何机坊雀替

图3-3-4　十字街南转角住宅

四、东南城区街巷

南大街以东、东大街以南是芜湖古城内的东南城区，此范围内东西向的主要街巷有儒林街和丁字街，南北向的主要街巷有萧家巷、打铜巷和官沟沿（巷）（图3-4-1）。

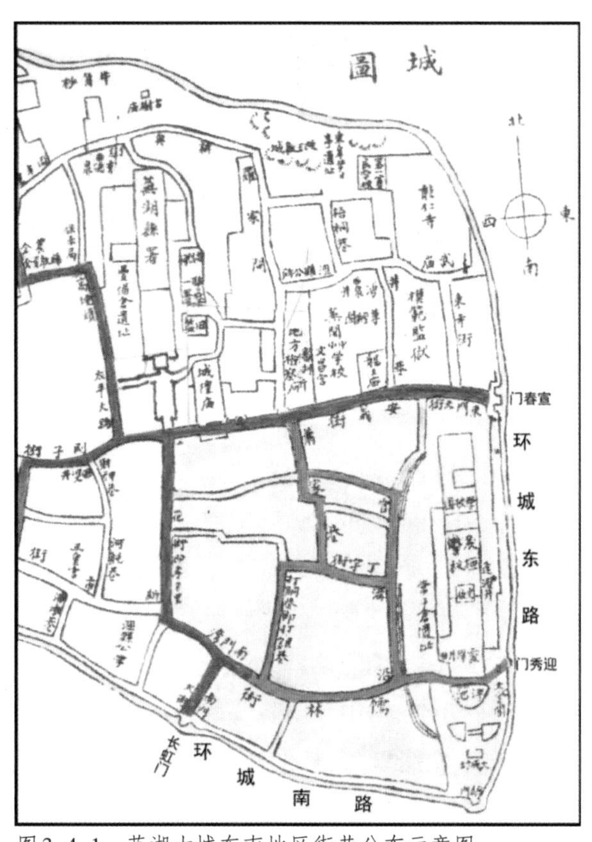

图3-4-1　芜湖古城东南地区街巷分布示意图

1. 儒林街

儒林街西接南门湾，东与环城东路相交后直通笆斗街。该街昔日东临迎秀门，南北两侧为芜湖文庙，是儒林考场所在地，故得此街名。儒林街与芜湖文庙同时始建于北宋时期，是芜湖的古老街道之一（图3-4-2）。这里的县儒学，到光绪三十一年（1905）废除科举后改为襄垣学堂，新中国成立后曾为芜湖市第十二中学校址，直到20世纪60年代末，学校大门仍然对着儒林街，门牌号码为儒林街2号。儒林街整体为东西走向，全长约365米，宽3.7米（图3-4-3）。街道两侧现存建筑大多建于清代和民国年间，最有价值的是儒林街48号“小天朝”和儒林街18号雅积楼。

图3-4-2　儒林街总平面示意图

图3-4-3a　儒林街街景一

图3-4-3b　儒林街街景二

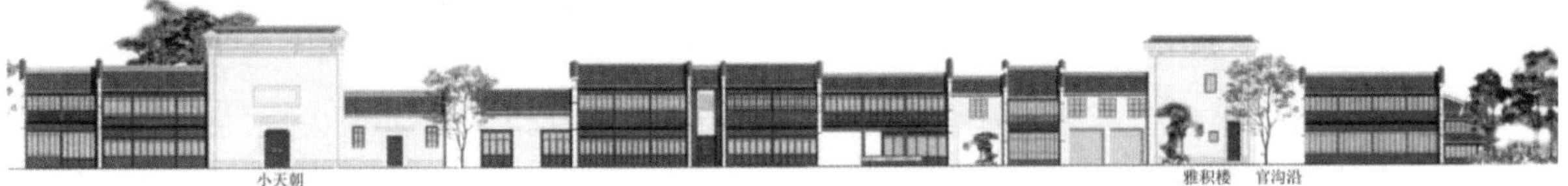

图3-4-3c　儒林街南立面图

（1）小天朝。

这是芜湖古城内一处规模宏大、布局合理、很有特色的徽派建筑群（图3-4-4），位于儒林街48号，原是李鸿章送给侄女的陪嫁房，约建于1890年前。此建筑大体坐北朝南（南偏西12度），面阔五间，总宽约18.93米，进深四进，总进深约60.01米，建筑面积约2318平方米，包括后花园，总占地面积约1600平方米（图3-4-5）。“小天朝”由前后两部分组成，南部为第一、二进建筑，以及前院、前天井，是府邸；北部为第三、四进建筑，以及后天井、后花园，是后宅。东西立面用带有徽派马头墙的通长墙体连成一片，很有气势。

第一进建筑进深约6.93米，明间为穿过式门厅，南墙砖砌、无窗，北墙为木隔扇门及槛窗。前天井进深较大，有8.27米，东西两边有单坡顶的廊庑。第二进建筑是主要建筑，进深加大至8.96米，中间三开间为前厅，是家庭聚会与接待宾客之处。第二进建筑大厅为抬梁式结构，前部有单梁，其上有拱轩，驼峰雕刻极为精美，南立面一排隔扇门和槛窗，做工精细，尽显主体建筑的气派。

从“小天朝”前部进入后部要经过双重窄天井，东西两侧分别有院门直接通屋外。从第二进建筑通过连廊即可进入北部后宅，中间是面积较大的后天井，四周为两层建筑，对称布置。第三、四进建筑基本相同，均为五开间，明间宽约4.8米，分别为中厅和后厅，是起居空间，也作客厅使用。次、稍间宽约3.4米，皆为居住用房，木隔扇门均开向后天井。第三进建筑南面墙体上开窗，而第四进建筑北面墙体上不开窗。后天井东、西两侧是较宽的三开间单坡顶廊庑，分别设有上二楼的木楼梯。

2012年，“小天朝”被安徽省人民政府公布为省级文物保护单位。

图3-4-4a　小天朝内景一

图3-4-4b　小天朝内景二

图3-4-4c　小天朝外景

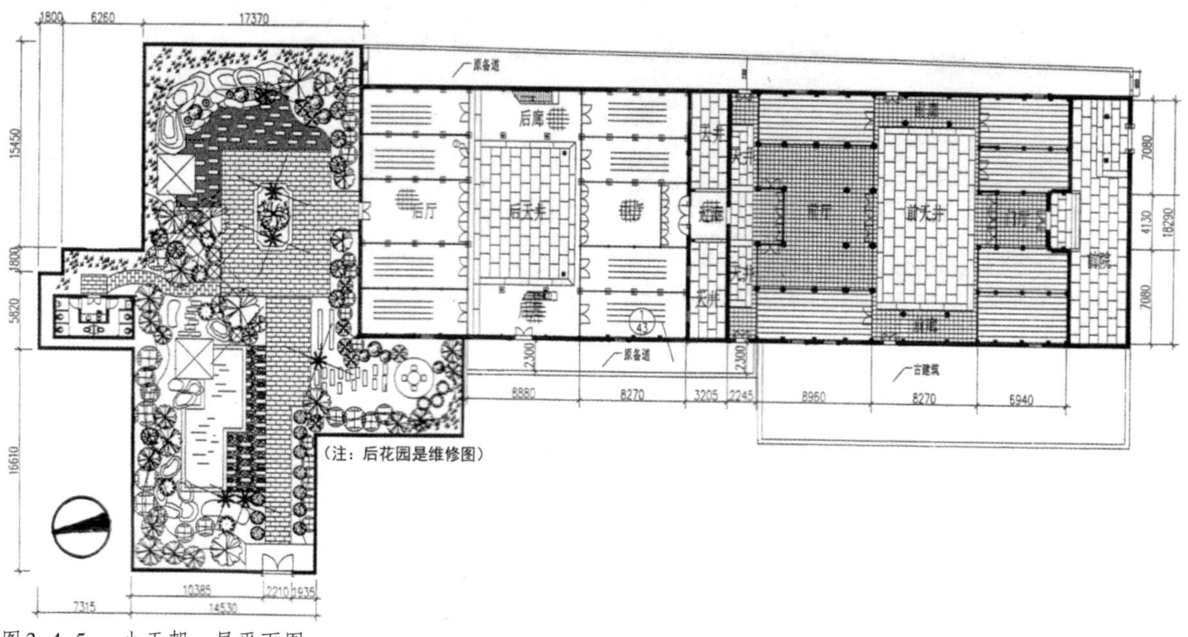

图 3-4-5a　小天朝一层平面图

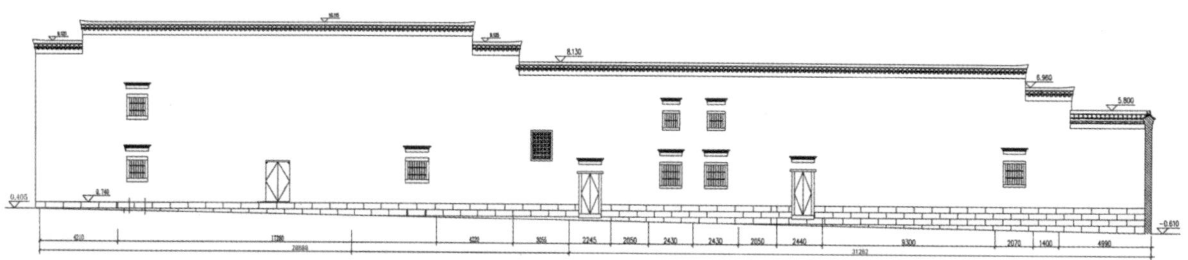
图 3-4-5b　小天朝西立面图

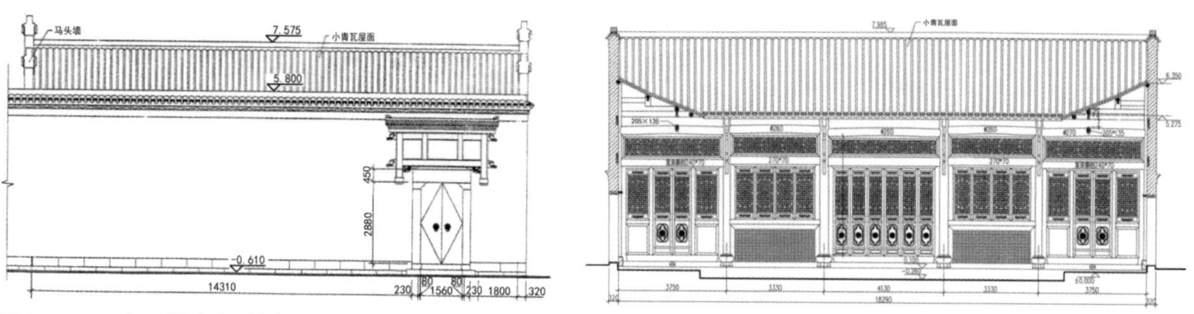

图 3-4-5c　小天朝南立面图

图 3-4-5d　小天朝第二进南立面图

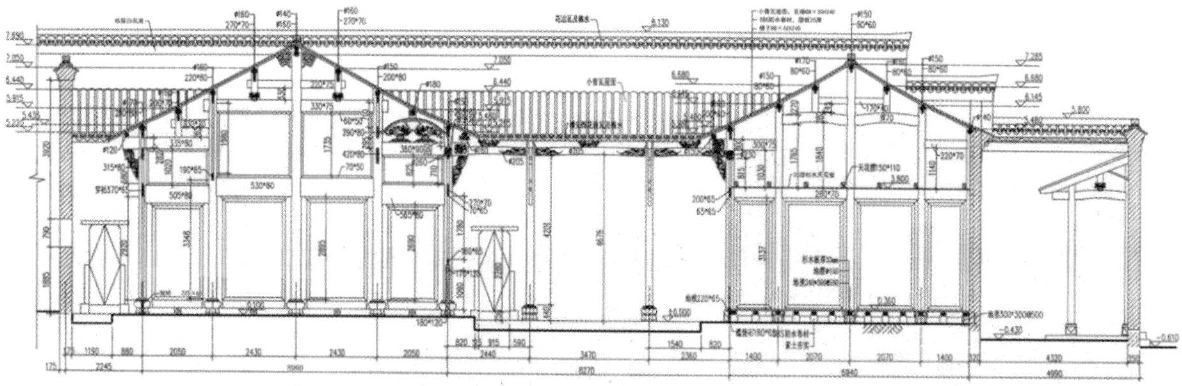
图 3-4-5e　小天朝剖面图(第一、二进)

（2）雅积楼。

雅积楼位于芜湖古城儒林街18号。此建筑始建于明代，原是李永的府邸，因藏书万卷，门上悬有“雅积”匾额，故名雅积楼。李永的两个儿子李赞和李贡，同于明成化二十年（1484）考中进士。雅积楼传至第四代李承宠时，藏书已近十万卷，雅积楼遂成为芜湖历史上藏书最多、留存时间最长的私家藏书楼。可惜此楼在清咸丰三年（1853）毁于太平军与清兵的战火。民国初年，一位芜湖汤姓富商在遗址上依旧制建了一幢两层楼房，堂号“汤画锦堂”，其建筑规模比原先小了不少，使用功能也改为以居住为主。此时的雅积楼为二层砖木结构，坐北朝南，正屋居中，前有倒座，中有天井，后有花园。面阔三间，长约10.42米，总进深约20.11米，占地面积约208平方米，建筑面积约261平方米（图3-4-6）。倒座为第一进建筑，二层砖木结构，单坡屋顶，坡向天井，小青瓦屋面。从风水角度考虑，大门开在东南角，门洞西侧后退，看似斜门，实为正南方位。正屋为二层砖木结构，双坡屋顶，小青瓦屋面。明间为厅堂，南面有6扇隔扇门，北面板壁后有上二层的木楼梯。两侧次间为功能用房，南面开有4扇大窗。二层平面布局与一层相同，只是明间南面6扇隔扇门后退约0.7米，形成阳台，前面装有木制扶手。檐下木斜撑雕工精细。底层厅堂为方砖铺地，其他房间皆为木板地面。从居住安全考虑，底层对外皆不开窗，仅在二层山墙处开有0.8米左右宽的小窗并装有铁栅。该建筑山墙现已成硬山，从雅积楼的修缮图可见，整个院墙将予以复原，正屋山墙也按照徽派建筑马头墙手法处理。

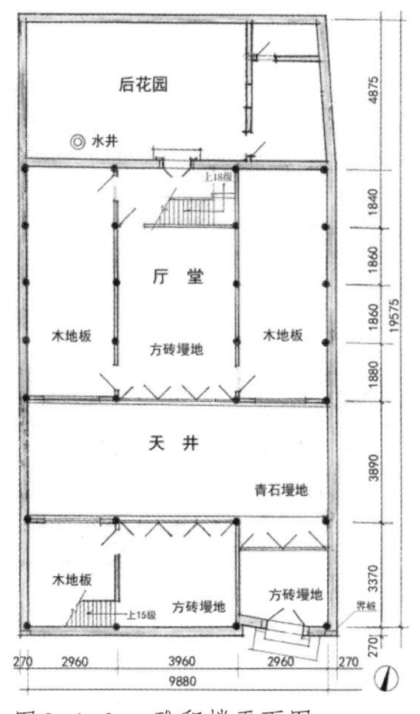

图3-4-6a　雅积楼平面图

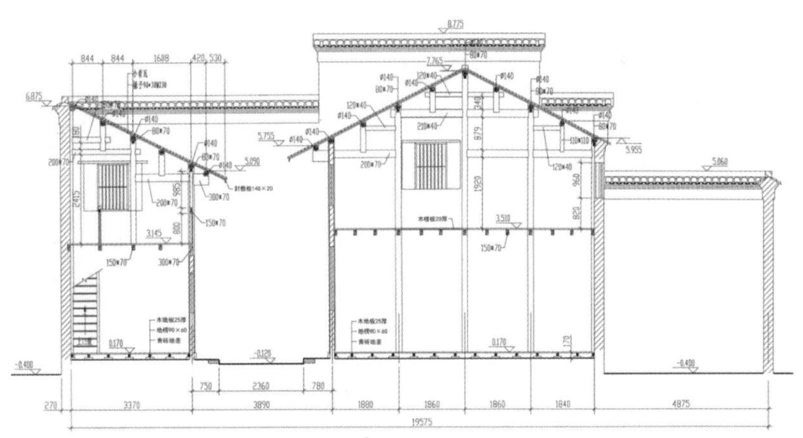

图3-4-6b　雅积楼剖面图

图3-4-6c　雅积楼外景

图3-4-6d　雅积楼内景

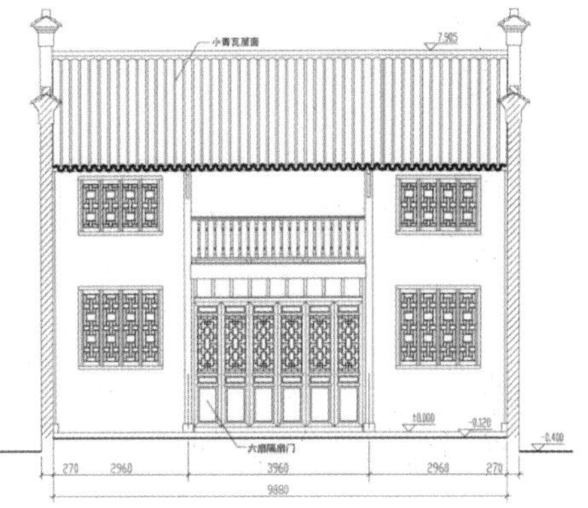

图3-4-6e　雅积楼主屋立面图

（3）其他建筑。

儒林街还留有7、17、27、47、48、49、50、51、52、53、54、55号等有价值的文物建筑（图3-4-7、图3-4-8），均需得到很好保护。

儒林街27号住宅，建于清代中叶。该建筑坐南朝北，单层砖木结构，硬山屋顶，面阔三间，宽10.58米，进深三进，深39.22米，建筑面积约535平方米。正厅悬架跨度很大，主梁均为月梁，有平盘斗承托短柱。前步的单步梁加工成象鼻形，并有扇形浮雕纹饰，制作精美。此建筑因尺寸大，曾为水产网丝厂车间。

儒林街是芜湖古城内的一条文化街，留下了许多文化名人的足迹。宋代著名书法家米芾于北宋崇宁三年（1104）曾来此，并书写了《县学记》，以此刻成的石碑至今仍保存在大成殿东侧。著名剧作家汤显祖1570—1586年曾三次来芜，并曾入住雅积楼，酝酿流芳百世的戏剧名作《牡丹亭》，回到家后便创作出此不朽之作。著名小说家吴敬梓于清乾隆十五年（1750）前后寓居芜湖，曾在儒林街流连忘返，并以芜湖地方人士为生活原型，塑造了范进、牛布衣等人物，写进了惊世之作《儒林外史》之中。

图3-4-8a　儒林街27号住宅用作水产网线厂生产车间时的内景

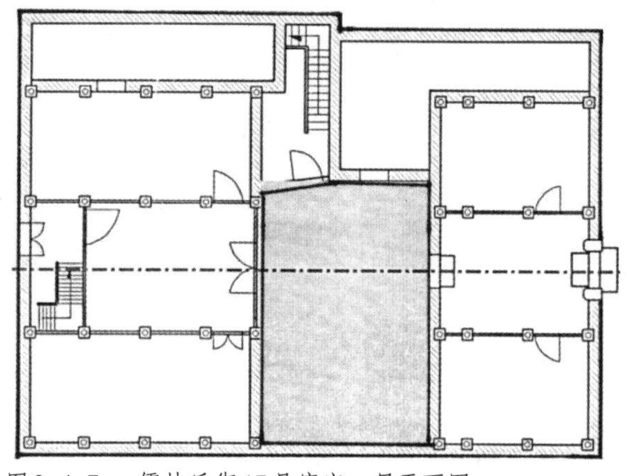
图3-4-7a　儒林后街17号唐宅一层平面图

图3-4-8b　儒林街27号住宅象鼻形单步梁

图3-4-7b　儒林街7号住宅外景

图3-4-8c　儒林街27号住宅主梁

2. **萧家巷**

萧家巷（又称“肖家巷”）是芜湖古城东南城区内很著名的一条街巷，人称“艺术家的摇篮”（图3-4-9）。明末清初，巷内曾有一处宅第，住过姑孰画派的创始人萧云从（1596—1673），萧家巷因萧云从而出名。芜湖铁画创始人汤鹏，清顺治、康熙年间（1644—1723）人，与大画家萧云从为邻，在其帮助下创制出的铁画成为不朽的工艺品。萧宅与汤宅具体位于何处已难考证。这个巷名最早出现于清康熙十二年（1673）的《芜湖县志》中。萧家巷的结构布局很有特色，有人称之为“迷宫”。一条主巷为南北走向，北接东大街，南通丁字街，全长290米，宽2～3米，其东侧有两条长约百米的东西走向支巷，东接官沟沿（巷），西侧有一条长130多米的支巷，与花街相连（图3-4-10）。萧家巷的建筑在清咸丰年间（1851—1861）毁于清军与太平军的炮火之中。现存建筑大多是清末民初所建。萧家巷不仅出了萧云从、汤鹏两位大艺术家，还有很多名人也曾居住在此，留下了不少

图3-4-9a　萧家巷街景一

图3-4-9b　萧家巷街景二

图3-4-10　萧家巷总平面示意图

有特色的建筑。

（1）张勤慎堂。

张勤慎堂位于萧家巷16号，为19世纪60至90年代洋务运动积极参与者吕福堂所建。时任两江总督张之洞（1837—1909）曾为之亲题匾额。1920年吕福堂全家搬离芜湖，张海澄购下此房，改堂号为“张勤慎堂”。该建筑坐北朝南，略偏西。面阔三间，总宽约14米，进深三进，总长约27.3米，占地面积约380平方米，建筑面积约345平方米（图3-4-11）。南立面很有特色，大门开在正中间，门向又略有西斜，有风水上的考虑。石门框上方有嵌砌的长方形石匾，原来悬挂有楠木匾额。大门两侧次间只在底层开窗。墙下为条石墙裙，墙顶檐部有数层叠涩，其间还有一道水波纹砖饰，整个立面显得古朴典雅。第一进门厅建筑是单层单坡屋顶，后二进都是两层双坡屋顶，第三进是主体建筑，高度及体量均比第二进要高大得多。

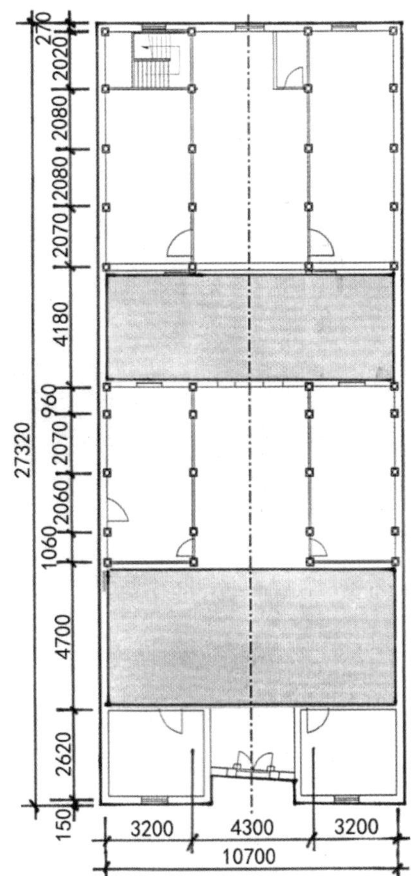

图3-4-11a　张勤慎堂平面图

图3-4-11b　张勤慎堂东南面外景

图3-4-11c　张勤慎堂南面外景

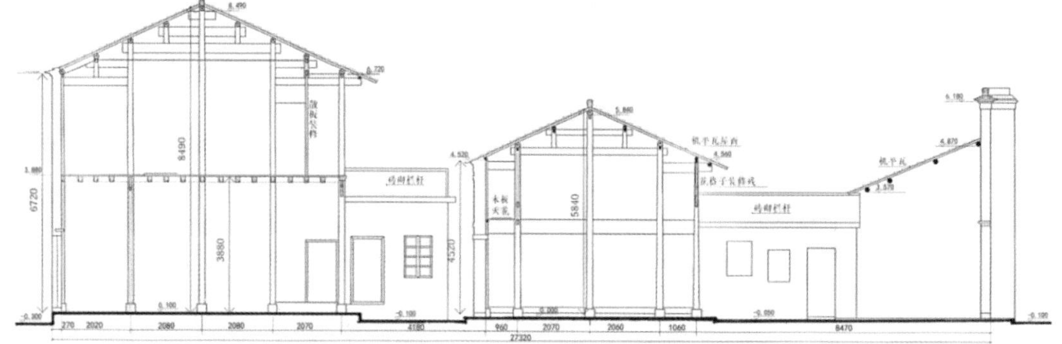

图3-4-11d　张勤慎堂剖面图

（2）翟家花园。

翟家花园位于萧家巷主巷与西支巷相交处的西北角，由原19、21、23号三幢独立式住宅组成。房主翟其清，泾县翟村人。17岁离家追随孙中山，后加入同盟会，进入黄埔军校，成为第六期学员。20世纪30年代，他从一商人手中买下这组住宅。东面一幢坐西朝东，面阔三间，宽11.28米，进深9.4米；中间一幢坐北朝南，也是面阔三间，宽12.1米，进深9.36米。这两幢都是徽派住宅风格，但东临萧家巷主巷的那幢是两层砖墙承重的住宅，南临萧家巷支巷的是砖木结构住宅。这两幢都是前有天井后有庭院。西边一幢标准较高，坐西朝东，前有庭院，采用中西合璧式建筑风格。东侧有西式券廊，清水砌筑西方柱式圆柱，栏杆也为西方花瓶形式装饰。三幢独立式住宅朝向不同，建筑风格各异，却能组合成一组完整的住宅建筑群，在芜湖古城中并不多见（图3-4-12）。

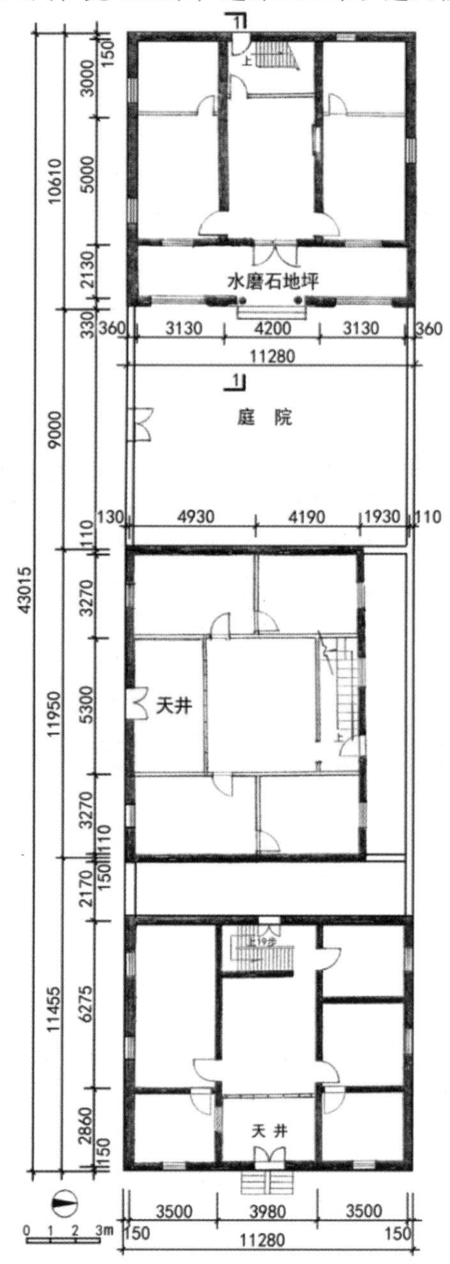

图3-4-12a 翟家花园平面图

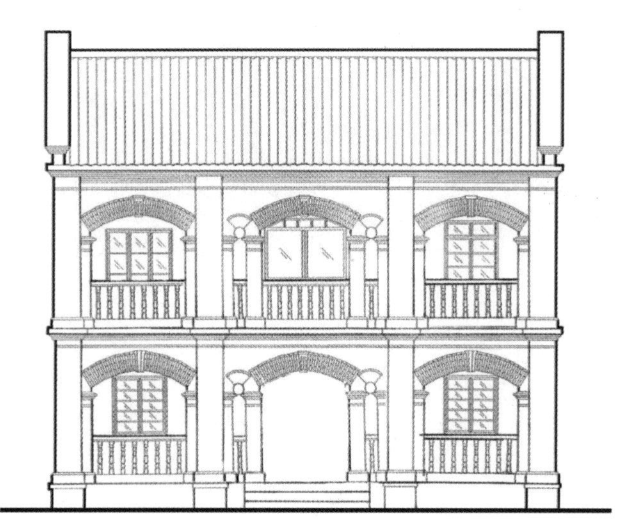
图3-4-12b 翟家花园西幢立面图

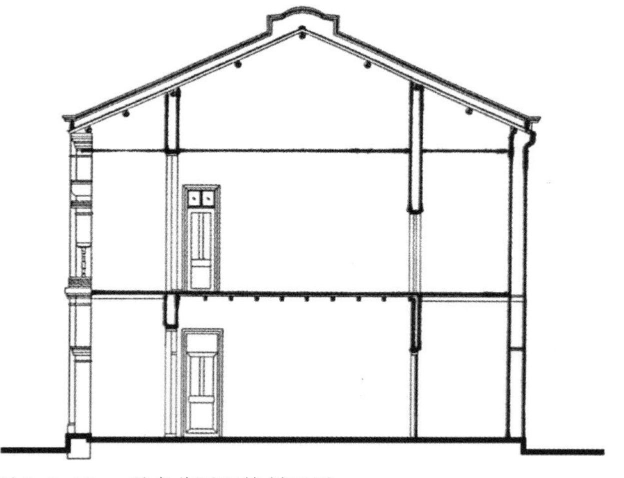
图3-4-12c 翟家花园西幢剖面图

图3-4-12d　翟家花园外景一

图3-4-12e　翟家花园外景二

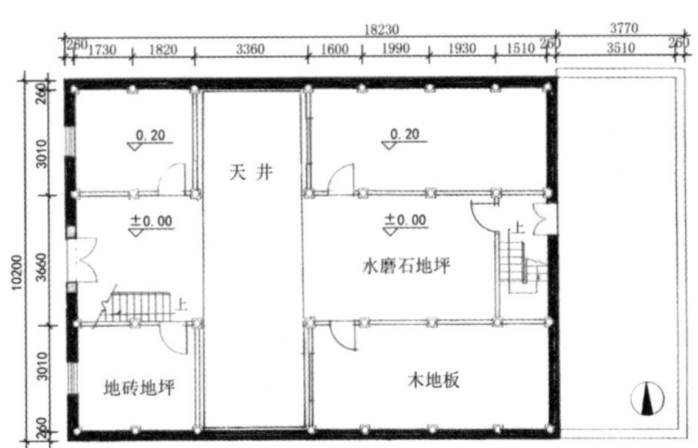

图3-4-13a　吴明熙宅平面图

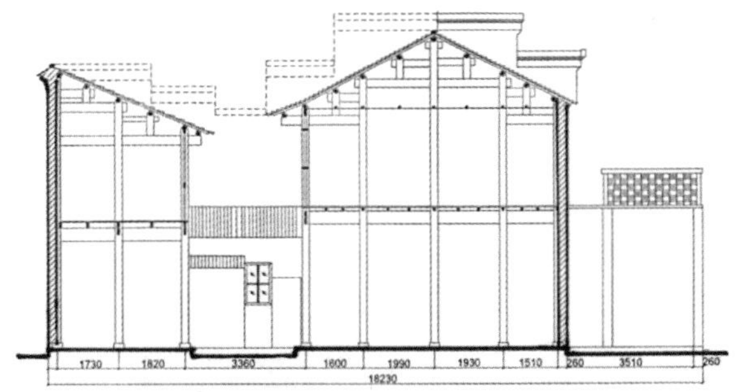

图3-4-13b　吴明熙宅剖面图

（3）吴明熙宅。

吴明熙宅位于萧家巷北段东侧原62号。此楼始建于民国初年，房主原是许锦堂，1946年被米商吴明熙买下。吴明熙，芜湖澛港人。吴家在大砻坊经营着一家规模颇大的砻坊，曾是“芜湖四大砻坊”之一，到吴明熙这一辈已是第三代。吴宅坐东朝西，面阔三间，宽10.2米，前后两进，中有天井，总进深18.2米，有深约3.8米的后院（图3-4-13），建筑面积约371平方米。此宅为两层砖木结构，小青瓦屋面。原山墙为马头墙，现状侧立面墙体完好。临街立面正中开有石库大门，上部却有西式弧形门罩；第一进建筑是地砖地坪，第二进建筑两侧房间是木地板，正厅却是暗红色水磨石地面；二层玻璃窗下装有当时少有的铁制栏杆，却用了卷草图案；檐下窗头两侧的木制“戟”形装饰更是孤例。这些都反映出房屋主人的审美情趣。

图3-4-13c　吴明熙宅外景一

图3-4-13d　吴明熙宅外景二

（4）项家钱庄。

项家钱庄位于萧家巷中段东侧原28号，街巷在此有转折，因此该建筑正对萧家巷的南段，北侧又是萧家巷的东支巷，位置十分显要。此建筑建于民国初年，房主李瑞庭，在此开设私人钱庄，生意十分红火。该建筑坐北朝南，面阔三间，宽11.6米，进深三间，深10.95米。平面近似方形，建筑面积约254平方米。作为钱庄，该建筑设计时很注意安全防盗措施。临街做三道外窗，最外面是铁皮包裹的木窗，中间是铁栏杆，最里面才是玻璃窗。从南面券廊进入正厅要经过的雕花隔扇门，上嵌白、蓝、红等各色玻璃，当时实为少见。建筑入口处两层券廊均有青砖砌筑的圆柱。券廊地面为水磨石地面，饰有黑色“福寿双全”纹饰。屋顶为歇山式，南侧却又开有老虎窗。此建筑为芜湖古城中中西文化相融的一处范例（图3-4-14）。1925年钱庄转由项家经营，人们便称之为“项家钱庄”。

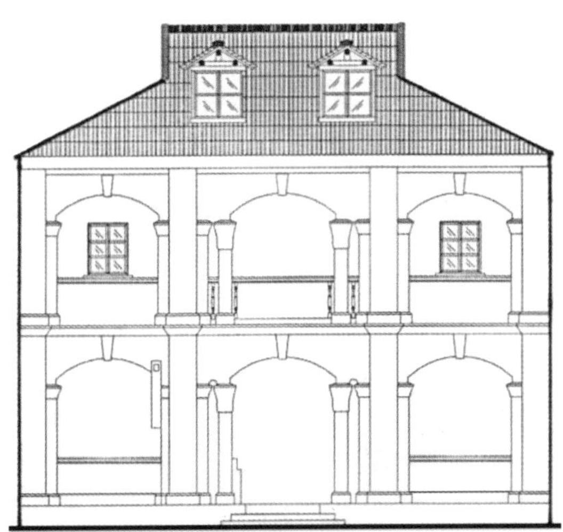
图3-4-14a　项家钱庄立面图

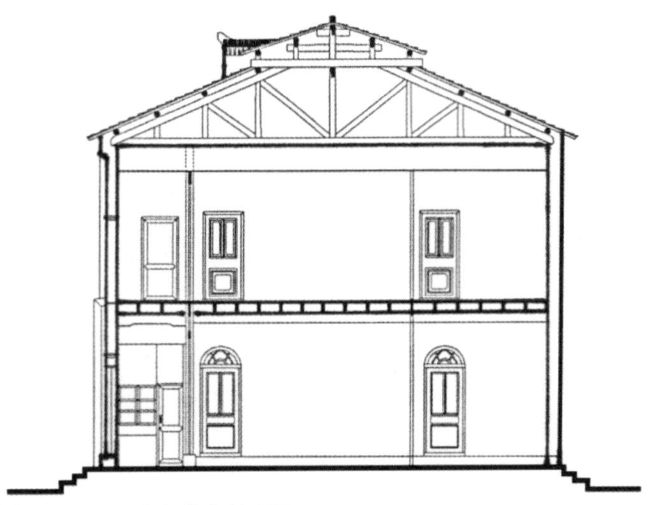
图3-4-14c　项家钱庄剖面图

图3-4-14b　项家钱庄外景

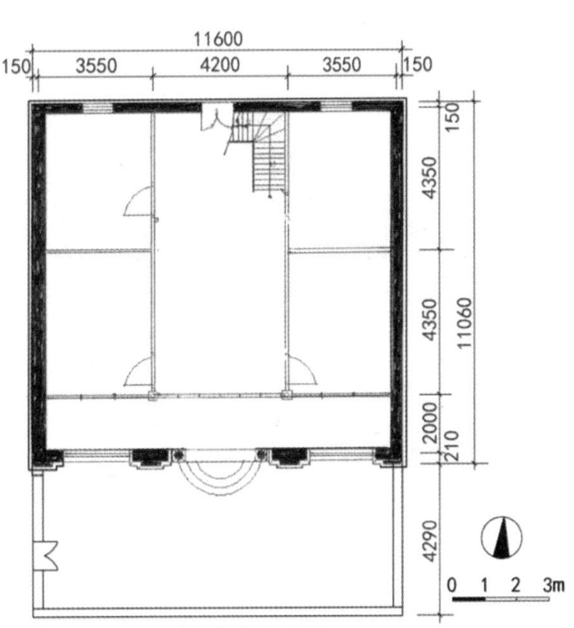

图3-4-14d　项家钱庄平面图

（5）季嚼梅故居。

季嚼梅故居位于萧家巷南段的西侧原3号，始建于清中晚期。最初房主是孙泽余，1934年8月，国民党高级将领季嚼梅买下这处房产。季嚼梅抗战期间积极抗战，1943年曾任远征军司令部高级参谋（中将）。抗战胜利后，季将军不愿同室操戈，卸任后回芜定居。季嚼梅故居由两部分组成。东楼坐西朝东，面阔四间，长14.7米，大门开在临街的东南角，西侧有外廊，楼梯设在走廊北端的外侧。西楼坐北朝南，面阔五间，长19.5米，南侧有1.7米宽外廊，廊中部靠外侧设有木楼梯。东西两楼平面布局均为外廊式，这在芜湖古城民居中并不多见，是一处典型案例（图3-4-15）。这组建筑最初规模较大，主体建筑曾是“四水归堂”式“回”字形平房，规格较高，惜早已不存。

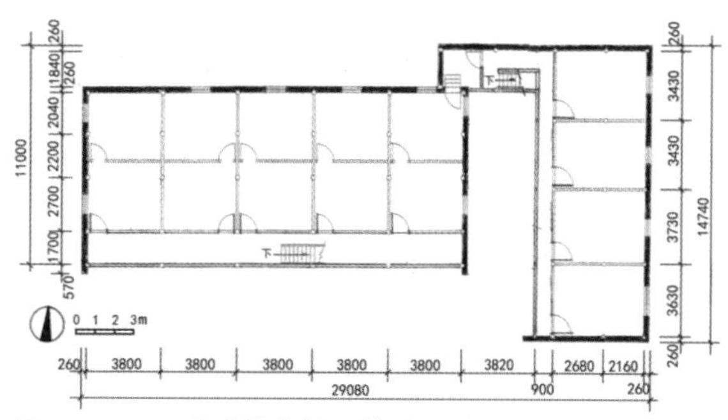

图3-4-15a　季嚼梅故居二层平面图

图3-4-15b　季嚼梅故居外景

3. 其他街巷

（1）官沟沿（巷）。

这是一条很古老的街巷，南起儒林街，北接正大巷，中段西侧与丁字街相交。北宋初年，官府为方便老百姓生活，在巷边开了一条360米长的明渠，新中国成立后在这段明渠上加盖了条石板，便成了一条南北走向的街巷，仍称官沟沿，两边成了居民聚集之地。街巷长203米，宽4米。

官沟沿19号赵家大屋，原为尚氏兄弟所建，1914年时任北京大学教师张有诚重建，后又被赵家买下。厅堂青砖铺地，檐柱上端雕刻精美。前院面积较大，由青石条铺成。此建筑正屋南北向，两坡顶。东西厢房采用长短坡顶，围合了庭院，也烘托了正屋，造型别致（图3-4-16）。

图3-4-16a　赵家大屋南面外景

图3-4-16b　赵家大屋东内院外景

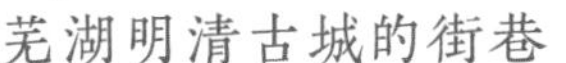

官沟沿26号青湘小筑，为民国初期建造，原房主是当年芜湖知名大律师陈亚山的文笔师爷汪心锐。该建筑坐东朝西，正门前原来有道影壁，青石基座，正中有一个巨大的福字。此屋为两层砖木结构，四坡屋顶。入口大门有石砌门框，上有长方形青石匾额，刻有“青湘小筑”四字。这是一独立式住宅，平面近似方形（图3-4-17）。

图3-4-17a 青湘小筑外景

图3-4-17b 青湘小筑局部外景

（2）环城南路。

1932年芜湖城墙被拆除，之后在城墙遗址修建了环城南路。环城南路是与青弋江平行的一条道路。

望火台：位于环城南路中段北侧56号，建于民国初期。建筑共有四层，下面两层为长方形平面，面阔约4.4米，进深约8.4米。底层木楼梯位于室内西北角，二层木楼梯南移约1米。二层屋顶是露天瞭望台，四周有砖砌女儿墙。三、四层平面内缩为边长2.54米的正方形，三层中间有陡直的木梯可登临四层瞭望台。四层屋顶为四坡攒尖顶（图3-4-18）。该望火台选址恰当，设计合理，造型有特色。

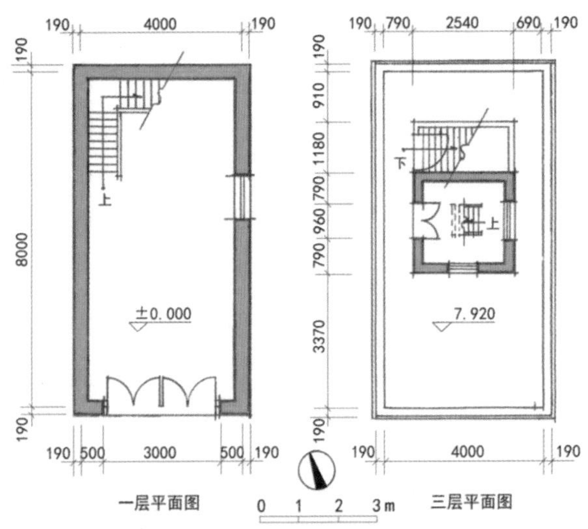

图3-4-18a 望火台一、三层平面图

图3-4-18b 望火台外景

五进长宅：位于环城南路东段南侧29号，南临沿河路，建于清代晚期。用地南北长近46米，东西宽8～11米。共有五进建筑，皆为两层。有4个天井，有大有小。此建筑群南北贯通，可分可合。东、西两面长长的马头墙组合，是很有徽派建筑特色的做法，造型生动。五进建筑皆采取穿斗式和抬梁式两种梁架相结合。北面是主入口，砖墙外粉有石灰砂浆，下部有条石墙裙，大门下半部有石门框。门头上方有匾额，边框为半圆形水磨砖。该建筑体量较大，纵深组合复杂，南北两面皆有主次入口，规划设计与建筑设计极具特色，文物价值很高（图3-4-19）。

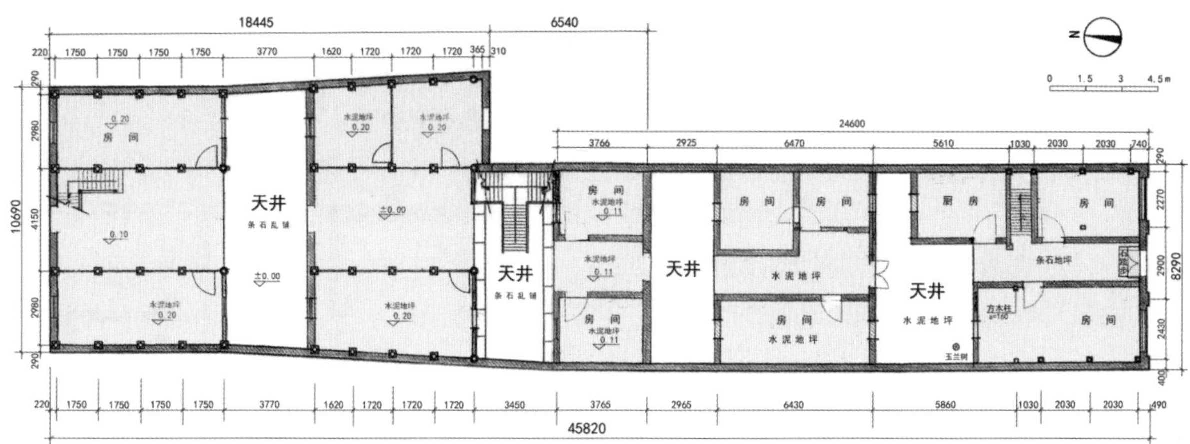

图3-4-19a　环城南路五进长宅一层平面图

图3-4-19b　环城南路五进长宅北面外景

五、北大街

本书所称“北大街”指南出县衙后向北通向北城门来凤门的一条古城主要街道，南段为“太平大路”，北段为“北门大街”，全长约520米（图3-5-1）。民国《芜湖县志》中这两段也是此称谓，清乾隆和嘉庆《芜湖县志》将南段记为“太平路巷”。民国《芜湖县志》在“城图”中又将其分为“高埂头”和“太平大路”两段。1935年绘制的芜湖街市分段图，将来凤门以内称为“北门大街”，将来凤门以外称为“北门外正街”。1950年绘制的《芜湖市全图》称北门外为“北市街”，北门内为“北内街”，南接太平大路。因为芜湖古城的北城门位于其西北角，所以北大街的总体走向不是正南北，而是由东南-西北向。

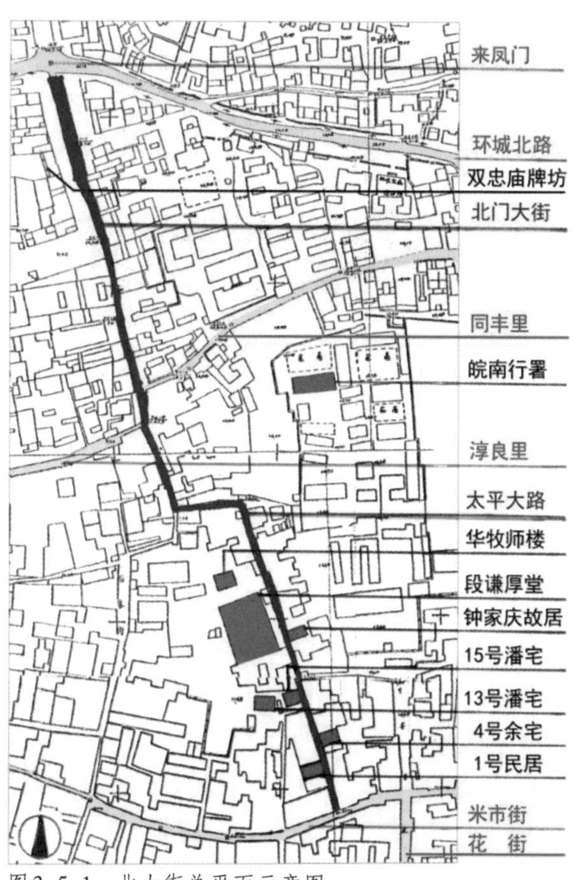

图3-5-1　北大街总平面示意图

20世纪80年代建设了九华山路，北门大街消失，太平大路也由原来的长232米缩短为190米。其北端原有建于乾隆年间（1711—1799）的白衣庵，庵北还有晚清翰林宅第，20世纪90年代后期被拆除。芜湖著名中医李少白故居和太平大路东侧的“丰备仓”也已不存。尤为可惜的是，位于北门附近建于明崇祯年间（1628—1644）的一座“双忠庙”石牌坊（图3-5-2），在1995年11月7日的一场大风中倒下，残件现保存在神山公园内，不知可有择地重建的可能。

图3-5-2 芜湖双忠庙石牌坊

太平大路可能在宋代就已经形成，原来只是一条无名小巷。在明嘉靖三十八年（1559）和明万历二年（1574），盗贼先后两次经过这条街巷，盗窃了县衙金库。官府损失惨重，导致兵备副使被革职查办。在明万历八年（1580）芜湖明城城垣建成后，为求吉利，此巷便定名“太平路巷”，后又称“太平大路”。太平大路曾居住过许多官宦和商贾人家，也吸引了外国的传教士。现存建筑主要有：俞政卿的太平大路4号“俞宅”，潘锡恩的“潘家大六屋”，传教士的太平大路17号“华牧师楼”、吴廷斌的“九十九间半”（后被段君实买下，更名为“段谦厚堂”）等。

1. 俞政卿宅

俞政卿宅建于清末民初。建筑坐北朝南，略偏东，南面有一个长11.65米、宽4.2米的庭院。该宅采用两层砖木结构，面阔三间，两层皆有欧式拱券南外廊（图3-5-3）。木材商有采购好木材的便利，所以木地面、木楼面、木楼梯、木屋架的用料和做工都十分考究，尤其是木隔板还用红木制作。底层走廊做了有黑色蝙蝠和寿字装饰的红色水磨石地面。此楼外立面为青砖清水墙，砖柱、砖券砌工特别精细。直径不到40厘米的圆形清水砖柱，上下还有方形柱头和柱础，没有高超的技艺很难做到。楼上下两层砖拱上两侧贴的砖雕花饰也难能可贵。这是一幢糅合了中西文化的优秀建筑。

图3-5-3a 太平大路4号俞宅修缮后外景

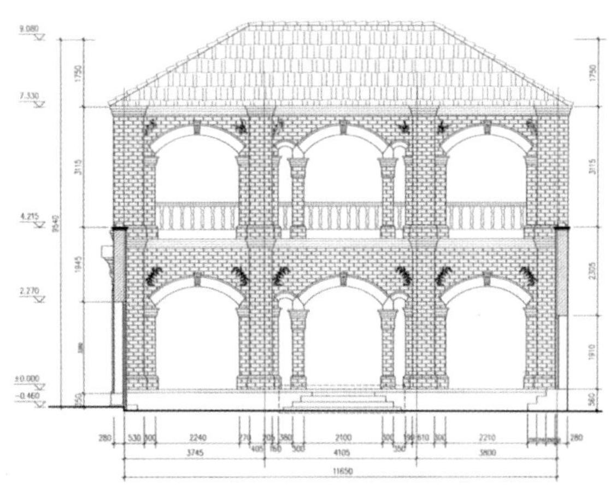

图3-5-3b　太平大路4号俞宅南立面图

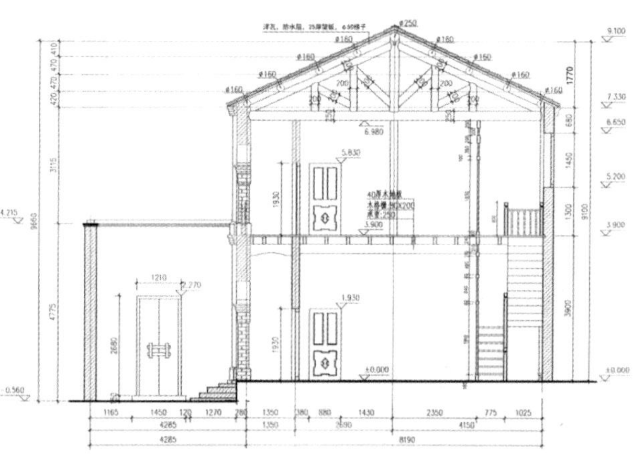

图3-5-3d　太平大路4号俞宅剖面图

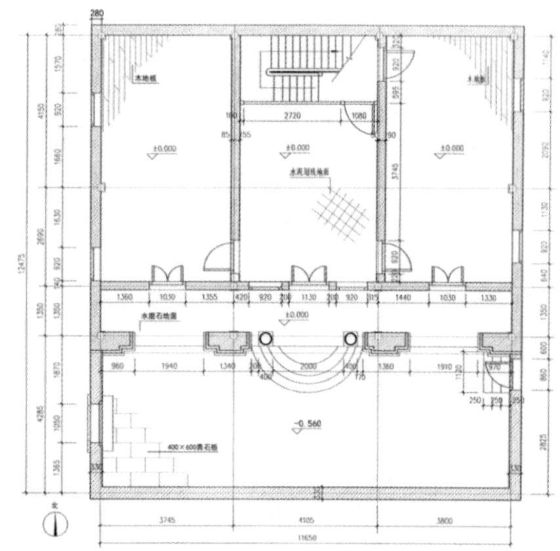

图3-5-3c　太平大路4号俞宅一层平面图

图3-5-3e　太平大路4号俞宅修缮效果图

2. **太平大路15号潘宅**

潘宅原是“潘家大六屋”中的一幢。房主潘锡恩（1785—1866），泾县人，嘉庆十六年（1811）进士，历任兵部左侍郎、吏部右侍郎，曾为皇子等授书、讲学，后又从事文史编撰工作，还担任过江南河道总督等要职，深得道光皇帝赏识。他63岁告老还乡，在芜湖广置田产，达2000多亩。15号潘宅就是他建的一处府第。这是一幢徽派平房建筑，原先应不止一进。因建于太平大路西侧，所以建筑坐西朝东，且东偏北23度。此宅为砖木结构，硬山屋顶，小青瓦屋面，马头墙封砌。建筑平面因并不方正的用地形状，只有东北角墙体互相垂直，其他三个角均非直角。此宅前设有天井，后设有庭院（图3-5-4）。

潘宅的大门开在东西墙体的东偏北方向，临太平大路，石门框，门头上方做有垂花门式贴墙门罩。进入天井后是典型的徽派三开间民居式样建筑，迎面是厅堂，厅堂前后均开有6扇隔扇门窗。天井两侧是厢房，各开有4扇隔扇门窗。正房西侧设有后廊，既遮挡了西晒，也很实用。后门设在潘宅南面墙体的西侧，与太平大路13号另一幢两层潘宅相通。

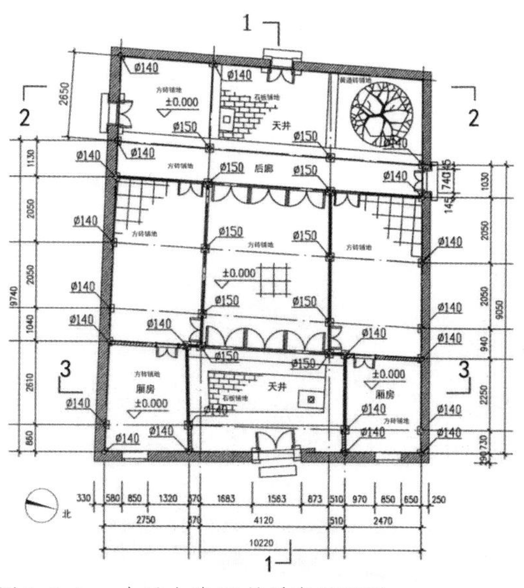

图3-5-4a　太平大路15号潘宅平面图

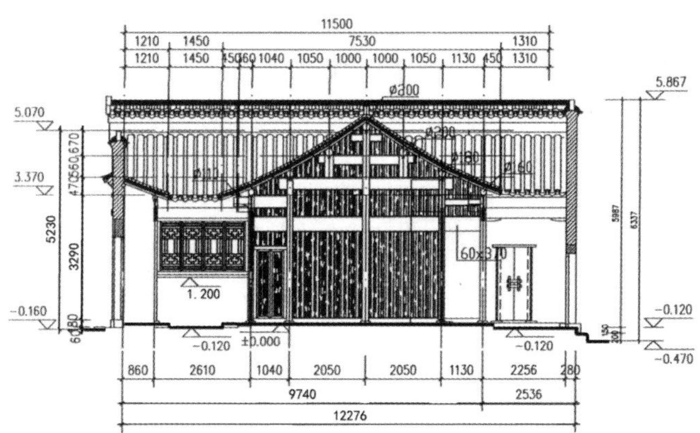

图3-5-4b　太平大路15号潘宅剖面图

图3-5-4c　太平大路15号潘宅东立面景观

图3-5-4d　太平大路15号潘宅院门门罩细部

图3-5-4e　太平大路15号潘宅后院景观

3. 太平大路17号华牧师楼

美籍传教士华思科夫妇首先居住于此，当地居民遂称之为“华牧师楼”（图3-5-5）。

约于1880年，南京中华基督总会派美籍传教士徐宏藻来芜创设芜湖中华基督会，总会堂先后设在古城内的薪市街和米市街，40多年后建造牧师楼时便选址在附近的太平大路。1907年，中华基督教会又在太平大路创办励德小学，华牧师楼西侧有一圆门与其相通。该建筑坐北朝南，略偏东，为四层砖混结构。矩形平面，面阔三间，中间是楼梯间，两侧是宽达4.8米的房间，房间前后相套。楼南入口处有长约7.7米、宽约3米的三层楼开敞式门廊。底层层高2.48米，水磨石地面。二、三层层高2.9米左右，木楼板。四层实为阁楼层，净高2.25米。外墙为青砖清水墙，屋顶为悬山两坡顶。此楼底层无楼梯间，室外露天大踏步直上二层门廊，再进入楼梯间，这种处理手法并不多见。门廊栏杆采用西式花瓶样式，显示了中西结合的建筑风格。

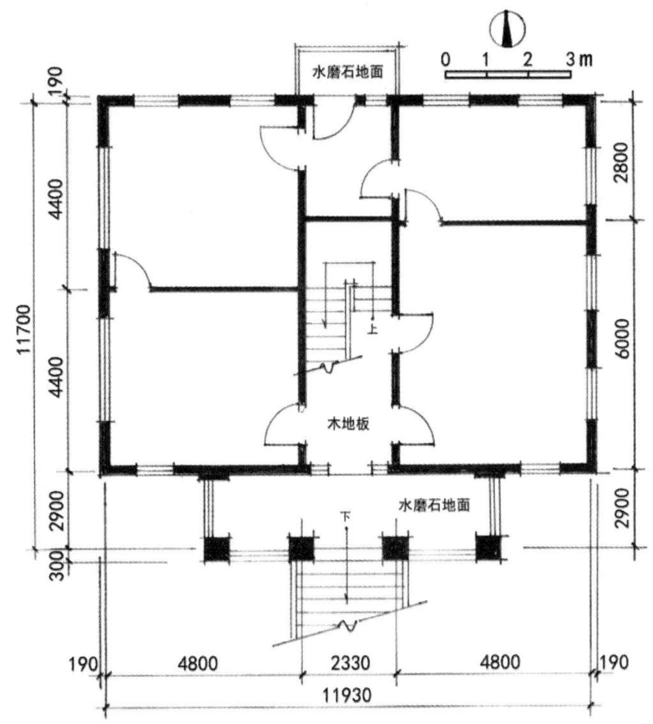

图3-5-5a　太平大路17号华牧师楼二层平面图

图3-5-5b　太平大路17号华牧师楼修缮效果图

4. 太平大路21号段谦厚堂

此建筑群1909年由曾任山东巡抚的吴廷斌（1839—1914，泾县人）退隐芜湖后所建。1925年段君实买下此宅，将原“吴维政堂”改名为“段谦厚堂”。其总平面呈矩形，东西宽32.3米，南北长54.2米。总体布局由前院、中院、后院和侧院四部分组成。四组建筑总建筑面积合计1689平方米（图3-5-6）。前院位于用地南部，大门位于其东侧，临太平大路。前院中间有二层五开间的东西向建筑，设有前厅，东侧是庭院，西侧是花园。前院与中院之间有宽而长的“前夹道”，中院与后院之间有稍窄稍短的“后夹道”，这是联系三组建筑的过渡空间。中院建筑是主体建筑，设大厅和书楼。后院建筑是居住空间，相对隐蔽。中院和后院建筑都是两层七开间砖木结构，平面均为“目”字形，两排南北向建筑之间也都是用4条连廊联系，各自形成了8个内部天井，中院建筑前有过厅后有大厅，均为三开间。大厅宽11.4米，深10.3米，面积近120平方米，空间高敞宽大，梁架粗壮，十分气派。大厅两侧是东、西书楼，共有十六开间，东西天井两侧各设有木楼梯。后院建筑布局

同中院建筑，只是进深略浅，木楼梯设在中轴线上跨院的北侧，天井四周同样设了回廊。中、后院东侧的侧院为单层的附属建筑，有三处直接通向外部的边门。段谦厚堂经改造，变化较大，亟待整体维修，以恢复昔日面貌。

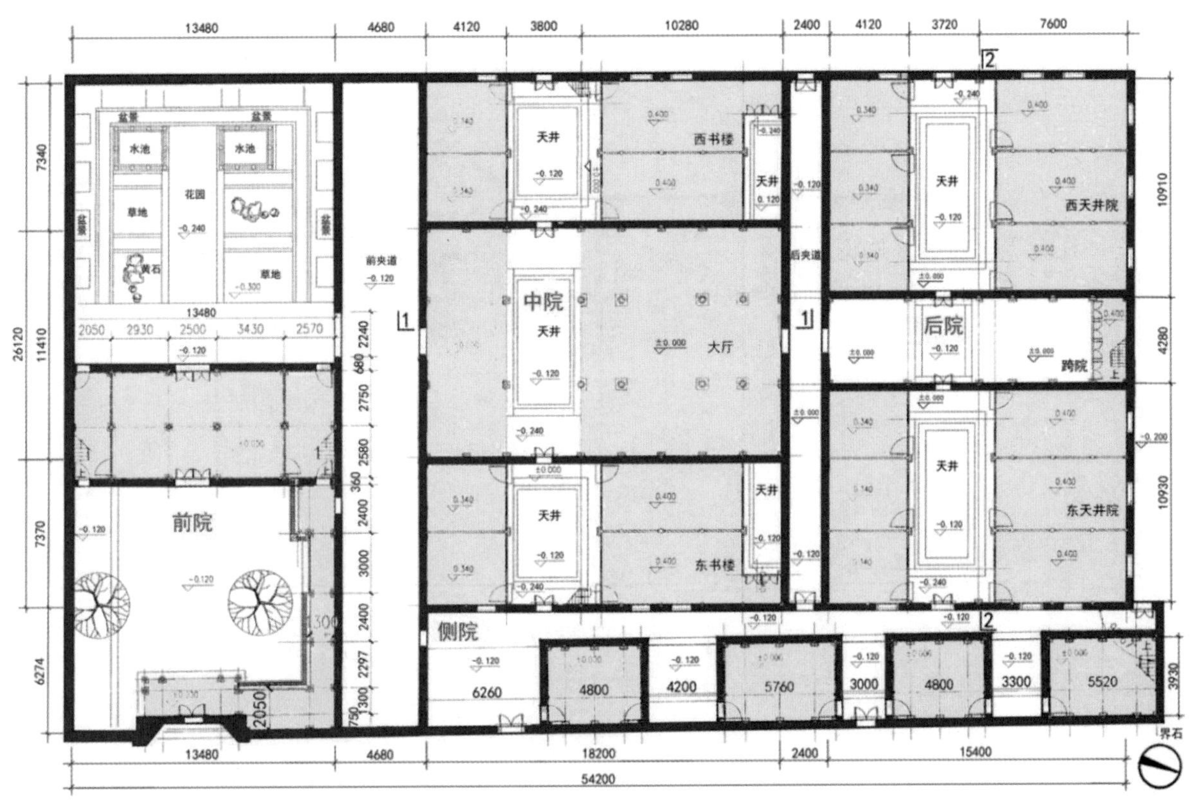

图3-5-6a　太平大路21号段谦厚堂一层平面图

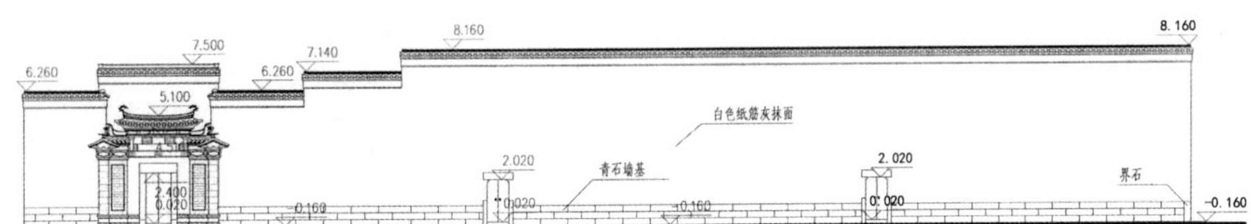

图3-5-6b　太平大路21号段谦厚堂东立面图

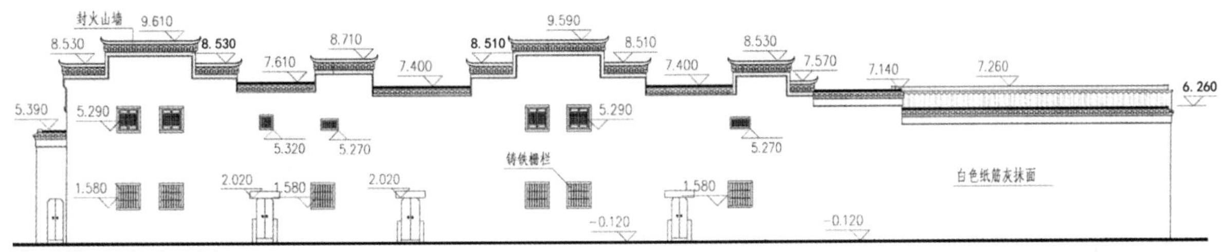

图3-5-6c　太平大路21号段谦厚堂西立面图

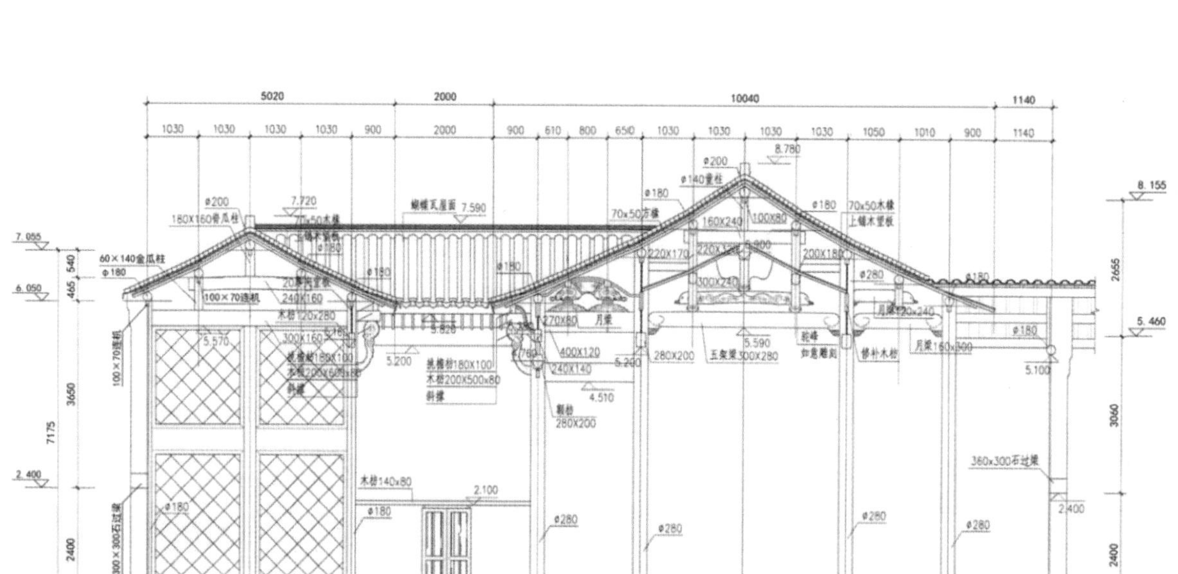

图3-5-6d　太平大路段谦厚堂中院剖面图

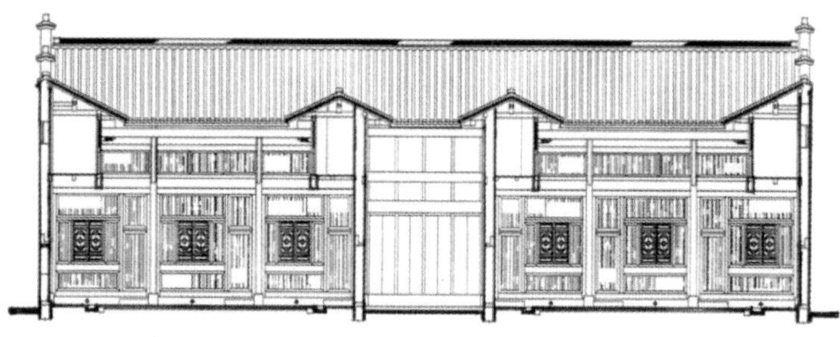

图3-5-6e　太平大路段谦厚堂后院剖面图

图3-5-6f　太平大路段谦厚堂修缮效果图

六、东北城区街巷

从民国《芜湖县志》城图中可见，芜湖古城东北城区有一由罗家闸—新兴街—同丰里连接而成的半环状道路骨架，南连萧家巷，西接北门大街，全长约620米（图3-6-1）。其中，南北走向的罗家闸（原名罗家巷）较为重要，现在已北接至环城北路，长约330米。西边邻近城隍庙和老县衙，东边南端原是地方审判检察所（法院），中部是泾县会馆。泾县会馆创办于道光年间（1821—1850），原在薪市街，光绪三十一年（1905）迁此。民国十四年（1925）泾县旅芜高等小学迁入泾县会馆，新中国成立后更名为罗家闸小学，成为芜湖为数甚少的百年小学之一。东北城区还有几条南北走向的街巷，如建于明景泰元年（1450）的东寺街，长约155米，宽约4米。北面原有能仁寺，被兵火毁后，1567年建了关帝庙。清光绪八年（1882）李鸿章之子李经方在此建过芜湖戏园，新中国成立后又改建成胜利电影院。东寺街西侧是模范监狱，再往西就是井巷，与梧桐巷连在一起长有493米，宽只有2米。公署路在罗家闸以西，也是南北走向，全长200多米。民国初年才得名的马号街东从罗家闸起，西至十字街止，长122米，是条小街巷。

1. 公署路66号郑宅

郑宅位于公署路东侧，由商人郑耀祖于民国时期建造。西部是入口庭院，住宅位于用地东部。该宅为二层石库门式独立住宅，东西两侧皆可开窗，居住更加舒适。石库门照例采用花岗石门框，门头上有砖拱，其上有跳砖装饰，大门也照例是两扇黑漆木门。进入石库门就是小天井，迎面是气派的8扇隔扇门窗，进入“客堂”后，两侧是“厢房”和“后厢房”，正面板壁后是上

图3-6-1　东北城区街巷分布示意图

二层的双跑木楼梯，楼梯间外侧有卫生间。二层平面与一层相仿，中间开间是“前楼”，两侧是“厢楼”卧室，一层卫生间的屋顶是阳台。二层楼梯间有单跑木楼梯上阁楼层，中间一间南面开有2米宽老虎窗，两侧房间东、西向分别开有直径为90厘米的圆形窗，阁楼层的采光通风都较好。此楼为砖木结构，局部为砖混结构，青砖清水墙，木楼地面，小青瓦屋面，硬山双坡屋顶。立面造型中西结合，所有门窗均做有跳砖门楣、窗楣，石库门上做了西式花瓶装饰栏杆，硬山顶做了弧顶、斜脊相组合的处理，住宅显得亲切宜人（图3-6-2）。

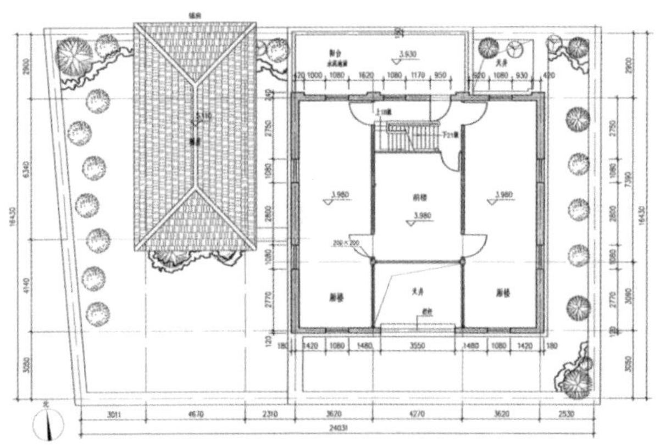

图3-6-2a　公署路66号郑宅二层平面图

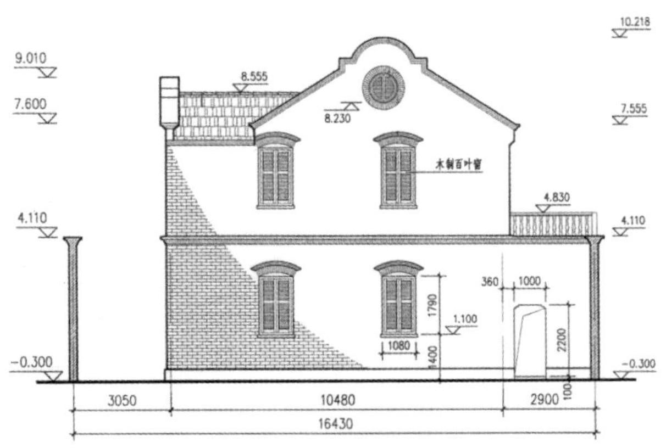

图3-6-2d　公署路66号郑宅西立面图

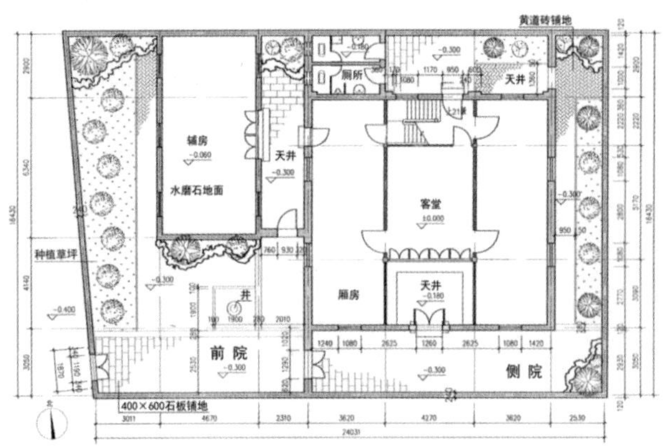

图3-6-2b　公署路66号郑宅一层平面图

图3-6-2e　公署路66号郑宅剖面图

图3-6-2c　公署路66号郑宅现状外景

图3-6-2f　公署路66号郑宅修缮效果图

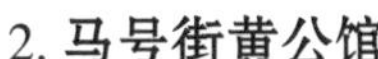

2. 马号街黄公馆

黄公馆位于马号街1、2号，是东头靠近罗家闸（巷）的两幢二层小楼，原系当年芜湖知名律师黄筱颂的公馆，今仅存西面的一幢（图3-6-3）。该建筑坐北朝南，建于20世纪20年代初。青砖清水墙，两坡顶，悬山屋面。面阔三间，西两间有外廊，方形廊柱。一、二层均为木地面。此建筑南侧是一面积较大的花园。其子黄开先，曾任安徽省地方银行行长，抗日战争期间曾支持过新四军。

3. 井巷14号民宅

该民宅位于井巷与梧桐巷交叉口南侧，推测建于民国初年。一至二层为砖混结构，占地面积约171平方米，建筑面积约182平方米。西北角有主入口进入“L”形前天井，东端尚有后天井（图3-6-4）。该宅正屋为二层三开间，四榀五柱立贴式梁架，底层中间明间宽于两次间，两跑直角式木楼梯设于客厅西北角。明、次间一层隔墙为砖砌，二层用板壁分隔。楼地面均为木地面，仅底层客厅用方砖铺地。正屋东端附有一间一层的平顶用房，其屋面为二层使用之露台。此建筑平面与造型均简洁实用。

图3-6-3　马号街黄公馆外景

图3-6-4b　井巷14号民宅南立面图

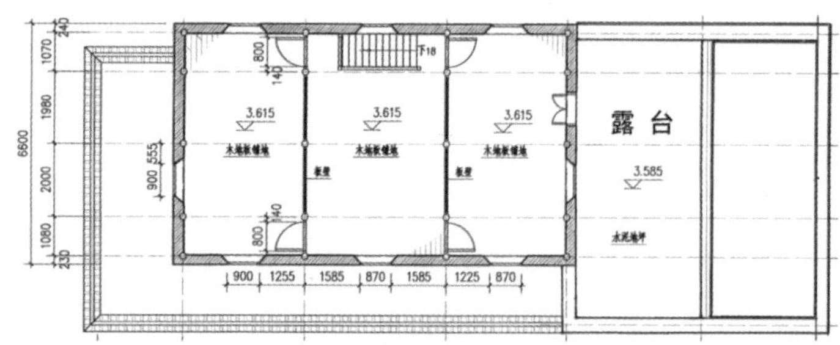

图3-6-4c　井巷14号民宅二层平面图

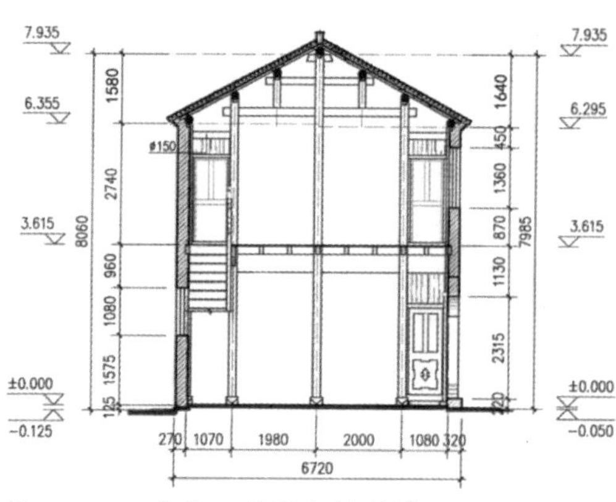

图3-6-4a　井巷14号民宅剖面图

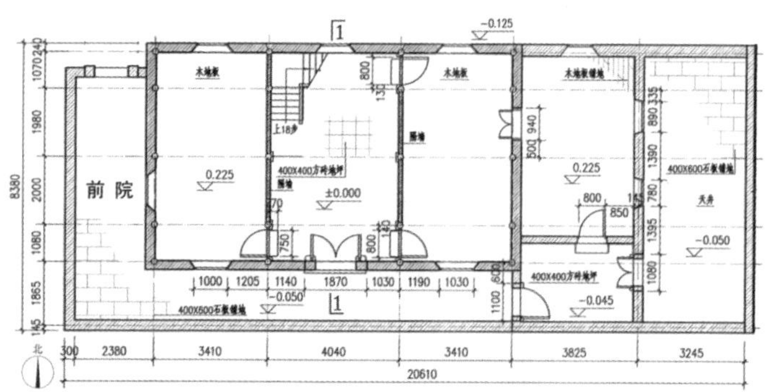

图3-6-4d　井巷14号民宅一层平面图

七、西大街及西城区街巷

这里的西大街是指东接十字街，西通西城门外长街的一条东西向大街。其东段是长约170米的米市街，西段是长约370米的鱼市街。清乾隆年间（1736—1795），靠西门的一段鱼市街被称为“西门大街”，1933年弼赋门被拆除后，西端的200米称为“西内街”。这条街很重要，出西门之后直达青弋江江口，是古城向外的主要发展方向。米市街在清代、民国时期曾是芜湖古城米粮的销售中心，鱼市街则是鱼虾交易的集散地。传说鱼市街30号位置曾是周瑜墓地遗址。芜湖古城北大街、南大街以西即古城的西城区，西大街以北比以南面积大得多。西大街以南主要有东西走向的薪市街，西大街以北主要有南北走向的堂子街、索面巷和东西走向的淳良里（图3-7-1）。

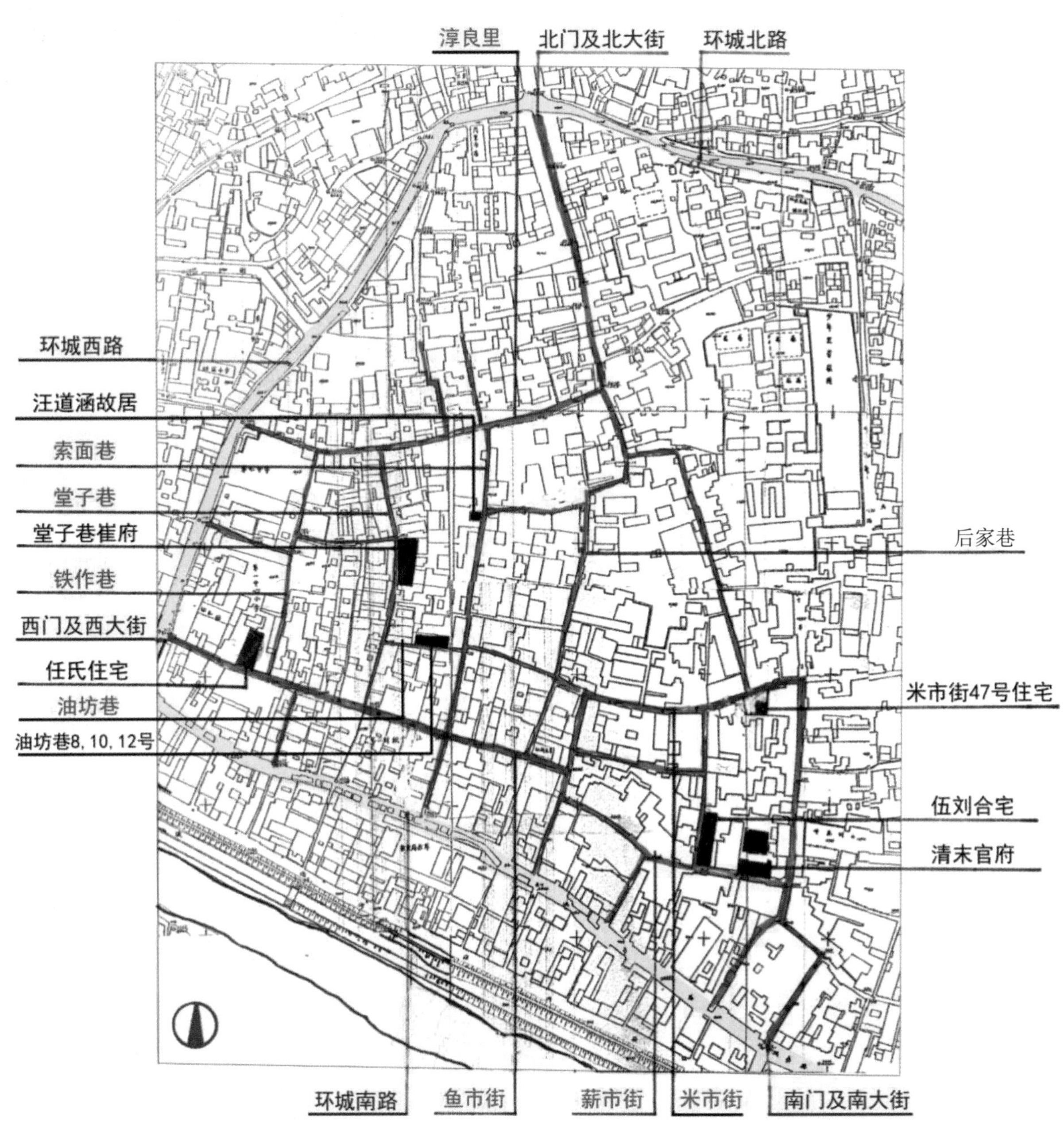

图3-7-1　西大街及西城区街巷分布示意图

1. **薪市街**

《芜湖市地名录》（芜湖市地名委员会1985年编）一书记载："薪市街……1616年建街，曾为柴草集散地，故名。"现存芜湖最早的县志即清康熙十二年（1673）的《芜湖县志》中记载为"新市街口"，此后乾隆十九年（1754）、嘉庆十二年（1807）和民国八年（1919）的《芜湖县志》中均记载为"新市街"。可见，使用"薪市街"名，应在1919年以后。薪市街大致呈东西走向，西通鱼市街，东至花街南端，长195米，宽5米，原为赭红色花岗岩条石路面。薪市街因与花街、南门湾连为一体，也是一条商业街，自古以来商业贸易十分繁荣。直到新中国成立初仍有和记金隆兴牛肉面馆、顾顺兴酱作、广记棉布、鼎裕杂货号、曹永丰糖坊、鑫盛祥皮毛栈、裕成米厂、钰鑫布店、项复兴山货店、寄远文具、福顺祥篾器、朱正记陶瓷制品、胡新记熟水炉、吴祥泰伞店等店铺十余家。此外，薪市街还建有著名道观药王宫，办有泾县公学的泾县会馆。南京中华基督总会委派美籍传教士徐宏藻来此创设了芜湖中华基督会。20世纪90年代后期，因九华山路拓宽改造，薪市街被拆除了一半。现存有以下两幢重要建筑：

（1）清末官府。

清末官府位于薪市街东端的10、12号，坐北朝南，偏西7度，由前楼和主楼两部分组成，是县衙以外的官吏办公场所，始建于1917年。2018年年底开始进行大修（图3–7–2）。前楼面阔五间，大门设正中间，有西式砖砌门边柱和门头拱券。其最有特色的是降低了中间三间屋面的檐部高度，形成了屋面起伏的效果。约10米的进深方向空间一分为二，北侧的中间三间楼上下皆做了木隔扇门窗。此楼为两层砖木结构，青砖清水墙，两坡硬山小青瓦屋面，建筑面积约399平方米。前楼后侧与其相距约6米的是主楼，建筑规格明显高于前楼。平面近似方形，面阔五间，宽约20.4米，进深约17.4米。建筑南北两侧中间三开间设有拱券式外廓。一层楼梯间设在建筑的东北角，二层上阁楼层的木楼梯位于次间中部。阁楼层三开间，宽11米，进深6.6米，南向设有两个老虎窗，北向设有一个老虎窗。一层层高达4.6米，二层层高3.9米，阁楼层净高1.9~3.1米。主楼为两层带阁楼层的砖木结构，青砖清水墙，歇山顶机制瓦屋面，建筑面积约812平方米（图3–7–3）。1930年前后，芜湖著名中医滕松如（1870—1955）回到芜湖，买下此楼，挂牌行医，该楼遂被称为"滕公馆"。新中国成立之初，这里曾为新华通讯社临时办公地点。

图3–7–2a　清末官府前楼北面外景

图3–7–2b　清末官府前楼南面外景

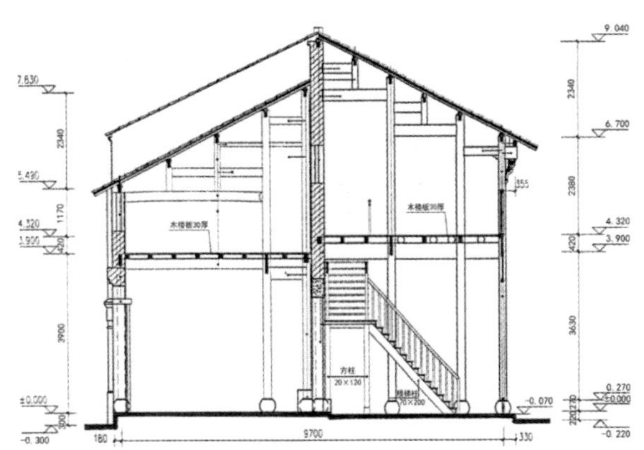
图3-7-2c　清末官府前楼剖面图(1-1)

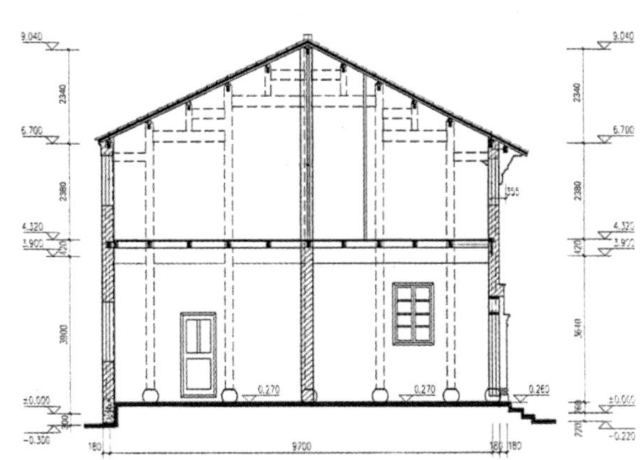
图3-7-2f　清末官府前楼剖面图(2-2)

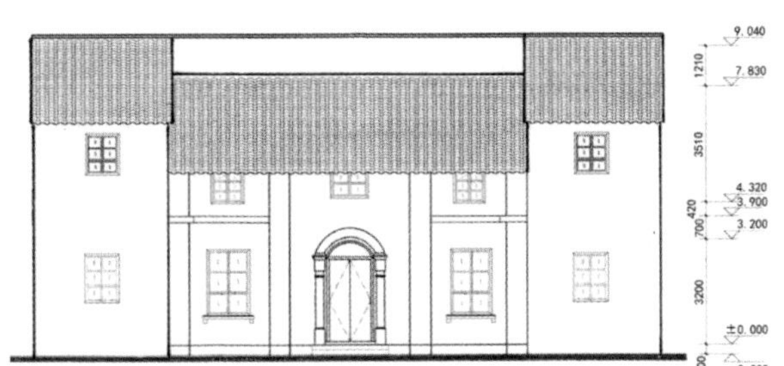
图3-7-2d　清末官府前楼南立面图

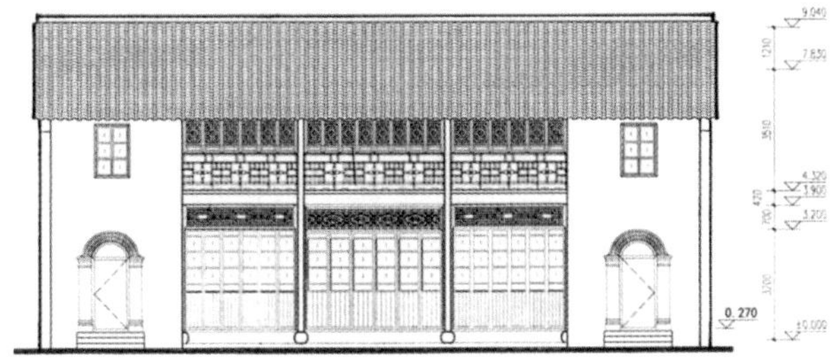
图3-7-2g　清末官府前楼北立面图

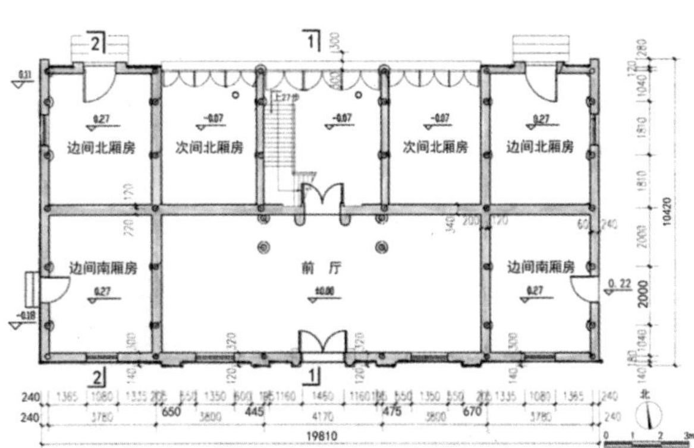

图3-7-2e　清末官府前楼一层平面图

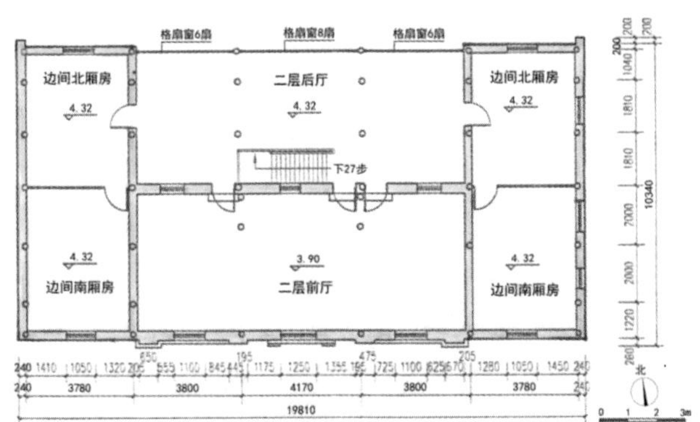

图3-7-2h　清末官府前楼二层平面图

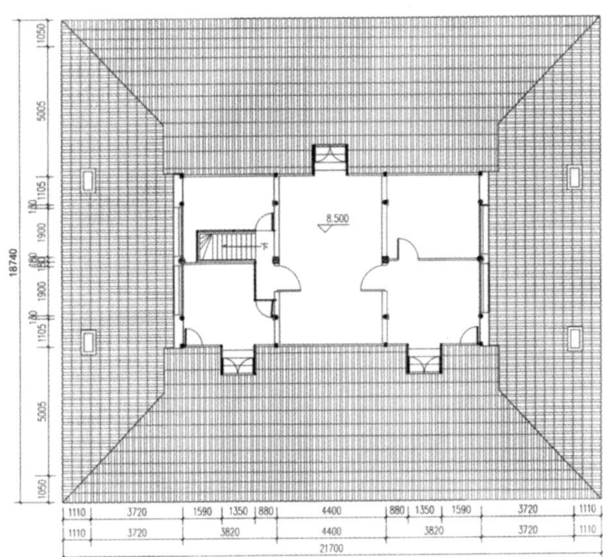

图 3-7-3a　清末官府主楼阁楼层平面图

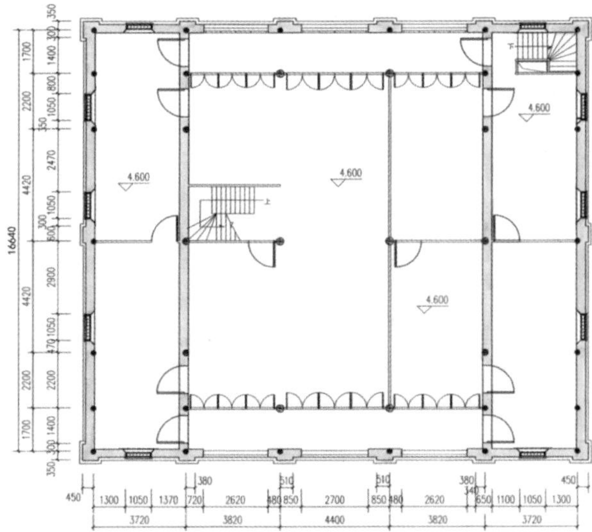

图 3-7-3b　清末官府主楼二层平面图

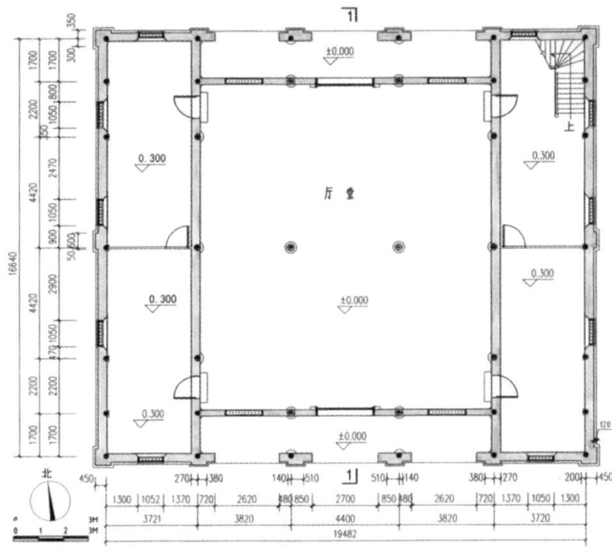

图 3-7-3c　清末官府主楼一层平面图

图 3-7-3d　清末官府主楼南面外景

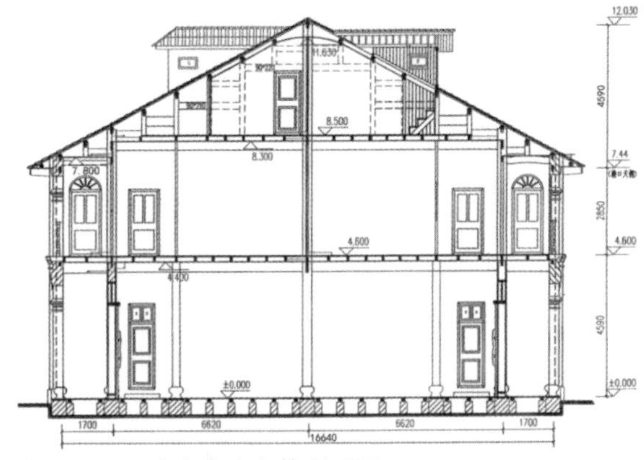

图 3-7-3e　清末官府主楼剖面图

图 3-7-3f　清末官府主楼东立面图

图 3-7-3g　清末官府主楼南立面图

（2）伍刘合宅。

此宅位于薪市街原28号，建于清代晚期，最初由李鸿章家族建造。1941年，伍先祥、刘先觉等人合伙在大砻坊开了“恒丰源”米行，二人在合作期间相处融洽，情同手足，于1948年共同买下这幢深宅大院。由于建筑东西对称，他们用抓阄分房的办法，伍先祥分到东面的房屋，刘先觉分到西面的房屋，“伍刘合宅”便因此得名。他们对原宅的第一进作了改动，拆了“八”字形的正门和门厅，建了两开间两层新楼。原建筑的其他部分则维持原样，未作改动。原宅是六进，后来一场大火烧毁了第五进和第六进，现存仅为前面的四进。如六进建筑都能保存至今，总进深70余米，将成为芜湖古城中深宅之冠。

现存伍刘合宅面阔11.06米，总进深45.47米，占地面积约500平方米，总建筑面积约883平方米（图3-7-4）。四进建筑皆为两层砖木结构，青砖清水墙，小青瓦屋面。第一进建筑为进深10米左右的两大间店铺，宽度均为5.2米。其后是前天井，两侧厢房各设有一座单跑木楼梯。通过石库门进入第二进，明间是过厅，两侧有厢房，进深约3.2米，单坡屋面。经过中天井进入第三进，进深8.68米，明间是宽4.8米、深6.24米的前堂，两侧是厢房。从前堂后的过道穿过后天井进入第四进，明间是宽4米、深6.58米的后堂，两侧仍是厢房，两坡屋面。最北端是宽10.46米、深5.1米的后庭院，院角有一口老井，后院与天井同为青石板铺地。

该建筑规模较大，布局严谨，结构保存基本完整，木构件精雕细刻，具有明显的徽派建筑风格。2019年初已完成维修，唯东西两侧马头墙处理尚有不周之处，后庭院也应保留。

图3-7-4a　伍刘合宅南面外景

图3-7-4c　伍刘合宅北面外景

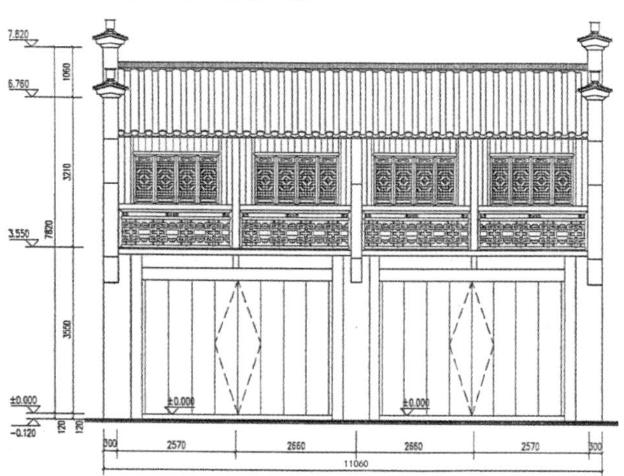

图3-7-4b　伍刘合宅南立面图

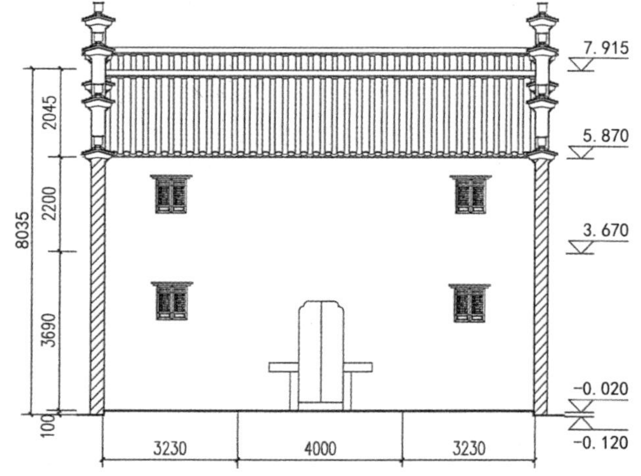

图3-7-4d　伍刘合宅北立面图

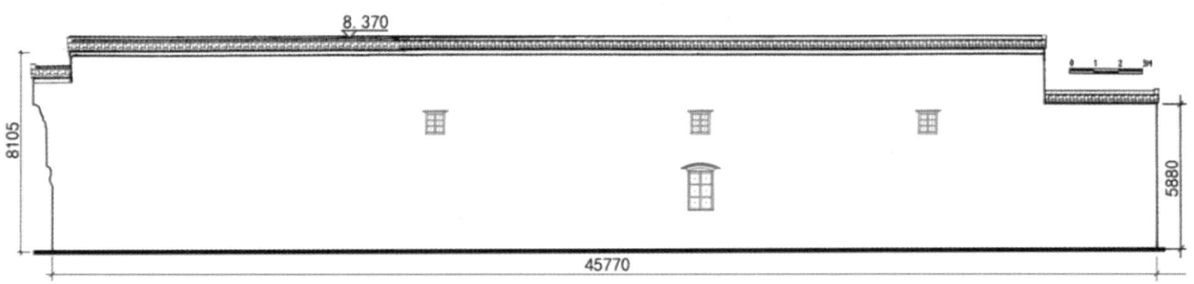

图 3-7-4e　伍刘合宅东立面图

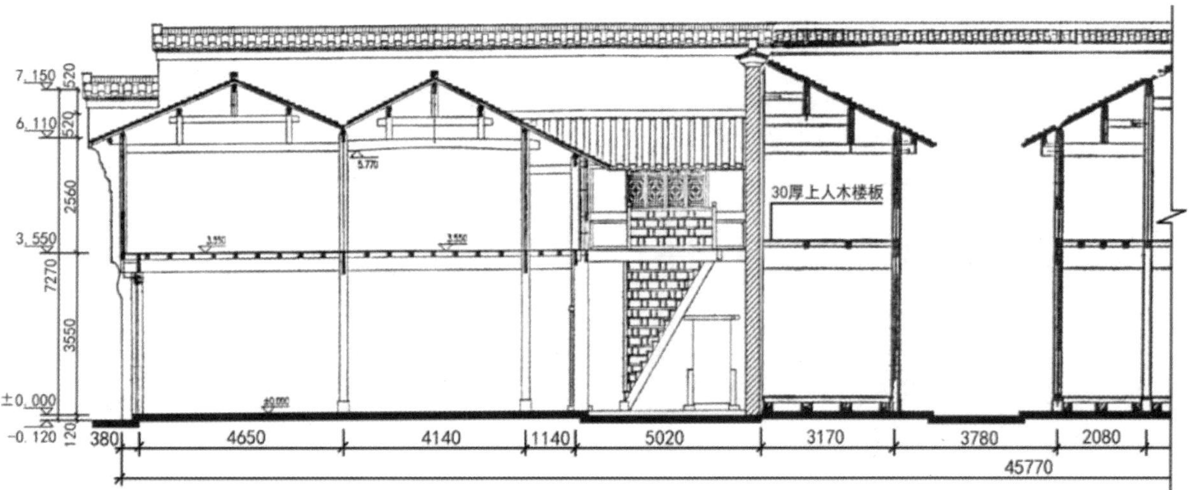

图 3-7-4f　伍刘合宅纵剖面图(南端两进)

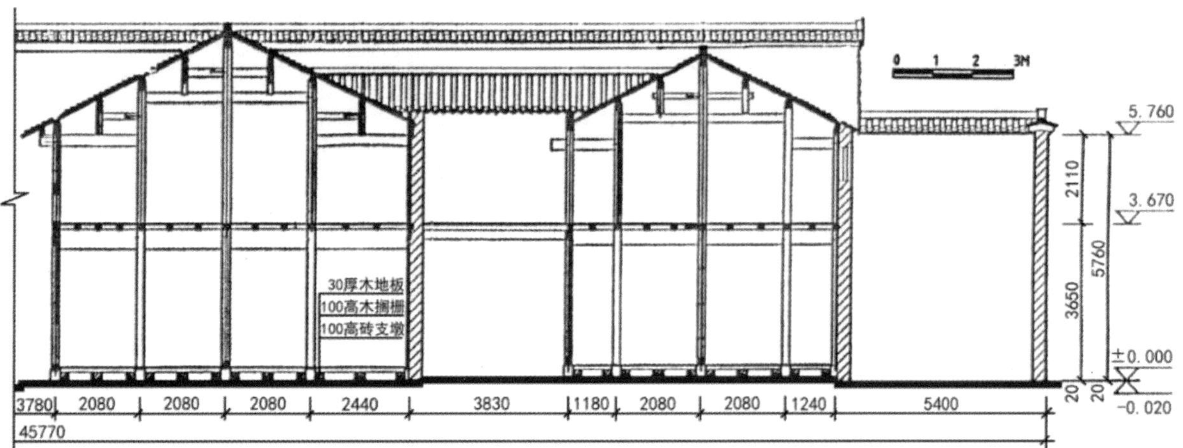

图 3-7-4g　伍刘合宅纵剖面图(北端两进)

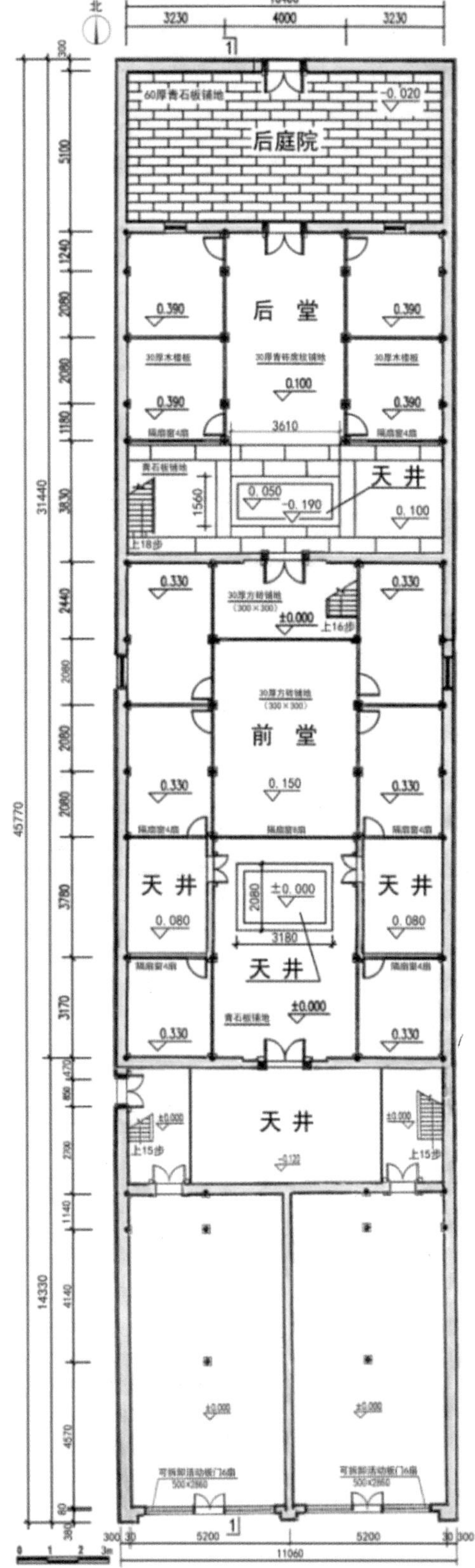

图 3-7-4h　伍刘合宅一层平面图

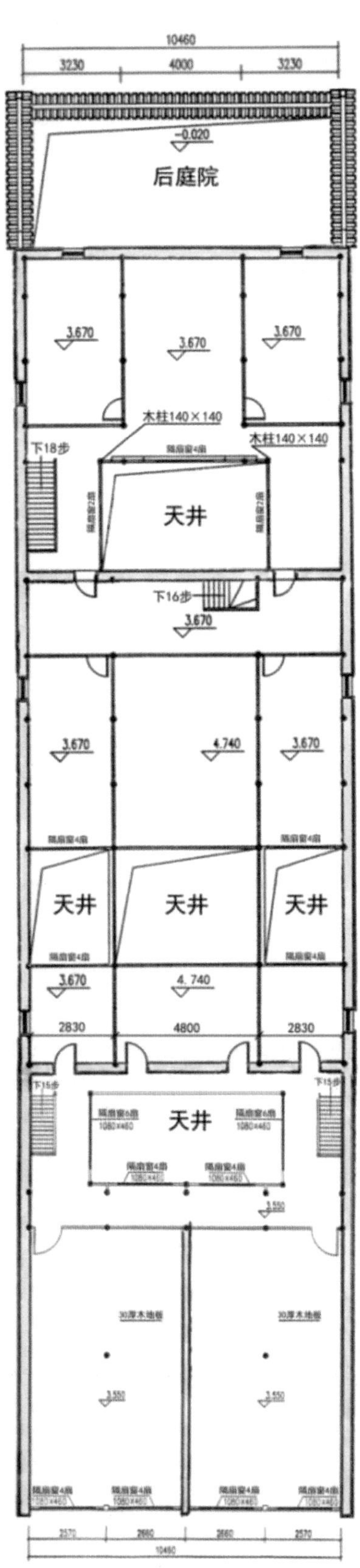

图 3-7-4i　伍刘合宅二层平面图

2. 淳良里

淳良里是芜湖古城西城区北部的一条东西走向街道，东通北大街，西至环城西路，长近300米。南经索面巷、堂子街可通鱼市街。此街建于清康熙十二年（1673）至乾隆十九年（1754），原为建于明代的县衙北面通往西面的一条官道的延伸街道。光绪初年，因居住于此的百姓奉公守法、秉性醇正，官府将此街定名为淳良里。其西端接近城墙的一段曾名“铁石墩”，可见这里曾是冶炼业的重要地段之一。

淳良里有多处名人故居。芜湖著名中医临床医学专家杨绍祥（1917—2003）少年时就读于广益小学、广益中学，1943年毕业于上海中国医学院，曾在上海广恩中医院任内科主任。回芜后，他在淳良里60号开设了“杨绍祥国医诊所”（图3-7-5）。此建筑据说建于20世纪20年代中期。淳良里21号房主原为一汪姓律师，1946年由青弋江以南的南街恽氏砻坊主人恽华堂后人买下，可见此宅也很显要（图3-7-6）。

笔者曾在20世纪80年代末测绘过淳良里29号民居，这是一幢二层楼的徽式石库门住宅，很有特色（图3-7-7）。面阔三间，宽约10.6米，总进深却深达56.4米。当年五进皆为住宅，其中有后人所添建。笔者判断，最初设计应为两组建筑前后串连而成。前两进建筑紧连，各有楼梯和天井，其后附有后院。后两进建筑也紧连，各有天井但共用楼梯，其前设有前院。两院南北相通。这种设计使前后宅既可合为整体，也可相对独立。惜此宅今已不存。

图3-7-5　淳良里杨绍祥旧居

图3-7-6　淳良里恽氏旧居

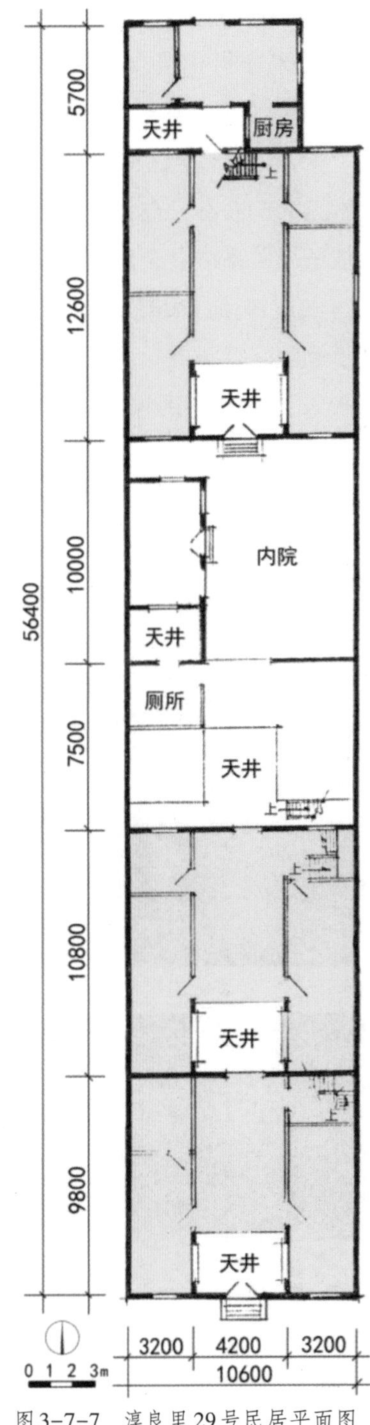

图3-7-7　淳良里29号民居平面图

3. “三条巷子”

索面巷、堂子巷、油坊巷是芜湖古城西城区有名的“三条巷子”。索面巷因开有面坊，堂子巷因开有澡堂，油坊巷因开有油坊，分别得名。索面巷、堂子巷都是南北走向，北通淳良里，南通鱼市街，两巷长度均略超过200米。油坊巷从堂子巷中段偏南向东60米穿过索面巷，再向东70米与米市街相接。三条巷子两旁的建筑均为徽派建筑（图3-7-8、图3-7-9、图3-7-10）。

索面巷18号是一幢坐西朝东的两层老宅，面阔三间，共有三进，前后都有院落，这里曾是海峡两岸关系协会会长，出任过上海市委书记的汪道涵（1915—2005）的故居。1915—1920年，汪道涵随父亲汪雨相（曾任芜湖第二甲种农业学校校长）在芜湖度过幼童时期。此外，索面巷6、20、21、22号也都是有价值的徽派老民居。在芜湖会馆中影响最大的徽州会馆最初就创办于索面巷中，当时名为“新安文会馆”。现在索面巷仅存西面半边巷子，东面的半边在20世纪80年代九华山路拓宽改造时被拆除而建了多层住宅。

堂子巷两侧老宅基本完好，已列为整体保护项目。堂子巷5号也是三进两层徽派建筑，始建于民国初年，曾是崔亮功（1881—1953）的崔府所在地。崔亮功，清末秀才，早年从上海政法学院毕业，曾任过山东潍县地方法院庭长，后来芜经商，开过永春茶庄，1927年任市茶叶公会主席，1936年任芜湖商务总会代理会长，新中国成立后曾任市工商联主委。堂子巷3、6、12、14号都有名人住过。20世纪30年代，汪姓人家曾在堂子巷15号建有豪宅，四进庭院，建筑面积达600平方米，雕梁画栋，十分气派。新中国成立后，该宅曾为镜湖区区政府办公所在地。

图3-7-8a　索面巷外景一

图3-7-8b　索面巷外景二

图3-7-9a　堂子巷外景一

图3-7-9b　堂子巷外景二

图3-7-10　油坊巷外景

油坊巷现只剩西头的半边巷子，其北侧留有8、10、12号联排石库门住宅一幢。这里曾是徽州商会所在地，新中国成立初期做过当时芜湖报社的办公用房。此宅设计很有特色，是芜湖现存极少的标准化了的老宅（图3-7-11）。该建筑坐北朝南，偏西约7度，前临油坊巷，后有后院。三户平面布局基本相同，受用地长度限制，西端两户面宽皆为9米，东端一户面宽为9.6米，均为典型的三开间徽派住宅户型，进深皆为8.3米。值得一提的是其立面设计较有变化，西端两户厢房为单坡屋面，采用马头墙手法处理，而东端一户厢房为双坡屋面，采用人字形硬山处理。两种立面处理形式组合在一起使得立面造型非常生动。此宅具有很大价值，应该得到很好的保护。

4. 鱼市街

此街是西大街的西段，形成于明代之前。东西走向，长约370米，宽约4米。北通索面巷、堂子巷，南近青弋江，东接米市街、薪市街，西连弼赋门外长街，是有着诸多商号的商业街。44号任氏住宅位于此街西端北侧，建于清末。沿街的东西墙脚，都留有“王福堂墙界”界石，可见此宅曾名为“王福堂”，可能原为王氏所建。该宅坐北朝南，偏西约22度。平面布局为前店后宅，共有四进建筑，三个天井，尚有后院（图3-7-12）。此宅面宽不大，仅7.5米，但进深较大，达45.22米。门面底层为大跨度单开间，二层分为三开间。后面几进建筑开间灵活、分隔各异。两座木楼梯皆设于天井西侧。在芜湖古城中这么大进深的店宅并不多见，应妥善保护。

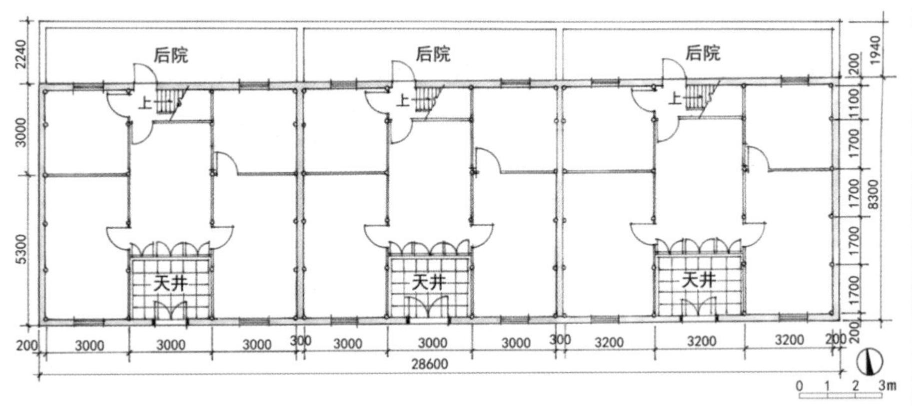

图3-7-11　油坊巷联排住宅平面图

图3-7-12a　任氏住宅外景

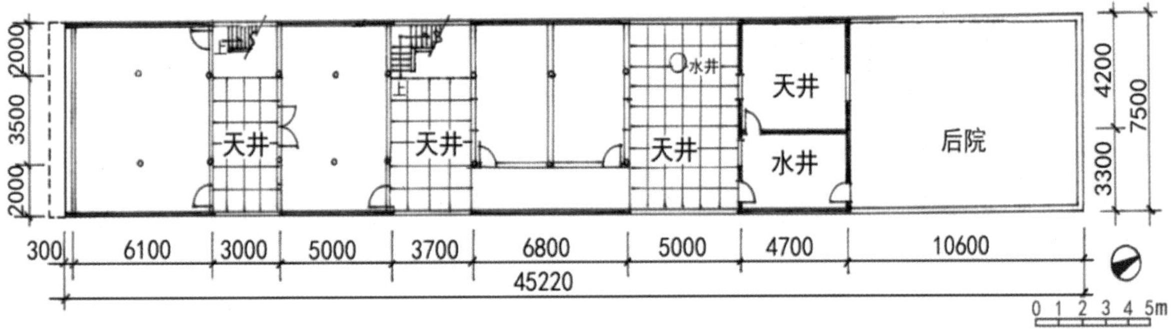

图3-7-12b　任氏住宅平面图

5. 米市街

米市街是西大街的东段，形成于明代之前，东西走向，长170米，宽4米左右。北通石家巷与太平大路，东接十字街。因与县衙很近，这里曾是商业兴盛的一条街。

米市街47号民宅位于米市街东部，正对太平大路，建于清末民初。此宅北沿米市街，宅前有“L”形前院。院门位于用地北侧偏西，住宅位于东南角（图3-7-13）。此宅为两层砖木结构，青砖清水墙，穿斗式木梁架，悬山式屋顶，小青瓦屋面。矩形平面，东西长11.25米，南北宽8.66米。底层内部现状分隔较乱，已难复原。二层内部分隔清晰。此宅最大特点是1.5米宽正门设于西立面正中，1米宽后门设于东立面中间略偏南，因地制宜，实为少见。

图3-7-13a　米市街47号民宅大门外景

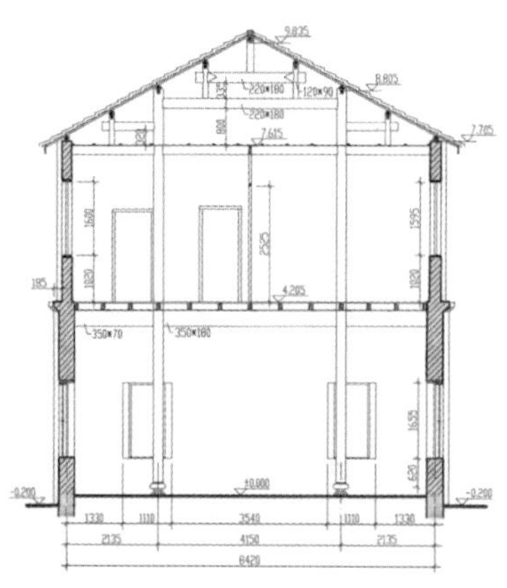

图3-7-13b　米市街47号民宅剖面图

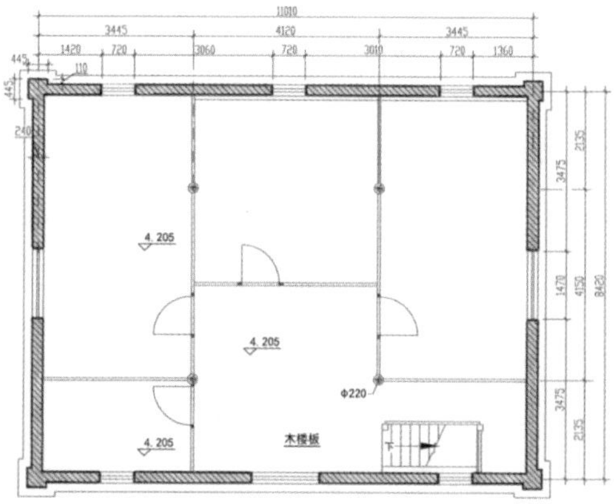

图3-7-13d　米市街47号民宅二层平面图

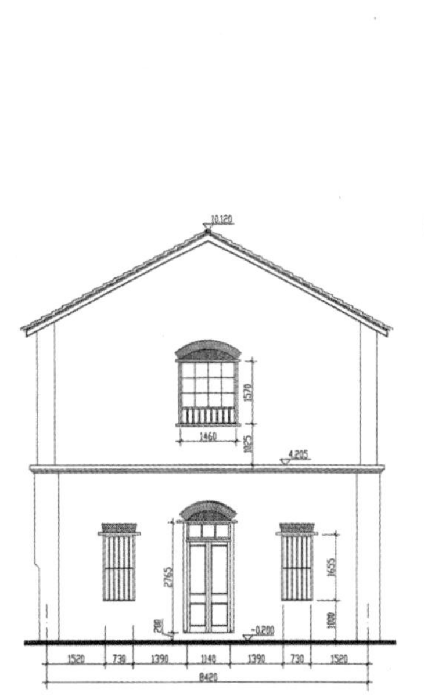

图3-7-13c　米市街47号民宅西立面图

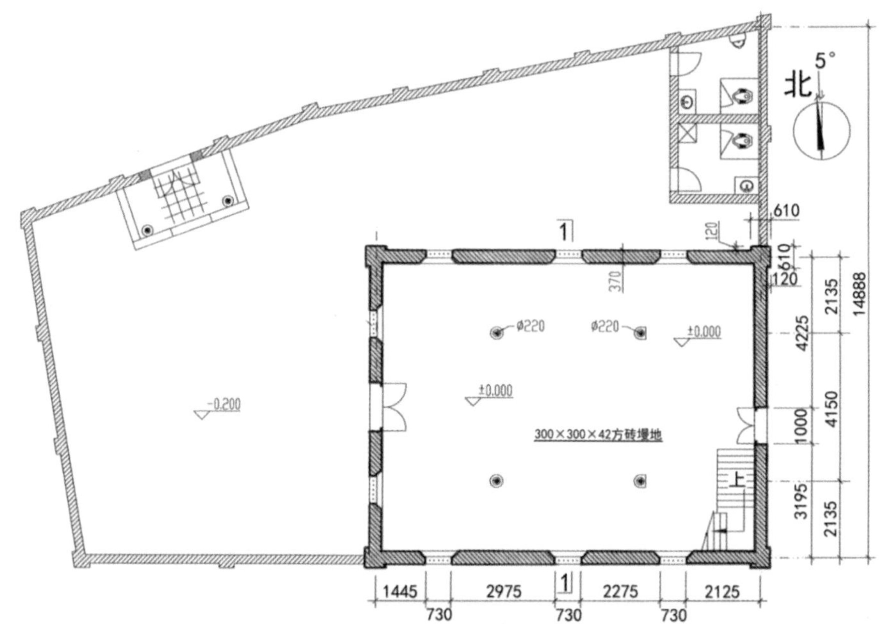

图3-7-13e　米市街47号民宅一层平面图

八、弼赋门外的长街

1. 长街的由来

民国八年《芜湖县志》卷六《地理志·街巷》“弼赋门外”列有53条街巷，“长街”列在第一位。另在“县西”首先列有“西门大街”，并注：“一名长街，自鱼市街至江口宝塔根，号称十里长街。”这里指明：从鱼市街东端直至宝塔根，整体称为“十里长街”。这条街在宋代筑城时就已存在，只是宋城毁后明代再次筑城时，“划长街于城外”，城内这段就不叫长街了。我们知道芜湖宋城至迟在11世纪初已建成，可见长街始建迄今已有800多年的历史，是十分悠久的。自县衙至江口，宋代就逐渐形成一条供人马通行的官道，只是到明代才正式并完整形成。明成化七年（1471），朝廷始在芜湖设置“工关”，直属朝廷工部主管。芜湖工关起初主要征收竹木税，之后征税范围日益扩大。芜湖工关官员直接由工部委派，工关官署设在江边。明万历时芜湖工关各类属员多达271人，并有多处派出机构。芜湖江口建有“接官厅”，在寺码头还设了官驿站，都是为了便于迎来送往。从县衙到江口的官道逐年加修，途中低洼地填平加高，同时成为青弋江北岸的一道堤岸。官道两旁的商铺自然日益增多，长街也就自然而然地发展起来。

2. 长街的规模

长街到底有多长，说法不一。据民国《芜湖县志》记载，“宣统二年（1910），安徽巡抚朱，派委会同关道赵，丈量西门口至宝塔根六百一十五丈九尺”，即长为2053米。1985年夏，芜湖市工商联实地丈量，长为1440米。1993年，芜湖市住房和城乡建设委员会编写的《芜湖市城市建设志》载，从今环城西路至中江塔，长为1457米。可能因为测量方法不同，长街长度不一。笔者根据20世纪60年代测图，1986年复制的芜湖市区地形图（比例尺为1∶1000），测得从环城西路到中江塔，长街的长度为1530米，这应是相对准确的。其中环城西路到状元坊为上长街，长为520米；从状元坊到宁渊观为中长街，长为350米；从宁渊观到中江塔为下长街，长为660米。“十里长街”的总长，还应包括从县衙出来以后210米长的米市街和350米长的鱼市街，这560米俗称“长街头”。这样十里长街实际总长为2090米，合4.18里，并非长十里。何故？笔者经研究认为，长街的总长计算还包括了西长街两侧的横巷。芜湖古城城内长街的两侧有石家巷、索面巷、堂子巷等巷，城外长街的两侧有花津桥、石桥港、井儿巷、曹家巷、状元坊巷、三圣坊巷、蒋家巷、宁渊观、陡门巷、寺码头等，各街巷长度加在一起，“十里”虽有些夸张，清初时“芜湖长街七里长”的民谣说的恐是实话（图3-8-1）。

弼赋门外的长街商业街区到底有多大？清末，与长街平行的二街尚未完全形成时，如果长街南北宽度平均按180米计算，长街商业街区占地面积约37公顷，范围不算小了，到民国初期又有进一步扩大。

3. 长街的发展概况

长街是芜湖古城最古老的商业街之一，更是延续历史最长的商业街。从古代到近代再到现当代，它都见证了芜湖城市的发展。古代长街经历了三个发展时期：

（1）萌芽时期。

宋元时期约400年间，长街从初期仅供人马通行的官道，逐步发展为商业街的雏形。东段形成较早，逐渐向西发展，以土路为主。此时芜湖的商业中心一直在古城内的花街、南正街一带。

（2）形成时期。

明代270多年间，长街商业逐渐形成，尤其是明代中期以后，芜湖古城的商业中心逐渐移至西门以外。继明成化七年（1471）在芜湖设立

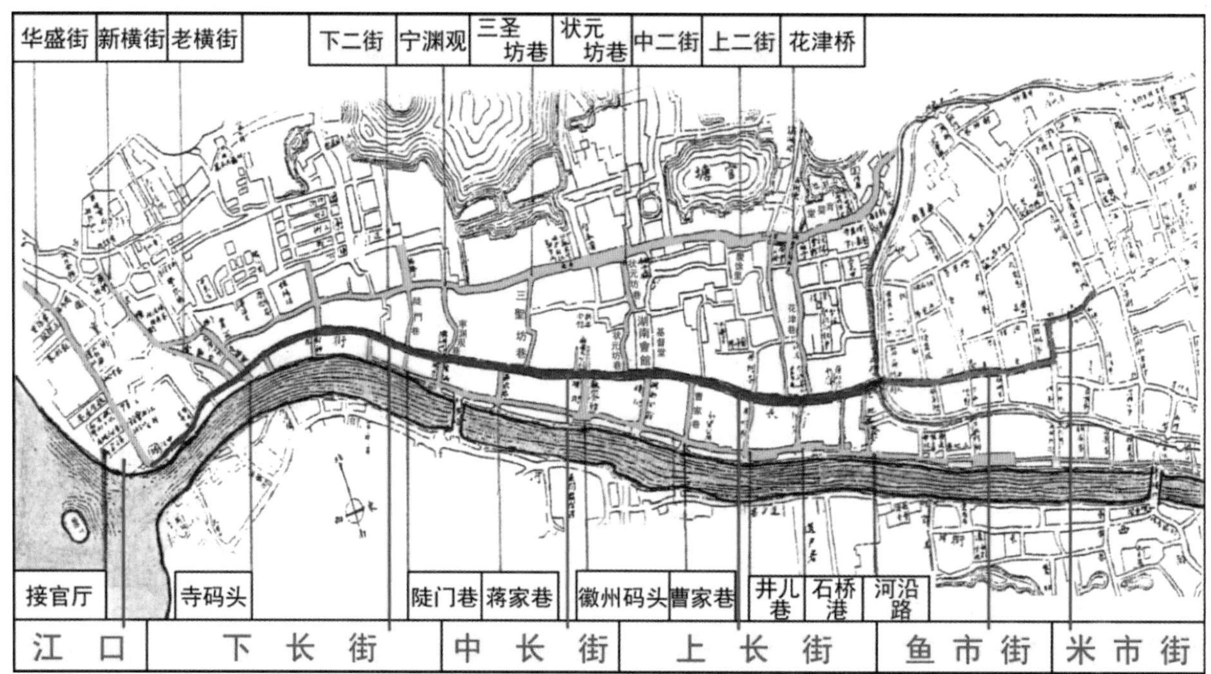

图3-8-1 芜湖十里长街街巷系统示意图

“工关”之后，崇祯三年（1630）又在芜湖设立“户关”，由户部主管，主要征收过往商船的船税与货物税。收取的关银年达七万两，说明长街已是繁茂的市场。当时最著名的店有两家：一是歙县阮弼在长街开设的浆染作坊，后发展成为浆染巨店；二是休宁人汪一龙在长街开设的“永春药店”，开设年代早于武汉的叶开泰。

（3）鼎盛时期。

清代200余年间，长街有了进一步发展。到康熙十二年（1673），弼赋门外已有以长街为主干的33条街巷。咸丰年间（1851—1861），芜湖长街曾遭一场兵火，破坏殆尽。到光绪二年（1876），芜湖辟为通商口岸以后，长街又很快复兴起来，“视昔繁盛有加”，进入发展的鼎盛时期。“十里长街，阛阓之盛，甲于江左”，长街已成为古代芜湖新的商业中心。

近代长街在民国时期有过一番挣扎，尤其是1931年的一场大水，长街水深过膝，自西门至江口，路面被冲坏浸毁。1932年春节过后，经过一年半的施工，重新铺设了长条石路面，并砌筑了下水涵沟，长街商业才得以恢复。1938—1945年日寇占领芜湖期间，长街进入残破时期。抗战胜利后，长街仍处衰落时期，现代长街经过了40多年的复兴时期。接着又经历了一场有争议的“长街改造”。当代长街的今天和明天正引起人们深刻的思考。这都是后话了。

4. 长街的商业业态

芜湖长街商业以百货为主，设有米、木商行，有客栈、茶楼、酒馆、浴室、照相馆、戏院等服务性行业。主要经营百货、绸布、杂货、烟酒、皮货、鞋帽、中药、西药、酱坊、陶瓷、铁器、铜锡器、戥秤、香烛、笔墨、纸张、银楼、钱庄等。经营特点：以门市销售为主，兼做外埠的批发；以外地商人来芜湖经商为主，经营项目各地商帮各有所长，也各有会馆、公所；手工业产品是主要货品，如铁器、石器、铜锡器、银器、陶器等种类繁多；鸦片战争以后，洋货充斥市场。

芜湖长街还有另外两个特点：一是店房众多，长街头有133号，上长街有148号，中长街有146号，下长街有66号，共有商店493号，加上横向巷道商号，商店总数不下六七百家。二是名店众多，如百货有三友实业社、黄恒生、大元福，绸布有永丰裕、共兴、崔玉庄，杂货有单瑞来、同裕元、鸿泰源，酒庄有聚兴益、天增裕，茶庄有泰丰裕、南记、德丰，酱坊有顾顺兴、慎泰隆、王怙泰，中药有张恒春、王太和、满江春，西药有亚洲大药房、中法大药房、中英大药房，书店有科技图书社、商务印书馆、中华书局、世界书局，纸张店有范隆泰、王润记、春生恒、文华堂，笔墨店有沅记胡开文，银楼有宝成、老宝庆、新天宝，银行有上海银行、安徽地方银行，估衣店有庆大，帽子店有候运记，丝绒店有朱复和、慎太和，铜锡器有谈涌茂、福茂恒、顺太，陶瓷、铁锅店有吴谦泰、程合兴，染坊有聚兴祥，剪刀店有赵云生，油漆店有同泰永，秤店有范正椿，香烛店有濮恒昌、刘义泰，花粉店有妙香宝，旱货有王裕兴，五洋有南洋兄弟烟草公司芜湖分公司、亚细亚煤油经理部等，数不胜数①。

5. 长街的建筑特色

（1）新中国成立初期保存下来的长街建筑大多为清同治、光绪年间建筑。这是由于清咸丰年间（1851—1861）长街毁于太平军与清军之战。芜湖被辟为对外通商口岸后，芜湖米市的兴起促进了长街商业大兴，外地商人大量涌入长街。李鸿章家族来芜湖开发房地产，在长街大批修建店房。1931年大水对长街建筑的破坏，特别是抗战初期芜湖长街三次惨遭日机轰炸，街面被严重破坏，很多建筑都是后来复建的。

（2）长街建筑多为两层砖木结构，底层方砖铺地，二层木楼板，以穿斗式和抬梁式梁架结构为主，小青瓦屋面，山墙为实砌砖墙，内部通过天井采光与通风。

（3）每个店房的平面布局多为前店后坊或前店后库。因长街的店主、店员和学徒皆住店内，平面布局也常为前店后宅或下店上宅。长街建筑一般取一至三开间，且进深远大于面阔，以便有效使用其用地。

（4）芜湖地处皖南门户，受徽商影响，长街建筑多以徽派建筑风格为主。由于长街商号众多，为广招顾客，都讲究店面装潢，故争奇斗盛，不仅上有金字招牌，还立金字竖匾。各种店招临风飘扬，五彩缤纷。店堂之内，为显实力，空间高大，货物满架，琳琅满目。

6. 长街的网状商业街区

到民国初期长街已形成完整的网状商业街区，南有河沿路，北有二街。1876年，在芜湖古城南侧的青弋江边辟建了河沿路（东河沿、西河沿），之后修建沿河堤防时向西拓建，又修了上河沿、中河沿、下河沿，全长达2609米。北侧的二街，1902年辟建，成街后东起环城西路，西至寺码头，全长2321米。民国初年又分段划为上、中、下二街。长街与二街、河沿路（现名沿河路）之间又各有十余条横巷沟通，这样就形成了网状商业街区，面积在35公顷左右，不仅扩大了商业街区的范围，也进一步扩大了长街的影响。

7. 长街的建筑实例

长街建筑数百幢，皆以商业建筑为主，且多附有住宅与作坊。留存下来的明清建筑，经过1931年的特大水灾、抗日战争初期的日军轰炸，都遭到破坏。经过民国时期主要是新中国成立以后的维护，长街基本上保持了古商业街的风貌。直到20世纪90年代，长街进行了大规模的旧城改造，原有建筑全部被拆除。现在只能根据有限资料简要研究如下几处建筑实例（图3-8-2）。

① 方兆本：《安徽文史资料全书·芜湖卷》，合肥：安徽人民出版社2007年版，第692-696页。

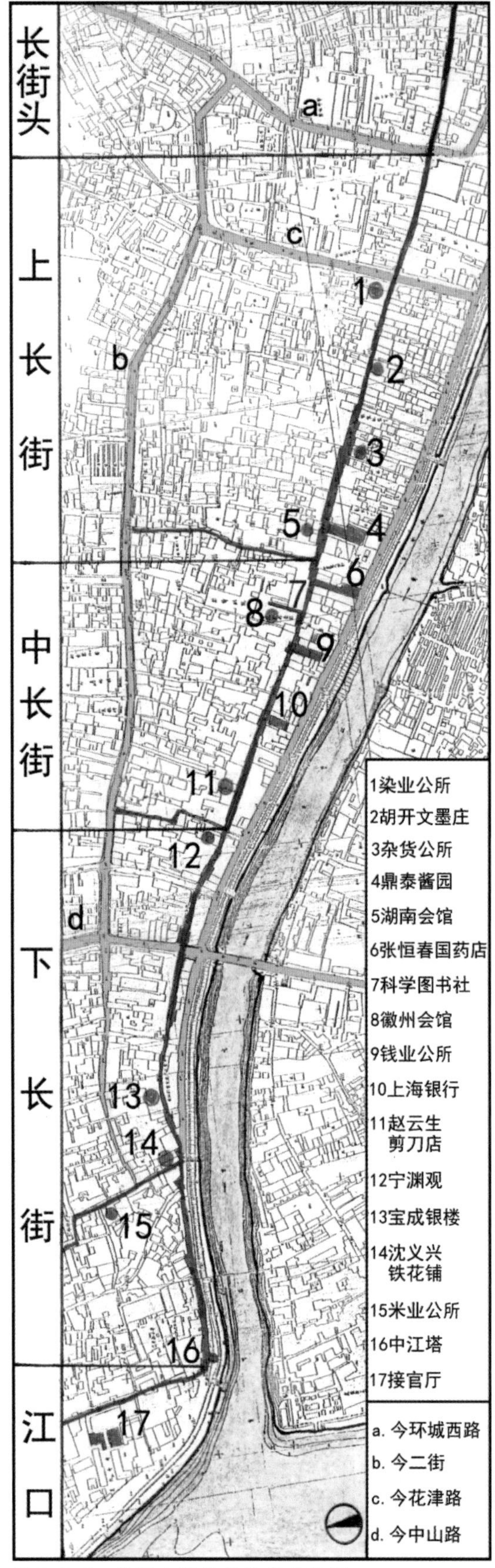

图3-8-2　长街主要建筑分布示意图

（1）胡开文墨庄。

1869年，徽州胡开文墨业的第四代传人胡贞一来到芜湖，先后在南正街和鱼市街开设沅记胡开文墨庄。1890年迁至上长街井儿巷口。前店后坊，以做高级墨为主，也做普通墨。1930年前后达到全盛时期，成为闻名全国的知名品牌。

（2）赵云生剪刀店。

1855年，赵云生在中长街宁渊观设店，精制剪刀，声名远播，与北京王麻子、杭州张小泉并称“中国三大名剪”。门面虽小，店后有座三层楼却很宽敞，楼下即作坊。赵云生剪刀1915年曾获得巴拿马世界博览会金奖。

（3）沈义兴铁花铺。

1881年，沈国华在寺码头开设沈义兴铁花铺，主要是仿制汤天池铁画作品，有“汤派嫡传”之称，使铁画工艺得以传承。

（4）宝成银楼。

1854年，宁波人朱锦棠首次在下长街开设了宝成银楼，三开间门面，雕梁画栋，金碧辉煌。前店后坊，买卖金银首饰和珠宝钻戒，价廉物美，销路甚畅。店前店后共有70多人，是长街第一家大银楼。

（5）接官厅。

接官厅位于青弋江口中江塔北侧，通过华盛街向南即很快进入下长街。这是一组建筑，单层的接待厅在南，两层的接待楼在北，两者相距5米。接待厅为矩形平面，宽14.57米，长19.74米，东、西皆有入口，建筑面积约287.6平方米。接待楼平面有变化，东北角设有楼梯间，东南侧有外廊，西南侧有附房。此楼面阔三间，开间均大，住宿宽敞，面对长江。主入口在东侧，建筑面积约460.6平方米。两建筑皆为砖木结构，青砖清水墙。据民国《芜湖县志》载：“接官厅在驿前铺江边，明初知县杨俌建厅。厅久圮，仅存遗址。光绪间……后复为接官厅旧业。”关于其使用功能也有文献记载："凡轺传往来，师旅经行，躬于是而迎接之。"现存建筑是否是最初建筑，尚待进一步考证。1956年起这里用作芜湖市第六中学校舍，平面图为笔者20世纪90年代初现场测绘（图3-8-3）。可惜不久后就被拆除。

（6）钱业公所。

芜湖晚清时已是安徽有名的工商业城市，金融活动已很活跃。道光年间，票号、钱庄已各有十余家，经营业务由单一兑换扩展到存、放款。光绪元年（1875）芜湖设立了钱业公所，有7家钱庄加入。光绪年间，李鸿章之子李经方在芜湖开设了宝善长和恒泰两家官商资本钱庄。光绪二十年（1894）以后，由于米市兴盛，钱庄发展到23家。当时的钱庄大多集中在长街的中心地段，除少数几家独资经营外，大多是合资经营。为了协调各钱庄的共同业务，光绪三十三年（1907）由本埠各钱庄捐资在中长街建造了钱业公所，这里便成为芜湖钱庄业者聚会、交易的场所。钱庄的业务范围主要是存款、放款和汇兑，与各行业商户都有业务往来。钱业公所帮助各钱庄协调业

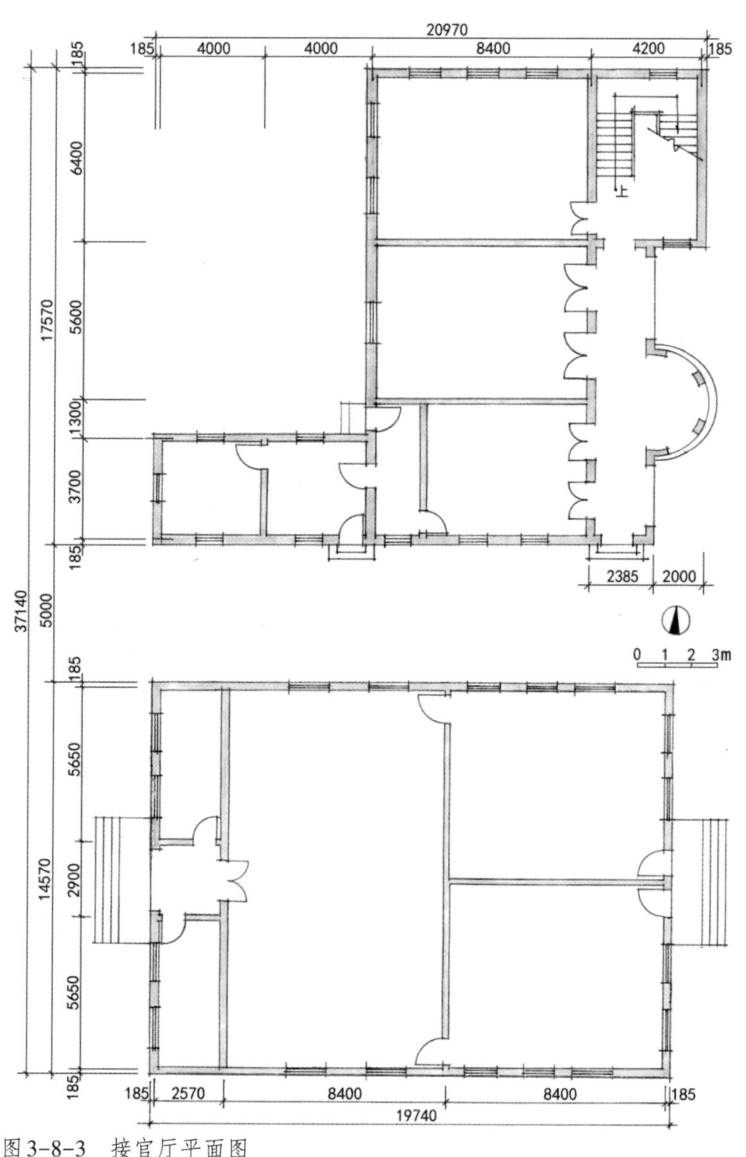

图3-8-3　接官厅平面图

务、制定规则，提供当日金融信息，确定当日兑换牌价，并挂牌对外公示。因此，钱业公所对于钱庄信誉及正常运转起着举足轻重的积极作用。

芜湖钱业公所位于中长街南侧，坐南朝北，偏西约28度。建筑为两层砖木结构，面阔9.6米，总进深35.5米。前后共有三进。第一进是门厅，中部入口处后退约2.5米，前面形成八字形门廊，是对外挂牌公示的地方。大门前尚有铁栅门一道。第二进是前厅，作为资金交易场所。第三进是后厅，作为办公和议事之处。门厅和后厅右侧各设木楼梯一座，可上二楼。前天井略小，后天井较大。靠河沿有后院，且有对外出入口（图3-8-4）。芜湖钱业会所平面图是笔者30年前现场测绘，现整理重绘。此公所空间高大，三进建筑皆有4排木柱，很有气势。整个建筑具有徽派建筑风格，可惜毁于“长街改造”。据民国《芜湖县志》记载：在上长街曹家巷尚建有杂货公所，在石桥港建有染业公所，在江口横街建有米业公所，在城内薪市街建有药业公所，在北门外建有布业公所。

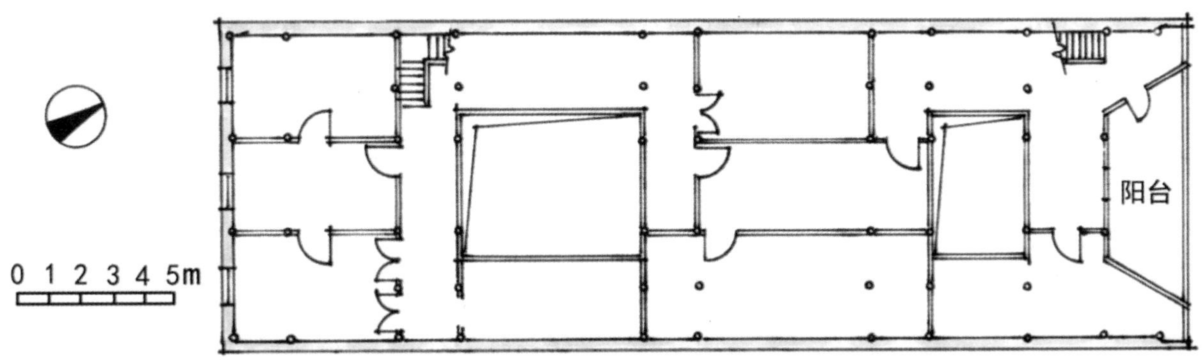

图3-8-4a　芜湖钱业会所二层平面图

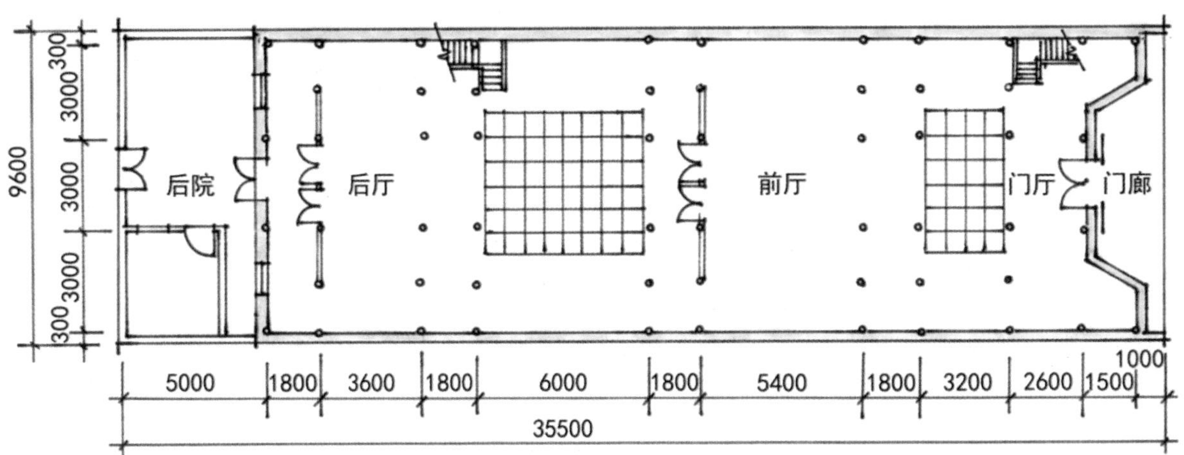

图3-8-4b　芜湖钱业会所一层平面图

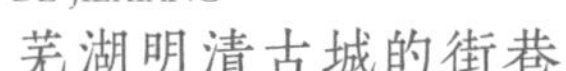

（7）张恒春国药店。

芜湖中药店较多，到光绪二十八年（1902）已开设22家。比较有名的有张恒春、王天成、朴同泰、陶仁和等药号，在全国能形成影响的只有张恒春药号，其与北京同仁堂、杭州庆余堂和汉口叶开泰并称为“三个半中药名店”。

张恒春药号嘉庆五年（1800）创设于安徽凤阳，其第三代人于道光三十年（1850）年迁来芜湖，先设店于金马门，后又先后移至西门内鱼市街和上长街西端的湖南会馆对面，同治六年（1867）再迁至中长街东端状元坊巷对面。此店是张家购地后自行设计兴建的，施工三年方才竣工（图3-8-5）。建筑坐南朝北，偏西26度。平面布局为前店后坊，临长街有三开间的高大门墙，石库大门（灰色石框、黑漆门扇），金字招牌（门头匾额上书“张恒春”三个大字），十分壮观。进店后是宽而深的店堂，明间前部空间加高到两层楼高度。两侧是长长的药柜和高高的柜台，备有1200种以上的药材。店堂后是中药加工场，自制丸、散等各种成药。后沿紧靠青弋江，水路直通长江，进出货十分方便。该建筑内外都体现了徽派的特色。1923年前后是张恒春药店的兴盛时期，资金已达三十万银圆。到1947年，虽鼎盛期已过，店内职工仍有84人。可惜该店在“长街改造”中未能幸免。

图3-8-5a　张恒春国药店外景

图3-8-5b　张恒春国药店明间内景

图3-8-5c　张恒春国药店药柜及柜台景

（8）芜湖科学图书社。

光绪二十九年（1903），徽州绩溪人汪孟邹（1877—1953）来到芜湖，在徽州会馆东邻的中长街20号创办的芜湖科学图书社（图3-8-6）。这是安徽第一家新书店。店面位于一幢有十余开间的连排楼房的最西一个开间，东边隔壁两开间曾分别开过祥泰纸号和周茂盛五金号。此楼坐北朝南，偏西27度，建筑大约建于1880年。汪孟邹在亲友帮助下，托芜湖同乡会的介绍租下了这间楼房。汪孟邹的侄子汪原放（1897—1980）十三岁时曾在此当过学徒，他在《回忆亚东图书馆》一书中，回忆到它的前身芜湖科学图书社时写道："科学图书社的门面不阔，只有一开间，阔不会有两丈，而长倒有十倍左右。"①回忆的大致不差，该书店面阔只有3.8米，而总进深达45米，近乎1∶12。他还回忆道："门口一排是六扇大玻璃窗，当中两扇常开。夜里上店门，上在玻璃窗门外面。"这倒是笔者原来不曾了解的。

该建筑的平面布局是前店后宅，前后共有四进。第一进是店堂，出售新书、杂志及仪器文具，进深达7.8米。第二进是批发部，也是管账和管事的办公之处。楼后设有木楼梯，二层可通邻街楼层。第三进楼房是后宅，北端设有木楼梯。前三进建筑间设有前小后大的两座天井。第三进建筑后有一小后院，最后一进平房是厨房，30年前笔者曾在现场实测调查，本书附图即按当时调查的资料整理复原。

这座小楼除了建筑本身的艺术价值之外，更重要的是它的历史文物价值，在开办科学图书社的三四十年中，不仅成为"新文化的媒婆"，也是革命者聚会之处。刘希平、高语罕、李克农、阿英等常来此，王稼祥就读于圣雅阁中学时，也常利用课余时间来此购书。1904年至1906年，陈独秀来芜时曾寄住在后楼上，白天到皖江中学堂和安徽公学教书，晚上便在小楼上编写《安徽俗话报》半月刊。笔者1989年曾呼吁保护此建筑②，惜在数年后，这幢极有历史文物价值的建筑在"长街改造"中被拆除。

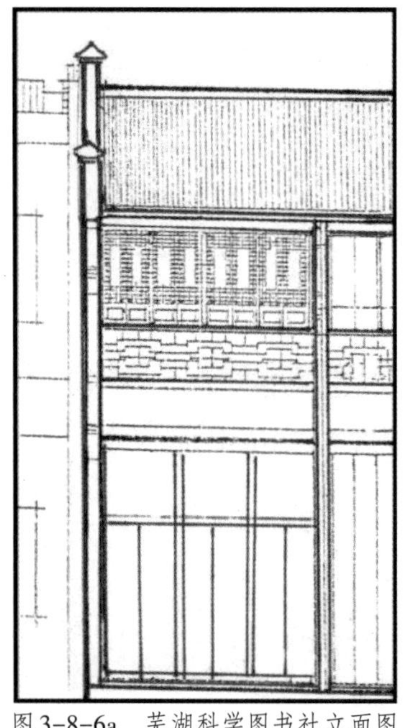

图3-8-6a　芜湖科学图书社立面图

图3-8-6b　芜湖科学图书社东侧联排店面

① 汪原放：《回忆亚东图书馆》，上海：学林出版社1983年版，第9页。
② 葛立三：《芜湖科学图书社旧楼——芜湖近代建筑漫话之九》，芜湖日报，1989年4月6日。

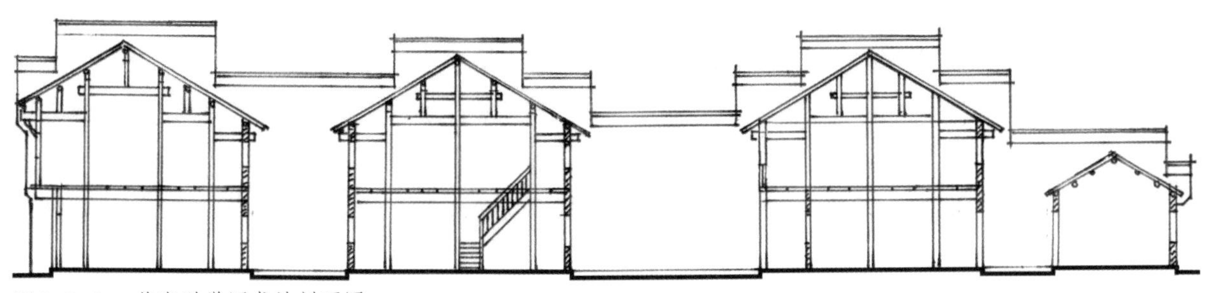

图 3-8-6c　芜湖科学图书社剖面图

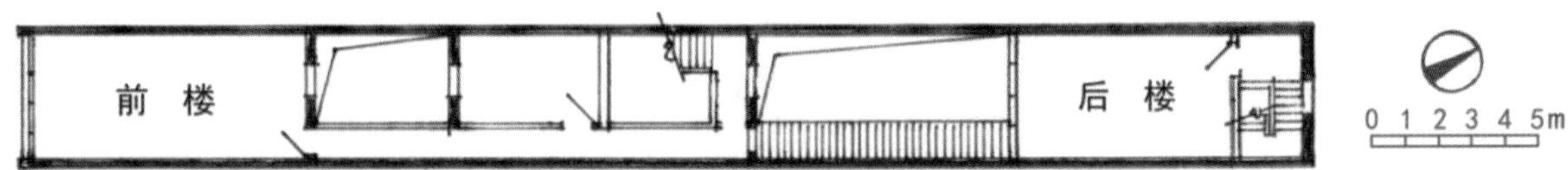

图 3-8-6d　芜湖科学图书社二层平面图

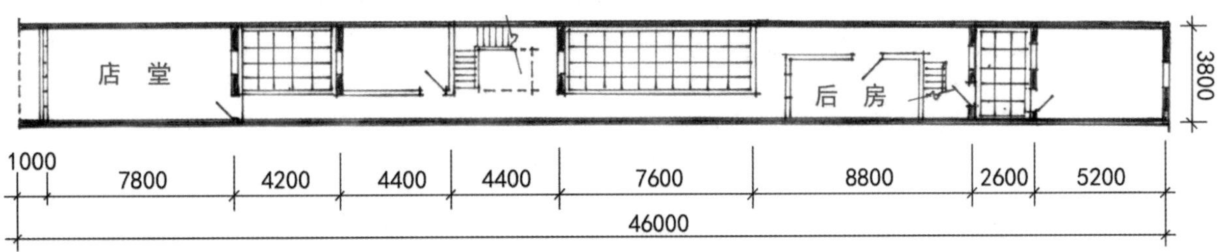

图 3-8-6e　芜湖科学图书社一层平面图

九、河南街巷

民国《芜湖县志》卷六《地理志·街巷》“河南”列有33条街巷，较嘉庆年间增加了10条，从古城出长虹门，经通津桥过青弋江南街，向东接西瓜墩（街），向西接西街。从中长街西端，经利涉桥过青弋江至库子街，向东达芜关监督署和道尹署，向西通江口的新盛街、大巷口等街巷（图3-9-1、图3-9-2）。可见，河南早期的街巷主要沿青弋江南岸布置。到新中国成立前夕，又新增了近20条街巷。

南街长约400米，是河南当时最主要的商业街。康熙《芜湖县志》中有记载，至今至少已有300多年历史，这里曾是砻坊云集之处，南街17、18、19号均是恽氏兄弟砻坊的所在地，其中17号恽家大宅建于光绪二十一年（1895），很气派。河南江口一带也曾是芜湖米市兴盛之处，谓之南市。

河南较重要的建筑是芜关监督署，位于库子街东端。崇祯元年（1628）在河南设立了钞关，与河北工关隔河相对。钞关，也称户关，归户部主管，专征船钞（按船征收货税）。康熙九年（1670），工关、钞关由户部统一管理。雍正元年（1723），芜湖关与户部脱钩，由地方官监管。雍正十一年（1733）设安徽宁池太广分巡道，兼理芜湖关务，道尹署设在南普济寺西侧。芜关监督署规模宏大，直到1931年芜湖关被撤销，才停止关务。抗战胜利后，为建中心纪念堂，该建筑被拆除，木材被移用。

河南另一重要建筑是“韦家大院”，太平天国北王韦昌辉之弟韦志俊，待天京事变平复后，1859年定居芜湖后住此，并在此繁衍生息。此大院位于库子街南侧，是一座带有两层“大屋”的院落，曾被列为芜湖市历史文物遗产保护单位。

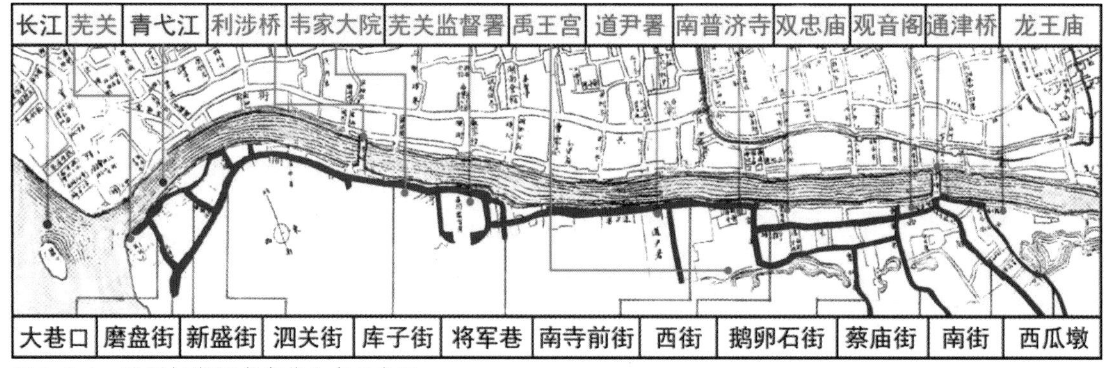

图3-9-1　民国初期河南街巷分布示意图

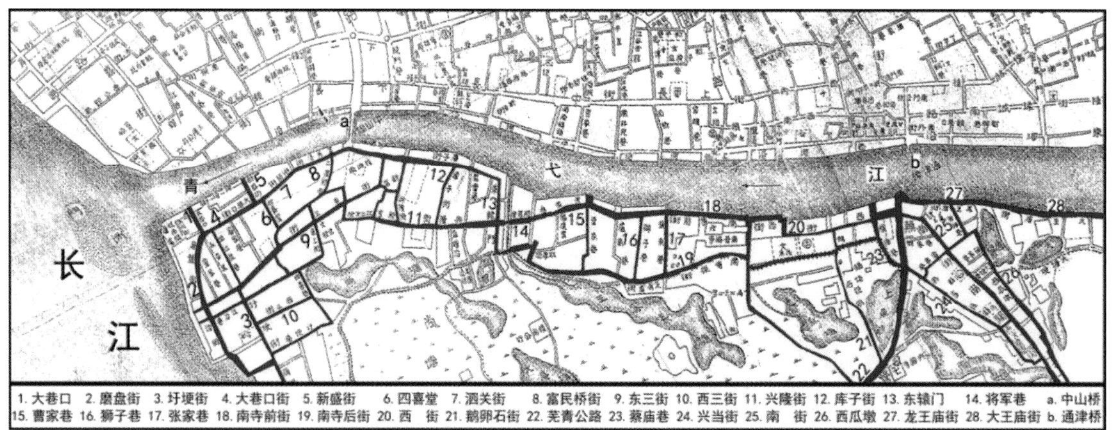

图3-9-2　新中国成立前夕河南街巷分布示意图

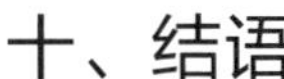

十、结语

1. 芜湖明清古城街巷

街巷作为城市的骨骼和机理，是反映城市形态和城市发展的重要内容，古代城市尤其如此。所以本章对芜湖明清古城的研究，不从城市功能角度展开，而以街巷研究为切入点。对街巷的研究不只是文字的表述，还利用了分布示意图，这样街巷的位置、走向、相互关系，一目了然。通过对芜湖清明古城近20条街巷的研究，可以得出以下主要结论：

（1）芜湖明城在宋城基础上大加收缩，只圈进其西南城区部分，所以整个道路系统有了变化，但仍能形成完整的城区道路系统。这是很不容易的，在国内古城中，这种情况并不多见，很有典型性。

（2）芜湖明清古城以东、南、西、北四条大街形成“十”字形主要道路骨架，作为古代小城市，从城市结构上看是十分简洁、有效而合理的。

（3）以县署为中心，与南大街共同形成了芜湖明清古城的主轴线。这条纵向轴线向南出了长虹门，跨过青弋江，连接南街、西街，为后来河南地区发展创造了条件。出县署后通过十字街的转折，经过北大街，出了来凤门，北接北市街、陡岗街，为后来城北地区的发展创造了条件。这条南北向大道，后来延伸成了今天的九华山路，成为当代芜湖南北向的一条城市主干道。

（4）东、西大街是芜湖古城的横向轴线。从东大街出了宣春门连接了宋代的老城区，东外街南折后再向东沿着青弋江又连通了小砻坊、大砻坊。西大街经过南向的转折，出了弼赋门，连接了长1530米的长街，向西沿着青弋江通向了江口，确定了芜湖明清古城主要的发展方向，为芜湖近代、现代的长远发展奠定了基础。

（5）芜湖明清古城由于西大街的南偏将古城城墙以内地区划分成三大部分：东北城区、东南城区和西城区。东北城区是古城的行政、文化中心，至今留存的有县衙、城隍庙、模范监狱三大建筑群。东南城区是古城的文化、经济中心，至今留存的有文庙、花街、儒林街—萧家巷三大建筑群。西城区是古城的居住区和商业区，至今留存的有薪市街、索面巷—堂子巷两大建筑群，都十分珍贵。

（6）芜湖清明古城的街巷形态总体上比较自由，走向灵活，并非方格网状。街巷尺度不大，街道宽度多为3米多或4米多，小巷宽度多为2米多，窄的只有1米多。

2. 芜湖古城街巷建筑

街巷是建筑的依托，街区是建筑的载体。沿街建筑的建设是街巷成型和繁荣的标志，街区建筑的建设是街区形成和充实的象征。对街巷建筑的研究也不能只是文字的表述，更要用图片做出具体的描绘，这样建筑的外部形象和内部的空间组织、平面布局，才可借助于照片和图纸而一目了然。对于已经消失了的建筑，留下的图片更显珍贵。通过对40多个单体建筑的研究，可以提出以下主要看法：

（1）对芜湖古城街巷建筑的研究属于抢救性研究，要抓紧进行，时间越久越困难，尤其是失去了原貌的古街，如名声在外的“十里长街”，现在留下的资料极其匮乏，影像资料难觅，建筑图纸更是寡有。我们要特别加强这方面资料的收集和整理。

（2）芜湖古城建筑主要有两个部分：位于公共场所的大型古建筑及其建筑群，分布于街巷和街区的商铺和民宅。本章着重研究了街巷建筑，这是大量性的建筑，与居民的生活息息相关；这是经商的场所，与经济的繁荣紧紧相连。它们遍布于古城内的角角落落，也散布在古城外的东、南、西、北（表3-1）。

（3）芜湖遗留下来的街巷建筑均建于清末民初，大量明清建筑或毁于战事，或毁于水火，也有不少毁于“旧城改造”，所剩不多，更显珍贵。

（4）芜湖老商铺多为联排，通常一至三开间，彼此之间用砖墙隔开，兼为防火墙。为充分发挥商业价值，都是店面窄，深进深，宽深之比一般为1∶2～1∶4，多的达到1∶10。少量为独立式，方形平面或矩形平面。

（5）芜湖的老宅有独立式，也有联排式，且有成片的大宅。多具有徽州民居建筑风貌，两进或多进建筑，中设天井，以解决采光与通风问题。

（6）芜湖古城街巷建筑，大量采用传统建筑体系，多为两层砖木结构，地面或木地板或用方砖铺就，木楼面，木楼梯，穿斗式或抬梁式梁架，小青瓦双坡或单坡屋面，硬山或马头墙山墙。

（7）芜湖古城街巷建筑的建筑风格深受徽商影响，多为徽派居民建筑风格，既有白灰墙面，也有青砖清水墙面。窗上有窗楣，门上有牌匾、门楼。窗户既有传统花格窗，也有近代式样的玻璃方格窗。店门多为拼板木门，宅院大门多为木板门或铁皮板门。芜湖开埠后，西风东渐，出现少量洋式店面，也出现不少中西合璧式建筑。

表3-1　芜湖古城保护建筑一览

序号	建筑项目	所在位置	备注	序号	建筑项目	所在位置	备注
1	县衙建筑群	环城东路1号		44	“将军楼”	东寺街6号	看守房
2	城隍庙建筑群	东内街60号		45	民居	米市街47号	
3	文庙建筑群	十字街29号	省保单位	46	正大旅社	花街32号	
4	模范监狱建筑群	东寺街28号	省保单位	47	潘家“宫保第”	花街27号	
5	俞宅	太平大路4号	市保单位	48	缪家大屋	花街44号	
6	钟家庆故居	太平大路12号		49–57	南门湾商铺	南门湾7～25号共9号	
7–8	潘家大屋	太平大路13、15号		58–65	南门湾商铺	南门湾20、22、24、26、28、30、36、38号	
9	华牧师楼	太平大路17号		66–85	南正街商铺	南正街东西共21号店面	
10	段谦厚堂	太平大路21号		86	望火台	环城南路56号	
11	皖南行署	公署路43号		87	柯宅	环城南路44号	
12	郑宅	公署路66号		88	五进长宅	环城南路29号	
13	黄公馆	马号街1号		89	民居	环城南路7号	
14	秦何机坊	东内街55号		90	伍刘合宅	薪市街28号	
15	黄宅	丁字街13号		91–92	清末官府	薪市街10、12号	
16	刘贻穀堂	丁字街6号		93	联排住宅	油坊巷8、10、12号	
17	赵家大屋	官沟沿19号		94	汪道涵故居	索面巷18号	
18	青湘小筑	官沟沿26号		95–101	民居	索面巷西侧计6号	
19	民居	官沟沿28号		102	崔府	堂子巷5号	

续表

序号	建筑项目	所在位置	备注	序号	建筑项目	所在位置	备注
20	“小天朝”	儒林街48号	省保单位	103	汪宅	堂子巷15号	
21	雅积楼	儒林街18号		104-118	民居	堂子巷两侧计15号	
22	唐宅	儒林街17号		119	洪公馆	西内街10号	
23	胡氏积善堂	儒林街53号		120	任宅	西内街44号	
24	古居	儒林街27号	水产网线厂	121	大同邮票社	井巷10号	
25-30	民居	儒林街7、47、49、51、55号		122	民居	井巷14号	
31	季嚼梅故居	萧家巷3号		123	贞节堂	砻坊路(金马门旁)	
32	张勤慎堂	萧家巷16号		124	益新面粉公司	砻坊路东段	市保单位
33	项家钱庄	萧家巷28号		125	中江塔	青弋江、长江交汇处北岸	省保单位
34	历鼎璋故居	萧家巷34号		126	滴翠轩	广济寺院内	市保单位
35	吴明熙宅	萧家巷62号		127	广济寺建筑群	大赭山南麓	国保寺庙
36	杨宅	萧家巷52号					
37	王宅	萧家巷58号					
38-40	翟家花园	萧家巷19、21、23号					
41-43	民居	萧家巷39、54、56号					

注：省保单位即安徽省级文物保护单位，市保单位即芜湖市级文物保护单位，国保寺庙即国家级重点保护寺庙。本资料由芜湖古城项目建设领导小组办公室提供。

第四章　芜湖古代城市建筑精粹

芜湖古代城市建筑可粗略划分为两大类：一是大量存在、规模一般的民宅和商铺；一是规模较大、标准较高的公共建筑。前者在上章做了初步研究，后者在本章将做重点探讨，此类建筑可谓芜湖古代城市的建筑精粹。

一、芜湖古代县衙建筑群

1. 中国古代县衙概述

在中国历代行政区划中，县是存在最长的行政单位，自战国至今已沿袭2000多年，古称邦畿千里之地为县，起初以县统郡，秦时以郡统县，后历代沿之。唐时，县隶属于州，宋元明清时则以府州统县。

衙署，是中国古代官吏办理公务的处所。我国封建时代的知府、知州、知县，是地方行政长官，其正式办公的官署即称衙署，民间俗称“衙门”，志书将其归为“公署”类建筑。县衙是中国古代重要的建筑类型之一，集中反映了古代地方城市政治、经济、社会和文化的特征。

县衙的设置，有一定的规制，明代有《州县公廨图式》，清代有《大清会典》和《大清律例》，所以明清时期各地方的衙署建筑基本类同。“各省衙署治事之所为大堂、二堂，外有大门和仪门，宴息之所为内室、群室，吏攒办事之所为科房。”①朝廷设有吏、户、礼、兵、刑、工六部，与其对应，县衙需设吏、户、礼、兵、刑、工六房，上下对口，各有所管。县衙设知县1人，另设县丞、主簿、典史各1人。此外还设教谕、训导、河口巡检、管狱员等若干。县衙是地方行政机关集中办公的场所。

县衙是一组主从有序、等级分明的建筑群，其总体布局也有一定的规制，可以概括为“坐北朝南，左文右武，前衙后邸，狱房居南”。

①《大清会典·工部》卷五十八。

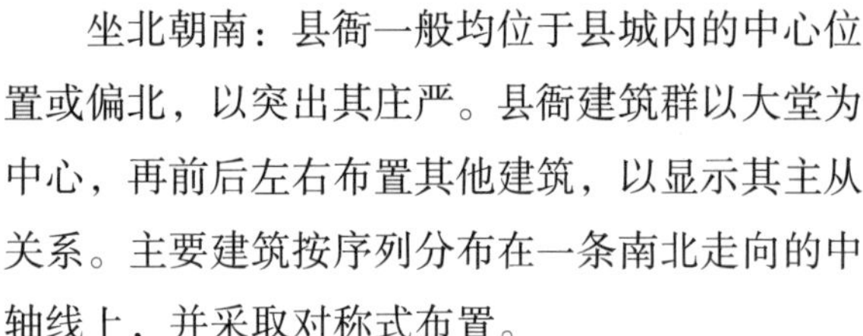

坐北朝南：县衙一般均位于县城内的中心位置或偏北，以突出其庄严。县衙建筑群以大堂为中心，再前后左右布置其他建筑，以显示其主从关系。主要建筑按序列分布在一条南北走向的中轴线上，并采取对称式布置。

左文右武：大堂前设六房，按左右各三房排列。东列吏、户、礼，西列兵、刑、工，且吏(文)、兵（武）二房排在列首。文左武右，可见文重于武。

前衙后邸：功能分区明确，县衙的大堂、二堂为知县行使权力、审理案件的治事之所，放在前面；二堂以后的三堂（内衙堂）及东西花厅则为县内宅和其家眷起居之所，放在后面。为增强仪式感，大堂前尚有仪门和大门（谯楼）。

狱房居南：即县衙的监房设在大堂的西南方位。按中国传统八卦图视西南为坤位，即死穴位，故将狱房设于此。

县衙的大部分建筑都有我国古代朴素的廉政文化元素，以对官员起一定的警示作用。

（1）照壁：在县衙中轴线的最南端，常设照壁。在建筑空间处理上有围合入口广场空间的作用，在古代风水学中又有“聚气聚财”的说法，同时还有“整顿吏治、警诫官员”的特殊含义。照壁正中绘有一个叫“獖”的形似麒麟的怪兽。传说“獖”喜吞吃金银财宝，最后妄想吞食太阳，落了个粉身碎骨、葬身悬崖的可悲下场。照壁绘“獖”，是明太祖朱元璋首创，警告官员要以“獖”为戒。

（2）戒石坊或戒石亭：在仪门与大堂之间，设有“戒石坊”。面南书“公生明”三个大字，作为官场箴规；面北刻“尔俸尔禄，民膏民脂，下民易虐，上天难欺”铭文十六字。县官坐堂理事抬头可见，以警示秉公办事，若徇私枉法，天理不容。或设“戒石亭”(也称“敬一亭”)，亭中石碑上刻有一大“戒”字，同样用于警示。

（3）大堂：大堂内县官座位上方设有一巨匾，常书“明镜高悬”四个大字，也是警示其要秉公办事。案桌身后常有“海上升明日”大型壁画，意在要求为官者做一个心怀宽广的清官。各地也有各具特色的做法，如江西省浮梁县县衙大堂，檐下有“亲民堂”匾额，檐柱上左书“欺人如欺天毋自欺也”，右书“负民如负国何忍负之”，堂内上书“普世济众”四个大字，都是在警示县官要廉政亲民。

（4）土地祠：明代以后，仪门前左手方位常设有土地祠，供奉土地神。朱元璋开国之初，为巩固统治地位，对各地官员责罚甚严，贪污60两白银以上的就处以死刑。除杀头示众，还在土地祠内剥皮填草，挂在大堂前，这种警戒就极其严酷了，所以土地祠在明代也称“皮场庙”。县衙建筑把廉政文化与建筑文化巧妙地结合起来，对处于当今时代的我们也很有启示。

2. 历代芜湖县衙的兴废

芜湖宋城县衙最早建于何时，现已难考证。县衙位置，应与明城县衙一致，并未移动。芜湖宋代县衙毁于何时，历史记载倒是很清楚的。康熙《太平府志》卷十八：芜湖县“初建治在元至正乙未，兵革洊兴，县遘焚”。民国《芜湖县志》卷十一：县署“元至正乙未间，兵革洊兴，县遘焚燹”。元至正乙未即1355年。“兵革”指朱元璋自和州渡江进占芜湖。也就是说，芜湖宋代县衙毁于1355年，这是确切无疑的。元至正十五年（1355）至民国八年（1919）这564年间，芜湖县衙被毁3次，重建3次，重修4次，增建、增修5次，修葺3次，临时移地2次，兴废活动累计共20次。其中，元至正二十一年（1361）、明景泰四年（1453）、明万历末年（1613—1620）、清康熙六年（1667）、清同治三年（1864）是五个最重要的节点（表4-1）。

表4-1 芜湖县衙历代兴废情况一览

序号	朝代	年代	资料来源	兴废情况	备注
1	元	至正十五年(1355)	康熙《太平府志》卷十八	"兵革洊兴，县遭燹"	第一次被毁
2		至正十六年(1356)	康熙《太平府志》卷十八	"知县杨俑莅任始，就民居为公署"	第一次临时移地
3		至正二十一年(1361)	康熙《太平府志》卷十八	"境内大治，……乃创兴县治，计二十八间"	第一次重建
4	明	洪武二十七年(1394)	康熙《太平府志》卷十六、十八	"知县宋彬修，重修县治，建讲堂，射圃"	第一次重修
5		永乐八年(1410)	康熙《太平府志》卷十八	"县丞周宗溥重修"	第二次重修
6		景泰四年(1453)	康熙《太平府志》卷十八	"知县叶启增修"，"明年……落成"	第一次增修
7		嘉庆中期(1537—1546)	康熙《太平府志》卷十八	"知县张永明……颜其堂"	第三次重修
8		万历末年(1613—1620)	康熙《太平府志》卷十八	"曾衮(秩)建坊于县治前"	第二次增修
9	清	康熙六年(1667)	康熙《太平府志》卷十八	"县丞衙舍焚"	第二次被毁
10		康熙六年(1667)	康熙《太平府志》卷十八	"县丞郭杰鼎建之"	第二次重建
11		雍正十二年(1734)	民国《芜湖县志》卷十一	"知县朱文昭于内院东构书屋三楹"	第一次增建
12		乾隆三年(1738)	民国《芜湖县志》卷十一	"知县曾尚增……领项修葺"	第一次修葺
13		乾隆十二年(1747)	民国《芜湖县志》卷十一	"知县韩文成……兴修老库，今皆完善如制"	第二次修葺
14		咸丰年间(1851—1861)	民国《芜湖县志》卷十一	"咸丰署全毁"	第三次被毁
15		同治元年(1862)	民国《芜湖县志》卷十一	"沿所设在东门城外鳌鱼埂"	第二次临时移地
16		同治三年(1864)	民国《芜湖县志》卷十一	"知县曾化南奉檄建造"	第三次重建
17		光绪五年(1879)	民国《芜湖县志》卷十一	"知县屈承福建造监狱"	第二次增建
18		光绪十一年(1885)	民国《芜湖县志》卷四十三	知县钱文骥"建造仪门、科房"	第三次增建
19		光绪三十三年(1907)	民国《芜湖县志》卷十一	"知县沈宝琛重修"	第四次重修
20	民国	民国五年(1916)	民国《芜湖县志》卷十一	"知事余谊密重加修葺……加筑围墙……栽种树木"	第三次修葺

3. 芜湖县衙的总体布局

芜湖县署所处区位，民国《芜湖县志》有高度概括：县署居城之中，北负赭山，南望白马诸峰，距长江不远。芜湖县衙具体位置，自宋初至民国近千年不变，实属奇迹。芜湖县衙兴废不断，变化极大，研究其总体布局，可以选取以下五个关键节点。

（1）明初县衙：元至正二十一年（1361）以后。

据康熙《太平府志》卷十八《公署》记载："丙申明知县杨偁莅任始，就民居为公署。"是说芜湖宋代县衙在被毁的第二年，即1356年，杨偁到芜任知县，只能借用民居暂作公署。然明初并无丙申年，只有元至正十六年（1366）才是丙申年。此处的"明知县"实为"明初年知县"而非"明初知县"。经查，明代第一任芜湖知县是洪武元年（1368）上任的杨文渊。而之前的三任"明初年"知县先后分别是杨偁、黄朝弼、吴聪。他们任职时间是1356—1368年，这期间正是元代末年。原来芜湖、句容等地1355年之后，已在朱元璋政权实际管辖之下[①]。康熙《太平府志》卷十八又载："及辛丑境内大治，民庶富，乃创兴县治，计二十八间。"也就是说，杨上任六年后的1361年，也就是元至正二十一年，建成了芜湖的新县署，这是芜湖县衙的第一次重建。其县衙规模在民国《芜湖县志》卷十一附后的《黄礼县治记》有简要描述："因诹日鸠工，相厥旧址，鼎创大宇，敷教听政之所，厅堂门庑纤悉具备，计屋二十有八间。"记载仍不详，但可以推知：①原旧址重建。②规模尚可。③基本够用。

（2）明代县衙：景泰四年（1453）以后。

芜湖县衙在元至正二十一年（1316）第一次重建后，于洪武二十七年（1394）和永乐八年（1410）有过两次重修。到景泰四年（1453）又有过一次规模较大的增修。

康熙《太平府志》卷十八《公署》也有记载：芜湖县"景泰四年知县叶启增修，国子监丞胡椠记"。再查民国《芜湖县志》，卷十一《公署》载有《胡椠县治记》，曰："叶公廷芳来知芜湖政令大行。……惟县治岁久大坏，……不修整之，无以壮观瞻，……首建正堂，堂后为思政堂，堂左为幕厅，皆有厦。堂南为露台，台南为甬道，道立戒谕碑亭，亭前为仪门，门内东西各有屋，为六房。庖库垣牖，廨宇器用，各以序备。自堂至门为屋凡若干区。景泰癸酉四月经始，明年九月既望，凡若干日而落成焉。"由此可知：①县衙已历九十余年，业已"大坏"。②景泰四年（1453）开始增修，历经一年多方告完成。③县衙已较完整，中轴线已经形成，已分有若干区。

（3）明末县衙：万历末年。

明代县衙在景泰四年（1453）有较大规模的增修后，又有过嘉庆中期（1537—1546）的重修和万历末年（1613—1620）的增修。万历末年的增修重点，康熙《芜湖县志》卷十八《公署》记载："曾衮建坊于县治前。"知县曾衮，"万历四十一年（1613）任莅芜六载"。"建坊"指"吴楚名区坊"等衙前三坊。万历三年（1575）开始修建芜湖明城，万历九年（1581），明城墙、城楼均修筑完成。到万历末年芜湖县衙已有完整规模，民国《芜湖县志》卷十一《公署》有如下记载："治自南直北，中为正堂三间，立甬道，堂左为銮驾库，右为赞政厅，甬道中立戒石亭。东西相向为吏书六房，前为仪门。正堂后为川堂，为后堂，东为库楼，北为内衙，堂室如制。仪门前东为寅宾馆，又东为土地祠。中道木枋一座，题曰：'江东首邑'。坊前为大门，立谯楼，榜'芜湖县'。楼前左为旌善亭，右为申明亭。再前

① 芜湖市政协学习和文史资料委员会，芜湖市地方志编辑委员会办公室：《芜湖通史（古近代部分）》，合肥：黄山书社2011年版，第146-147页。

坊三座：中曰‘吴楚名区’，东曰安阜，西曰清晏。”由此可见：①这是芜湖县衙又一次规模较大的增修，重点是建坊。②到明末，芜湖县衙非常完整。③谯楼第一次见于文字记载。

（4）清早期县衙：康熙六年（1667）以后。

清康熙六年（1667），芜湖县衙第二次被毁。康熙《太平府志》卷十八《公署》有明确记载：“大清康熙六年，县丞衙舍焚。县丞郭杰鼎建之。”时任知县是段文彬，县丞即郭杰。《太平府志》紧接着记载了“鼎建”后的芜湖县衙概况：“县址在南门街北，首为谯楼一座，上榜曰‘芜湖县’，下为大门。楼前牌坊三座，中曰‘吴楚名区’，东曰安阜坊，西曰清晏坊。楼左为旌善亭，楼右为中明亭。大门内中道木坊一座，题曰‘江东首邑’。东为寅宾馆，又东为土地祠。大门仪门三间，左右班房，北为正堂三间，堂中甬道为戒石亭。堂东西为两庑六房书吏。堂之左为銮驾库，又左为赞政厅。堂后为穿堂三间，接后堂三间。东为库楼，北为县内衙，门堂内室如制。西为军衙县丞廨，门堂内室如制。西南为公廨。正堂之东为幕衙主簿廨，今裁。东南为捕衙典史廨。衙之前为监房。”县衙的总体布局记载得非常详细，还附有《芜湖县治图》（图4-1-1）。从上可知：①芜湖清代县衙延用明代县衙旧制，总体布局几乎完全相同，此次芜湖县衙的第二次重建即复建。②通过康熙《太平府志》关于芜湖县衙的文图对照，表达是一致的，都真实地反映了当时的状况。③通过对《芜湖县治图》的观察、分析和研究可以发现，芜湖县衙不仅有一条从南到北贯穿三区（衙前区、前衙区、后衙区）的中轴线，东侧尚有幕衙和两祠，西侧尚有军衙和公廨。这是一组占地面积很大的建筑群。

（5）清晚期县衙：同治三年（1864）以后。

芜湖县衙自清早期的重建以后，又经过了雍正、乾隆时期的多次增建和修葺。但到了咸丰年间（1851—1861），由于芜湖是太平军与清军争夺的战略要地，1853年2月太平军进占芜湖，十年间芜湖成为相互争夺的战场，终于“署全毁”。这是芜湖县衙第三次也是最严重的一次被毁。民国《芜湖县志》卷十一《公署》载：“咸丰间署全毁。同治元年，治所设在东门城外鳌鱼埂。三年，知县曾化南奉檄建造，即今县公署。”芜湖县衙经过第二次临时移地，又进行了第三次的重建。重建后芜湖晚清县衙总体布局，民国《芜湖县志》中也有简要记载：“前进为大堂，次为二堂，后住官眷。西为花厅，东为钱粮柜。大堂前

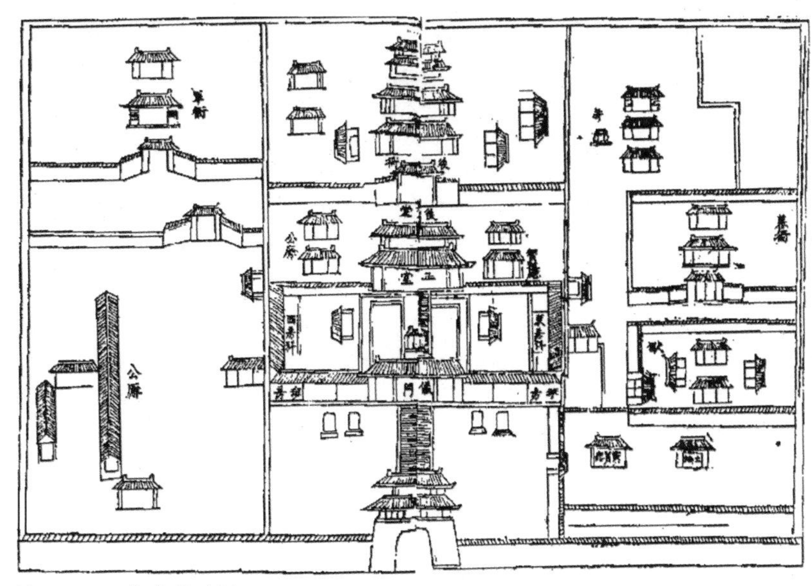

图4-1-1　芜湖县治图

东西向为书吏六房，大堂西为三班，今改待质所，前为谯楼。较古制略有增损。”从上可知：①这里并没有提到中轴线两侧，可见只是恢复了县衙中轴线上的主要建筑。②中轴线上“损”的主要是牌坊，“增”的主要是“三班”（在县衙内站堂值班、看守大门的皂隶，负责缉捕的快手，负责治安和防卫的民壮三方面用房）。③谯楼仍在，未见仪门，县衙规模已大不同前。

之后，“光绪五年（1879）知县屈承福建造监狱，三十三年（1907）知县沈宝琛重修”。还有光绪十一年（1885）知县钱文骥“建造仪门、科房”（民国《芜湖县志》卷四十三）。芜湖县衙最后一次修缮是民国五年（1916）“知事余谊密重加修葺……加筑围墙……栽种树木”。这都是在勉强维持了。

4. 几个衙署建筑群的布局比较

（1）太平府衙。

东晋末年（413），芜湖县被撤销，原芜湖（城）降为当涂县属镇。南唐昇元年间（937—943），复置芜湖县，属江宁府。宋太祖开宝八年（975），移属宣州。宋太宗太平兴国二年（977），改属太平州，州治当涂姑熟城。元、明、清芜湖县均属太平州，府治当涂姑熟城。民国以后，1913年设芜湖道，道治在芜湖县。

太平府衙最早源于宋太宗太平兴国二年（977）创立的州治，位于东街之北。明洪武二十年（1387）毁，二十三年（1390）复建，正德七年（1512）增建。明中期有过局部的毁与建。崇祯末府衙堂舍“燹于兵”。清顺治十四年（1657）又重建。这些在康熙《太平府志》上均有记载，并附有康熙时期的《太平府治图》（图4-1-2）。

由图可知：①太平府位于城中偏北。②太平府衙中轴线上从南到北有：府桥—“丹阳古郡”坊—头门（有谯楼）—仪门—正堂（三间）—穿堂—后堂—府内衙（三层）。大门前两侧照例有旌善亭、申明亭，正堂前两侧照例有六房科，规制完整。③东辅带上布置有寅宾馆、土地祠、理刑厅推官衙、江防衙等。④西辅带上布置有膳房、狱房、司狱司、经历廨、照磨廨、督粮厅通判衙、射圃等。⑤作为府衙，规模比芜湖县衙

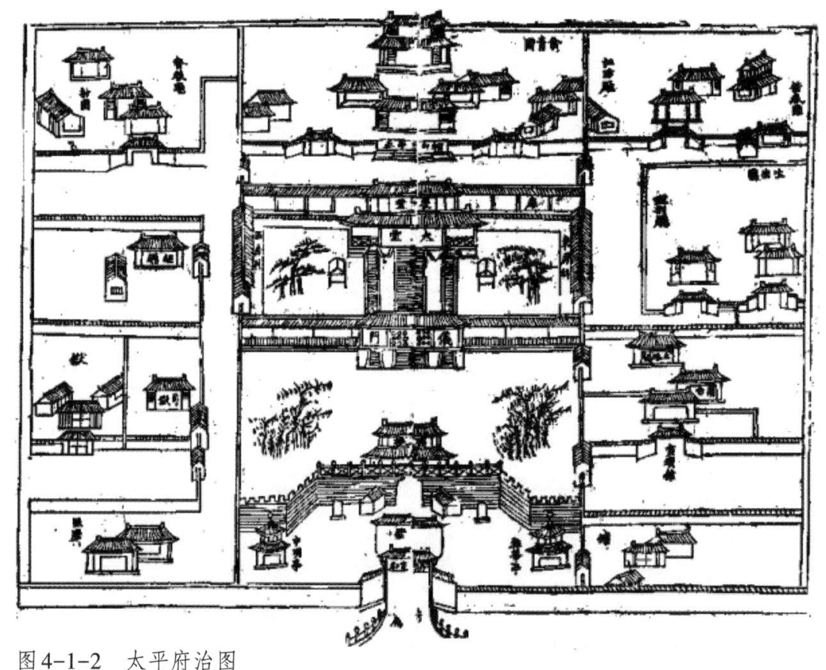

图4-1-2 太平府治图

大，谯楼广场南段的府桥很有特色。

（2）当涂县衙。

太平府下辖三县：当涂、芜湖、繁昌。当涂县治与太平府治设于同城，县衙在府衙西南仅半里许。原县衙明永乐十四年（1416）“县厅及六房毁于火”，正统年间（1436—1449）修葺一新，但“两庑倾圮”。清康熙十年（1671）重修。康熙《太平府志》也有记载并附有《当涂县治图》（图4-1-3）。

由图可知：①当涂县衙位于城中偏北，东北方半里是府衙。②县衙中轴线上从南到北有：照壁—头门（无谯楼）—仪门—戒石亭—正堂—穿堂—后堂。旌善亭、申明亭和两庑六房按常规设置。③西辅带较宽，内衙设于后厅西侧，南有公廨与监房。④东辅带较窄，后堂的东北角并列有县丞衙、主簿衙、典史衙。仪门东侧设有寅宾馆、土地祠。⑤府内衙不设在中轴线北端，三衙（县丞衙、主簿衙、典史衙）设在后堂东北角。这些都打破了常规，恐因受用地所限。总体布局显得不够严谨。中轴线南端设有照壁，使前门广场空间较为完整。

（3）繁昌县衙。

繁昌县原在河南省，东晋元帝大兴元年（318）于春谷地（今南陵县）侨置襄城郡繁昌县，与春谷县并立。隋开皇九年（589），废繁昌县。南唐时与芜湖县同时复置，均属江宁府。元、明、清时均属太平府。1914年，安徽省设安庆、芜湖、淮泗三道。繁昌县属芜湖道，道治在芜湖县。

自南唐至明天顺元年，繁昌500余年均设治在延载乡（今新港镇）。明英宗天顺元年（1457）县城迁至金娥上乡（今县址），“知县王珣建，成化、弘治间……相继修葺，始备其制”。康熙《太平府志》也有记载并附有《繁昌县治图》（图4-1-4）。

由图可知：①牌坊—大门—仪门—大堂—穿堂—后堂—内衙（三层）形成了中轴线，旌善、申明两亭和六房按常规设置。②东辅带上标有土地祠、寅宾馆、赞政厅，西辅带上标有狱房、库房、清白斋等，未标出原有的典史衙（在西南

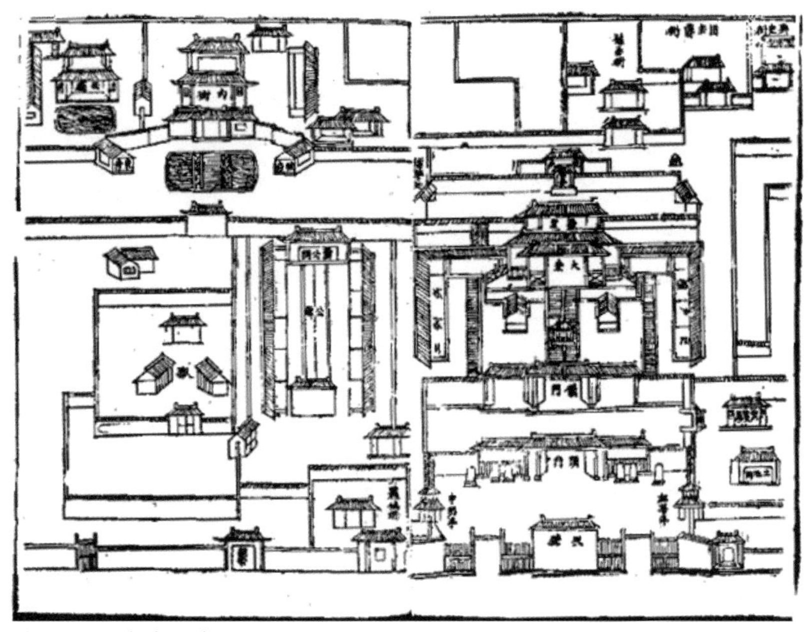

图4-1-3 当涂县治图

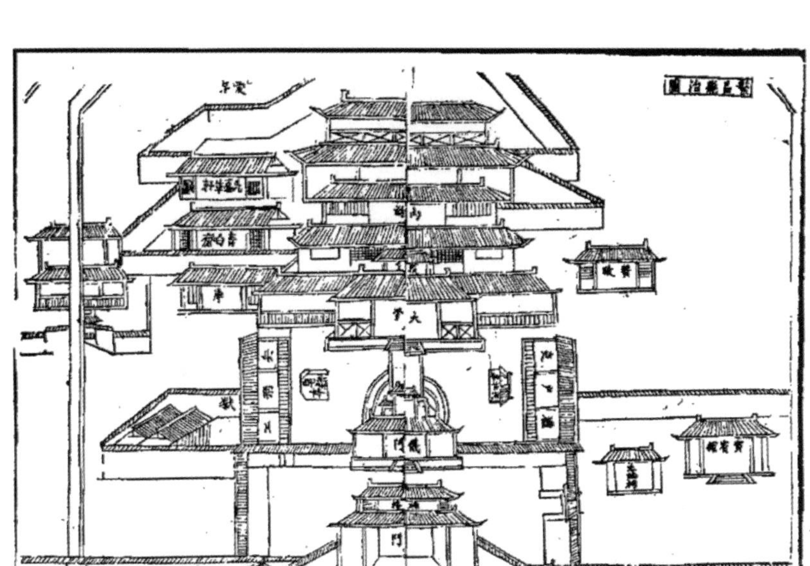

图4-1-4　繁昌县治图

角）和位置不详的县丞、主簿两衙。③大门外用“八”字形墙体连结旌善、申明两亭；大门上有谯楼下无承台；北侧院墙不规则。规模较芜湖县衙略小。④县衙位于城中偏北靠近城墙前一山体。

（4）河南省内乡县衙。

内乡县位于河南省西南部。县衙设于县城东大街北侧，创建于元成宗大德八年（1304），元、明、清时有过修缮和扩建，逐渐形成一组完整的建筑群。占地约2公顷，院落十多进，房舍200多间。1996年11月，河南省内乡县衙被国务院公布为第四批全国重点文物保护单位（图4-1-5）。

由图可知：①照壁—宣化坊—大门—仪门—戒石坊—大堂—二堂—三堂（内衙）形成完整的中轴线，建筑严格按对称方式布置。②东辅带上有寅宾馆、衙神庙、土地祠、皂班、壮班、典史衙、架阁库、县丞衙、银局等。③西辅带上有膳馆、监狱、狱神庙、吏舍、承发房、主簿衙、税库等。④规模宏大、规划完整。大堂、二堂、三堂均面阔五间（明三暗五），有旋子彩画，院落式布局，用廊庑相接，大多数建筑为单檐硬山式，且为单层，前门上并无谯楼。该建筑群显示出南北建筑文化交融的地方建筑特色。

（5）芜湖县衙与以上衙署比较及复建建议。

芜湖县衙与当涂、繁昌两县衙相比，用地条件明显较好。繁昌县衙受北侧山体约束，当涂县衙用地南北纵深不够，故其总体布局都不够严谨。芜湖县衙中轴线上的建筑群布局层次清楚、主次分明，东、西辅带的建筑布局也较均衡（图4-1-6）。

芜湖作为大县，其县衙与太平府府衙相比，中轴线上的建筑规模大致相当，只是东、西辅带稍有逊色。芜湖县衙与内乡县衙相比，首先在总体规模上就有所不及，此外在建筑布局的严格对称和院落空间的围合组织上，内乡县衙的规划显得更加完整、统一。

鉴于各地县衙布局的大同小异，芜湖县衙的复建应突出自身的特点。在恢复芜湖县衙中轴线建筑群时，首先要恢复仪门前的明代“江东首

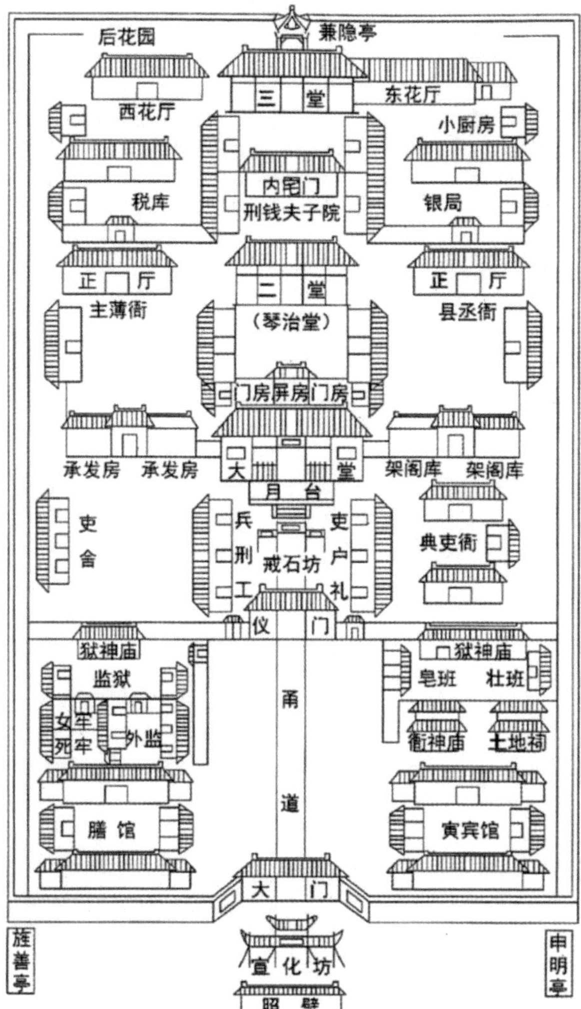

图4-1-5　内乡县衙全景图

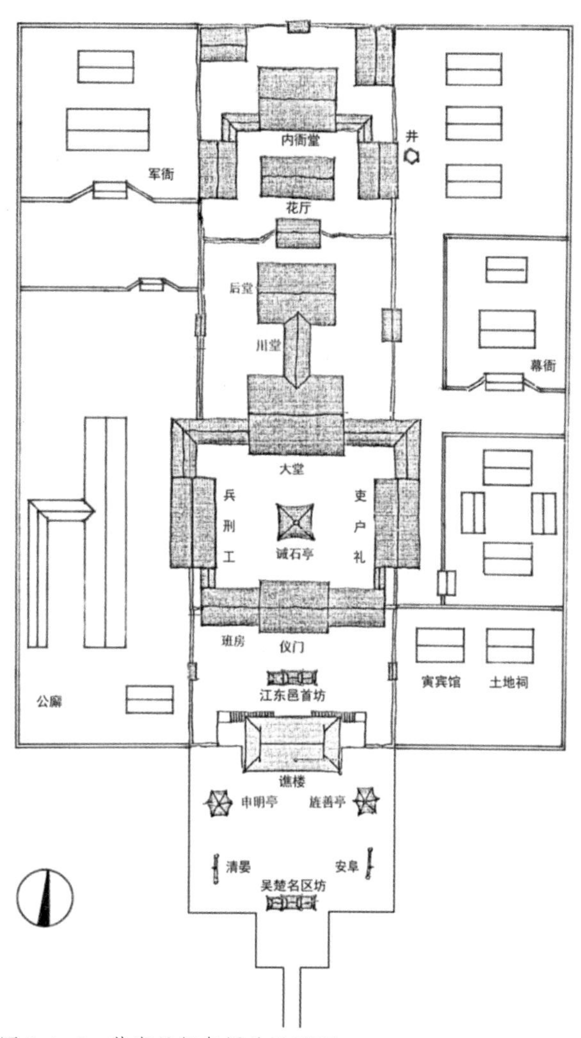

图4-1-6　芜湖县衙复原总平面图

邑”坊和谯楼前的“吴楚名区”坊，这才是芜湖独有的。为显示芜湖县衙历史的久远，建议建筑群采用明代第一次重建县衙后的风貌和布局。为尊重谯楼承台的宋代遗物，建议承台上的谯楼按南宋时期的芜湖地方公共建筑风格复建，其屋顶最好采用《芜湖县治图》中所示的重檐歇山式。

5. 仅存的谯楼遗迹

衙署前门，又称谯楼，是县衙建筑群的大门，也是衙前广场的主体建筑。芜湖县衙至今荡然无存，仅留下县衙前门的遗迹。文物管理部门对此建筑的定位是：“始建于宋代，沿用至清代。”2004年11月，谯楼遗迹被安徽省人民政府公布为省级文物保护单位。

最早的芜湖县衙宋代谯楼与整个县衙一起毁于元末的“兵革”，之后是否重建谯楼不得而知。直到明万历末年时，志书才有记载：“坊前为大门，立谯楼，榜‘芜湖县’。”清代早期，志书仍有记载：“首为谯楼一座，榜‘芜湖县’。”这应是明代谯楼毁后依样复建的谯楼。也就是康熙《太平府志》上附录的《芜湖县治图》中那座重檐歇山式谯楼。“咸丰间署全毁”，谯楼自然不会幸免。同治三年（1864）重建县衙时，“前为谯楼”，这座谯楼与前已远不可比。台基是修葺后的台基，“楼”已不是那座楼了，重檐变成单檐，标准与用材也差了许多。2012年以前的谯楼：中部花岗石砌台基东西长24.95米，南北宽9.17米，

西部边台已不存，东部边台后退4.03米，北面与中部台基平齐，长5.03米，宽5.4米。台基现有高度为3.98米。上部木构门楼面阔三间，长12米，宽4.34米，前后有廊，宽皆1.5米。由于长期作为住房使用，建筑已被改造得面目全非，从一些建筑细部尚可见昔日局部面貌（图4-1-7）。

为了更好地保护这一省级文物保护建筑，2012年进行了修复设计，2014年施工完成（图4-1-8），遗憾的是，出了一些施工质量问题。其实，更值得研究的应是设计思路上的问题。有专家提出的质疑是，轻易改变原初重檐形制，未采用宋、明建筑风格，而采取清式北方官方建筑做法，也未显示芜湖传统建筑地域特征。如何慎重处理这些问题，值得进一步研究，并采取必要措施。

关于芜湖县衙谯楼是不是周瑜点将台的问题，笔者在这里提出个人的看法。芜湖古城里的老人们世代传说，这里就是周瑜点将台，使芜湖谯楼蒙上了一层神秘的面纱。三国时期，群雄争霸，芜湖成为兵家必争之地。周瑜建安二年（197）曾任春谷长，三年（198）迎娶小乔，十三年（208）领前部大都督讨江夏，与刘备联军大败曹军于赤壁，因此便传说周瑜曾在此练兵点将。还有传说周瑜屯兵芜湖时，曾在米市街、薪市街堆放粮草，在火药房存放枪支弹药，在马号街拴马，在马塘饮马，在大营盘、小营盘驻扎过军队，就更玄乎。如无实证，均不可信。至于有周瑜衣冠冢，倒是有可能的。但要说此谯楼曾是周瑜点将台，恐怕有点牵强附会了。

图4-1-7a　芜湖县衙前门拆除前南面外景

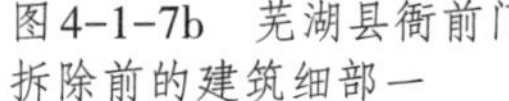

图4-1-7b　芜湖县衙前门拆除前的建筑细部一

图4-1-7c　芜湖县衙前门拆除前的建筑细部二

图4-1-7d　芜湖县衙前门拆除前的建筑细部三

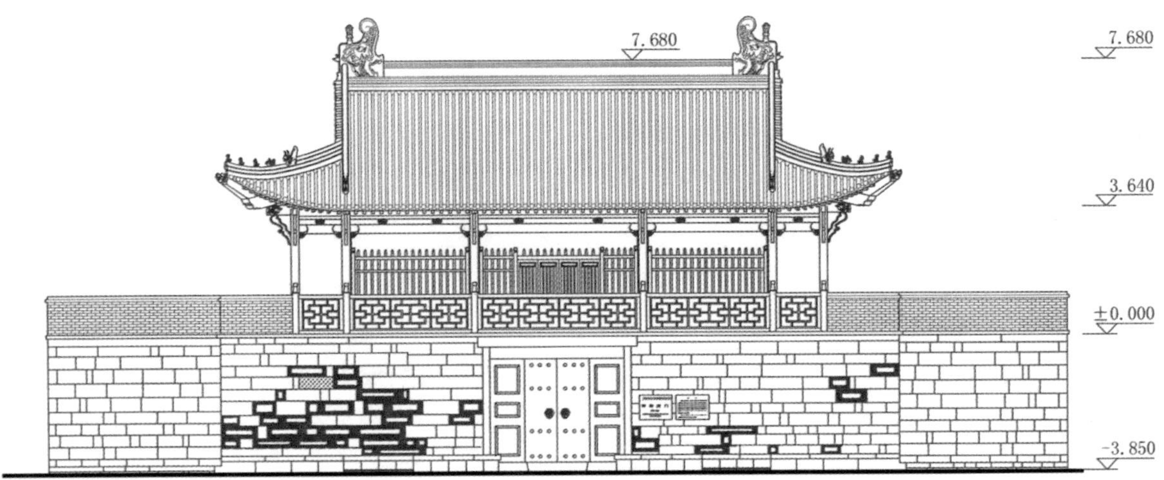

图4-1-8a　芜湖县衙前门修复南立面图

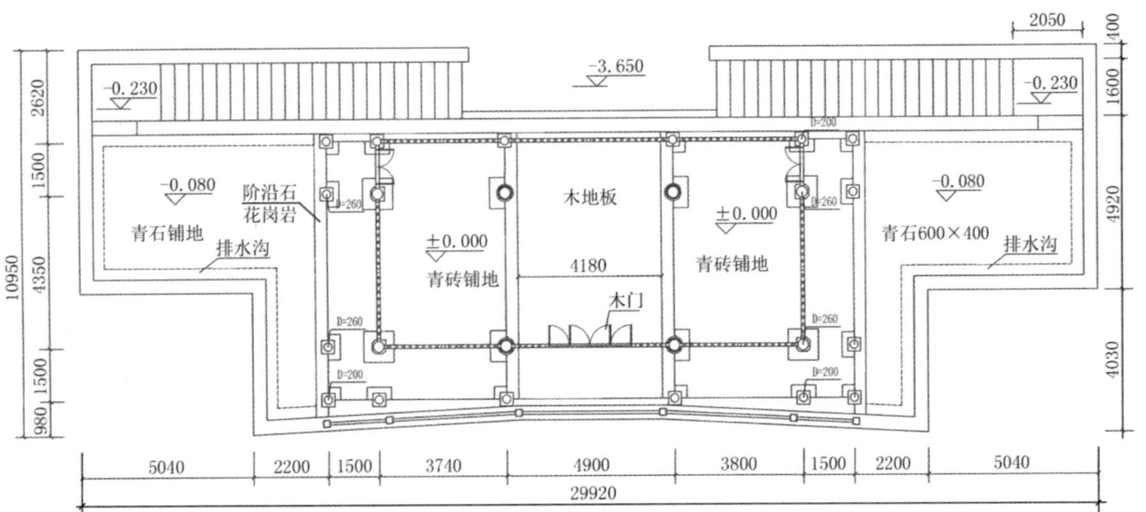

图4-1-8b　芜湖县衙前门修复平面图

二、芜湖古代城隍庙建筑群

1. 中国古代城隍庙概述

（1）城隍与城隍神。

城，即城垣，指古代都邑四周用作防御的墙垣。有水环护的城堑称为“池”，即护城河；无水环护的城堑称为“隍”，也即护城壕。“城”和“隍”合成的“城隍”原本指的是古代城池的防卫设施，后来古人将其神化为城市的守护神，称为“城隍神”，亦称“城隍爷”。

城隍早在原始社会就已经出现，那时的氏族部落为了防御野兽的侵袭和自然灾害，也为了抵抗其他氏族部落的侵犯，便在居住地的周围垒筑城墙，挖掘壕沟。于是，奉祀城隍的观念应运而生，祭祀城隍神的活动也开始进行。新中国成立后发现的河南龙山文化时期的登封王城岗及郑州商城城墙下的狗坑、人坑，就是用来杀牲或杀人祭祀城隍神。到周代，祭祀城隍神已列入国家祀典。《礼记·郊特牲》记载，天子有一种“蜡祭”，祭祀八种神，其中就有“水庸”，即“城隍”。

（2）城隍与道教。

道教创立于东汉末年，是我国土生土长的宗教。道教赋予其城隍的神通是护国安邦、翦凶除恶，并赋予管理阴间的职权。道教奉祀的神灵众多，分三大类：尊神、俗神和神仙。尊神是道教信奉的主要神灵：首先是元始天尊、灵宝天尊和道德天尊三位道教最高尊神，分别住在玉清、上清、太清三仙境；其次是包括玉皇大帝在内的四位天帝；再次是天上的日神、月神和星神；最后是青龙、朱雀、白马、玄武四方之神。俗神是流传于民间的诸多神祇，如属于自然现象人格化的雷公、雨神、风伯、山神，英雄神关帝、文化神文昌及药王、财神，还有保护人们财产和安全的门神、灶神、土地神和城隍神等。神仙则是指经过修炼悟道而神通广大和长生不死的神人、仙人，如汉族的祖神皇帝、王母娘娘、八仙等[①]。上述“三清”尊神中的道德天尊，即太上老君，也即神化后的老子。老子姓李，名耳，字聃，是春秋末年著名的思想家，著有道家经典《道德经》，被后世奉为道教始祖。

城隍神与道教的各神都有关系，最密切的一是属官土地神，一是上司玉皇大帝。道教供斋祭神时，总是牒（下公文通知）城隍到场。都、府、州、县各级城隍都会受邀。城隍神的属神有26种，其中分管各案的判官就有14位，他们都是城隍神的役吏。道教认为城隍神的职权主要是：主管人们的疾病、寿命、生养、报仇雪恨诸事，也主管天气和审理案件。与封建政府赋予城隍神的职权基本一致，唐宋时期的皇帝均非常推崇道教[②]。自元代至近代，全国各地城隍庙大多为道士住持，足可证实城隍庙与道教的密切关系。

（3）城隍庙的由来与发展。

将城隍神列入国家的正式祀典始于周代，为城隍神建庙则稍晚，始于三国时期。据宋代赵与时《宾退录》及清代秦蕙田《五礼通考》记载，为城隍建庙始于三国时期的东吴政权赤乌二年(239)，地点就是安徽芜湖。清人孙承泽《春明梦余录》卷二十二也有记载：三国东吴赤乌二年在芜湖建造的城隍庙，是我国最早的城隍庙之一[③]。我国《辞海》中“城隍”词条也明确指出：最早见于记载的为芜湖城隍，建于三国吴赤

① 马书田:《超凡世界》,北京:中国文史出版社1990年版,第3页。

② 郝铁川:《中国民间神研究》,上海:上海古籍出版社2003年版,第249-251页。

③ 芜湖市政协学习和文史资料委员会,芜湖市地方志编辑委员会办公室:《芜湖通史(古近代部分)》,合肥:黄山书社2011年版,第143页。

乌二年；北齐慕容俨在郢城（今河南信阳市南）亦建有城隍神祠一所[①]。

究竟确实与否，如何理解上述文字，有些争议，然笔者信其说。“城隍”二字有时指“城隍神”，有时指“城隍庙”。但《辞海》在“城隍”二字后又用了“建于”二字，当然是指“城隍庙”（建筑），紧接着又提到在郢城也“建有”城隍神祠一所，更是明确无误了。显而易见，两处指的都是建筑而不是神。有人认为这里的“芜湖城隍”是指祭祀城隍神，看来是偏颇的。

史传孙权建庙，先是在南京建了蒋子文土地庙，然后才在芜湖建了城隍庙。这是由于211年孙权把政治中心从京口迁到了秣陵，第二年才在楚国金陵邑的基础上修建了石头城。三国时期，把当地生前有政绩、有学问的官吏和儒士奉为土地神，并建立起以近世人鬼为神主的土地庙，已时有发生。蒋子文曾为秣陵县县尉，为之建土地庙，不难理解。芜湖是其拱卫之城，为之建城隍庙，也顺理成章。从三国时期开始，我国经济中心由北方向江南转移，这些地方自古就有鬼神迷信的浓厚习俗。因此，城隍庙的分布以江南为中心很快向四周扩散。

为城隍神塑像，城隍神有名、有姓、有眷属，均始于唐代而定于宋代，所以城隍庙里也出现了寝殿及有关生活用房。为城隍封爵始于唐末，五代及宋封赐更多。宋代城隍祭祀已很普遍，并规定地方官员上任三日内必须拜谒城隍庙，城隍庙也常邻近衙署布置。元代开始对城隍夫人也封爵位并塑像。元明清将死去的当地名人奉为城隍神已成惯例。

城隍神在民间兴盛是在唐宋两代，“其祠几遍天下”，每州县都有城隍庙。官方广为推广则在明代。明太祖洪武三年（1320）正式规定各府州县设城隍神并加以祭祀。传说明太祖朱元璋生在土地庙里，所以他对土地以及土地神的“上级”城隍神极为推崇。朱元璋下诏各府州县改建城隍庙，并要求其规格与当地的官署衙门等同，这样各地就有了“阴”“阳”两个衙门；还规定新官上任必须先斋宿城隍庙，向城隍神宣誓忠于职守，更将城隍祭祀列入国家祭典中。他还下旨封京城和几个大城市的城隍神为王，正一品；府城的城隍神为“公”，二品；州城隍神为“侯”，三品；各县城隍神为“伯”，四品。这样，城隍庙与衙署同时成为城中最重要的公共建筑。

宋代开始，城隍爷有了诞辰。安徽安庆、浙江东阳两地以五月十五日为其诞辰，河南归德为五月二十八日，湖北荆门为九月初七，陕西阳县为八月初二，各地互不相同。明朝初年规定每年五月十一日为都城隍神诞辰，可见施行不广，难以统一。元朝开始，有了一种祭祀酬报神恩的赛神活动，城隍神像出会时，锣鼓喧天。众神像相随，各有仪仗。观者人山人海，拥挤异常。数日之内，城隍庙内日夜演戏，观众如潮。明朝开始有了庙市，清代各地仍有城隍庙市。物品丰富，琳琅满目，庙市会一连数日。从清代开始，为保地方平安，城隍爷开始定期（五月初一）出巡，仪仗甚丰，巡查经过各家，都要焚香致敬。这些活动，各地举行的日期互不相同，但都是丰富多彩的民俗活动，有的现在已经成为当地的非物质文化遗产。

（4）各地城隍庙实例。

明北京的都城隍庙：在元朝城隍庙基础上扩建而成。其布局如同官府衙门。《日下旧闻考·明英宗碑略》载：“中作正堂，后为寝室。堂之前为正门，自堂左右至门，翼以周廊。……正堂以祠城隍神，而旁以居其辅相者，各以序置。门之外为重门，东西置钟鼓楼，……盖总为屋以间计者一百九十。”

清西安的都城隍庙：始建于明洪武二十年（1387），清中期遭火焚，年羹尧令重修，称雄关

①《辞海》，上海：上海辞书出版社1999年版，第1536页。

中，是统辖西北数省城隍的都城隍庙。大牌坊（六柱五间）—文昌阁—二山门—戏楼—牌坊—大殿—牌楼—寝殿构成了中轴线，两侧还有钟鼓楼与东西道院。其中，重檐歇山顶戏楼为倒座式，单檐歇山顶戏台背靠楼身正对大殿。大殿面阔七间，单檐歇山顶，上铺蓝色琉璃瓦。2001年被国务院公布为第五批全国重点文物保护单位。

元至清潞安府城隍庙：创建于元至元二十二年（1285），明清重修，位于山西省长治市，被称为中国规模最大的城隍庙，庙内建筑自南至北分布于408米长的中轴线上：六龙照壁—木牌坊、石牌坊（两旁是明清古街）—山门—玄鉴殿（上为戏楼，东西有廊庑和配殿）—中大殿—寝宫（东西有配殿）。2001年被国务院公布为第五批全国重点文物保护单位。

清平遥城隍庙：是一座规制经典的地方城隍神庙。中轴线上有：牌楼—庙门（两侧八字影壁）—仪门—乐楼—正院（两侧有钟鼓楼）—城隍献殿和正殿（东西有廊房、六曹府和土地庙）—寝宫。庙内还有庙中庙两座。2006年被国务院公布为第六批全国重点文物保护单位。

明韩城城隍庙：位于陕西省中部偏东的韩城市，初建于明隆庆五年（1571），明万历、清康熙有过修缮和扩建，四进院落。中轴线上有：影壁屏门—庙门—“明扶政教”坊—戏楼—广荐殿—德馨殿（单檐歇山顶）—灵佑殿（城隍办公处）—含光殿（寝殿）。2001年被国务院公布为第五批全国重点文物保护单位。

综上实例可知，城隍庙建筑群有以下特点：①主要建筑均布置在自南至北的中轴线上。②大殿是主体建筑，后殿都有寝殿。③绝大多数城隍庙都有倒座式戏楼（正对大殿）。④多有照壁式影壁围合成的庙前广场。⑤多有钟鼓楼。（图4-2-1）

图4-2-1a　韩城城隍庙前影壁与牌坊

图4-2-1b　榆次城隍庙大门

图4-2-1c　西安城隍庙落地式戏楼

图4-2-1d　平遥城隍庙下穿式戏楼

图4-2-1e 榆次城隍庙大殿

图4-2-1f 嵊州城隍庙架空式戏楼

2. **芜湖城隍庙概况**

(1) 三个发展时期。

①三国芜湖城隍庙。史载芜湖城隍庙建于三国时期的东吴赤乌二年(239),此时芜湖县城从“楚王城”迁到鸡毛山高地已有16年。三国时期芜湖城隍庙建在三国芜湖城内,是我国历史上的第一座城隍庙。孙权在黄武二年(223)将芜湖县治西移40里迁至鸡毛山一带,并将丹阳郡治也迁址这里,是政治和军事上的重要决策。同时,孙权在南京建造以人鬼为神主的土地庙以后,又首先在芜湖创建了城隍庙,也不是偶然的。有人把800多年后在芜湖宋城内建造的城隍庙位置当作最早城隍庙的遗址,这显然是误会。还有人认为当涂城隍庙可能才是最早的城隍庙,这也是站不住脚的。三国时的当涂称姑孰,只是一个军事重镇。东晋太和年间(366—371),大司马桓温镇守姑孰,始建城池。当时淮河之滨的当涂县开始南迁,东晋末年,朝廷划出于湖县南境侨置当涂县。隋开皇九年(589),侨置的当涂县定居姑孰,才改称当涂县。康熙《太平府志》卷二十三《祠祀》记载“本府城隍庙在府治东承流坊,始于吴赤乌年创建,历代增修”,这是不足信的。

②近900年的发展空白时期。从239年三国时期建的芜湖第一座城隍庙,到1134年新建的芜湖宋代城隍庙,历史跨度长达900年。可分为三个时间段:东吴赤乌二年(239)至晋末义熙九年(413),约有180年,三国城隍庙应一直存在,曾经过多次修葺;从晋末义熙九年(413)撤销芜湖县到唐末天祐四年(907)复置芜湖县,近500年间,三国芜湖城隍庙恐已倾圮消失;从唐末天祐四年(907)到宋绍兴四年(1134)新建芜湖宋代城隍庙,这220多年芜湖县经过了五代十国到北宋,这正是我国历史上城隍庙发展的一个兴盛时期。当时的芜湖城隍庙都未见史载,留下了一片空白。

③宋至清代芜湖城隍庙。关于芜湖宋代城隍庙,民国《芜湖县志》有如下记载:“城隍庙在县治东,宋绍兴四年建。明洪武初,封显佑伯。永乐八年,县丞周宗溥重修。成化间,知县陈源增两廊、前门。天启六年,知县雷起龙复修。清康熙间,邑人俞廷瑾暨子亮臣,先后捐修。乾隆十四年,邑众与徽人合资新葺,阅五载告竣,殿庑肖像咸完美焉。五十五年,大殿前添建卷蓬三楹,内速报司旧为邑人许传忠造。咸丰间毁。光绪六年,邑人胡毓英、何义彰、程廼封、王荣和、甘嗣赵、彭永淇等募捐重建。光绪三十二年,由商民集资重修。”

芜湖宋代城隍庙新建后，直到清光绪三十二年（1906），这772年间经过一次庙毁，一次重建，还经过三次重修、两次增建和两次修葺（表4-2）。其中两个关键节点：一是明成化年间的增修，使芜湖城隍庙在宋代的基础上“规格始备”（见康熙《太平府志》卷二十三《祠祀》），具有了一定的规模；二是清光绪六年（1880）芜湖城隍庙的毁后重建，又经过光绪三十二年（1906）的重修，留下的应是清末芜湖城隍庙的遗构。

（2）芜湖城隍庙建筑群总体布局。

现存的芜湖城隍庙是在宋、明的基础上，经过清代光绪年间的重建和重修，以及民国二十八年（1939）的重修而成。其总体设计甚为严谨，从南到北的中轴线上布置有：照壁—大门（仪门）—大殿（正殿）—寝殿（娘娘殿），尚有大殿前两庑的配殿，形成了完整而符合形制的建筑序列（图4-2-2）。

庙前广场南侧原有照壁，与大门围合成一较大空间，从日占时期的一张旧照片可以看出当年照壁的形态（图4-2-3）。大门为倒座式建筑，前部是门厅，二层正对大厅的是戏台。戏台与大殿之间院落的中间立有大香炉，院落东侧是阎罗王殿等五殿，院落西侧是轮转王殿等五殿，塑像狰狞，令人恐惧。大殿正中端坐着城隍爷，三米多高的塑像一身县官打扮，两边有文武判官护卫。殿内东边立钟，西边立鼓。正殿东西两侧还有牛头、马面、黑无常、白无常。正殿后是寝殿，亦称娘娘殿，是城隍夫妇的住室。城隍爷身着衮服端坐正中，城隍夫人凤冠霞帔坐在一旁，两侧侍女站立。城隍娘娘主管人间生育大事，因此女信徒常来此企求。

从芜湖城隍庙建筑群总体来看，大殿是主体建筑，位置较高，体量较大。其建筑特色是前有“抱厦”，即献殿。民国《芜湖县志》记载：清乾隆“五十五年（1796）大殿前添建卷蓬三楹”，即指此。大殿内设置有钟鼓，并未按单体建筑处理，这也是一特点。

大殿两庑的“十殿”是芜湖城隍庙中很有特点的建筑，杨维发《芜湖古城》有详细的描述：

一殿秦广王，设立高台，正襟危坐，案上铺着“一殿册”，牛头、马面分立两旁。身后的对联赫然写着：“牢狱初开人网漏天网无漏，肺肝如见阳律饶阴律不饶。”横批：“彰善瘅恶。”东边悬着孽镜，能照出进来的人过去的善恶，依不同性质分归各殿按罪错轻重布办，善者送云程转生，恶者送进鬼门关。

二至八殿按照“孝、悌、忠、信、礼、义、

表4-2　芜湖城隍庙历代兴废情况一览

序号	朝代	年代	兴废情况	序号	朝代	年代	兴废情况
1	三国	东吴赤乌二年（239）	创建中国第一个城隍庙	7	清	康熙年间(1662—1722)	邑人俞姓父子先后捐修
2	宋	绍兴四年(1134)	在宋城内新建	8		乾隆十四年(1749)始	合资新葺,“殿庑肖像咸完美”
3	明	洪武二年(1369)	被朝廷封为显佑伯	9		乾隆五十五年(1790)	大殿扩建(添建卷蓬)
4		永乐八年(1410)	县丞周宗溥重修	10		咸丰年间(1851—1861)	庙毁
5		成化年间(1465—1487)	知县陈源增修,“规格始备”	11		光绪六年(1880)	邑人募捐,重建
6		天启六年(1626)	知县雷起龙复修	12		光绪三十二年(1906)	商民集资重修

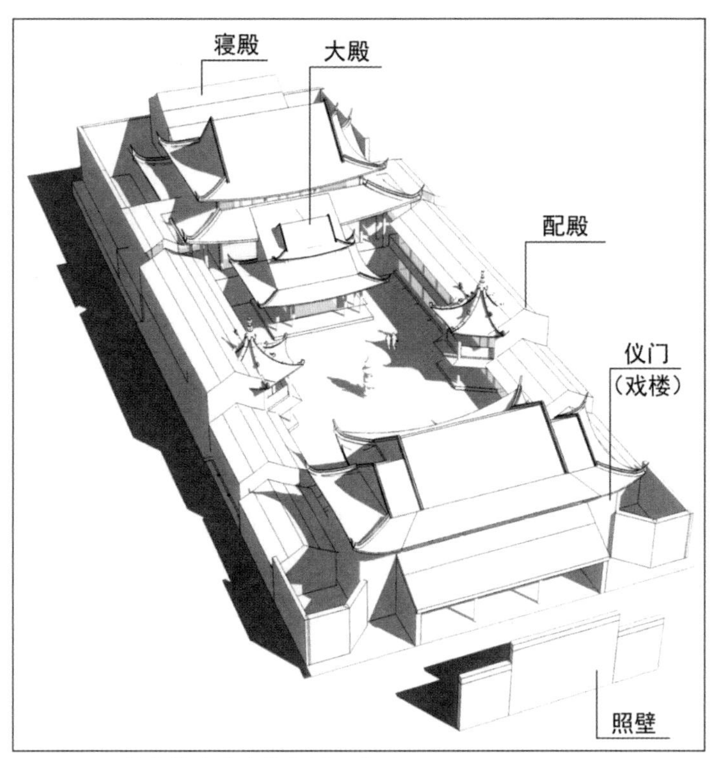

图4-2-2　芜湖城隍庙布局复原示意图

图4-2-3　日占时期芜湖城隍庙照壁旧照

廉、耻”顺序各治一罪。

二殿楚江王，诛不孝。此殿对联为“阳报阴报迟速报终须有报，天知地知鬼神知谁谓无知”，横批“到此方知”。凡荡败家业、欠债累亲者入五丈狱，忤逆不孝者入黑云沙狱，贪酒好色薄父母者入寒冰狱。

三殿宋帝王，诛不悌。此殿对联为“天网恢恢善恶两途终有报，冥刑赫赫阴阳一理总无差”，横批“怎能瞒我”。凡为官不正、不悌犯恶、不悌罪人者，入倒吊狱、穿肋狱、挖眼狱。

四殿五官王，诛不忠。此殿对联为“阳间有钱赎汝罪，地狱无门躲我刑”，横批“何苦乃尔”。为人不忠、素行奸诡的人打入抽筋狱或烧手足狱。

五殿阎罗王，诛不信。此殿对联为“赫赫阎罗恶汉凶徒难得过，森森铁案重臣义士总无惊”，横批“谁瞒过我”。无信之人被送上尖刀山，多伤物命者死后下油锅。

六殿卞城王，诛不礼。此殿对联为“祸福无门为人自召，赏罚一定是吾所操”，横批“是谁教你”。人而无礼，触犯多端者死后被剥皮、腰斩。

七殿泰山王，诛不义。此殿对联为“造化有无当时漫使千般计，机关无用此地难容半点情”，横批“也有今日”。无义之人服杖刑，送入割舌狱、破肚狱。

八殿都市王，诛不廉。此殿对联为“死后怕为双角兽，生前莫作两头蛇”，横批“明察秋毫”，与官衙相同。无廉罪犯被锯解、被炮轰。

九殿平等王，诛不耻。此殿对联为“昔日英雄而今安在，世间报应至此难逃”，横批“哪个能逃”。不耻之徒被送进秤称狱、恶犬城。

十殿轮转王，主司发生。此殿对联为“生死同情死这苦而生是这苦，阴阳二律阳可逃而阴不可逃”，横批“赏罚攸分”。此处惩恶扬善，按照生前善恶分送去处。

以上“十殿”宣扬了“彰善瘅恶”“恶终有报”“赏罚攸分”“惩恶扬善”等道家主张，也与

儒家的“孝、悌、忠、信、礼、义、廉、耻”主张相一致。芜湖城隍庙还有许多“纲纪严明”“浩然正气”“护国庇民”“我处无私”“节义文章”“发扬正气”等匾额，这些都是城隍文化的主要组成部分。

（3）芜湖城隍庙的祭祀活动。

佛教的观念是人死后一切皆空，道教的观念是“人之正直，死为鬼神”，相信“正直”之人死后会成“鬼神”。唐以前，城隍神是一种自然神，与人鬼尚未结合。从唐代开始，将城隍神与古代名人相结合，自然神变为人鬼。宋代以后，以人鬼为城隍神已普遍，元、明、清三代也是如此。如北京的城隍神是文天祥（明代名臣），上海的城隍神是秦裕伯（明代名士），杭州的城隍神是周新（明代御史）。芜湖的城隍神是纪信（为救汉王刘邦突围，以身殉职），镇江、太平、华亭、汉中、潼川等城市也皆以纪信为城隍神。民国《芜湖县志》卷四十《城隍庙》载有《明洪武封城隍文》：“……明有理乐，幽有鬼神。……芜湖县城隍之神，聪明正直，圣不可知。……睠此县邑灵祇，所司宜封曰：鉴察司民，城隍显佑伯……”从朝廷的封赐可知芜湖城隍庙已得到官方的肯定。

城隍庙不只是道教活动场所，更是汇集当地民俗文化之地。每月初一、十五，芜湖及周边百姓都会到城隍庙进香。每年春节前后更是热闹，从腊月初八到来年二月初二龙抬头，城隍庙的戏台上都要唱大戏，庙前广场上各种卖艺表演应有尽有。正月十五上元节、七月十五中元节、十月十七下元节，芜湖人都会抬着城隍神，一路驱赶各方鬼怪，遇到自然灾害，还会抬着城隍神出巡，或求雨、或祈晴、或禳火、或消灾。

（4）芜湖城隍庙的遗存。

1954年前，城隍庙还基本保持原貌。1954年以后，大殿前两庑的“十殿”被拆除。1962年以后，大殿也被拆除。“文化大革命”时，所有塑像全部被毁。原地被改造成了皖南大戏院，后又改为美丽华大舞台。城隍庙遗址南端，一直有个小“城隍庙”，香火仍较旺（图4-2-4）。到21世纪初，芜湖城隍庙尚有两处遗存。

娘娘庙遗存，“面阔五间15.57米，进深三间8.61米……柱头有挑头梁，圆雕撑拱承挑出檐……梁架明间是抬梁式，边列为穿斗式，共九架，前檐饰拱轩。三架梁、五架梁及轩梁均有木雕驼峰，纹饰精美”①（图4-2-5）。

前门戏台遗存，面阔五间长约17米，进深两间宽约8米。两层砖木结构戏楼的木梁柱保存较为完整。西厢房为单层砖木结构，木梁柱也基本完整，东厢房已不存。现有遗存为今后的修缮工程提供了一定的条件。芜湖城隍庙与平遥城隍庙一样采取入口从戏台下穿过的处理方法，而大门外廊做法则类似于榆次城隍庙，很有特色。芜湖城隍庙前门（戏台）按清末光绪年间状态修复是合适的，可以体现对建筑遗存的尊重和保护。大殿、寝殿及“十殿”等按南宋时期芜湖地方建筑形式复建也是可取的，这样才能显示芜湖城隍庙建造历史的久远。

① 芜湖市文物管理委员会办公室：《鸠兹古韵——芜湖市第三次全国文物普查成果汇编》，合肥：黄山书社2013年版，第88页。

图4-2-4　芜湖小“城隍庙”

图4-2-5a　芜湖城隍庙遗存铜香炉

图4-2-5b　芜湖城隍庙遗存木构件一

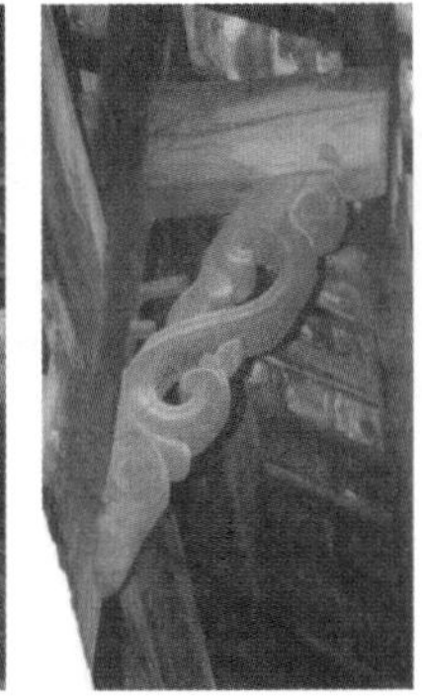
图4-2-5c　芜湖城隍庙遗存木构件二

图4-2-5d　芜湖城隍庙遗存木构件三

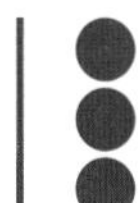

三、芜湖古代文庙建筑群

1. 中国古代文庙概述

（1）文庙的由来及曲阜孔庙建筑群。

文庙，又称孔庙，是奉祀孔子之庙。孔子（前551—前479），名丘，字仲尼，春秋时期鲁国人。孔子是儒家学派的开创者，他建立了以“仁”为核心的儒学思想体系，他创立的儒学2000多年来深深影响着人们的价值取向和行为规范，在世界上享有盛誉。汉代以后历代帝王一直崇奉儒学，敕令全国各地都建立孔庙。到清代，对孔子的尊崇更是超越了前朝。北京孔庙与国子监相毗邻，同时始建于元代。北京孔庙是规模宏大的皇家孔庙，国子监是布局严谨的国家最高学府。北京孔庙还与太庙和历代帝王庙并称为明、清北京三大皇家庙宇，可见地位之高。新中国成立后，对文庙建筑很是重视，至今已先后有17处文庙被国务院公布为全国重点文物保护单位。

各府县的孔庙也称“学宫”，是各地儒学教官的衙署所在。元、明、清时，在各府、厅、州、县设立学校，供生员读书，称为儒学。可见，从建筑角度看，文庙既是祭祀孔子的宗教建筑，也是举办儒学的学校建筑。各地古代志书中多将文庙列入学校志中，如民国《芜湖县志》、康熙《太平府志》均将芜湖文庙放在“学校”一卷中。而如今的很多专著，多将文庙建筑列入坛庙建筑，如潘谷西主编的《中国建筑史》对曲阜孔庙的描述就放在“宗教建筑”的章节之中。

曲阜是我国古代伟大的思想家、政治家和教育家孔子生息的地方，从建城开始已有3000多年的历史。春秋时代，孔子出生于此。孔子死后第二年（前478），鲁哀公将其生前的故所居堂立为庙，“岁时奉祀”，即今孔庙的前身。孔庙立庙至今，已有约2500年的悠久历史。汉高祖刘邦公元前195年到曲阜祭祀孔子，开创了帝王祭孔的风气。此后，历代封建统治者竞相效仿。东汉光武帝刘秀于公元29年、明帝刘庄于72年、章帝刘炟于85年、安帝刘祜于124年，都曾亲临曲阜孔庙拜祭。清康熙帝在孔庙祭祀时实行了三跪九叩礼。这些帝王行动都大大抬高了孔子的尊崇地位和曲阜的政治地位。今天的曲阜城内外有孔庙、孔府和孔林三大建筑群。其中，孔庙（又称“阙里至圣庙”，图4-3-1）占地300多亩，始建于周，完成于明、清两代，为世界上2000多座孔庙之最，也可称天下文庙之祖。孔庙东侧的孔府（即“衍圣公府”）占地20亩，前为官衙，后为内宅，是中国现存历史最久、规模最大、保存最好的衙宅合一的古建筑群。孔庙北面的孔林到清康熙时已扩展到3000亩，是世界上延时最长、规模最大、保存最完整的家族墓地。

曲阜孔庙建筑群基址南北约644米，东西约147米，总占地面积达9.6万平方米，各式建筑总计有466间。全庙仿皇城规模，周遭围以红墙，建有角楼。沿中轴线布置有九进院落。前三进有棂星门—圣时门—弦道门，是前导部分，院中广植柏树。第四进以内，依次是大中门—同文门—奎文阁—大成门—杏坛—大成殿—寝殿。此区是孔庙的主体部分，以大成殿和杏坛为中心建筑，东有诗礼堂、崇圣祠、家庙和礼器库，西有金丝堂、启圣殿、启圣寝殿（孔子父母的祠堂）和乐器库，后有圣迹殿、神厨和神庖。

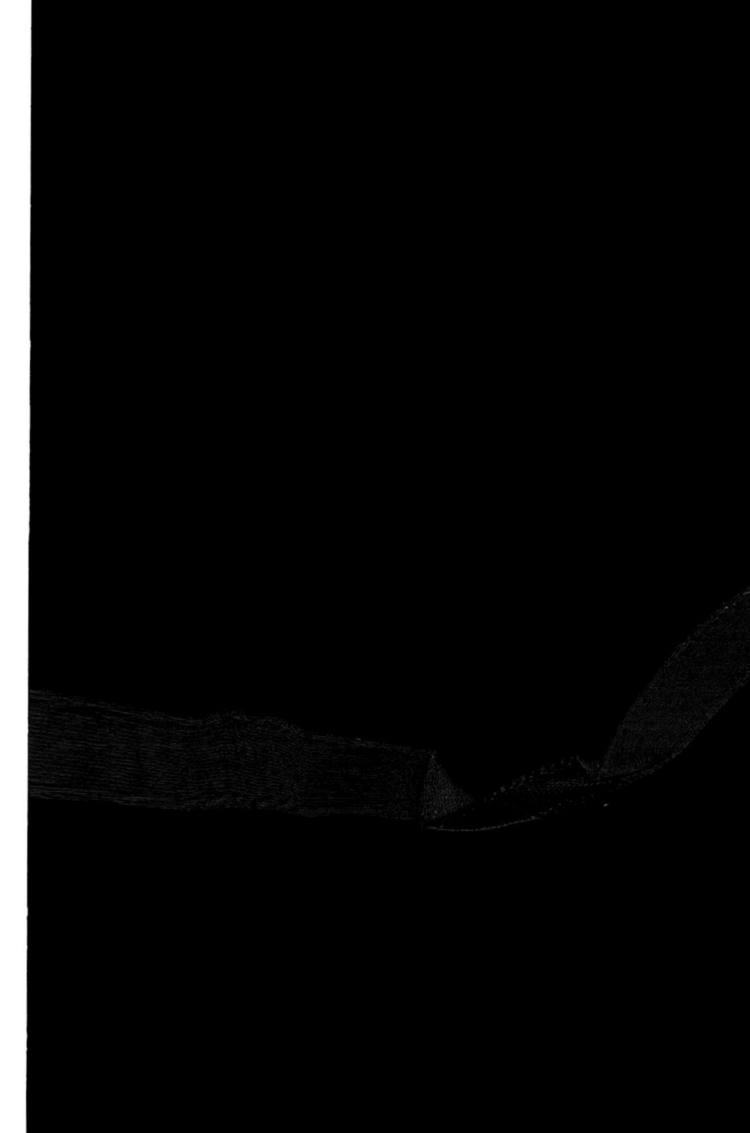

大成殿是孔庙的主殿，重建于清雍正七年（1729）（图4-3-2）。面阔九间，长54米，进深五间，深34米。殿高32米，重檐歇山顶，黄色琉璃瓦。殿前檐柱用10根高5.98米、直径0.81米的石龙柱，为他处殿宇所少见。殿下台基高2米，用一双层汉白玉石雕栏杆。殿前杏坛是纪念孔子讲学的地方，仍为明代建筑，方形平面，重檐十字脊顶（图4-3-3），因周围环植杏树，故称杏坛。东西两庑各40间，供奉历代著名先贤、先儒的神主，到清末共有147人。

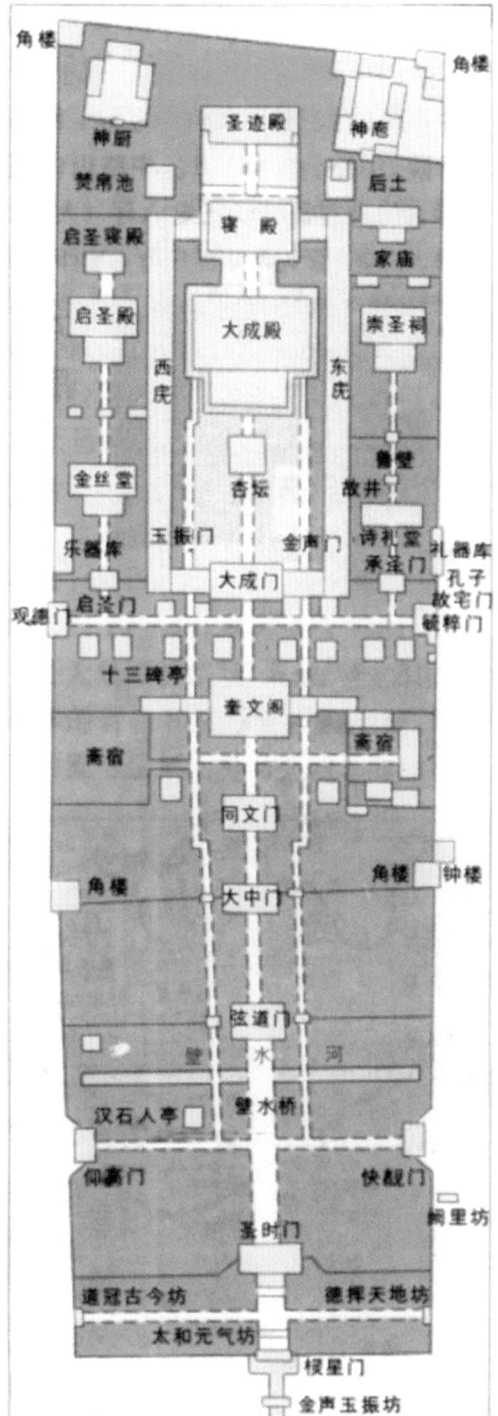

图4-3-1　曲阜孔庙总平面示意图

图4-3-2　曲阜孔庙大成殿

图4-3-3　曲阜孔庙杏坛

（2）各地文庙举例。

①北京孔庙：始建于元大德六年（1302），大德十年（1306）建成。根据“左庙右学”的礼制，同时在孔庙西侧建了国子监（又称太学）。明永乐九年（1411）重修。清乾隆二年（1737），高宗亲谕孔庙使用只有皇家建筑才能享用的黄琉璃瓦顶。光绪三十二年（1906）开始大规模修缮，十年后才最后竣工。北京孔庙占地约2.38公顷，现有房屋286间，前后共三进院落。中轴线上依次为先师门—大成门—大成殿—崇圣门—崇圣祠。大成门外，东有碑亭、宰牲亭、井亭、神厨，西有碑亭、致斋所、神库，并有持敬门与国子监相通。大成殿始建于1302年，后毁于战火，1411年重建。1906年大殿由7间扩建为9间，红墙黄瓦，采用最高等级的庑殿顶（图4-3-4）。殿后的崇圣祠是供奉孔子先人牌位的地方。殿前的大成门内外共有纪事碑、记功碑25座，大成门前今有孔子塑像（图4-3-5）。

②平遥文庙：始建于唐贞观初年，重建于金大定三年（1163），清代有过维修。文庙占地约0.9公顷，左侧东学尚存崇圣祠、节孝祠各三间，右侧西学已无存，前后共三进院落，中轴线上依次为影壁—棂星门—大成门—大成殿—明伦堂—敬一亭—尊经阁。大成殿面阔五间，进深五间，单檐歇山顶，建在1米高台基上，前有宽广的月台，周围饰以石栏杆。前檐明次间用隔扇门，稍间置窗。梁架与斗拱基本上采用了宋金时期做法，是全国大成殿中仅存的宋金时代的建筑（图4-3-6）。轴线北端的尊经阁造型也很有特色（图4-3-7）。按唐开元二十七年（739）朝廷统一规定，县分七等，平遥县属第三等。平遥文庙是县级文庙中的良好范例，其影壁和泮池的设置影响深远。

图4-3-4　北京孔庙大成殿

图4-3-5　北京孔庙大成门

图4-3-6　平遥文庙大成殿

图4-3-7　平遥文庙尊经阁

③泉州府文庙：始建于唐开元末年，北宋太平兴国元年（976）移建于此，七年（982）建为州学，南宋绍兴七年（1137）重建，清乾隆二十六年（1761）曾经大修。因历代都有重修，泉州府文庙成为包含宋、元、明、清四代建筑形式的孔庙建筑群。左学右庙，规制完整，占地达6公顷，是福建省也是我国东南地区最大的文庙建筑群。泉州府文庙中轴线上依次为露庭（宽66米、深60米）—金声玉振门—大成门—泮池—大成殿。主体建筑大成殿仍保存宋代建筑形制，面阔七间，宽35.3米，进深五间，深22.7米，屋顶为规格相当高的重檐庑殿顶，出檐深远。殿身共48根石柱，其中外檐为八根浮雕盘龙柱。大成殿屋顶正脊两端起翘1.4米，体现了泉州地区古代建筑的外观特点（图4-3-8）。殿前有露台，再前为泮池，置有象征七十二贤人的72条石板搭建的元代石桥（图4-3-9）。庙东有明伦堂，七开间，宽36.8米，进深五间，深21.4米。前有露庭，东西两书斋。庭前有方池，宽29米，长43.8米，中有4米宽石桥。外有育英门，再往东原有尊经阁、名宦祠和乡贤祠等建筑。此文庙是我国府州级文庙的优秀范例。

④韩城文庙：始建于元代，明洪武四年（1371）重修，此后也有所修葺，占地约1.1公顷。前庙后学，四进院落，在180多米长的中轴线上依次为照壁—棂星门—泮池—戟门—大成殿—正谊明道门—明伦堂—尊经阁，轴线两侧尚有东西庑、名宦祠、文昌阁等附属建筑。大成殿单檐歇山顶，面阔五间，明次间设红色落地长窗、前走廊。殿前月台宽大。最后一进尊经阁面阔三间，重檐歇山顶（图4-3-10）。庙前一座17米长青砖影壁，壁心镶嵌五幅琉璃盘龙，斗拱、枋、檩都是砖砌仿木结构，十分华丽（图4-3-11）。韩城文庙是14世纪以后中国西部保存最完整的文庙建筑群。

图4-3-8　泉州府文庙大成殿

图4-3-9　泉州府文庙泮池石桥

图4-3-10　韩城文庙尊经阁

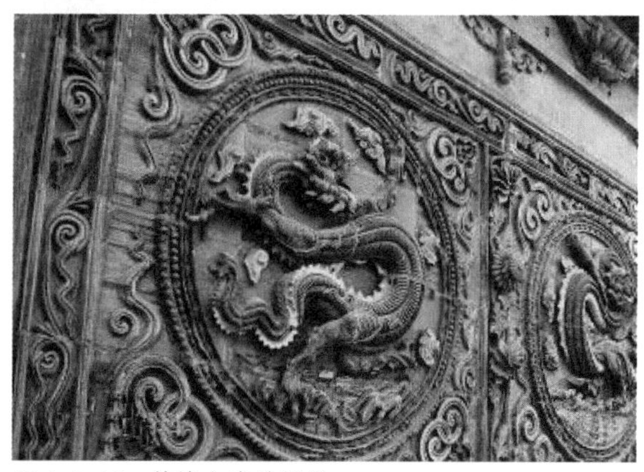
图4-3-11　韩城文庙前影壁

综上实例可知，文庙建筑群有以下特点：①主要建筑都布置在自南至北的中轴线上。②大成殿是主体建筑，前有东西庑，后有明伦堂。③庙学结合，既是坛庙又是学府，布局上常在主轴线两侧设东学或西学。④突出入口空间，均设棂星门和泮池。⑤尊崇儒学渊源，文庙后部均设尊经阁。⑥纪念名宦乡贤，文庙前部均设名宦祠与乡贤祠。

（3）文庙在古城中的选址。

文庙作为古城里的文化中心，一般会选址于环境比较秀美且安静的地段，常位于城市一隅比较独立的用地，也要有利于文庙中轴线的展开。同时，文庙与行政中心衙署和庙坛要地城隍庙要有一定的呼应关系。具体布局是：衙署位于古城的中心位置，文庙和城隍庙与其三足鼎立。平遥古城就是一个很好的实例（图4-3-12）。

2. 芜湖文庙概况

（1）芜湖文庙的创立和发展。

北宋元符三年（1100），在芜湖县治东南创立县学，崇宁二年（1103）广拓学宫。据民国《芜湖县志》记载，当时“东至城根为界，北至东门大街为界，西以官沟沿、龙须沟为界，南至金马门外大河为界”。芜湖文庙南宋“建炎初毁于火。绍兴十三年（1143）……重建”。之后700年间经过29次的重修，至清嘉庆八年（1803），芜湖文庙规制已十分完备，其中明末崇祯三年（1630）的重修已使芜湖文庙的规制基本完备。惜“咸丰初兵毁，遗构荡然无存”。同治十年（1871）重建正殿、崇圣祠、大成坊，光绪二年（1876）、光绪十六年（1890）以及民国三年（1914）又经过多次重修，芜湖文庙才又“焕然一新”（表4-3）。

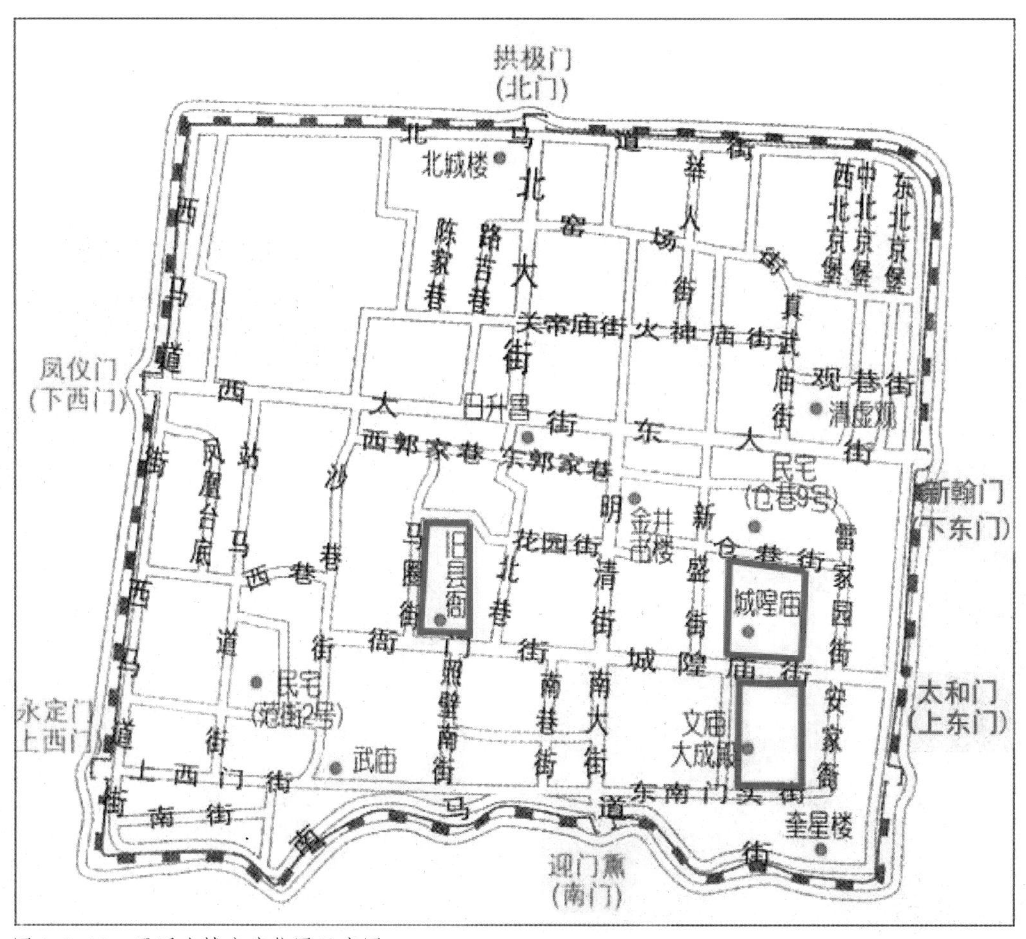

图4-3-12　平遥古城文庙位置示意图

表4-3　芜湖文庙历代兴废情况一览

序号	朝代	年代	兴废情况	序号	朝代	年代	兴废情况
1	北宋	元符三年(1100)	县令蔡观始建文庙	22	清	雍正七年(1729)	知县朱文昭重修
2		崇宁二年(1103)	县令林修广拓学宫	23		雍正九年(1731)	易大成坊以石，易殿瓦以筒，修两庑及东西斋房
3	南宋	建炎初(1127—1130)	毁于火	24		乾隆十三年(1748)	知县韩文成等大修，阅五年，扩修明伦堂，增建金马门外木坊
4		绍兴十三年(1148)	县令杨援重建				
5		庆元三年(1197)	县令黄滋重建	25		乾隆十九年(1754)	建泮宫北木枋
6		嘉熙中(1237—1240)	县令赵崇玭增葺讲堂斋居	26		乾隆二十七年(1762)	重修，于启圣祠前建木坊
7	元	至元二十二年(1285)	县尹臧源等重修	27		乾隆三十六年(1771)	大成石坊倒卸
8	明	洪武二十九年(1396)	知事宋彬重修(建明伦堂、讲堂、两斋)	28		乾隆四十四年(1779)	易建大成木坊
9		永乐十三年(1415)	县丞周宗溥等重修(增建射圃)	29		乾隆四十五年(1780)	于泮池东建奎星阁
10		景泰六年(1455)	知县蔡启修葺	30		乾隆四十六年(1781)	改建金马门外原“太和正气”木坊为石坊
11		成化二年(1466)	知县陈源修葺	31		乾隆五十四年(1789)	重修学宫
12		弘治六年(1493)	撤泮池二桥，石砌大成桥	32		乾隆六十年(1795)	重修大成坊
13		弘治十三年(1500)	知县张伯祥建尊经阁	33		嘉庆八年(1803)	重修尊经阁、启圣祠。是时，大成木坊—泮池—棂星门—戟门—东西两庑—大成殿—明伦堂—尊经阁—崇圣祠，规制隆备
14		正德十年(1515)	知县崔谕一新庙庑				
15		嘉靖三十三年(1554)	通判董宗舒等展拓泮池				
16		万历四十年(1612)	府嘱县“辟金马门”	34		咸丰初(1851)	兵毁，“遗构荡然无存”
17		崇祯三年(1630)	创立大成坊，棂星门、戟门、庙殿、两庑、明伦堂、斋舍、名宦乡贤祠，皆增高益广。尊经阁小事补葺	35		同治七年(1871)	重建正殿、崇圣祠、大成坊
				36		光绪二年(1876)	重修明伦堂、书宬、祭器、东西斋房、忠孝节烈祠
18	清	顺治四年(1647)	知县贾一奇重修、复造大成桥	37		光绪十六年(1890)	重修并增建大成坊、泮宫门、瘗像所及射圃围墙
19		顺治十七年(1660)	知县黄裳重修				
20		康熙二十三年(1684)	巡抚薛柱斗捐俸倡修	38	民国	民国三年(1914)	邑人鲍实等倡修大成殿，余皆重加修葺，焕然一新
21		康熙五十三年(1714)	知县孟光庭重修				

注：此表按照民国《芜湖县志》卷十七《学校志》记载资料整理。

值得专作说明的是，万历年间在芜湖学宫南端“辟金马门”一事，从民国《芜湖县志》可知：因万历三年（1575）筑城墙时占了学宫基址，使学宫面积缩小了十分之三。万历四十年（1612）应天府推官周于藩来此时见学宫地址促隘，荆山秀峰之景又被挡在城墙之外，便嘱咐芜湖知县魏士，在南面城墙上开辟一道“金马门”，以通文气。第二年便竣工，自此，芜湖古城又多了一座城门，也使芜湖学宫新添了一道风景。

（2）芜湖学宫万历年间的一度迁址。

这段历史很短，只有七年，常被忽略。这里特意提及，并做出相应思考。

对于芜湖学宫的此次“徒建”，民国《芜湖县志》卷十七《学校志》有记载：“万历十二年，知府林一材以学宫基址为先筑城者束缩十之三，因择城隍庙废址及察院徒建之。草创庳陋，视昔尤甚，物议率不便。十九年，知事叶继美从诸生请，上之郡守陈壁，仍复故地，即今学宫也。修撰焦竑记。”

这里提供了以下信息：一是迁址时间和新址地点，万历十二年（1584）将学宫迁至“城隍庙废址及察院”，“庙”与“学”有了分离；二是迁址的决策者及动因，知府认为万年三年至九年（1575—1581）筑城后使原学宫基址面积收缩过多，不敷使用，说明筑城之时对文庙考虑不周；三是学宫又想返回故地的原因，“草创庳陋，视昔尤甚”，说明迁址过于轻率了；四是决定学宫迁回原址的时间及决策者，万历十九年（1591）新任知事根据诸生所请并经郡守批准。最后要指出的是以上史实有“修撰应天焦竑记”为依据。

另查康熙《太平府志》卷十九《学校》，也有记载：“万历十二年知府林一材以先当事者筑芜城，省宫墙十之三，束缩以就湫（jiǎo，意为低洼）。相地得县（治）东南城隍庙及察院址徒建之。一时草创，庳陋褊小，视昔无以异，且形家弗便。十九年知县叶继美从诸生之请，上之郡守陈壁，仍徒旧地即今所。修撰应天焦竑记。”

两志记载一致，相互印证，芜湖学宫万历年间有过一次迁址，史实是可信的。民国《芜湖县志》卷十七《学校志》附录的《焦竑迁学记》，较详细地描述了芜湖学宫迁出与迁回的整个过程，也记录了迁回前修复学宫故地“始于万历十九年正月以二十年二月而落成”的史实，还作出了“拓地以广面势而学之成完美矣”的评价。

芜湖学宫的无奈迁址又很快迁回，说明宋代万历三年至九年的筑城因收缩过多致使芜湖文庙受损，影响了学宫的使用与发展。这使得芜湖文庙已不是最初的规模，外形变得不规则（成为近辣椒形），东西过于狭窄，南端显得不完整，给现今芜湖文庙的保护与复建出了一道难题。至于芜湖城隍庙当年何以出现废址（可能在其东侧，靠察院的那一部分），尚需另行考证。

（3）芜湖文庙的总体布局。

芜湖文庙位于古城的东南角，其西北不远处即城隍庙与县衙（图4-3-13）。芜湖文庙自北宋元符三年（1100）创立后经过500多年的发展，至明末崇祯三年（1630）已有完整规模（图4-3-14）。之后170年间又经过多次重修，至清嘉庆八年（1803），文庙规制已达“隆备”。咸丰初虽毁于兵火，但同治三年（1871）重建后至清末已基本恢复旧观。

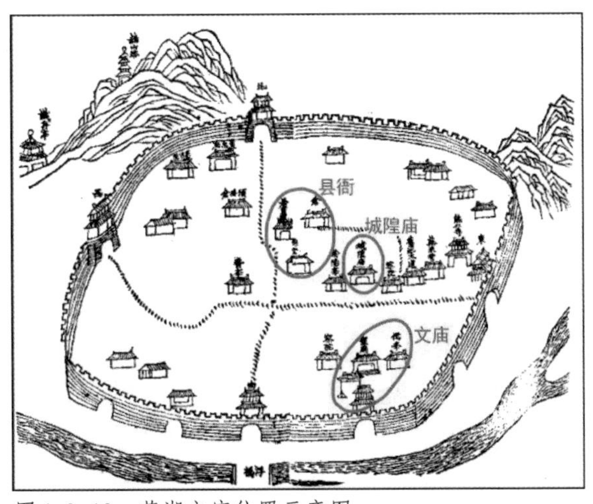

图4-3-13　芜湖文庙位置示意图

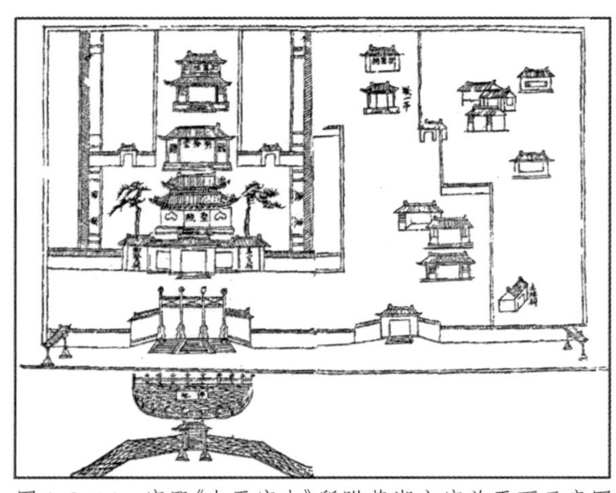

图4-3-14　康熙《太平府志》所附芜湖文庙总平面示意图

芜湖文庙中轴线上从南至北依次为：大成坊—泮池—棂星门—大成门（戟门）—大成殿—明伦堂—尊经阁。这是很完整的一组建筑群。东路有讲堂—教谕署—训导署—崇圣祠，西路有斋舍—射圃（图4-3-15），总体上是西庙东学的布局。以上所列建筑除了大成殿，其他均已不存。

大成坊：明崇祯三年（1630）创立，为木坊，清雍正九年（1731）易为石坊。乾隆三十六年（1771）倒塌后，乾隆四十四年（1779）又改为木坊，今留有清末时大成坊照片（图4-3-16）。

泮池：明嘉靖三十三年（1554）展拓泮池后，南北长34.7米，东西宽51.4米，北半部呈梯形，南半部呈弓形。池深约1米，池壁用条石砌筑。乾隆十九年（1754）泮池四周围以莲花柱头的石栏。

棂星门：位于泮池以北4.75米处，门外东西两边各立一块“文武官员至此下马”石碑。“棂星”，古人认为它是天上的文星，主管文人才士的选拔，将孔子尊为文星下凡。棂星门与泮池之间是一通道，西通儒林街，东过迎秀门通城外笆斗街。

大成门：又称“戟门”，为文庙中的礼仪之门。中间大门平时不开启，日常仅从两旁便门出入。其东侧是名宦祠，祀欧阳玄等名宦19人，西侧是乡贤祠，祀张孝祥等乡贤19人，皆各三间。

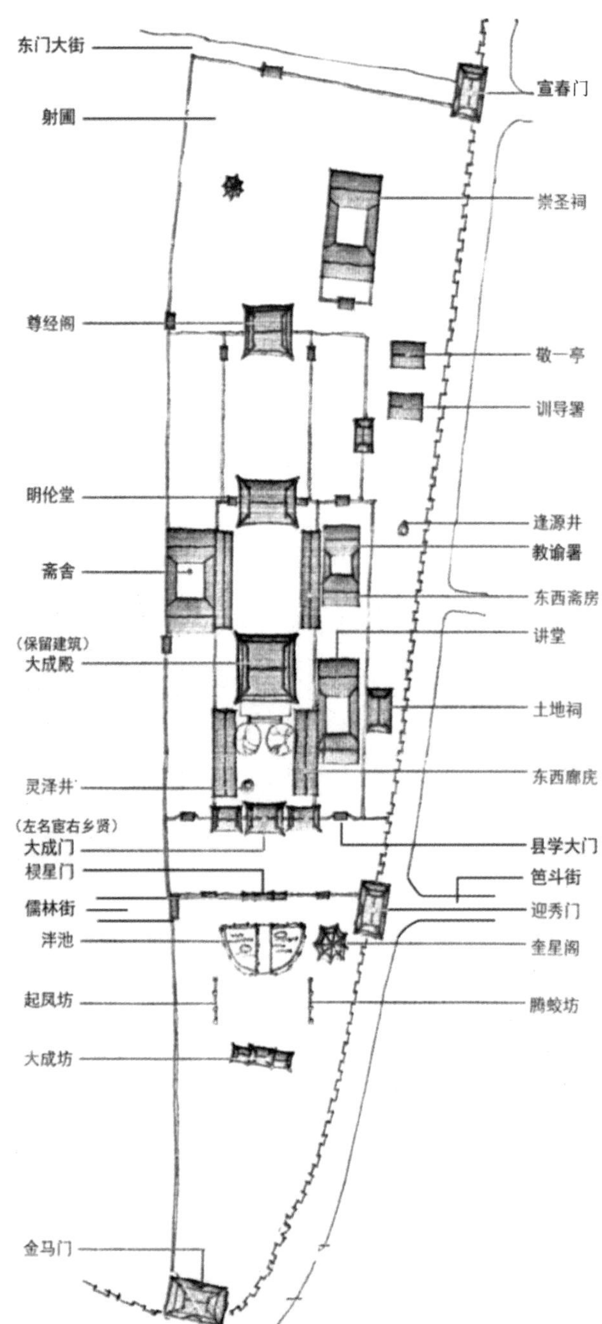

图4-3-15　芜湖文庙复原总平面示意图

图4-3-16　芜湖文庙大成坊(清末时照片)

大成殿：又称先师庙，是文庙的主殿，为核心建筑。开元二十七年（739）唐太宗封孔子为文宣王，故称此殿为“文宣王殿”，孔庙被称为“文宣王庙”，简称“文庙”。崇宁三年（1104）宋徽宗称颂“孔子之谓，集大成也”，并下诏将“文宣王殿”改名为“大成殿”。自此，文庙主殿统称大成殿。现存芜湖文庙大成殿为清同治十年（1871）重建，民国三年（1914）有过重修（图4-3-17）。殿前有月台，东西宽16.83米，南北长6.41米。殿前两庑各有七间。

图4-3-17　芜湖文庙大成殿

明伦堂：位于殿北，是讲堂。面阔三间，堂东尚有一间“祭器库”，堂西尚有一间“官书庋”。

尊经阁：位于堂北，亦称万魁阁，是文庙中的藏书阁。明弘治十三年（1500）始建，清末重建。面阔五间。

崇圣祠：又称启圣祠，位于庙殿东北。主祭孔子五代先祖，配祭孔鲤等十位先贤先儒。面阔三间。

射圃：位于启圣祠西北，旧有观德亭。明永乐十三年（1415）始建。有文事者必有武备，学之有射，射之有圃，此为古制。明太祖尤为重视，乃立此久制。

县学大门：旧在棂星门东侧，当迎秀门之冲，过于逼促。清乾隆十八年（1753）学门北移至大成门东侧，成为文庙东部县学的正式大门。

（4）太平府内几处文庙建筑群。

①太平府文庙：位于府治西，提署路北侧。基址近似矩形，南北较东西为长，面积约78亩（图4-3-18）。宋英宗治平三年（1066）始建于当涂城子城东南，63年后迁至城西南，绍兴六年（1136）又迁至城东南隅，3年后毁于火，又4年后才迁至现址。历代有重修。万历十年（1582）后因南侧之巽水时通时塞，“泄气太盛”，正殿东移数丈，其他建筑也跟着移动，至万历十八年（1590）才“伟观倍昔”。西庙主轴线上依次为：影壁—泮池—棂星门—庙门—正殿—明伦堂—尊经阁。启圣祠位于明伦堂东侧，祠前有敬一亭。东学无明显中轴线，学门外东侧有文星阁，学门内有训导廨、教授公署、号舍等建筑，东北角为射圃。

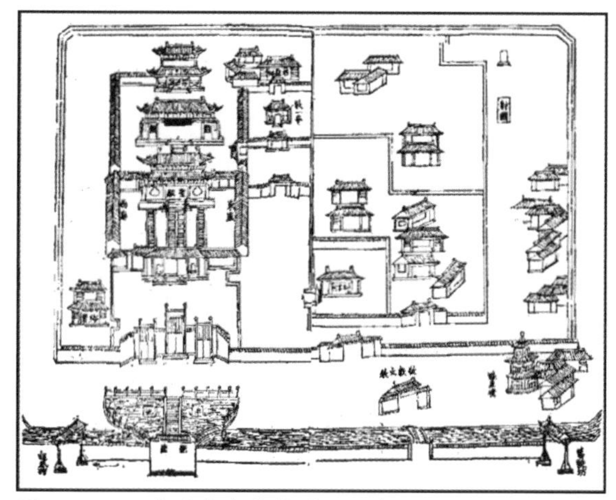
图4-3-18　太平府文庙总平面示意图

②当涂县文庙：位于南津门内东侧，最初曾为府学旧地。明洪武六年（1373）始建于万寿寺西，万历三年（1596）迁至现址。至康熙十二年（1673）规制已完整（图4-3-19）。西庙主轴线上依次为：影壁—泮池—棂星门—庙门—正殿—尊经阁。明伦堂位于庙左，打破了“庙前堂后”的惯例。集贤楼位于尊经阁左，楼阁并峙，很有特色。万历二十四年（1596）在城东南新辟龙津门，正对学宫大门，与芜湖文庙做法同出一辙。

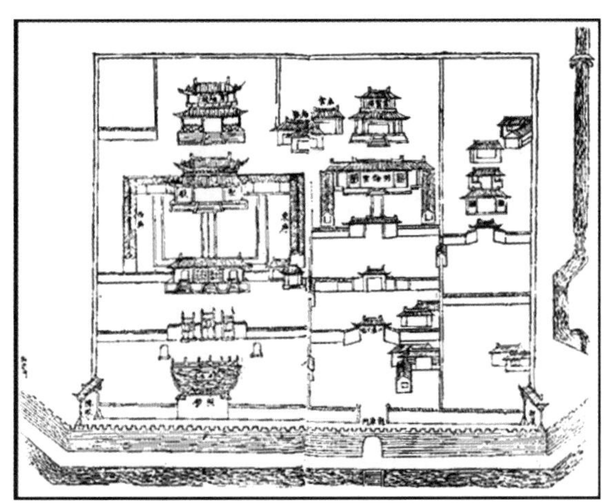

图4-3-19　当涂县文庙总平面示意图

③繁昌县文庙：位于县城西南隅，明天顺元年（1457）随县治同迁址于金峩上乡后，文庙先设于东门外，后迁至县衙西，再迁至县衙东，嘉靖二年（1523）迁至现址。清顺治十一年（1654）规制已齐全。康熙七年（1668）重修（图4-3-20）。文庙中路主轴线上依次为：外泮池（放生池—棂星门—内泮池—戟门（左名宦祠右乡贤祠）—大成殿—明伦堂—尊经阁。庙东一路有魁星阁、启圣祠、训导衙，庙西一路有魁星楼、教谕衙。棂星门外东西两侧有腾蛟坊、起凤坊。

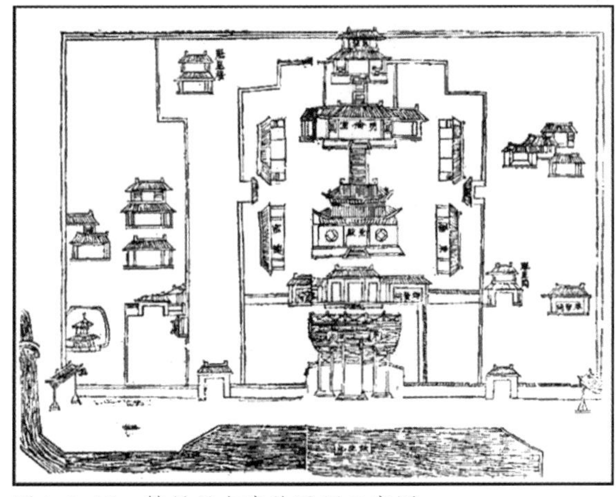

图4-3-20　繁昌县文庙总平面示意图

（5）几地文庙规划布局的比较。

①古代文庙的选址：一是要有好的方位，常取“巽”位，也就是东南方位。平遥文庙、芜湖文庙、当涂文庙（图4-3-21）都是典型实例。二是要与衙署和城隍庙有好的空间关系。平遥文庙、芜湖文庙、繁昌文庙（图4-3-22）也很典型。三是要求“山明水秀”“拓地以广”“面势而学”。从风水学的角度是“气聚而生，藏风得水”，力戒“卑陋褊小”“形家弗便”。太平府文庙、繁昌文庙多次迁址就是教训。

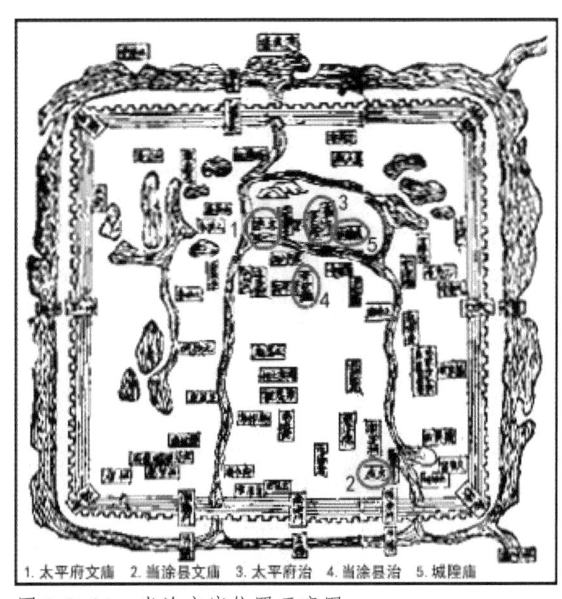

图4-3-21　当涂文庙位置示意图

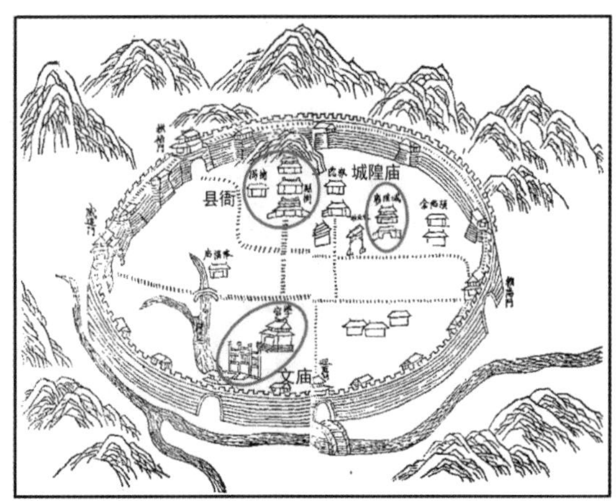

图4-3-22　繁昌文庙位置示意图

②文庙的总体布局：一是要有好的朝向，大成殿多取正南北，建筑群形成南北走向的中轴线。二是要有紧密的庙学关系，多为西庙东学，也有中庙东西学。三是主轴线上建筑群有“标配”：影壁—泮池—棂星门—戟门—大成殿—明伦堂—尊经阁。殿前必有东西两庑，戟门两侧常有名宦祠与乡贤祠，棂星门前东西两边常有腾蛟坊与起凤坊。

3. 现存芜湖文庙大成殿

芜湖大成殿作为文庙的主殿，从北宋至明清已有近千年的历史，两毁两建并多次重修。现存大成殿是同治七年（1871）重建，民国三年（1914）和2002年有过大修。

从现状图（图4-3-23）可知，芜湖大成殿坐北朝南，偏东约3度。面阔五间，总宽16.87米。明间宽达6.04米，次间宽3.22米，梢间仅宽1.78米，明显缩小。进深五间，深16.455米，平面近正方形。大成殿是供奉孔子之处，殿中设有孔子牌位和高大的孔子塑像，两侧奉有“四配”，即复圣颜回、宗圣曾参、述圣孔伋、亚圣孟轲的牌位，此为孔子的四大弟子，还有端木赐、朱熹等“十二哲”，以及左丘明、程颢等七十二“先贤”，董仲舒、诸葛亮、司马光、韩愈、范仲淹、欧阳修等四十六“先儒”。殿内还高悬清代四位皇帝恭奉孔子的御书金匾：“万世师表”“生民未有”“与天地参”“圣集大成”。康熙二十五年（1686）、二十八年（1689）先后御制的“孔子赞”“四配赞”石碑也立在大成殿内，再加上应有的祭器和乐器，殿内空间自然要大。

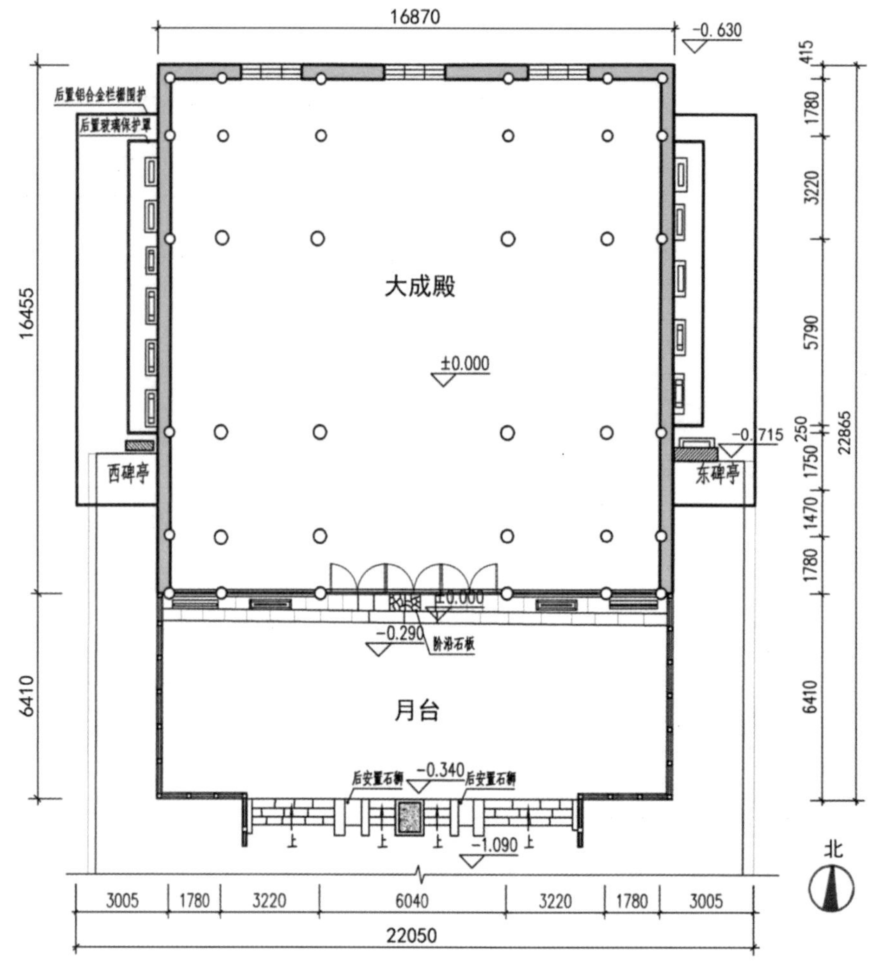

图4-3-23a　芜湖文庙大成殿现状平面图

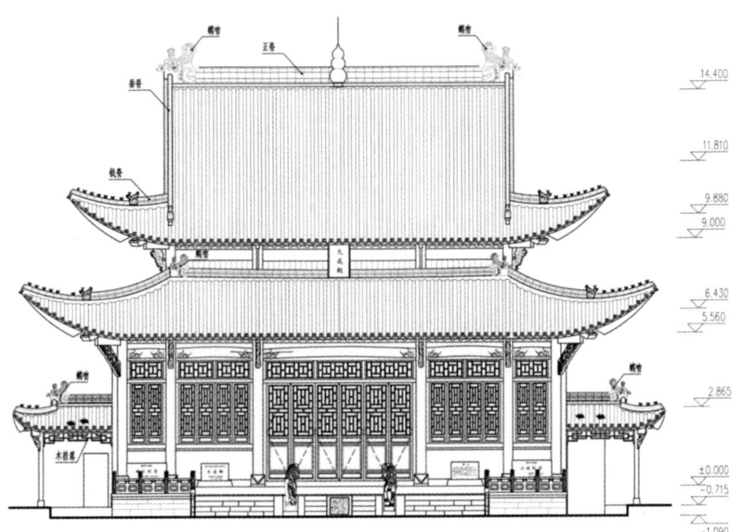

图4-3-23b 芜湖文庙大成殿现状南立面图

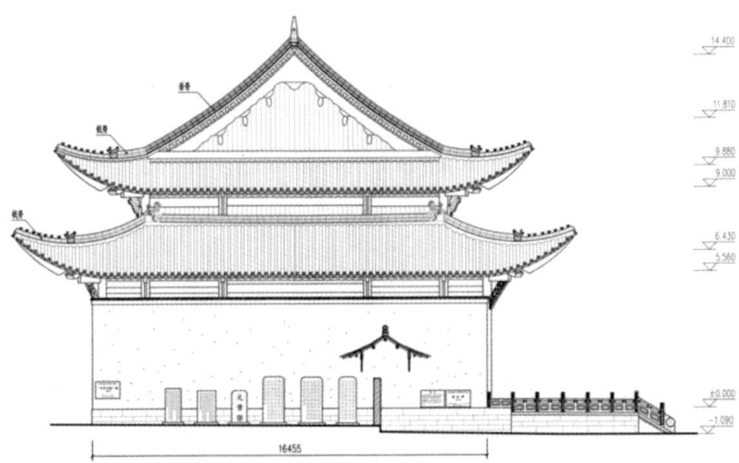

图4-3-23c 芜湖文庙大成殿现状西立面图

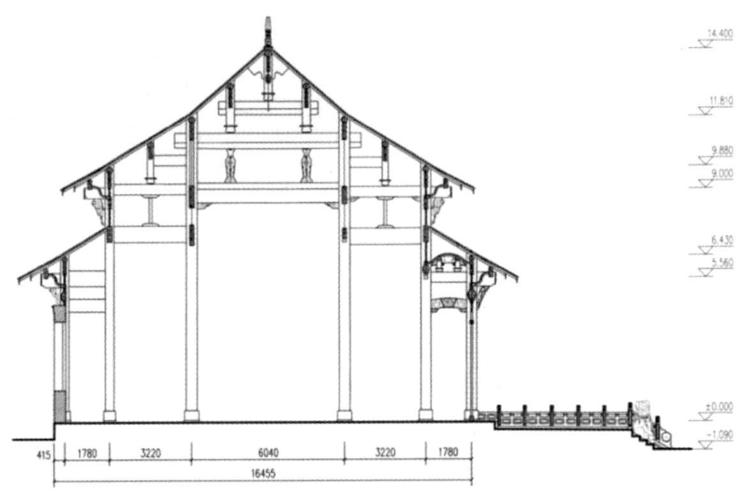

图4-3-23d 芜湖文庙大成殿现状剖面图

芜湖大成殿为抬梁式木梁架，重檐歇山式屋顶，灰色琉璃筒瓦屋面。正脊高度约15米。戗脊上有7个仙人走兽（曲阜大成殿是9个）。南向明间有6扇隔扇门，次间是4扇隔扇窗，梢间是2扇隔扇窗。北向明间和次间各有3扇隔扇窗，而东西山墙均为不开窗的砖墙围护墙。殿前有广大的月台。檐下及殿内梁枋皆有精美的雕刻和彩画（图4-3-24）。1982年大成殿被列为芜湖市重点文物保护单位，2012年被列为安徽省重点文物保护单位。

大成殿东侧碑亭存有“县学记碑”，通高2.62米，宽1.24米。北宋礼部尚书黄裳（1044—1130）撰文，“宋四家”之一的米芾（1051—1107）书写，十分珍贵，1981年被安徽省人民政府公布为省级重点文物保护单位。大成殿西侧碑亭存有“谦卦碑”，共四通，通高1.95米，宽0.91米。碑文为《周易》中的“谦卦”，书者为唐代大书法家李阳冰（李白的族叔），时任当涂县令。该碑为铁线篆书，不仅书法绝伦，刻工也属上乘。1981年也被安徽省人民政府公布为省级重点文物保护单位。

以大成殿为主体的芜湖文庙建筑群，有重要的文物价值，应该随着芜湖古城的保护得以复建。现存大成殿自然应按清同治年间重建时的状态进行修葺。东西碑亭内的碑石可以移回复建后的明伦堂内，可以更好地得到保护。大殿东西侧墙边的碑石也可移至专门的碑廊之内，现有的玻璃罩应该拆除。学宫区复建建筑可按明代早期的建筑风貌复建，以显示芜湖学宫的悠久历史；文庙区复建建筑可按清代乾隆、嘉庆年间的建筑风貌复建，以体现文庙的发展。两区都要反映地域传统公共建筑的技术特征。“金马门”的复建更为应有之义，可彰显芜湖文庙特色。整个芜湖文庙的复建中尤其要处理好棂星门节点处的中轴线转折问题。

图4-3-24a　芜湖文庙大成殿檐下雕刻

图4-3-24b　芜湖文庙大成殿内彩画

四、两塔争辉——中江塔、广济寺塔

1. 中国古代佛塔概述

（1）塔的起源与发展。

中国古代佛塔是中外文化结合的产物，早期受印度窣堵坡的影响较大。窣堵坡是印度孔雀王朝时期瘗埋佛陀或圣徒骨骸的半球形建筑物。最大的一座在桑契，大约建于公元前250年，半球体直径32米，高12.8米，立在直径36.6米、高4.3米的圆形台基上，顶上有一正方形的亭子，冠戴三层华盖，半球体用砖砌成，外贴一层红色砂岩（图4-4-1）。窣堵坡，汉语译为“浮图”“浮屠”等，本意是指“坟冢”，用以埋藏佛骨，所以称为佛塔。因为常藏有经书、金器、银器、玛瑙、象牙等珍宝，所以又称宝塔。它的造型传入中国后，与中国传统建筑结构方式相结合，发展成为中国古代各种佛塔的形式，大致可分为密檐式塔、楼阁式塔、单层塔、喇嘛塔和金刚宝座塔等几种类型。我国现存佛塔有2000余座，是我国古代的高层建筑。

密檐式塔底层较高，上有密檐5～17层（用单数），大多不供登临。最早的实例是北魏的河南登封崇岳寺塔。辽、金是它的兴盛期，元以后除云南等边远地区外，几乎没有再出现。

楼阁式塔在我国出现较早，历代沿用的数量最多。仿我国传统的多层木构架建筑，是我国佛塔的主流。《后汉书》记载的东汉献帝初平四年（193）建于徐州的浮屠祠，“上累金盘，下为重楼”的木塔，是目前所知最早见于文献记载的佛塔。现存山西大同云冈石窟中的石刻展现的是北魏时的楼阁式木塔，已中国化，用了木建筑的柱、枋和斗拱，且逐层内收。南北朝至唐宋，是我国楼阁式塔的发展兴盛期，几乎遍布全国。现存实例也以宋代为最多，元代以后逐渐减少。早期，楼阁式木塔和仿木的砖石塔为一层塔壁结构，后来发展为两层塔壁，塔身强度大为增加，使用材料由早期的全部使用木材，逐渐过渡到砖木混合和全部使用砖石。楼阁式木塔宋代以后已经绝迹。塔的平面，唐以前都是方形，五代起八角形渐多，六角形渐少[①]。

图4-4-1a　印度桑契1号窣堵坡立面图

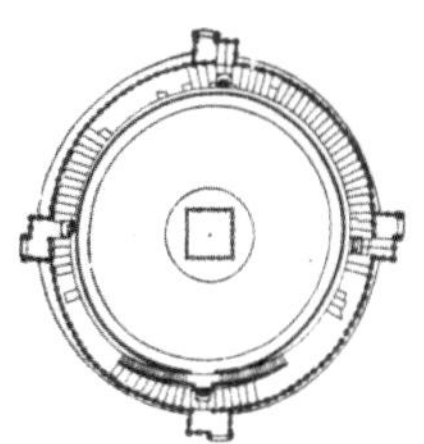

图4-4-1b　印度桑契1号窣堵坡平面图

图4-4-1c　印度桑契1号窣堵坡外观

① 潘谷西:《中国建筑史》,北京:中国建筑工业出版社2004年版,第165页。

（2）楼阁式塔现存实例。

①江苏苏州云岩寺塔：位于苏州城西北虎丘山上，又称“虎丘塔”，号称江南第一古塔。该塔始建于五代后周显德六年（959），建成于宋建隆二年（961），屡焚屡修，现塔第七层为明崇祯十一年（1638）前后重建。此塔是仿木结构的楼阁式砖塔，平面呈八角形，七层。塔身底层直径约13.5米。塔刹今已不存，残高47.5米。由下而上逐层收缩，轮廓微呈弧形。塔身每层由平座、腰檐、柱额、斗拱、门窗等组成。塔体由外壁、回廊、塔心壁、塔心室几部分组成，在我国此类古塔中，用双层塔壁的以此塔为最早。回廊内设有木梯。各层内部走道已用砖拱券，使塔外壁与塔心壁联为一体，加强了整体的坚固性（图4-4-2）。外檐的仿木砖饰斗拱构筑精美，可惜底层原有副阶周匝已毁。因此塔建于山坡上，基础滑动造成塔身向西北有3度58分的倾斜，塔顶偏离中心近3米，经加固已经稳定。这是比世界著名的比萨斜塔还早100多年的“中国斜塔”。此塔1961年被国务院公布为第一批全国重点文物保护单位。

图4-4-2a　江苏苏州云岩寺塔外观

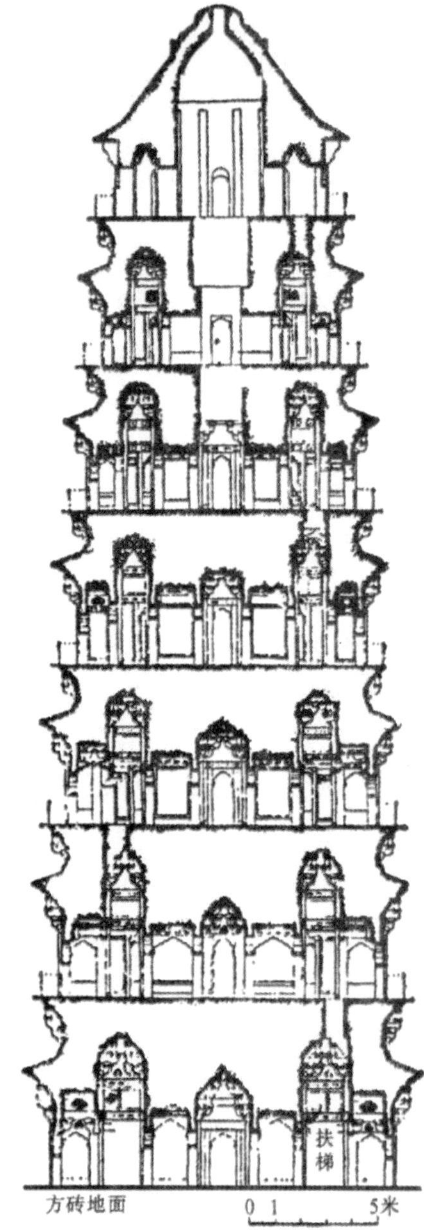

图4-4-2b　江苏苏州云岩寺塔剖面图

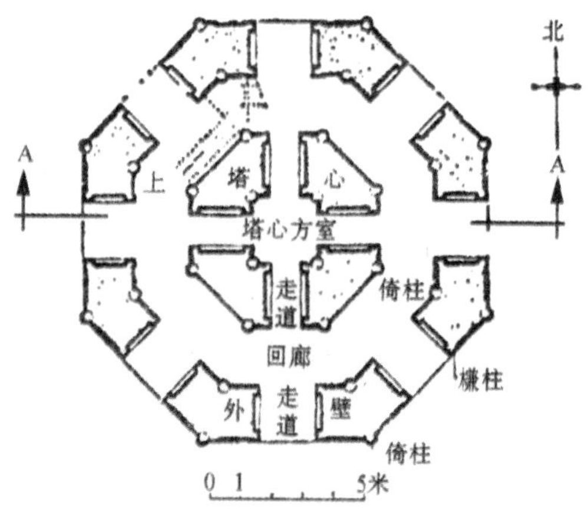

图4-4-2c　江苏苏州云岩寺塔平面图

②福建泉州开元寺塔：我国最高的对偶古塔，位于泉州开元寺大殿前。两塔对峙，相距约200米。东塔名镇国塔，西塔名仁寿塔，最初均为木塔。东塔始建于唐咸通六年（865），西塔始建于五代梁贞明二年（916）。后来两塔都改为砖塔，西塔是在北宋政和年间（1111—1118），东塔是在南宋宝庆年间（1225—1227）；最后两塔又均改为石塔，西塔是在南宋绍定元年至嘉熙元年（1228—1237），东塔是在南宋嘉熙二年至淳佑十年（1238—1250）。两塔平面皆为八角形，东塔高48米，西塔高44米，皆五层。两塔形制相似，只是斗拱做法稍异。每层开四门，设四龛，位置隔层互换以减轻压力。外有回廊，护以袥栏，可环塔而行。塔心是八角形实心柱，塔基为须弥座。每层皆辟一方洞，以架梯上下（图4-4-3）。塔身外壁浮雕佛像16尊，五层共80尊。西塔上有须观音及猴行者浮雕引人注目。双塔的石构技艺可谓精妙绝伦，是我国古代石构建筑的瑰宝。此塔1982年被国务院公布为第二批全国重点文物保护单位。

图4-4-3a　福建泉州开元寺仁寿塔外观

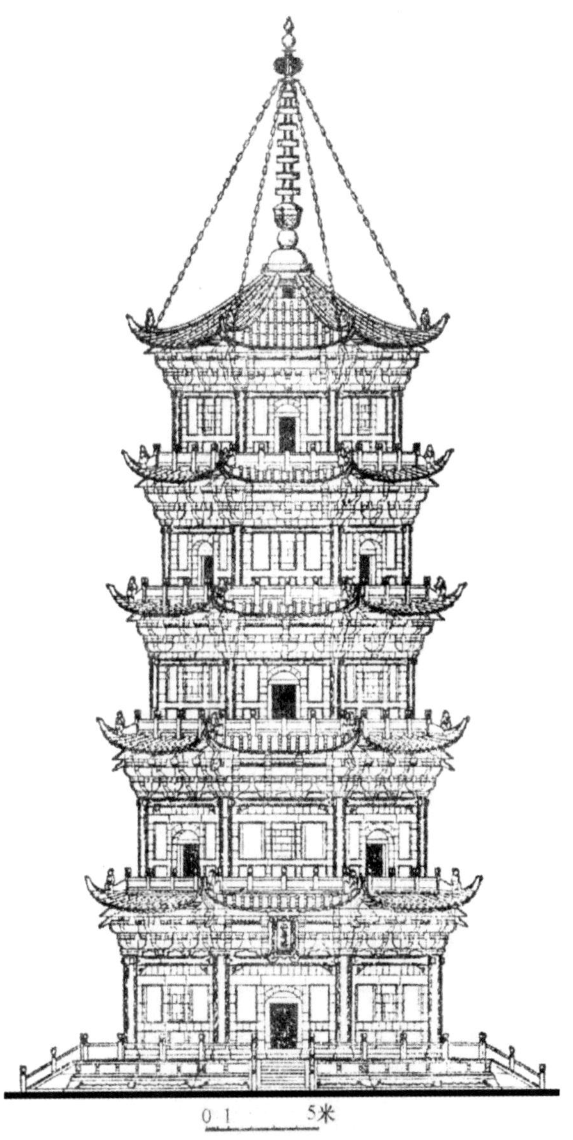

图4-4-3b　福建泉州开元寺仁寿塔立面图

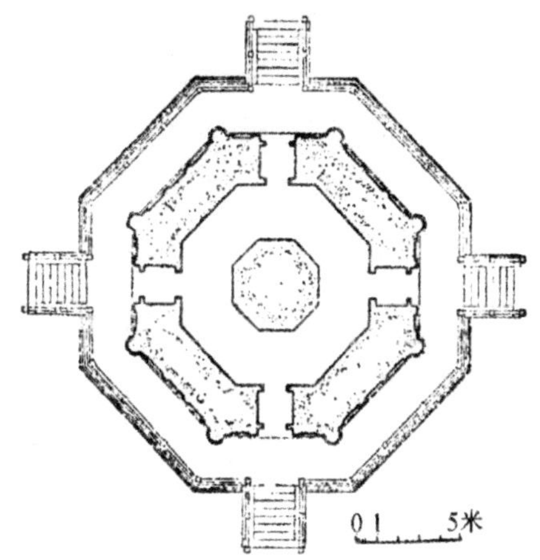

图4-4-3c　福建泉州开元寺仁寿塔平面图

③安徽无为黄金塔：位于无为县城北郊西河之畔。西河在历史上又称汰水，是贯穿无为县南北的一条主要河流。北宋早期，在汰水之南辟地建寺，名南汰寺。后又在寺中建塔，即黄金塔，又称南汰塔。此塔始建于宋咸平元年（998），明清两代，先后于洪武、隆庆、万历、康熙、乾隆等年间大修过。黄金塔的建塔原因首先是出于宗教目的，是建于寺中的一座佛塔。其次，因当时濡须河支流汰水水患不断，修塔也有镇水的目的。该塔是一座典型的六角形平面，仿木楼阁式砖塔，共九层，高约35米，底层边长3.5米。塔内设折式砖砌台阶，宽仅0.5米左右，每步却高0.4米以上（图4-4-4）。每层外檐斗拱装饰皆为鸳鸯交手。此塔结构稳定，造型凝重，高耸挺拔，为省内现存年代最早的古塔。1981年，黄金塔被安徽省人民政府公布为省级重点文物保护单位，2011年有过整修。2013年被国务院公布为第七批全国重点文物保护单位。此塔为何得名黄金塔，一直是个谜。据嘉庆《无为州治》载："黄金城在州治北十五里。"此城不可考，塔名是否与此城有关，尚待考证。

图4-4-4b　安徽无为黄金塔全景

图4-4-4a　安徽无为黄金塔塔内折式台阶

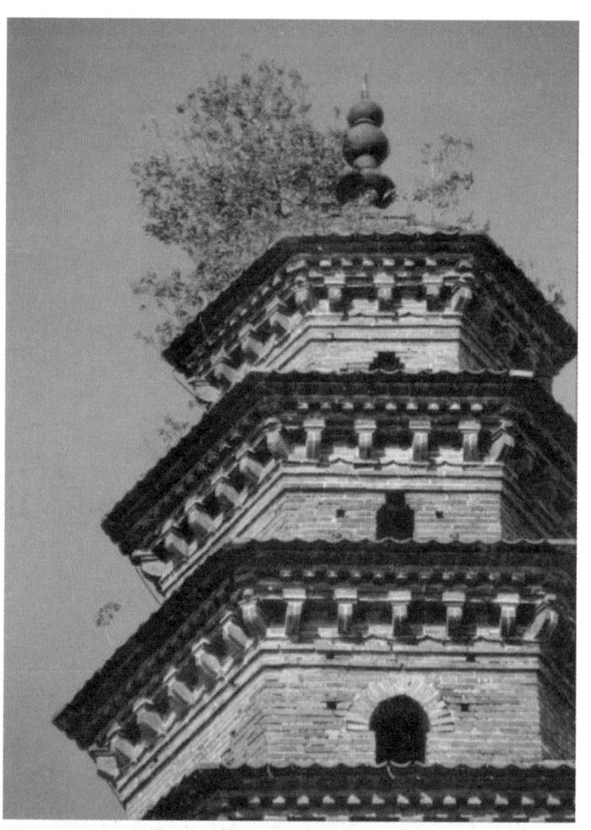
图4-4-4c　安徽无为黄金塔顶细部

2. 中江塔——“江上芙蓉耸碧空”

中江塔位于青弋江与长江交汇处的河口北岸，始建于明万历四十六年（1618），竣工于清康熙八年（1669），从明末到清初，历时52年。

对中江塔，康熙《太平府志》有简要记载：“中江塔，在县西河水入江处。建于明万历，功未就，康熙八年增建。”民国《芜湖县治》记载略详：“中江塔，在县西长河入江处，为邑水口关锁。建于万历四十六年，工未竣。或谓与工关有碍，折损二层。清康熙八年，公议重建，知县段文彬主之，乃落成。”以上记载，说明了一些情况，也留下了一些疑问。

①镇水之塔：关于建塔目的，《芜湖县志》讲得很清楚：是作为县城的“水口关锁”，建的是“镇水之塔”。如何达到最有效的镇水效果，塔的选址非常重要。《芜湖县志》所附的《夏建寅中江建塔图说》，记载很详细。首先做了宏观分析：“芜湖龙脉祖自黄山，……又祖自九华，……崩洪二势结芜湖是也。今欲建塔以镇水口，必先观山水性情，当权方法。”接着又具体分析了塔址“如缩在水口内，有碍人家；出于入口外，无益县基”，从而得出了“要在砂交水会、江河合襟之处，乃为吉位”的结论。该文还比较了驿矶和鹤儿山等处，认为都不如江口位置，还从风水学角度分析了“六秀”，认为有“一方文星缺陷。今定塔基的在河口，……正补六秀之不足”，并指出“塔宜高耸云表”，最后赞扬了选址的正确：“此塔一成真是文笔插天，人文秀发，……为合邑造万世悠长之福也。”至此，建中江塔以镇水口的道理讲得已很透彻。

②七层之塔：关于塔的层数，人们一直认为康熙八年落成的中江塔是五层，笔者认为这是个大误会！当时落成的就是七层之塔，依据有三：其一，不建七层难以“高耸云表”“文笔插天”，便达不到“镇水口”的目的，违反建塔初衷。其二，既然是因故“折损二层”，就应千方百计找到解决问题的办法，这也是费时52年的缘故。经过50年左右的地基土固结，提高了基础的承载力，再加上结构上的其他措施，到康熙八年（1669）或称“增建”或称“重建”，仍恢复到七层高度而落成是顺理成章的事。其三，有诗为证。见清代张明象（康熙元年贡生，芜湖人）所作《喜中江落成二首》①。第一首有“江上芙蓉耸碧空，当天影掠水晶宫”名句，这里单引第二首：“江上巍巍一柱雄，几年肇迹此乘功。地灵渭水廻东北，物瑞诸天现郁葱。七级坐连神燕谷，千秋影压老蟳宫。杖藜来会观成日，高阁题诗客座风。”可见，当时诗人见到的就是七层的中江塔，应无疑。

③何时变成五层之塔：另有一诗，从中可以找到答案。清人黄钺（1750—1841），原籍当涂，出生于芜湖，乾隆进士，历官礼部尚书、太子少保、户部尚书、军机大臣，著有《于湖竹枝词》五十首，其中第二十二首：“中江柱下江水深，积福阁上僧悲吟。一枝红烛照天半，惊动普陀观世音。”附注曰：“余儿时，曾见汪和尚，居积福阁。”这里记录了黄儿时，应是乾隆十五年（1760）前发生的一段史实：中江塔失过大火。诗中“中江柱”即中江塔，“阁上僧”是汪和尚，他为此悲吟。“红烛照天半”就是说中江塔像支红烛烧红了半边天。这场大火发生在中江塔落成90多年以后，塔烧毁了两层，再也未能恢复到七层，从1760年左右起中江塔便成了五层之塔，直到如今（图4-4-5）。

① 芜湖市地方志编纂委员会办公室：《芜湖历代诗词》，合肥：黄山书社2010年版，第472页。

图4-4-5a 1919年前后芜湖中江塔

图4-4-5b 21世纪初芜湖中江塔

图4-4-5c 芜湖中江塔细部

④中江塔概况：现存中江塔为五层楼阁式砖塔，局部有木结构。平面为八角形，底层边长为4.1米。通高43.7米，其中塔刹高10.16米，每层真假窗洞各四，窗侧左右各有一灯龛。第一层现已大半沉入观景平台下，已看不见完整的五层，原塔第一、二层之间的挑檐也难以恢复。现第二至五层的挑檐均为仿木的砖砌斗拱承托，角部均有明显起翘。塔内第一、二层为石梯，第二至五层为依壁木梯。

古有“盆塘塔影”一景，与芜湖古八景齐名。今有“双江塔影”一景，1999年被评为芜湖新十景之一。该塔1987年、2009年有过两次维修。中江塔1982年被列为市级重点文物保护单位，2004年被公布为省级重点文物保护单位。

3. 广济寺塔——“一竿红日塔争高”

此塔位于芜湖广济寺后，地藏殿北侧，也称赭山塔，简称赭塔。建于北宋英宗治平二年(1065)，迄今已950多年，是一座珍贵的芜湖现存北宋古塔。历代均有修缮，最近的一次维修是在1997年（图4-4-6）。

黄钺《于湖竹枝词》第七首这样写赭山塔：“飞锅来覆塔尖穿，风铎无声不计年。汉瓦秦当收拾尽，何人藏弃赤乌砖。”附注曰：赭山普济寺塔顶毁，有飞锅来覆之，至今犹在。塔砖间有坠者，乃赤乌二年（239）造。诗中涉及几点值得注意，一是塔顶毁后用铁锅覆盖，致使广济寺塔长期无顶，已“不计年”。二是坠落的塔砖乃赤乌二年造，那很可能是芜湖建造全国最早的城隍庙时余下来而藏去的砖。

广济寺塔为楼阁式砖塔，平面为六角形，底层边长为3.6米，塔五层，高约26米，塔体底层层高较高，二至五层有平座。砖饰仿木斗拱承托各层挑檐，角部起翘不高。自下而上逐层有明显收分。塔内结构为交错布局的穿心式台阶，回廊式塔室。塔檐、斗拱、窗棂等物件均为砖砌仿木式样，有宋代建筑特色。每层六面相间开有三窗，隔层错开开窗位置。内外墙面均嵌有砖雕佛像。塔内供奉一尊神兽塑像，名为“谛听”，相传是新罗王国王子金乔觉当年渡海南来的坐骑。“赭塔晴岚”，在芜湖古八景与新十景中均列首位。此塔依山拥寺，气势雄伟，“每当雨后，岚光缥缈”，久负盛名，诗人多有题咏。元人欧阳玄（1274—1357）于元延祐年间（1314—1320）出任芜湖县尹时，曾赋诗《赭塔晴岚》：“山分一股到江皋，寺占山腰压翠鳌。四壁白云僧不扫，一竿红日塔争高。龛灯未灭林鸦起，花雨初收野鹿嗥。千古玩鞭亭下道，相传曾挂赭黄袍。”

图4-4-6a　清末芜湖广济寺塔

广济寺塔1981年被安徽省人民政府公布为省级重点文物保护单位，2019年被国务院公布为第八批全国重点文物保护单位。

图4-4-6b　21世纪初芜湖广济寺塔

图4-4-6c　芜湖广济寺塔塔檐细部

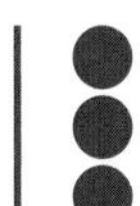

五、九华行宫——芜湖广济寺建筑群

1. 中国古代佛寺概述

（1）佛教的传入。

佛教与基督教、伊斯兰教并称为世界三大宗教。公元前6至5世纪，印度释迦牟尼创立了佛教。“释迦”是一个部落的名称，意思是“能”，“牟尼”的意思是“仁”“寂”，合起来就是“能仁”“能寂”，也可理解为“释迦族圣人”。释迦牟尼在历史上实有其人，他是古印度一个小国国王净饭王的儿子，原名乔答摩·悉达多，出家修行六年后悟道成佛。此时他35岁，之后开始了广泛的传教活动。他生活的年代，大体与中国的孔子同时。在80岁高龄时释迦涅槃，遗体火化后，佛舍利（遗骨）分给各国使者，建塔供奉。公元前3世纪，由于阿育王的信奉，佛教在印度国内外得到广泛流传。公元1、2世纪间产生了大乘佛教，除仍尊释迦牟尼为佛（佛教修行的最高果位）外，还泛一切觉行圆满者为佛，而以前的小乘佛教只尊释迦牟尼为佛。

早在西汉末期，源自印度的佛教已经开始传入中国。此说认为是西汉哀帝元寿元年（前2），但佛教尚未引起人们的重视。至东汉以后，佛教大规模东渐，佛教教义开始与中国传统伦理和宗教观念相结合，佛教才成为中国传统思想的主流之一。汉明帝（58—75在位）敕令于洛阳城西庸门外建白马寺，这是中国第一座佛教寺院。寺，本是中国古代的一种官署建筑名称，如鸿胪寺、大理寺、太常寺等，后来寺变成了佛教建筑的专用字。印度佛教传入中国带来三种新的建筑形式，除了佛塔、石窟，便是寺院。佛教的传入对中国的哲学、文学、艺术（包括建筑）和民间风俗都有一定影响。

（2）佛寺的发展。

佛寺是佛教僧侣供奉佛像、舍利，进行宗教活动和居住的处所。佛教在中国流行近2000年，虽然不同时代、不同宗派的佛寺在建筑结构上存在差异，但大体是以佛殿或佛塔为主体，辅以讲堂、经藏、僧舍、斋堂、库厨等建筑组成建筑群。布局上则沿袭中国传统的庭院形式。中国佛寺虽是宗教建筑，也具有一定程度的公共建筑性质。中国佛寺的发展大体可划分为三个发展阶段：

①发展初期。东汉至东晋（约1—4世纪）。最初的佛寺是以塔为中心，四周用堂、阁围成方形庭院。佛寺数量并不多，有代表性的除了东汉洛阳白马寺，还有东吴建业建初寺。据唐法琳《辩证论》载：东晋时期共有佛教寺院1768所，僧尼24000人。

②鼎盛时期。南北朝至五代（约4世纪中叶—10世纪中叶），佛教为历代统治者所信仰，佛寺的数量和规模都大大超越前一阶段。南北朝时，佛寺主要有两种类型：一是以塔为中心的浮屠祠型，二是前厅后堂的宫室第宅型。隋唐时已很少有以塔为中心的佛寺，此时呈现出三个特点：一是有了明显的中轴线，以主要出入口三门（由佛经“三解脱门”而得名，也作“山门”）开始，纵列数重殿阁，划分成几进院落，二是在主体殿阁两侧，对称排列若干个较小的“院”，有的还附建配殿或配楼。三是塔的位置由全寺中心位置演变为殿前两侧立双塔或另立塔院。中唐以后密宗盛行，多供菩萨立像。

到唐武宗会昌五年（845）“灭法”，一次拆去佛寺44600所。五代后周世宗显德二年（955）“灭法”，又拆去境内佛寺30336所。唐代佛寺只剩个别殿宇。

③完善时期。宋代至清末（约10世纪中叶—20世纪初）。佛寺形制到唐代已基本确立，宋代以后走向完善，也走向复杂多样。北宋基本上沿用唐代的格局，南宋有“五山十刹”，都是

禅宗的寺院，朝廷已制定禅院等级。明代以后这些山刹已衰微，形成新的佛教四大名山：山西五台山（奉文殊菩萨，有显通寺、菩萨顶），四川峨眉山（供普贤菩萨，有报国寺、万年寺），浙江普陀山（供观音菩萨，有普济寺、法雨寺、慧济寺），安徽九华山（奉地藏菩萨，有化城寺、百岁宫、祇园寺、甘露寺）。明代以后佛寺布局也有变化，主要建筑有山门，山门内有钟鼓楼、天王殿、大雄宝殿、东西配殿，后为藏经阁。殿阁之间，以廊庑、配殿围成殿庭，与唐宋用回廊不同。北宋以来，大寺中已供罗汉，明代以后发展为田字形平面的罗汉堂，多在寺侧另辟一院，并不影响总体布局。

（3）大雄宝殿实例。

佛寺中的大雄宝殿是全寺的中心建筑，又叫正殿。“大雄”，是佛教徒对佛祖的尊称。所谓“大雄”，是佛教说法，是说释迦佛就像大勇士一样，一切无畏，并有神力能降服群魔，故称“大雄”。大雄宝殿内，供奉以释迦牟尼为首的佛像。我国现存的有代表性的大雄宝殿实例如下：

①山西五台山南禅寺大殿：始建年代不详，唐建中三年（782）曾经重修。面阔进深各三间，单檐歇山顶，出檐深远，上覆灰色筒板瓦。殿内无柱，斗拱只有柱头科与角科，无平身科，典型的唐代风格（图4-5-1），殿前有宽敞的月台，现为全国重点文物保护单位。

②山西五台山佛光寺大殿：建于唐大中十一年（857），面阔七间，进深四间，单檐庑殿屋顶，出檐深远，檐角微翘，斗拱形式多样，由36根立柱形成柱网。该大殿是唐代大殿成熟期的经典实例，是我国现存四座唐代木构殿宇中体量最大的一座（图4-5-2），现为全国重点文物保护单位。

③福建福州华林寺大殿：建于北宋乾德二年（964），是我国长江以南最古老的木构建筑。平面略称方形，面阔三间，进深四间，殿的前部设了一个敞廊。大殿四周及内柱头上施粗大的斗拱。造型古朴，建筑技术精湛，建筑艺术风格独特（图4-5-3），现为全国重点文物保护单位。

图4-5-1　山西五台山南禅寺大殿

图4-5-2　山西五台山佛光寺大殿

图4-5-3　福建福州华林寺大殿

④浙江宁波报国寺大殿：建于北宋大中祥符六年（1013），清康熙二十三年（1684）加建重檐歇山屋顶。平面布置奇特而罕见，进深大于面阔。柱子外观呈瓜棱状，柱身有明显侧脚（图4-5-4）。报国寺除建筑风格独特外，还有虫不蛀、鸟不入、蜘蛛不结网、灰尘不上梁的奇异之处，现为全国重点文物保护单位。

⑤山西大同华严寺大殿：始建于辽，曾毁于战火，在金天眷三年（1140）依旧址重建。殿身东向，耸立在4.5米高的砖石台基上。面阔九间，进深五间，为我国最大的两座佛殿之一（另一处是辽宁义县奉国寺大殿）。单檐庑殿屋顶，屋面巨大，檐口平直，保留有唐辽建筑风格。正脊两端的琉璃鸱吻高达4.5米，表明此建筑规格之高（图4-5-5）。殿采用减柱法，减去内柱12根，空间高敞，佛像更显巍峨，现为全国重点文物保护单位。

⑥福建泉州开元寺大殿：始建于唐垂拱二年（686），屡圮屡修，现存建筑为明代重建。面阔九间，进深六间，重檐歇山顶。原应立石柱百根（实减柱6根），故别称“百柱殿”（图4-5-6），是全国重点文物保护单位。

⑦浙江杭州灵隐寺大殿：清宣统二年（1910）重建。面阔七间，进深五间。三重檐歇山顶，高33.6米，雄伟壮观（图4-5-7）。该寺传为东晋时始建，五代吴越国时二次扩建，清顺治六年（1649）又重建，曾为我国佛教禅宗十刹之一。

图4-5-4　浙江宁波报国寺大殿

图4-5-6　福建泉州开元寺大殿

图4-5-5　山西大同华严寺大殿

图4-5-7　浙江杭州灵隐寺大殿

2. 芜湖广济寺建筑群——“寺占山腰压翠鳌”

（1）芜湖古代佛寺发展概况。

早在东晋至南北朝时期，芜湖地区就开始建造佛寺。始建于东晋穆帝永和二年（346）的吉祥寺（原名永寿院），位于江边鹤儿山山麓，是芜湖最古老的寺院。宋景佑中（1034—1038）赐名吉祥院，元毁。明洪武三年（1370）重建，改名吉祥寺。吉祥寺范围较大，南至青弋江，西临长江，北至范罗山，东接街市。晚清时，大殿改为初级审判所、警察总局。今已不存。当时最著名的是繁昌县五华山上的隐静寺，建于南朝刘宋时期（420—479），号称“江东第二禅林”。创建者怀渡为江南佛教师祖，该寺是中国南传佛教早期著名的佛寺之一。宋时，寺中御书阁藏有三朝御书110轴，系宋太宗、宋真宗、宋仁宗所书。建炎年间（1127—1130）隐静寺毁于兵火，绍兴年间（1131—1162）又重建。到明初已是丛林级的寺庙，但到清代逐渐衰落。

隋唐时期，佛教在芜湖地区的传播进入快速发展时期。唐贞元十一年（795）在繁昌马仁山下建立了莲花院，宋嘉祐八年（1063）改称马仁寺。唐元和四年（809），还在繁昌铜山建了铜山寺。唐乾宁四年（897）在芜湖赭山建寺，初名永清寺，后改为广济寺，名气很大，至今香火旺盛。

宋元时期，芜湖佛寺仍较多，分布在县城四方的有四大名寺：东有能仁寺，西有吉祥寺，南有普济寺，北有广济寺。到明末清初，据康熙《太平府志》记载，芜湖已有大寺凡四（吉祥寺、普济寺、东能仁寺、普门寺），小寺凡二（清居寺、清凉寺），大院凡五（广济院、罗汉院、北普济院、普照院、黾龙院），小院凡四（兴教院、观音院、永寿院、古城院）。到抗战时期，仅存完整的广济寺一所，其他佛寺均已残破不全或湮毁无存了。

（2）芜湖广济寺发展概况。

芜湖广济寺位于芜湖古城西北赭山南麓，创建于唐昭宗乾宁四年（897），初建时无名。光化年间（898—901）起名永清寺，北宋大中祥符年间（1008—1016）改名广济寺。明永乐年间（1403—1424）寺院荒废，殿堂失修。明景泰年间（1450—1456）、清乾隆二十一年（1756）、嘉庆三年（1798）都有过重修。清咸丰年间（1851—1861）毁于兵火。同治、光绪年间（1862—1908）又再次重修。

新中国成立后，“文化大革命”期间广济寺遭到严重破坏，佛像被打碎，文物被偷盗，藏经仅存残本，殿宇僧房被改作工厂。后工厂迁出，归还寺产，并拨款按原状重修庙宇、佛像，广济寺才逐渐恢复旧观。1983年，芜湖广济寺被国务院确定为全国重点保护寺庙。

芜湖广济寺之所以屡毁屡兴，香火不断，缘自金乔觉，缘自九华山。金乔觉（630—729），新罗国（位于今朝鲜半岛）王子，24岁时出家，剃发为僧，于唐玄宗开元七年（719）渡海来到中国。他先在芜湖赭山修庙开坛，修炼讲经，后又经五华山，最后到九华山开辟了道场。芜湖广济寺正式修建后，随着九华山成为我国一处佛教胜地，而成为“小九华”，又称“九华行宫”。金乔觉99岁时坐化圆寂，三年后开缸安葬时，肉身不坏，便全身入塔，这就是著称于世的地藏肉身塔，又称肉身宝殿，坐落在九华山的神光岭上，成为佛教徒朝谒九华圣地的主要场所。金乔觉生前立誓：“众生度尽，方证菩提；地狱不空，誓不成佛。”所以成了“地藏菩萨”，又称“地藏王”。自唐以后，每年农历七月三十日（地藏王的生日和成道日）都要举行“地藏庙会”，芜湖广济寺香客云集，九华山更是信徒如林。

芜湖广济寺还有一镇寺之宝——“九龙背纽金印”。此乃唐肃宗至德二年（757）御赐金印，重8斤半，上镌九龙背纽，印刻“地藏利成”，为稀世之宝。另有仿制铜质方印，上镌龙头手柄，供香客请印之用，然后再去九华山朝圣。

（3）芜湖广济寺建筑群的总体布局。

①主入口设在寺院的东南角。赭山位于古城之北偏西，走向从东北到西南，最高点海拔约85米。广济寺位于赭山南麓偏东，主入口设在寺院东南角是自然又合理的选择。出古城北门，一直向北，经北市街、陡岗街，至“一天门”，再折向西便可达广济寺（图4-5-8）。原先这一带来佛寺、功德林等庙宇林立，现在此处建立了小九华广场，又新建了坐西朝东的寺院大门，惜过于高大，不及原大门得体。

②自南至北有明显的主轴线且逐级登高。主轴线南端接近东侧主入口。主轴线上原布置有四殿：天王殿—药师殿—大雄宝殿—地藏殿。四殿室外标高分别约为20.2米、23.2米、24.8米、35.5米，总高差约15.3米。其中，最后两进高差最大，有陡峭石阶相通，号称“88踏”，实际上台阶数不到此数（图4-5-9）。“88踏”之来历，一说是从天王殿到地藏殿总共要经88级台阶，一说是暗合九龙金印8斤8两之数。现广济寺已改为三进建筑，已将药师殿迁至赭塔之东，中轴线上三大殿均已扩大规模重建，也加大了殿间空间。

中轴线北端最高处以高耸的赭塔为对景，南端最低处又补建了照壁墙，对天王殿前的空间进行了围合，布局已完整。

2000年以来，广济寺不断改建、扩建，东西两路布局也已完善。钟楼、鼓楼、东西厢房、僧舍、斋堂、藏经楼、后山门等建筑都有建设，西侧建有上山的无障碍通道，东侧复建了放生池，尤其是在主入口北侧新建了巨幅铜浮雕墙“地藏菩萨事迹图”（高约4米，长40多米），更丰富了广济寺的佛教文化。

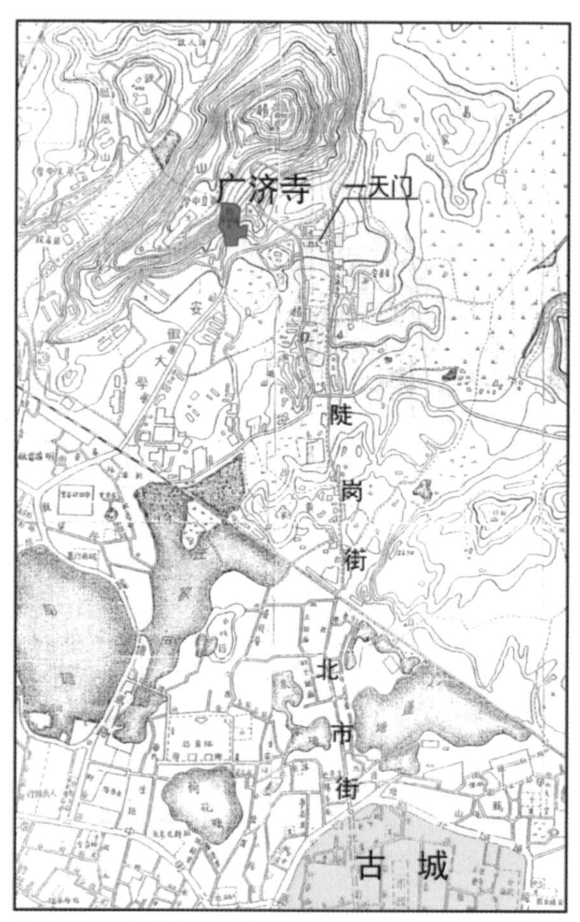

图4-5-8　芜湖广济寺位置示意图

图4-5-9　地藏殿前“88踏”

③从一张老照片获取的信息。芜湖市文物局编制的《芜湖旧影 甲子流光1876—1936》图册中有一张珍贵的老照片，拍摄于1903年（图4-5-10），清晰地呈现了清末时广济寺的情景，天王殿、药师殿、大雄宝殿、地藏殿依山逐级而上，最后是广济寺赭塔，广济寺最鼎盛时期的图景虽已不见，但主要建筑仍存。除大雄宝殿是重檐歇山屋顶，另外三大殿都是硬山屋顶，地藏殿西侧也未见现为两层的滴翠轩。2000年以后广济寺的总体布局有了变化，最主要的是药师殿位置北移，也偏离了中轴线（图4-5-11）。

图4-5-10　1903年芜湖广济寺

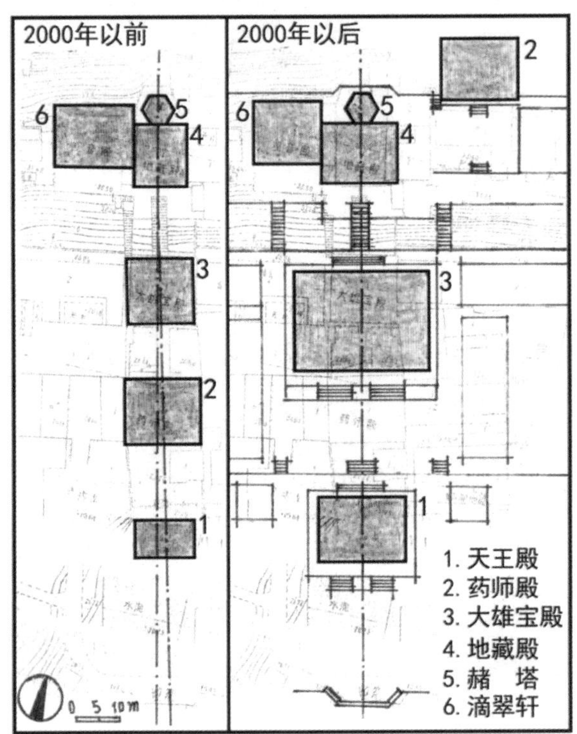

图4-5-11　芜湖广济寺总平面示意图

（4）主要建筑概况。

①天王殿：面阔五间，进深三间，单檐歇山顶，位于高台基之上（图4-5-12）。殿中央供奉笑口常开的大肚弥勒佛，故此殿也称弥勒殿。两侧是护法神将四大天王（俗称四大金刚）。弥勒背后佛龛中站着一位面对大雄宝殿的韦驮神像，表示忠实守护。

②大雄宝殿：现面阔七间，进深五间，前有敞廊，重檐歇山屋顶，2010年重建，规模比原先大了许多（图4-5-13）。从天王殿出来经过10级台阶登上殿前广场，再上13级台阶才能登临大雄宝殿。此为广济寺正殿，殿中央端坐在千叶莲花上的是佛祖释迦牟尼，左是药师佛，右是阿弥陀佛。两侧是文殊菩萨、普贤菩萨，壁后是南海观世音像，两厢还有十八罗汉。

③地藏殿：是广济寺主殿，又称“九华行宫”。面阔五间，进深三间，前有敞廊，硬山屋顶，2000年重建，也扩大了规模（图4-5-14）。殿中央是地藏菩萨，两厢是十殿阎王和判官、药叉立像。

④药师殿：重建于赭塔东10多米处，面阔五间，进深三间，前有檐廊，硬山屋顶（图4-5-15）。殿中央是药师佛像，两厢是二十四诸天立像。

⑤滴翠轩：东与地藏殿紧邻，曾是北宋文学家、书法家黄庭坚（1045—1105）读书处。数百年间多次兴毁。现存建筑为1918年失火遭焚后重建，2000年重修。原为五开间，现为四开间，两层，拱形门窗，中西合璧式建筑风格（图4-5-16）。佛寺中有此建筑，增添了不少人文色彩。滴翠轩1982年被公布为市级文物保护单位。

图4-5-12　芜湖广济寺天王殿

图4-5-13a　芜湖广济寺大雄宝殿(透视)

图4-5-13b　芜湖广济寺大雄宝殿(正面)

图4-5-14　芜湖广济寺地藏殿

图4-5-15　芜湖广济寺药师殿

图4-5-16　滴翠轩(黄庭坚读书处)

六、结语

1. 芜湖古代城市建筑的研究方法

（1）择其建筑精粹作重点研究。

关于中国古代建筑的建筑类型，潘谷西主编的《中国建筑史》划分了十大类：居住建筑、政权建筑（宫殿、衙署、公馆等）、礼制建筑（坛殿、坛庙、孔庙等）、宗教建筑（佛寺、道观、基督教堂等）、商业与手工业建筑、教育文化娱乐建筑（太学、府县儒学、书院、藏书楼、戏场等）、园林与风景建筑、市政建筑（鼓楼、钟楼、望火楼、路亭、桥梁、养济院等）、标志建筑（风水塔、牌坊、门楼等）、防御建筑（城垣、城楼等）。

对于地方城市的古代建筑类型会有所简化，除了量多面广的居住建筑和商铺建筑，按府志、县志的分类尚有公署建筑、学校建筑（学宫、书院等）、庙祀建筑（庙坛、寺观、宗祠等）以及牌坊、桥梁、园林建筑等。本章对芜湖古代建筑的研究并未全面展开，只是择其精粹作了重点研究。

（2）厘清发展脉络作纵向研究。

本章对芜湖古代建筑的每个研究对象，都是从始建开始，力图理清其发展过程以及兴废情况，进行时间跨度上的纵向研究，以分析其发展规律。

（3）结合外地实例作对比研究。

本章对芜湖古代建筑的每个研究对象，都是先分析外地同类建筑的实例，简要指出其总体布局和建筑实例的要点，再进行地理空间上的对比研究，以阐明本地这类古建总体布局和建筑设计的特点。

（4）文字加图片作同步研究。

对建筑的研究要尊重建筑本身的特点，那就是建筑的形象性和空间感，仅用文字来描述是苍白无力的，也是不准确的，必须图文结合进行同步研究，才能看得清、讲得明，也更直观、更清晰。图片是直接反映客观存在的，更真实，信息量更大，历史图片尤其珍贵。从某种角度上讲，图片的收集和制作，比文字资料的寻找和整理更加困难。图片也能给读者提供进一步思考的条件和依据。

2. 芜湖古代城市建筑精粹的研究小结

（1）芜湖古代县衙建筑群。

①芜湖宋代县衙历史久远，至迟北宋初年芜湖筑城时就有，迄今已约有千年。

②芜湖古代县衙三毁三建，历尽沧桑。最后一次重建于清同治三年（1864），最后一次修葺于民国五年（1916）。芜湖县衙规模较大，规制完整，是安徽省江南地区有代表性的县衙，应尽快复建。

③芜湖县衙前门（谯楼）是仅存的建筑，是安徽省重点文物保护单位，已经修复。

（2）芜湖古代城隍庙建筑群。

①芜湖首座城隍庙位于鸡毛山，建于三国东吴赤乌二年（239），是中国建造的第一座城隍庙，惜早已不存。

②现存芜湖城隍庙是宋代的城隍庙，位于宋城内，为南宋绍兴四年（1134）建造，历代均有修建，沿用至今，颇有影响，应尽快复建。

③芜湖城隍庙仅存前门（戏楼），为清光绪六年（1886）遗构，梁架完整，留存不易，修复戏楼时，应受到妥善保护。

（3）芜湖文庙建筑群。

①芜湖文庙始建于北宋元符三年（1100），迄今约有900年。历史上多有修葺，且经过二毁二建，最后一次重建于清同治七年（1871）。芜湖文庙很有特色，应尽快复建。

②芜湖文庙位于宋城东南隅，一直庙学合一，亦庙亦学。唯学宫于明万历十二年至二十年（1584—1592）有过一次不成功的短暂迁址，但

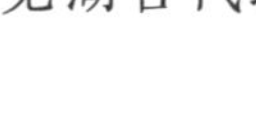

很快迁回。

③芜湖文庙仅存大成殿，现存建筑为清同治十年（1871）重建，是省级重点文物保护单位。

（4）芜湖双塔。

①中江塔：八角形楼阁式砖塔，始建于明万历四十六年（1618），原为七层，现为五层，为位于江口的镇水之塔，旧有“盆塘塔影”古景，现为芜湖新十景之一的“双江塔影”，是省级重点文物保护单位。

②赭塔：六角形五层楼阁式砖塔，位于广济寺建筑群中轴线的北端，造型古朴，细部精致。“赭塔晴岚”古景居芜湖老八景之首，是全国重点文物保护单位。

（5）芜湖广济寺建筑群。

①位于赭山南麓，创建于唐昭宗乾宁四年（897），又名“小九华”。寺内藏有镇寺之宝“九龙背纽金印”（唐肃宗御赐）。早在1982年就被国务院确定为全国重点保护寺庙。

②芜湖广济寺中轴线建筑群规制齐备，2000年扩建后总体布局更加完整。

3. 对芜湖古代城市建筑研究和保护的几点建议

（1）本章研究仅为抛砖引玉，尚待进一步作广泛而深入的系统研究。

（2）芜湖古代建筑留存数量不及近代建筑，对其重视程度也应提高，尤应加强研究，妥善保护。

（3）芜湖古代城市建筑的研究应逐步扩大研究范围，一是建筑类型范围，二是地区分布范围（可扩大至全市），三是研究内容范围，不仅涉及建筑艺术，也要涉及建筑技术。

第五章　芜湖古城保护

一、古城与古城保护

1. 古代城市的断限

古代城市，即在近代以前存在或建立的城市，简称古城。由于世界各国进入近代的年代不同，所以古代城市的下限也不同。

世界近代是从17世纪英国资产阶级革命开始的。确切地说，世界近代应从18世纪60年代英国科学家瓦特（1736—1819）发明蒸汽机开始。也就是说，真正的近代城市的出现是在工业革命以后。18世纪60年代以前的世界古代城市可以按其时序划分为：外国古代早期城市（5世纪中叶以前）、外国中古时期城市（5世纪中叶至15世纪）、文艺复兴时期城市（15世纪至17世纪）和外国古代晚期城市（17世纪至18世纪60年代）。

中国近代是从1842年《南京条约》签订，开放五个沿海城市开始。此前的中国古代城市也可按其时序划分为：先秦时期的城市（奴隶社会时期城市）、秦汉至魏晋南北朝时期的城市（封建社会早期城市，前221—前581）、隋唐至宋元时期的城市（封建社会中期城市，前581—1368）和明清时期的城市（封建社会晚期城市，1368—1842）。

2. 古城保护理念的产生

如何对待古城，有个漫长的认识过程。中国古代，人们对古城并非都注意保护，有时还会把它当作过去皇权的象征加以摧毁。如公元前206年，项羽率军攻入咸阳，焚毁秦宫室，大火三月不熄，一代名城化为焦土。之后，对前朝的城市和建筑加以毁灭性破坏之事也经常发生。如12世纪金兵攻入北宋首都汴梁（今开封）后，拆毁了全部皇宫和苑囿。至于外国入侵，古城遭劫更是残酷。如1860年英法联军、1900年八国联军劫掠焚毁，使北京圆明园化为一片废墟。1937

年12月日军侵占南京城，除了大屠杀，还肆意纵火、抢劫，“半城几成灰烬”。在西方，也是如此。如罗马帝国摧毁希腊的城市和宫殿，中世纪十字军东征，所经之处全成废墟。只知破坏，何谈保护。

直到18世纪末，对古城与古建筑的保护和修复才开始受到重视。到19世纪中叶，这项工作逐渐走向科学化，一些概念和理论开始形成。英国1877年创建了“古建筑保护协会”，1882年颁布了古迹保护法，1963年制定了保护历史建筑物的法令。法国早在1913年就制定了《历史性纪念物保护法》，1931年制定了《景观保护法》，1962年又进一步制定了《保护地区法》。1977年的巴黎市区改建规划对城市传统核心区进行了有效保护，后进行了认真实施。第二次世界大战后，欧洲许多被战争摧毁的城市进行了重建。如波兰华沙古城，重建很成功，后被列入《世界文化遗产名录》。1964年在联合国教科文组织倡导下通过了《保护文物建筑及历史地段的国际宪章》（简称《威尼斯宪章》），提出了文物保护的基本概念、理论和基本原则，并进一步扩大了历史文物建筑的概念，已包括“城市或乡村环境”。该宪章推进了全世界的历史建筑和古城保护工作。

我国早在清光绪三十二年（1906），清政府曾拟定《保存古迹推广办法》，由于政权不稳，文物保护并没有得到各地的重视。到了民国五年（1916），当时的北洋政府内务部颁发了《保存古物暂行办法》，要求各地对待古物应“一面认真调查，一面切实保管”。民国十七年（1928），南京国民政府颁布《名胜古迹古物保存条例》，1930年颁布《古物保存法》，1931年又颁布《古物保存法施行细则》，皆吸取借鉴了西方近代文物立法的成果，在中国历史上第一次把文物保护事业纳入法律的轨道。新中国成立后，1961年国务院颁布了《文物保护管理暂行条例》，同时公布180个第一批全国重点文物保护单位，开始建立重点文物保护单位制度。截至2019年，国务院先后分八批共公布了3000余项国宝级建筑，其中十多项已被联合国教科文组织世界遗产委员会列入《世界文化遗产名录》。1982年颁布了《中华人民共和国文物保护法》，同年国务院还公布了首批24个国家级历史文化名城，1986年公布了第二批，1994年公布了第三批。自此，古城保护进入新的发展阶段，并以制定总体规划中的专项规划——历史文化名城保护规划为中心而展开。非历史文化名城也都编制了历史文化保护规划，在实施中都取得了一定成果。2005年发布并实施的《历史文化名城保护规划规范》，对确保保护规划的科学合理性和可操作性，对各地制定相应的保护政策和实施措施，具有规范作用和指导意义。2008年国务院通过了《历史文化名城名镇名村保护条例》，确立了对历史文化名城名镇名村实行整体保护的原则，强化了政府的保护责任，规定了严格的保护措施，重点加强了对历史建筑的保护，明确了对核心保护区的保护要求。截至2018年，经国务院批准已公布了134座国家历史文化名城，住房和城乡建设部和国家文物局已分六批公布了252个历史文化名镇和276个历史文化名村。全国有24个省（自治区、直辖市）还公布了176座省级历史文化名城、469个省级历史文化名镇。这说明历史文化保护的理念已深入基层的村镇，我国已形成完整的保护体系。只是在保护和利用的过程中，存在诸如拆旧建新、拆真建假以及过度商业开发等问题，这需要在实践中进一步提高认识并妥善解决。

3. 古城保护的含义

对古城保护中的“保护”可简要定义如下：“保护”，一般指对古城中的历史街区、历史建筑等文化遗产及其整体环境的维护、改善、修复和控制。

古城保护要处理好两个关系：一是保护和利

用的关系，不能为保护而保护，要与合理利用相结合，在保护中利用，在利用中保护。二是保护和发展的关系，保护不是一成不变，保护不是只保护古城发展中的一个片断，而是要体现出古城的发展过程，还要适应社会的今后发展，既要使古城的文化遗产得以保护，又要促进城市社会经济的发展，不断改善居民的工作生活环境。

关于古城保护的原则，《历史文化名城名镇名村保护条例》有高度的概括："保护应当遵循科学规划、严格保护的原则，保持和延续其传统格局和历史风貌，维护历史文化遗产的真实性和完整性，继承和弘扬中华民族优秀传统文化，正确处理社会发展和历史文化遗产保护的关系。"具体来说，有以下四个原则：

（1）古城保护的原真性原则。这是文化遗产保护的核心概念之一。1964年《威尼斯宪章》和1996年《奈良原真性文件》已成为国际上关于古城保护原真性问题的权威性文件。中国文物古迹保护中长期遵循的"不改变文物原状"的原则是与原真性原则一脉相承的。原真性既包括建筑物建造时的最早状况，也包括以后修缮、重修、重建后的状态以及经过时间冲刷所遗留下来其他有价值的历史信息。此原则主要针对古建筑的本体和文脉，要求尽可能多地保护真实的历史遗存，把真东西留给后代。

（2）古城保护的整体性原则。1977年《马丘比丘宪章》指出："保护规划的目的应是在确保历史城镇和城区作为一个整体的和谐关系。"这个原则对我国当前的古城保护仍具有积极的指导作用。此原则主要针对古城的环境和格局，要求尽量保存整体的环境和风貌。

（3）古城保护的延承性原则。1933年《雅典宪章》基本精神是重视城市的居住、工作、游憩、交通四大功能，要求建立以人的需要和以人为出发点的价值观念。1977年《马丘比丘宪章》在加强保存和维护的同时，进一步提出要继承文化传统。此原则主要针对古城的功能和结构，要求尽力维持原有的社会功能，使这里的原居民能更好地继续生产和生活。要保护好古城原有的机理和文脉，既包括物质的，也包括非物质的。

（4）古城保护的可持续性原则。1987年世界环境与发展委员会第一次向联合国正式提出了"可持续发展"的概念，即"满足当代人的需要，又不损害后代人满足其需要的发展"。此原则主要针对古城的经营和管理，要求古城保护应该追求可持续的资源、环境和效益，应该建立古城保护的生态经济观和生态文化观。

古城保护的意义可简要概括为以下三个方面。

（1）古城保护可以弘扬古城的历史、艺术、文化等多重价值。古城保护属于历史文化遗产保护的范畴，古城由于保留了丰富的历史信息，呈现了灿烂的建筑艺术，反映了多彩的城市文化，形成了宝贵的自身价值。古城的自身价值会带来重大的社会价值，社会价值必然又会产生一定的经济价值。在这一价值体系中，古城的自身价值是根本，只能通过保护来保持，并进一步实现其社会价值，而经济价值在现阶段又是古城保护的物质保证。我们必须以可持续发展的观点为指导，才能在古城保护的实践中实现这些价值的统一。

（2）古城保护是为了更好地文化传承。古城的历史文化遗产是不可再生的，所以保护是第一位的，只能在保护的基础上适当开发利用。保护不是目的，利用更不是目的，真正的目的是为了传承，留住珍贵、真实的历史文化信息，因此要本着对历史负责、对人民负责的精神，强化保护优先、合理利用的理念。

（3）古城保护是社会发展到一定文明程度的必然要求，是培育文化自信和文化认同的重要物质基础，可以增强民族自信心、自豪感，从而振奋民族意志，发扬民族精神。

古城保护按保护内容的完整程度可分以下四类。

第一类：古城格局和风貌都基本完整。城市格局和风貌是城市特征和城市文化的集中表现。城市格局包括城市布局、建筑分布、道路水系等，城市风貌包括城市形态、建筑形态等历史风貌。我国被公布为国家级历史文化名城的城市多属此类型，如平遥、丽江。此类型古城必须采取整体全面保护的方式。

第二类：古城风貌犹存，古城格局也有值得保护之处。被公布为省级历史文化名城的城市多属此类型，古城格局尚完整的地区应尽力做到整体保护。此类古城通过加强保护工作有望提升为国家级历史文化名城。

第三类：古城整体的格局和风貌已经基本不存，但还保存有若干能体现传统历史风貌的街区。此类古城通过加强保护工作，有望提升为省级历史文化名城。在古城保护规划的实践中要做好历史文化街区的整体保护。

第四类：古城格局和风貌已经不存，目前也难以找到一处值得保护的历史街区，仅存有一些分散的文物建筑。这类古城要加强幸存历史建筑的保护工作，并保护好建筑的周围环境。

目前的芜湖古城属于第三类，古城保护已经启动，假以时日，花街、萧家巷、儒林街等历史文化街区修缮恢复后，再加上县衙、文庙、城隍庙等建筑群的复建，有望成为第二类古城。

4. 古城保护的实例

（1）武昌古城的保护与复兴。

①武昌古城的基本情况：武昌古城位于武汉市核心区，长江以东（图5-1-1）。古城始建于黄武二年（223），三国时孙权在此筑夏口城，为军事城堡。城周仅二三里，夯土版筑城墙。唐敬宗宝历初年（825）城区扩大，改筑砖城，史称鄂州城。元代遭严重破坏。明洪武四年（1371）再次扩大，筑武昌府城。明清两代皆有增修，城周长达10千米，整个城垣呈不规则的浑圆形。现拥有国家级文物保护单位2处，省级文物保护单位23处，优秀历史建筑23处，还有大量成片居住建筑，同时有黄鹤楼、蛇山、凤凰山、紫阳湖等自然及历史文化资源。1986年武昌古城随同武汉市成为国家历史文化名城。

②明清武昌城的空间结构：城区小部分在蛇山北侧，以衙署、书院等官制机构为主，肌理紧密。城区大部分在蛇山南侧，以府邸、民宅、市街、阡陌、池塘为主，肌理疏阔。1927年因建设粤汉铁路的需要，武昌城墙开始拆除（图5-1-2）。现今武昌古城街巷系统已演变为“大环+十字”的类方格网状道路格局。总体来讲，现有武昌古城承袭了明清时期的城市格局。

③《武昌古城保护与复兴规划》简介：此规划编制于2008年，规划总面积7.7平方千米。规划形成“双轴七片”的总体空间结构（图5-1-3），并提出“总体协调，分级保护”的措施。在对古城整体空间构架进行全面控制的基础上，划定历史街区、风貌区以及文物、优秀历史建筑等层次，控制和改善古城形象，以板块推进的方式提升古城功能，改善空间环境，激活产业经济，带动古城整体复兴。在规划实施机制上也进行了创新，力图使古城与复兴的措施常态化、制度化、机制化，采取了政府主导，市场主导以及政府、市场与社区合作的多元化运作模式。[①]

④武昌古城保护模式与机制对芜湖的启示：1957年第一座武汉长江大桥建成通车后，大桥引桥与武珞路将武昌古城分为南北两部分，武昌古城保护仍按古城完整范围进行整体保护，这种做法是十分正确的。联系芜湖古城，在1984年中江桥建成通车、九华山路贯通后将古城也分为东西两部分，像武昌那样进行整体保护的做法是值得借鉴的，分别组织实施也是可行的，至于武昌古城保护多元化的实施机制更是值得学习。

① 陈韦，肖志中，胡晓玲：《历史城区保护与复兴的实施机制研究——以武昌古城为例》，《城市规划学刊》2009年第7期。

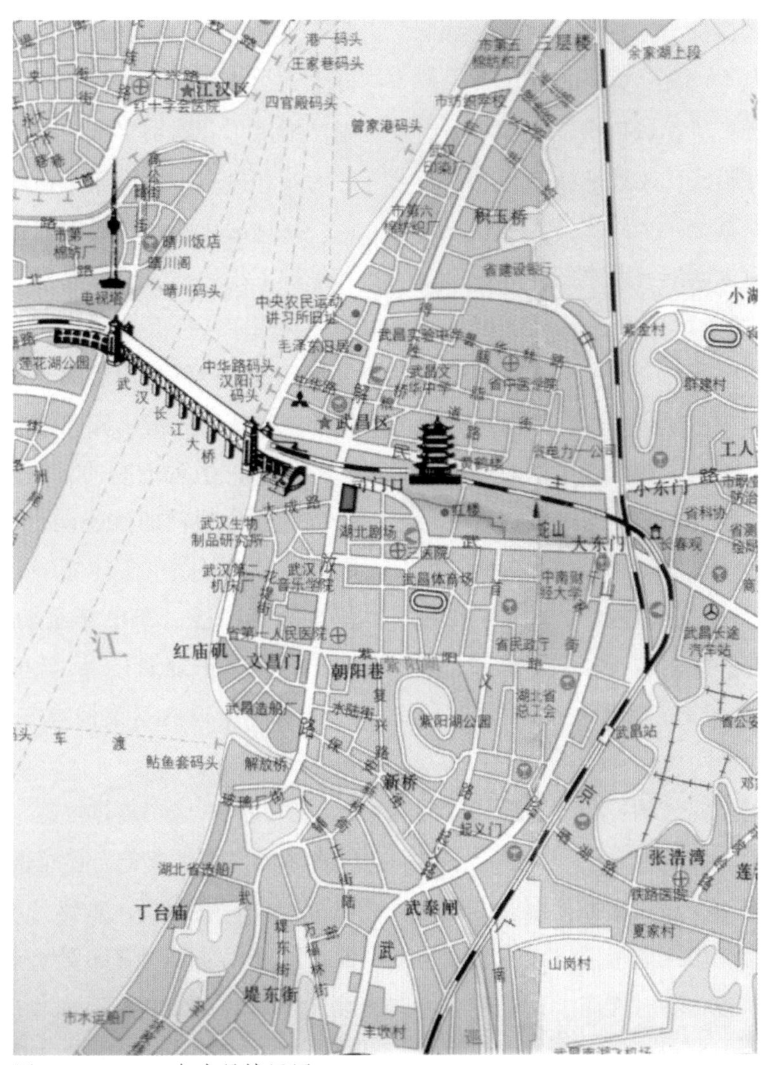

图5-1-1 1994年武昌城区图

图5-1-2 武昌古城范围图

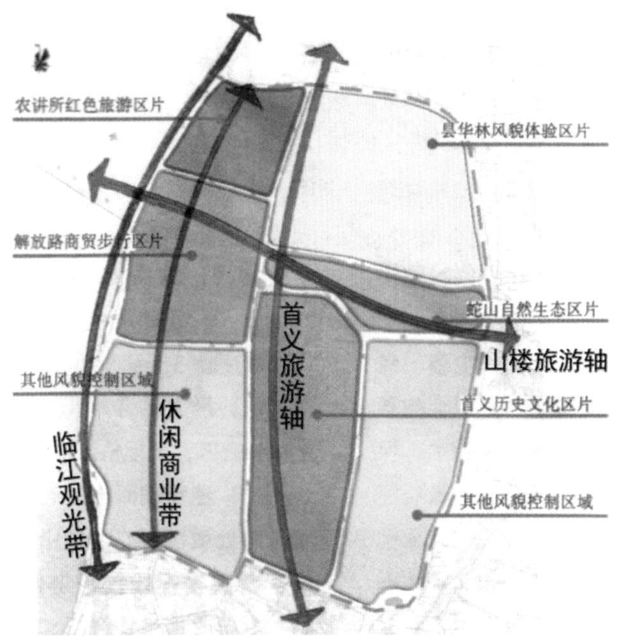

图5-1-3 武昌古城保护与复兴规划结构示意图

（2）大同古城的保护与“整体复建”。

①大同古城的基本情况：大同古城位于山西省最北部，北和内蒙古自治区接壤，距长城不远（图5-1-4）。秦汉时期已在此置平城县，北魏初（398）曾迁都于此，其范围大致覆盖了今日的大同古城。辽代为西京大同府，基本与北魏平城故址重叠。城垣周长10千米，夯土筑成。城北半部是政治和军事中心，城中偏西1062年建造了巨刹华严寺。金代仍为西京，兼为大同府治和西京路治，布局和辽时相同。明代设大同府，为九边重镇之一。洪武五年（1372）改建大同城，略呈方形，周长7.24千米。城墙为夯土外包砖，城设四门，城外侧有护城河。主城外侧，又在城北、城东、城南各修一座附城，加强了防御，获得了“金城汤池”的美誉。清代全承明制（图5-1-5）。

②明清大同城的空间结构：明代已形成以四牌楼为中心的四大街、八小巷、七十绵绵巷的格局。清代经过全面修治，布局遵循礼制，中轴对称，钟楼、鼓楼、四牌楼、魁星楼、太平楼成为景观核心。华严寺、善化寺、文庙、衙署等成为主要公共空间。当前古城仍保留大量历史街巷和两片以明清传统民居为主的历史文化街区。1982年，大同城被评为首批历史文化名城（图5-1-6）。

③大同古城“整体复建”概况：1952年前后，北、东、西三座城门先后被拆除，1981年最后一座城门被拆除，四面城墙只剩下土墙。城内的低矮四合院建筑和较完整的街区里坊基本保留了古城的风貌。2006年前后，古城内开始大拆大建。2008年《大同市城市空间发展战略规划》提出了“双轴双城”的城市空间结构，主城由老城和御东新区构成。在御河西保护完整的古城，在御河东建设现代化的新区。大同古城修复和保护工程启动后，修复建筑包括古城墙、代王府、府衙、华严寺、善化寺、文庙、衙署等历史建筑。古城内的现代建筑开始拆除，要在古城内全面恢复传统风貌。大同的造城运动已经引起广泛的争议，主观臆断的辽金风格仿古遭到质疑，一致认为大规模的拆建误伤了古城的传统肌理。大同古城在经过“整体复建”的重创后探索古城复兴的新路径，2013年重新编制了《大同历史文化名城保护规划》，从空间网络织补，功能活力修复、保护机制重构等方面提出了针对性的策略。[①]

④大同古城“整体复建”对芜湖的警示：大同古城的“整体复建”已全面恢复了城墙、新建仿古四合院数万套，重建已不存在的历史地标3处，新建仿古商业街8处，新建大型广场8处，搬迁了居民17230户，征收房屋140万平方米。这种大面积“拆旧建新”“拆真建假”的做法是不可取的，既破坏了古城的传统格局、风貌和文化遗产的真实性，又破坏了传统生活网络和正常的城市功能，而且政府一元主导模式缺乏对市场情况的精准把握。看来，由政府组织引导，企业、社会组织、社区居民等广泛参与的，小规模、渐进式的古城保护模式才是可行的。

---

① 王军：《“整体重建”重创后的古城复兴路径探索——以大同古城为例》，《城市发展研究》2016年第11期。

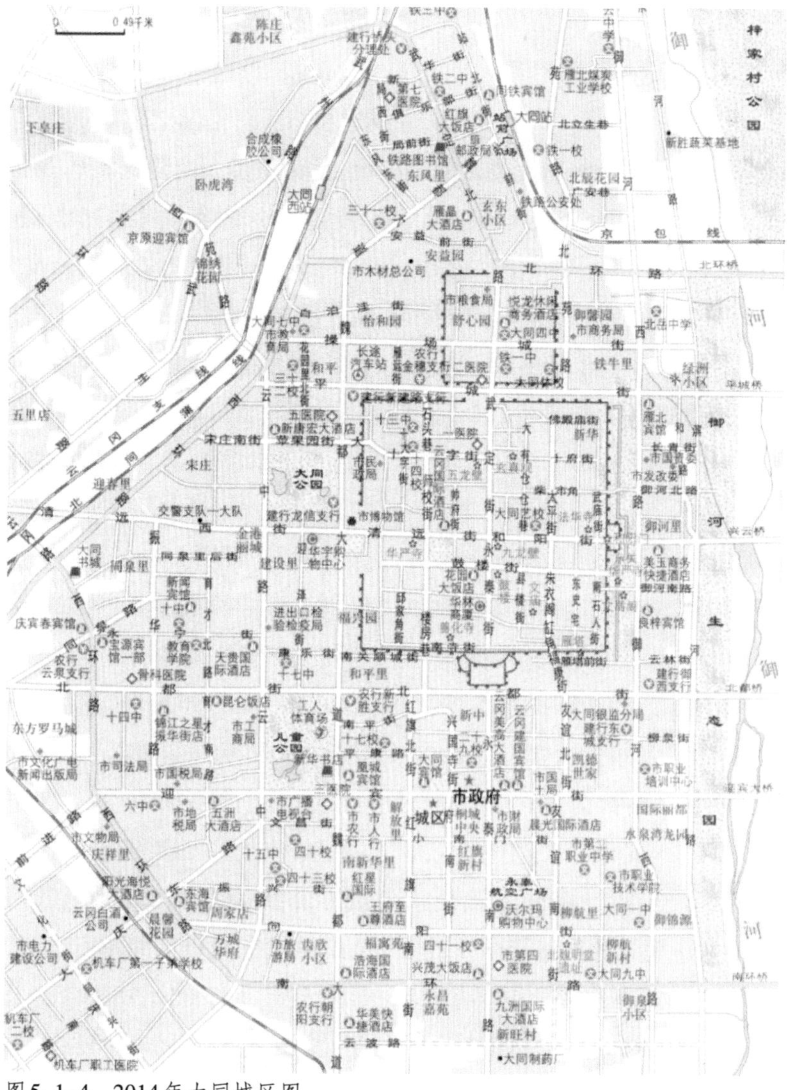

图5-1-4　2014年大同城区图

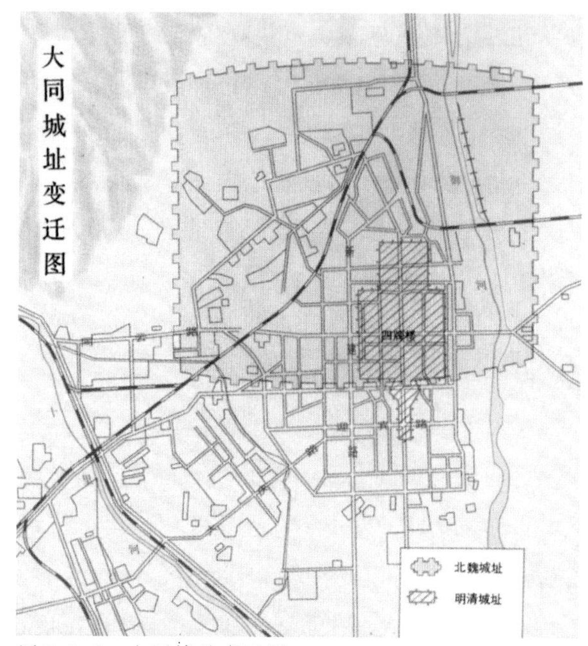

图5-1-5　大同城址变迁图

图5-1-6　大同城市建设用地扩展图

二、芜湖古城保护的实施

1. 近四十年来芜湖古城保护历程的简要回顾

（1）20世纪80—90年代的“旧城改造”。

1978年完成的北京路和劳动路旧房改造，是芜湖进行的第一批规模较大的旧城改造。当时同时进行了“新区建设”，1979年至1984年建成了团结新村（一至四村），1985年建成了红梅新村等。为了加强与青弋江的城区联系，1982年11月在古城的上水门位置动工新建中江桥，1984年的“五一”建成通车。紧接着拓宽九华山路，并开始了道路两侧的建筑改造。很多沿路建设项目位于老城厢内，自此，芜湖古城被明显地分隔成东大西小的两部分。1992年11月，《国务院关于发展房地产业若干问题的通知》下发，开放了房地产市场。1993年年初，芜湖市提出了“改造旧城，建设新区，面向未来，重塑芜湖”的建设方针，确定了“三年大变样、五年达小康”的奋斗目标，激活了芜湖的房地产开发市场。宇华房地产开发公司率先进入芜湖，开始了“长街改造”工程。其后，其他开发公司也相继进入。这些开发企业对长街采取全部拆除重建新街的办法，历经五年长街已面目全非。1995年，80多个开发企业参与了“打通一环路”的旧城改造。1996年3月“国家安居工程”启动，至1997年年底全面竣工，建成了园丁小区、三园小区、沿河小区等五个完整的住宅小区，其中沿河小区位于芜湖古城内。之后，在古城内又建设了罗家闸小区和淳良里小区，这些古城内的小区建设，为之后的古城保护带来了难题。

1999年2月，笔者曾在当时的工作单位芜湖市规划设计研究院内部刊物上发文《芜湖老城厢改造漫谈——重保护、求发展》，提出改造老城厢不能大拆大建，搞“一锅端”，呼吁“保护好古城的特色街区和历史建筑刻不容缓”，并提出要尽早编制芜湖老城厢的详细规划和复兴花街（包括南正街）的建议。[①]

（2）2000年《芜湖古城保护恢复工程》启动。

作为《芜湖古城保护恢复工程》项目责任单位，芜湖市规划局为此积极进行了芜湖古城区历史文化价值和旅游资源调研。当时确定的保护范围是“环城东路，环城西路（待重建），环城北路，环城南路围合而成”。“按照统一规划、分步实施的办法，计划用三年左右时间完成芜湖古城保护恢复工程”，并准备将《芜湖古城总体规划》面向全国招标编制。[②]因对困难估计不足，此计划并没有实质性进展。

（3）2005年编制《芜湖市历史文化遗存保护规划（2005—2020）》。

此规划编制单位为芜湖市规划设计研究院，协编单位是芜湖市文化委员会，市文物管理委员会办公室提供了大量资料。规划范围在地域空间上分为芜湖市域和芜湖市建成区两个层次。规划期限近期为2005—2010年，远期为2010—2020年。近期规划主要目标是：明确历史城区、历史文化街区和文物古迹点，划定保护区，建议控制地带和环境协调范围。该规划确定的历史城区（芜湖古城）保护范围是：“东到环城东路、北到环城北路、西到九华山路、南至青弋江一带，33.19公顷范围内。”西面未能划到环城西路，考虑似有不周。该规划对环境风貌保护，芜湖古城整体格局保护和建筑高度，城市空间轮廓，视廊与外部环境控制的规定对此后芜湖市的历史文化遗存保护起到积极的作用。

2006年2月经国务院批准，芜湖进行新一轮的区划调整，市区土地面积由1999年的230平方千米扩大到720平方千米。同年7月，开始新一

① 芜湖市规划设计研究院：《芜湖规划设计信息》，1999年第2期。

② 芜湖市规划局：《芜湖规划》，2000年第2期。

轮《芜湖市城市总体规划（2006—2020）》的编制工作，《芜湖市历史文化遗存保护规划（2005—2020）》上有关内容作为专章纳入城市总体规划。芜湖古城保护内容自此进入法定规划层面。

（4）2007年《芜湖古城改造更新项目》被列为当年要实施的二十三项民生工程之一。

芜湖市委、市政府高度重视此项目，把它作为市、区两级重点项目，专门成立了芜湖市古城项目建设领导小组，2007年3月8日召开了领导小组的第一次会议，认为经过多年精心准备，项目正式启动的时机已经成熟，将“不迁就现有的规划，不迁就现有的财力”，高标准、大手笔运作，并确定在2009年6月基本完成。领导小组下设有办公室（下文简称“古城办”），主持日常具体工作，同时成立了芜湖古城建设投资公司，负责芜湖古城的规划和建设。2007年4月6日至7日召开了芜湖古城项目建设策划研讨会，听取了来自清华大学、深圳大学等高等院校的众多国内知名专家教授对芜湖古城项目建设策划方案的意见和建议。

2007年6月1日在镜湖区政府召开了由七位市内专家参加的芜湖古城项目建设座谈会。会上市文化委员会领导介绍了芜湖古城文物保护方案，在阐述芜湖古城文物保护的六点基本思路之后，就芜湖古城的33个历史建筑，4个历史文化街区提出了具体的保护意见，并对十几个今已不存的有影响的历史建筑提出了复建的建议，最后从历史文物保护角度提出了如何开发利用的五点意见。市规划局领导介绍了“芜湖古城保护策划方案”，在追溯芜湖古城渊源，概述芜湖古城遗存构成之后，就芜湖古城的目标定位、保护原则、总体布局以及芜湖古城的经营运作等问题，从规划角度提出了策划方案。经过畅所欲言的讨论，专家们达成以下共识：芜湖古城保护必须保护与利用并重，物质文化遗产保护与非物质文化遗产保护并重，运作方式采取“以政府主导为主，公司化运作”。会上笔者对“三年基本完成”的提法提出了“勿操之过急”的意见。

（5）2011—2012年《芜湖古城规划导则》的制定。

为了求得高水准的规划设计，确保古城建设不留遗憾，将古城打造成为集文化、旅游、商业、休闲为一体的城市名片和旅游胜地，从2011年4月起，正式邀请国内外相关专家组成一流的团队，开展了《芜湖古城规划导则》的编制工作。2012年8月，《芜湖古城规划导则》由意大利LABICS事务所、日本市浦住宅·城市规划设计事务所/ULM/山设计工房和东南大学城市规划设计研究院共同编制完成。此导则在市政府召开的汇报会上获得通过。会议肯定了规划导则对古城规划建设的重要性，统一了对古城建设的认识：做到尊重历史、保护优先、突出特色，传承和体现芜湖古城自己的特点，营造古城复古、怀旧的空间，充分挖掘芜湖历史与文化价值；建筑风格上重点突出芜湖徽派建筑历史文化基础上融合西洋、海派、宗教和码头文化。

2012年9月24日，芜湖市政府召开《芜湖古城规划导则》征求意见会，市级老同志和市人大常委会负责同志对规划导则给予充分肯定，希望市政府及有关部门进一步深化规划导则，注意保护好文物古迹，尽力恢复好历史面貌，把芜湖古城项目建成融历史文化、旅游观光和商业功能为一体的特色街区。10月22日，市政府领导听取了《芜湖古城规划导则》的汇报，一致认为要尊重芜湖历史，体现本土地域传统文化特色，准确定位古城内各街区的功能，着力恢复建设历史和文化价值较高的建筑物，控制好古城内住宅房屋数量、建筑物高度，完善交通配置，加强地下停车场建设，既恢复历史传统风貌，又赋予古城新的生命力。

（6）2013—2014年《芜湖古城整治保护规

划》设计竞赛的组织。

2013年12月3日，按照芜湖市规划委员会古城项目建设领导小组的要求，在《芜湖古城规划导则》的基础上，古城办在全国范围内邀请高水平的设计单位，开始新一轮的芜湖古城整治保护规划设计竞赛。经过认真筛选、考察，最终确定由东南大学规划设计研究院、同济大学规划设计研究院、清华大学同衡规划设计研究院参与本次规划设计竞赛。2014年3月14日，参赛单位提交规划设计成果（文本）；3月20—21日，召开专家评审会，评委由南京大学周学鹰等11位专家组成，包括规划建筑、古建施工、旅游运营、文化艺术、地方文史五类知名专家。最终，东南大学规划设计研究院提交的竞赛方案获得一等奖。评委们提出了“注重规划的可实施性”“将九华中路西侧及老城周边地块纳入研究范围并加以控制”“规划区块内以步行系统为主”“进行重要建筑群的复建”等8条建议，要求设计单位进行修改完善。会后，三套方案在“市民心声”等网站公示，征求广大市民的意见和建议。

（7）2014年末《芜湖古城整治保护规划》的优化设计。

2014下半年安徽置地投资有限公司准备进入芜湖参与古城保护建设，委托柏涛建筑设计（深圳）有限公司在东南大学规划设计研究院总体规划方案的基础上进行了优化。其指导思想是：运用“形态、神态、业态”的三态融合，实现古城的“保护、编织、再生”，使芜湖古城成为“记忆、艺文、休闲”之城。柏涛建筑设计（深圳）有限公司所做的修建性详规，用地范围有所扩大，功能分区、功能结构、交通组织、景观系统、绿地系统、公共设施等均有所优化。11月27日，由6位专家组成的评委会对该规划设计进行了评审，基本认可该规划的优化内容，也提出了一些意见。会上，笔者提出了几点意见：古城“三态”中以原有“形态”的保护最为重要，要掌握好“神态”和“业态”的适宜度，过分强调“业态”会变味，过分突出“神态”会走样。

（8）2015年《芜湖古城保护技术要求与参考图集》的编制。

2015年古城办为了规范芜湖古城中保留建筑的保护修缮，规范导则中确定的传统风貌与新建建筑的建设行为，满足古城保护建设工作中的实际需要，在《芜湖古城规划导则》的基础上开展《芜湖古城保护技术要求与参考图集》的编制工作。这项工作由东南大学规划设计研究院牵头编制。3月10日，针对其编制工作计划、研究框架等问题召开了研讨会。5月，完成初稿。6月1日，市规划局主持召开了评审会，初稿得到了6位专家的基本认可。至10月，该文件定稿。《芜湖古城保护技术要求与参考图集》的编制对今后芜湖古城中保留建筑及新建传统风貌建筑的工程设计和施工提供了很好的技术指导和参照。

（9）2016年《芜湖市历史文化名城保护规划》的编制。

目前，安徽省内有国家级历史文化名城5座，是安庆、歙县、寿县、亳州、绩溪；省级历史文化名城9座，分别是凤阳、桐城、黟县、蒙城、涡阳、潜山、和县、贵池、宣州。而芜湖作为“长江巨埠，皖之中坚”，拥有2500多年的历史，却不在其列，可见芜湖古城的保护工作还有很多功课需要补上，以便早日进入历史文化名城之列。对照我国申报历史文化名城的条件，芜湖保存文物特别丰富，历史建筑集中成片，古城也基本保留传统格局和历史风貌，同时芜湖在历史上曾经作为政治、经济、军事要地，是近代安徽最早开放的通商口岸，基本具备了成为历史文化名城的条件，只是应当有2个以上的历史文化街区，还应做更多的保护工作。为此，编制《芜湖市历史文化名城保护规划》是十分及时和必要的，通过全面梳理芜湖市历史文化资源，提出有意义的保护利用措施，为申报省级乃至国家级历史文化名城做好研究和指导，为充分发挥名城价值奠定基础。

芜湖市文物局、安徽省城乡规划设计研究院联合编制的《芜湖市历史文化名城保护规划》明确了四条规划原则：整体性原则、真实性原则、永续性原则、多样性原则。对有形文化遗产确定了四个层次的规划内容：城市历史文化资源，历史城区的山水环境、整体格局和历史风貌，历史文化街区的格局和风貌，文化保护单位和历史建筑的本体和环境。对无形文化遗产包括非物质文化遗产也确定了项目名录、保护原则、保护方案和保护措施。

在历史城区保护方面，本次规划确定以“古城、赭山、滨江”三片区为核心。其中，古城片区面积为37.37公顷，赭山片区面积为35.19公顷，滨江片区面积为71.71公顷，合计144.27公顷，共同构筑了具有山水魅力的芜湖古城。值得注意的是古城片区划定的范围：北至环城北路，南靠沿河路，东沿环城东路，西接花津北路。城市交通主干道九华中路穿过古城片区，将其分割为东西两区。在历史文化街区保护方面，本次规划划定的两处历史文化街区是：花街—薪市街—南门湾—南正街历史文化街区和东内街—萧家巷—儒林街历史文化街区。其名称提法上与芜湖古城保护规划虽略有不同，但实质上并无太大差异。在文物保护单位和历史建筑的保护方面，共提出市各级文物保护单位共计180处，其中全国重点文物保护单位9处，省级文物保护单位29处，市级（含县级）文物保护单位142处。规划对一些文物保护单位提出了升级建议，共计27处，其中省级提升为国家级1处（中江塔），市级提升为省级10处（广济寺、益新面粉厂、王稼祥纪念园等），不可移动文物提升为市级16处（雅积楼、城隍庙、清末官府、伍刘合宅、段谦厚堂等）。

（10）2017年下半年芜湖古城整治保护一期工程开始实施。

通过国有建设用地公开招投标，黄山文化旅游股份公司取得芜湖古城一期项目用地使用权。2016年9月1日签订了国有建设用地使用合同，总用地面积81707.8平方米。11月15日签订了变更协议，乙方变更为丙方芜湖古城文化旅游管理有限公司（黄山文化旅游股份公司全资子公司）。2017年7月17日，柏涛建筑设计公司完成一期工程规划方案，经过方案评审、修改完善，12月得到市规划局的批复。安徽国信建设集团有限公司作为新建建筑总承包方于2017年12月进场，施工工作自此开始。至2019年年底，西北角住宅区已经基本完成，北部商业街主体结构基本完成，展示中心已对外开放，花街、花街西及滨江休闲区新建建筑已完成结构封顶，长虹门复建已开展施工前各项准备工作。担任保留建筑修复工程的三家古迹施工单位（安徽省徽州古典园林建设有限公司、黄山徽匠园林古建有限公司、黄山市建工集团股份有限公司）于2017年9月先期进场。至2019年年底，南正街—南门湾古商业街、清末官府、伍刘合宅、正大旅社、望火台、俞宅等建筑均已完成并施工通过验收。二期工程准备工作业已开始进行。芜湖古城整治保护项目稳扎稳打、有条不紊地推进。

2.《芜湖古城规划导则》主要内容

（1）《芜湖古城规划导则》内容组成。

《芜湖古城规划导则》，是芜湖古城保护重要的指导性文件，以图为主，含少量文字说明，共分六个部分：①古城历史与现状研究，涉及古城区位研究、历史城区发展阶段、古城格局分析、古城历史信息、现存建筑状况调查分析、现存街道与交通状况分析、历史建筑与建议保留建筑分布图。②概念生成，内容包括二维结构、三维结构、城市肌理与标志建筑、标志性、识别性、复杂性、步行系统。③规划元素，内容包括城墙与

城门、历史遗存与公共建筑、历史街道、居住空间、商业、绿地系统、建筑遗存修复、院落可达性。④规划设计，内容包括规划总图（图5-2-1、图5-2-2）、用地平衡表、规划分区图（图5-2-3）、处置方式图、交通规划图、绿地与公共空间规划、建设控制图、建设时序规划（图5-2-4）。⑤历史街区与保留建筑整治导则，内容包括：建议历史街区范围图，南门湾历史街区发展分析，南门湾历史街区整治利用范例，南门湾历史建筑利用范例，南门湾历史文化街区商业规划，南门湾立面整治控制导则，南正街立面整治控制导则，花街立面形成控制导则，萧家巷历史街区形成控制导则，打铜巷“徽式洋风”风貌恢复意向，保留建筑维护、保留与利用，保留建筑处置与功能更新表（表5-1）。⑥点段设计，内容包括县衙、文庙、城隍庙、能仁寺（图5-2-5、图5-2-6）、城墙、十里河坊、东北角、院落式居住区。

图5-2-1　芜湖古城鸟瞰图

0 25 50 100米

图5-2-2 芜湖古城规划总示意图

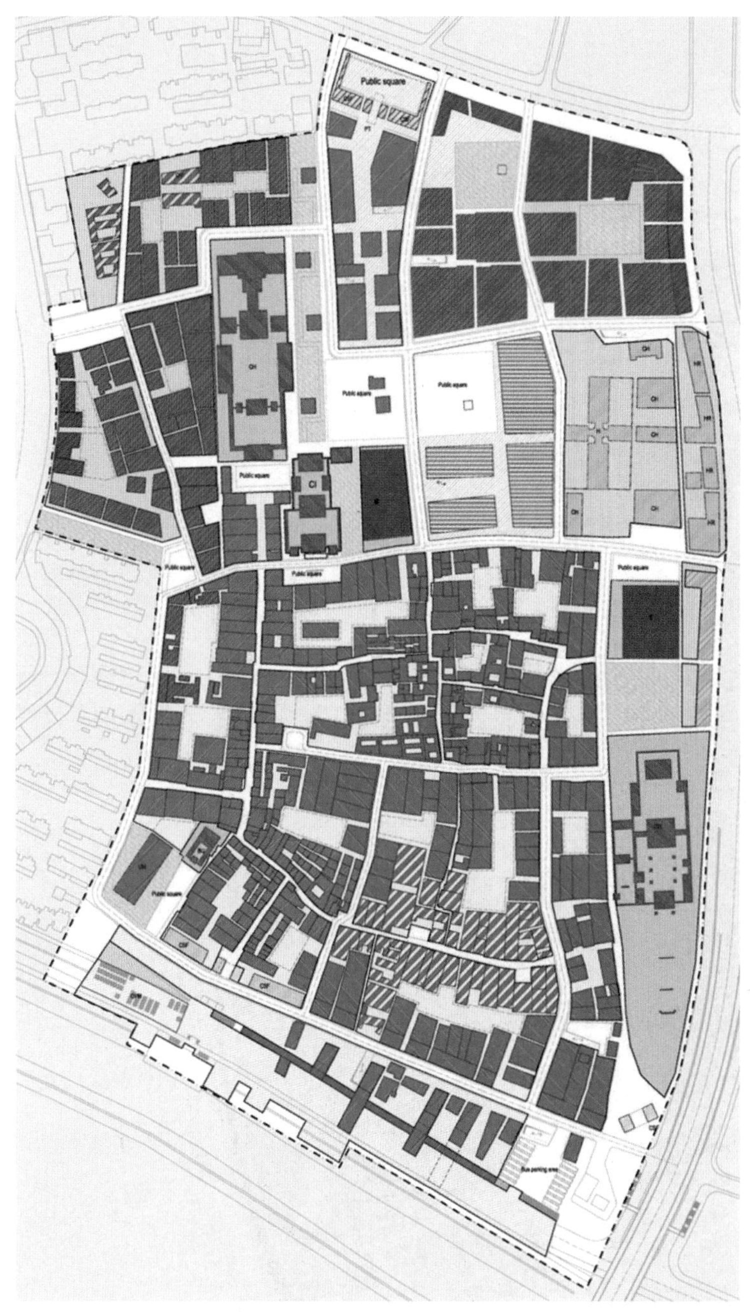

商业区
- 酒店与餐饮店，2层
- CM 市场
- OFM 露天跳蚤市场
- 文化展览、商业

公共服务与管理建筑
- 公共区域（街道与广场）
- 公共硬地
- 绿地
- 私人区域
- 半公共区域
- CO 文庙
- CI 城隍庙
- CH 县衙
- BU 能仁寺
- T 剧院
- M 媒体中心，2层

住宅区
- 高档住宅，2层
- 集合公寓，4层
- 原有建筑，2层
- CH 住区服务

功能混合区
- 住宅、艺术手工艺作坊与商铺
- 住宅与店铺，2层
- 住宅、文化服务（学校、图书馆），2层
- 住宅与商铺，3+1层
- 办公与商铺，3+1层

旅游设施建筑
- H 宾馆
- CH 俱乐部与运动中心,1层
- CSF 城市景观设施，3~4层
- PT 观景塔

规划范围　　地下停车出入口

图 5-2-3　芜湖古城规划分区示意图

实施第一阶段

实施第二阶段

0 25 50 100米

图5-2-4　建设时序规划示意图

表5-1 保留建筑处置与功能更新项目

序号	名称	地址	年代	类别	处置方式	功能建议
1	大成殿	十二中大成殿	清	保留建筑	A	I
2	城隍庙	东内街60号	清末	保留建筑	F	I
3	衙署前门	十字街29号	宋一清	保留建筑	A	G
4	段谦厚堂	太平大路17-1、17-2号	清末—民国	保留建筑	BCD	B
5	钟家庆故居	太平大路12号	新中国成立初期	保留建筑	BCD	A
6	民居	太平大路13号	清末—民国	保留建筑	BCD	A
7	潘宅	太平大路15号	清末—民国	保留建筑	BCD	A
8	俞宅	太平大路4号	民国	保留建筑	A	H
9	民居	儒林街7号	民国	保留建筑	A	C
10	水产网线厂	儒林街27号	清	保留建筑	A	C
11	民居	儒林后街17号	清	保留建筑	BCD	C
12	小天朝	环南幼儿园	清	保留建筑	A	G
13	雅积楼	儒林街18号	清	保留建筑	A	H
14	清末官府	薪市街10、12号	清末	保留建筑	A	F
15	伍刘住宅	薪市街28号	清末	保留建筑	AG	H
16	民居	花街44号	清末	保留建筑	A	H
17	正大旅社	花街32号	清	保留建筑	BD	D
18	花街居委会	花街27号	清末	保留建筑	A	J
19	二棉厂车间	东内街53号	民国	保留建筑	A	D
20	模范监狱	东内街32号	民国	保留建筑	A	G
21	民居	公署路66号	民国	保留建筑	AG	F
22	皖南行署	公署路43号	民国—新中国成立初期	保留建筑	A	F
23	烽火台	环城南路56号	民国	保留建筑	A	H
24	模范监狱看管房	东寺街6-8号	民国	保留建筑	G	-
25	私人钱庄	萧家巷28号	民国	保留建筑	A	FH
26	民居	萧家巷3、4、5号	民国	保留建筑	BCD	B
27	民居	萧家巷16号	清中期	保留建筑	BCD	F
28	民居	萧家巷52号	民国	保留建筑	BCD	A
29	民居	萧家巷58号	清末	保留建筑	BCD	A
30	吴宅	萧家巷62、39号	民国	保留建筑	BCD	B
31	民居	萧家巷19、21、23号	民国	保留建筑	BCD	F

续 表

序号	名称	地址	年代	类别	处置方式	功能建议
32	民居	官沟沿28号	民国	保留建筑	CD	B
33	民居	井巷14号	民国	保留建筑	G	-
34	黄公馆	马号街2号	民国	保留建筑	A	F
35	黄宅	丁字街13号	民国	保留建筑	A	C
36	民居	丁字街6号	民国	保留建筑	BCD	C
37	民居	儒林街47、49、51、53、55号	民国	保留建筑	BCD	EFG
38	民居	环城南路7号	清末—民国	保留建筑	A	F
39	民居	环城南路29号	清末	保留建筑	A	F
40	柯宅	环城南路44号	清末	保留建筑	BCD	D
41	民居	米市街47号	清末	保留建筑	A	F
42	民居	南正街6号	民国	保留建筑	A	F
43	商铺	南正街20号	清末	保留建筑	BCD	E
44	弋江经理部	南正街22号	清末	保留建筑	A	E
45	南门药店	南正街23号	清末	保留建筑	BCD	E
46	商铺	南门湾7、9、11、13、15号	清末	保留建筑	BCD	EFJ
47	商铺	南门湾20、22、24、26、28、30号	清末—民国	保留建筑	BCD	EH
48	商铺	南门湾38、36号	清末	保留建筑	BCD	J
49	民居	同丰里52号	清末—民国	建议保留建筑	A	F
50	民居	花街米市街交口西北角	民国—新中国成立初期	建议保留建筑	E	-
51	民居	薪市街北侧	民国—新中国成立初期	建议保留建筑	BCD	E
52	店铺	薪市街花街交口西南角	民国—新中国成立初期	建议保留建筑	CD	H
53	店铺	南门湾花街交口西北角	民国—新中国成立初期	建议保留建筑	CE	E
54	菜市场	大潘家墩西侧	新中国成立初期	建议保留建筑	CD	H
55	民居	沿河路北侧	民国—新中国成立初期	建议保留建筑	E	-
56	店铺	南正街21号	民国—新中国成立初期	建议保留建筑	E	H
57	店铺	南正街25号	民国—新中国成立初期	建议保留建筑	BCD	D
58	店铺	南门湾25号	民国—新中国成立初期	建议保留建筑	CD	E
59	民居	马号街北侧	民国—新中国成立初期	建议保留建筑	CD	F
60	店铺	东内街花街交口东北角	民国—新中国成立初期	建议保留建筑	BCD	E
61	花街小学教学楼	花街小学内	新中国成立初期	建议保留建筑	CD	F
62	民居	丁字街13号西北角	新中国成立初期	建议保留建筑	C	C

续　表

序号	名称	地址	年代	类别	处置方式	功能建议
63	店铺	南门湾12号	民国—新中国成立初期	建议保留建筑	BCD	E
64	民居	东寺街东侧	民国—新中国成立初期	建议保留建筑	BC	F
65	监狱用房	模范监狱内	民国—新中国成立初期	建议保留建筑	A	G
66	监狱用房	模范监狱内	新中国成立初期	建议保留建筑	BC	G
67	罗家闸小学砖楼	罗家闸小学内	新中国成立初期	建议保留建筑	C	D
68	民居	官沟沿西侧	民国—新中国成立初期	建议保留建筑	BCD	A
69	民居	官沟沿萧家巷交口处北侧	民国—新中国成立初期	建议保留建筑	BCD	A
70	民居	东内街南侧	民国—新中国成立初期	建议保留建筑	CD	E
71	民居	儒林街北侧	新中国成立初期	建议保留建筑	CD	F
72	民居	丁字街南侧	民国—新中国成立初期	建议保留建筑	E	-
73	民居	丁字街南侧	民国—新中国成立初期	建议保留建筑	BCE	F
74	民居	丁字街南侧	民国—新中国成立初期	建议保留建筑	E	-
75	民居	官沟沿东侧	民国—新中国成立初期	建议保留建筑	BC	A
76	店铺	南正街24号	民国—新中国成立初期	建议保留建筑	BCD	E
77	店铺	南正街12号	民国—新中国成立初期	建议保留建筑	BCD	E
78	厂房	环城南路北侧	新中国成立初期	建议保留建筑	C	C
79	民居	十二中西侧	民国	建议保留建筑	BCE	A
80	民居	十二中西侧	民国	建议保留建筑	C	B
81	民居	环城南路南侧	民国—新中国成立初期	建议保留建筑	CE	H

注：1. 表中“处置方式”A. 修缮恢复，B. 保留建筑格局，C. 保留建筑体量与风貌，D. 保留建筑结构，E. 保留建筑构件，F. 复建，G. 移建。

2. 表中“功能建议”A. 独户居住，B. 多户居住，C.SOHO 工作室，D. 民居客栈，E. 商铺，F. 休闲娱乐，G. 展览，H. 公共服务，I. 宗教与古代传统礼仪展示，J. 艺术家工坊。

县衙
城隍庙
文庙
能仁寺

图5-2-5　县衙等建筑位置示意图

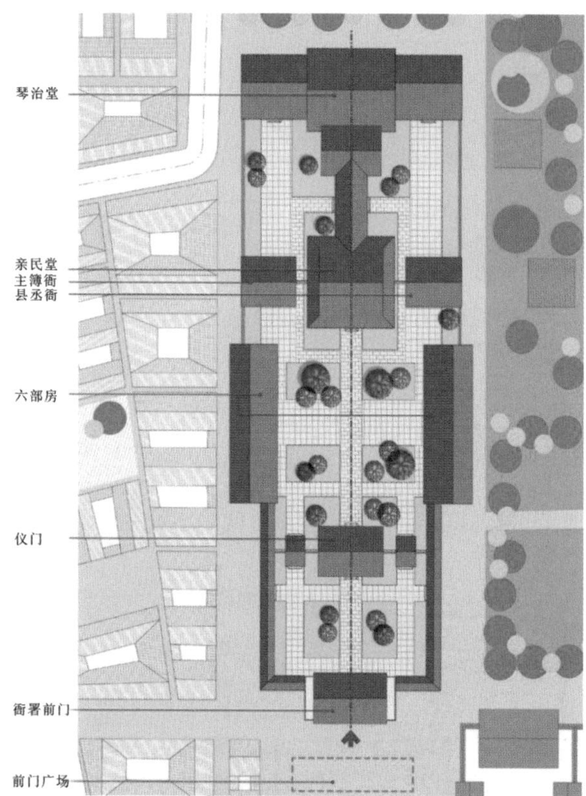

图5-2-6a　芜湖古城内复建建筑规划示意图(县衙)

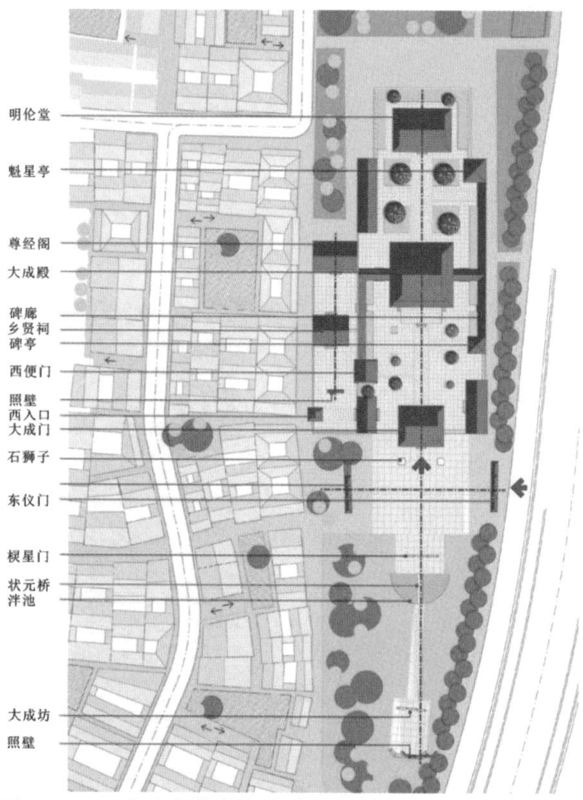

图5-2-6c　芜湖古城内复建建筑规划示意图(文庙)

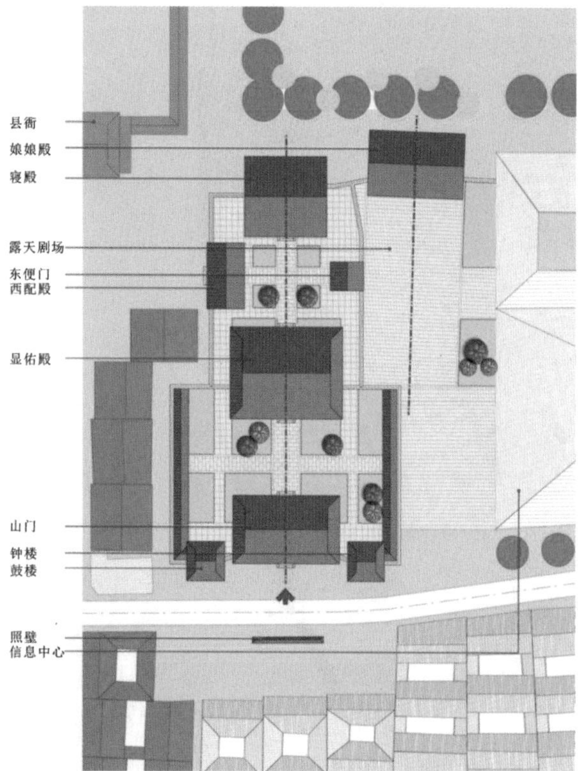

图5-2-6b　芜湖古城内复建建筑规划示意图(城隍庙)

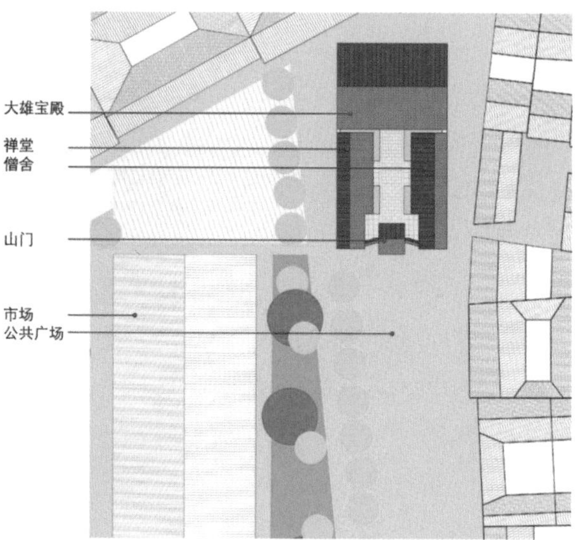

图5-2-6d　芜湖古城内复建建筑规划示意图(能仁寺)

（2）《芜湖古城规划导则》核心内容。

付志强（万科集团总规划师、中国建筑技术发展中心建筑师）与胡石（东南大学建筑设计研究院城市与建筑遗产保护研究所副所长）在2015年7月，就《芜湖古城规划导则》的核心内容有过一次概括，共分两大部分。

关于"芜湖古城整体规划控制"，有以下六个要点：控制目标、控制原则、控制区域、交通规划、功能与空间控制、重要单体建筑。

控制目标有三：①古城目前保存了一批历史文化遗存，包括一定数量的历史建筑、两片传统建筑密集区域、脉络相对完整的街道、历史遗迹的旧址等，这些是古城价值的核心体现。②由于古城中遗留的传统建筑比较少，为延续古城的记忆，古城内主要街道在面貌上应具有芜湖传统地域建筑的特征。③芜湖古城虽然只有原芜湖县城的一半，但其范围内各传统公共建筑基本齐全，传统县城中的文庙、衙署、城隍庙、监狱都有迹可循，这些传统公共场所是古城中的重要文脉，后期建设应强调该文脉在古城中的核心作用，赋予其新的历史内涵。

控制原则有三：①风貌地域性：古城内为保持风貌而增补的传统风貌建筑，在外立面的高度、开间、构造作法、装饰细节上应根据芜湖建筑的地方式样进行设计。《芜湖古城规划导则》中的附件二为芜湖地方传统建筑特征分析，可作为后期建设的参考图集。②历史延续性：导则从恢复风貌、保留路网、强调传统公共建筑三个方面延续了古城中的整体空间结构，后期建设中应延续这一精神，强调古城的历史感。③功能适用性：后期建设中，一方面为了保持风貌需要在建筑立面与院落布局上保持传统形式，另一方面为了方便后期使用，需对建筑内部空间进行整合，保证使用的安全、便利和舒适。

关于"芜湖古城核心区风貌及环境要素控制要求"，有以下五个方面：古城核心区传统风貌基本构成要素，建筑格局控制要求，建筑尺度控制要求，街巷界面控制要求，建筑立面与铺装材料控制要求。

建筑尺度的控制要求规定很具体，如：保留的历史建筑不得改变原建筑高度、面宽；传统街巷沿街复建建筑不得超过两层，一层檐口高度控制在2.5～4.5米，二层控制在4.8～6.6米，单一体量不得超过三开间，最大不宜大于10米；等等。

以上介绍可供读者对以后的规划实施进行对照并加以思考。

3.《芜湖古城保护技术要求与参考图集》主要内容

《芜湖古城保护技术要求与参考图集》是芜湖古城保护重要的技术性文件，由两大部分组成：上编是《芜湖古城保留建筑及新建传统风貌建筑技术要求》，下编是《芜湖古城保留建筑及新建传统风貌建筑参考图集》。

丽江市在2006年公布实施了《丽江古城传统民居保护维修手册》，使丽江古城的保护和管理工作精细化、标准化，对保护丽江古城中传统民居的造型、外貌、体量、尺度、色调和风格，保持丽江古城的真实性和完整性，发挥了很大的作用。南京市在2014年发布了《南京市老城南历史城区传统建筑保护修缮技术图集》。此图集以城南现存明清建筑为线索，以木结构为主题，以民居单体为主要调查对象，以实测工作为基础，分类梳理、总结城南传统建筑特征要素，按平面布局、结构体系、界面、细部形成要素图集。图集对历史城区传统建筑保护，最大限度传承历史文化信息，延续地方建筑特色，提供了重要的参考。

《芜湖古城保护技术要求与参考图集》内容更加系统、全面，在芜湖古城保护的实践中，定会起到很大的指导和参考作用。

（1）上编《芜湖古城保留建筑及新建传统风

貌建筑技术要求》主要内容。

上编由总则、古城核心区域中建筑风貌及环境要素控制要求、保留建筑修缮流程基本要求、保留建筑施工工艺技术要求、新建传统风貌建筑外观部分施工工艺技术要求五部分组成。

芜湖古城核心区是古城中街巷格局保存较好、历史建筑保留较多的区域（图5-2-7），上编主要对核心区内部的风貌、界面、体量等进行控制引导，将南门湾—南正街、萧家巷两片保留建筑成片，风貌肌理保存较好的区域作为历史文化街区的范围，对其进行重点控制。“保留建筑”指芜湖市文物局和古城办在古城规划范围内确定的现存建筑。“新建传统风貌建筑”指古城核心区范围内，依据规划要求，按照传统风貌进行恢复的建筑。

古城核心区
18.8ha
萧家巷历史文化街区
1.9ha
南门湾 · 南正街
历史文化街区
1.6ha

图5-2-7　芜湖古城核心区范围示意图

古城核心区域中传统风貌体现在包括环境肌理、建筑格局、构筑物形态、街巷界面、地面铺装及环境绿化等主要构成要素的保护和控制上。关于建筑格局的控制要求有以下几点：

①保留建筑进行修复整治时应尽可能保留整体格局，内部更新改造时，应能反映其传统的院落组织格局形态，在进行空间重新组织及划分时，如增加院落上部的采光顶棚，应体现建筑原有室内外空间转换的组织方式。原有的地面铺装和室内外边界宜保留或进行明确的展示标识。增补或复原的空间也应以历史原状为重要的设计依据。

②历史文化街区范围内新建传统风貌建筑的格局组织形态，应体现传统院落组织的基本格局，如需要较大空间时，其屋面形态应采用小体量分隔处理，屋面以坡顶为主，通过屋面的组合和分隔在满足功能需求的同时，需要严格控制尺度和屋面的朝向，满足《芜湖古城规划导则》的要求，呈现符合传统街区肌理的形态。具体而言，除沿花街、南门湾等商业街巷的建筑面向街道，轴线垂直于街道外，历史文化街区范围内新建传统风貌建筑屋面体系应以南北向为主，不应随意变换屋面方向。新建传统风貌建筑内部结构可以采用新结构，内部空间亦可以根据功能重新划分，但屋面及沿街界面需延续传统肌理处理，或表现传统肌理形态。采用新结构处理时，需整体考虑与传统尺度的吻合，综合考虑结构尺寸，避免暴露现代结构，在沿街立面和第一进空间内尽可能符合传统尺度和形态要求。在保留建筑周边新建传统风貌建筑，应考虑部分采用木结构体系和传统空间模式及建造方法，以满足历史建筑形成相应的组团形态。

③古城核心区其他区域各街巷应能反映出芜湖街巷界面，沿街山墙与院墙富有变化并符合传统尺度。新建传统风貌建筑应考虑到传统建筑不共用分户墙的特点，立面设计时宜使用双山墙并置设计，并需要根据檐口高度变化协调处理。

（2）下编《芜湖古城保留建筑及新建传统风貌建筑参考图集》主要内容。

下编由芜湖古城传统建筑特征要素的构成及典型案例、芜湖古城传统建筑特征做法（包括平面格局、结构体系、界面特征、细部分析）、芜湖古城重要公共建筑的引导要求、相关附图四部分组成。

图集所述传统建筑包括各级文物保护单位、全国第三次普查不可移动文物、规划推荐历史建筑以及传统风貌建筑，计50多处。

现仅介绍芜湖古城传统商铺建筑特征要素构成（图5-2-8），芜湖古城传统民居建筑特征要素构成（图5-2-9），院落（标准单元）平面格局（图5-2-10），门罩细部分析（图5-2-11）于后。典型商铺：檐柱为上下两层的通柱，无出挑，二层维护结构多为木板，商铺一层多为开敞的板门或长窗，二层为校为通透的半窗。典型民居：对外的四个面都较为封闭，面对内院的界面开敞。芜湖古城区域以多进院落为主要组织形式，多以“前厅+廊”形成的合院为基本单元。基本单元以“凹”“回”“二”字型居多，其余占少数。进入近代以后，在传统“凹”“二”字型合院的平面组织基础上，出现了受西方影响的变体：从山墙面进入的中西合璧式。

芜湖古城区域内民居往往外墙较为封闭，入口因此成为立面的装饰重点，大门上常装饰有门罩，以突出入口，门罩上以砖砌叠涩出挑檐，并以砖石等做出类似垂莲柱式样的浮雕，门洞顶部常见海棠线等线脚装饰；部分建筑不使用砖雕门罩装饰，仅以块石拼砌门框，门头以砖挑出墙面作为匾额门头；近代之后出现了西洋式线脚装饰的门罩，多以砖叠涩而成，并常与砖制拱券结合使用。古城内院落入口都使用对开木门作为大门样式，做法讲究的会在门板上以铁钉拼出图案作为装饰。

典型商铺：檐柱为上下两层的通柱，无出挑，二层维护结构多为木板，商铺一层多为开敞的板门或长窗，二层为校为通透的半窗。

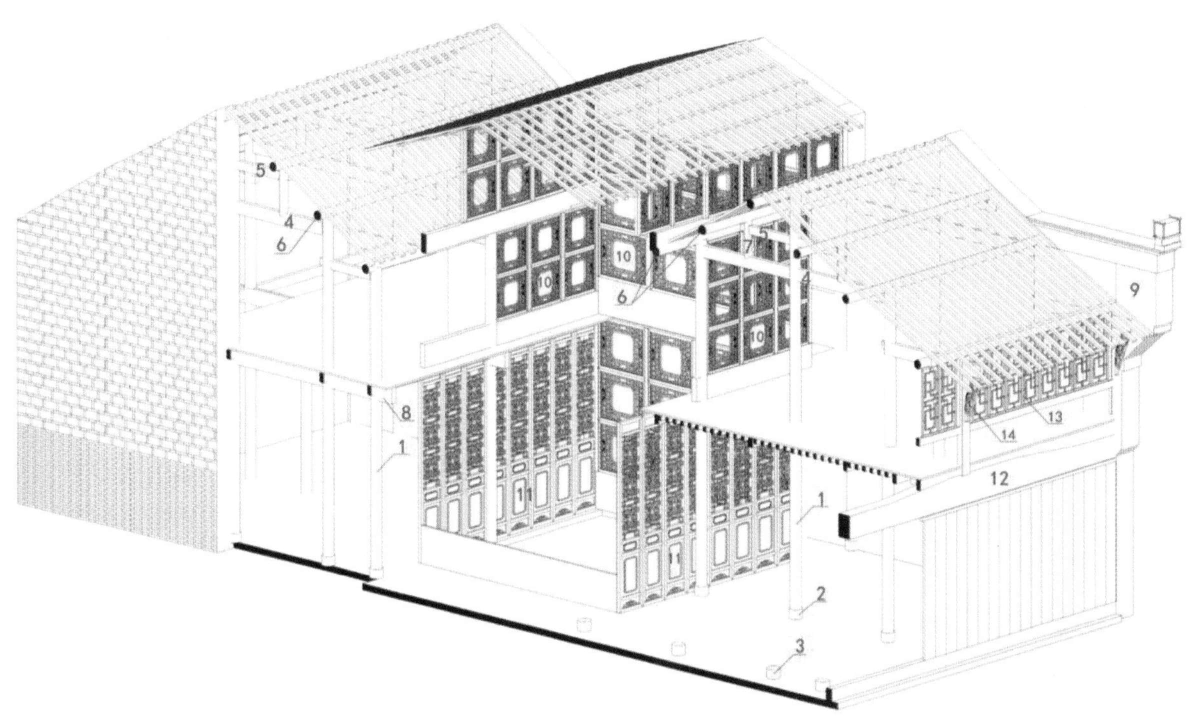

1——柱：芜湖传统民居多用圆柱。
2——柱础：多为鼓磴柱础，少量使用碛形础。
3——柱础：多为鼓磴柱础，少量使用碛形础。
4——大梁（五架梁）：穿斗结构中，多用扁作梁，梁的高度为宽度的2~4倍。
5——三架梁：芜湖传统民居多为扁作梁。
6——檩：檩径一般在100~200mm，随檩枋使用较少。
7——童柱：芜湖童柱皆为圆作。
8——楼板梁。
9——马头墙：芜湖传统商铺建筑山墙面局部使用马头墙，商铺建筑往往仅用于檐口部位，并进行装饰处理。
10——槛窗。
11——长窗：一般当心间为6扇，次间4扇。
12——冬瓜形月梁：徽州地区商铺的典型特色，以便获取更大的门面空间。
13——外檐槛窗：商铺二层往往采用通长槛窗。
14——斜撑：挑檐处理带有湖南地区的特点，是芜湖地区多元建筑文化交融的体现。

图5-2-8　芜湖古城传统商铺建筑特征要素构成图（以南门湾12号为例）

典型民居：对外的四个面都较为封闭，面对内院的界面开敞。

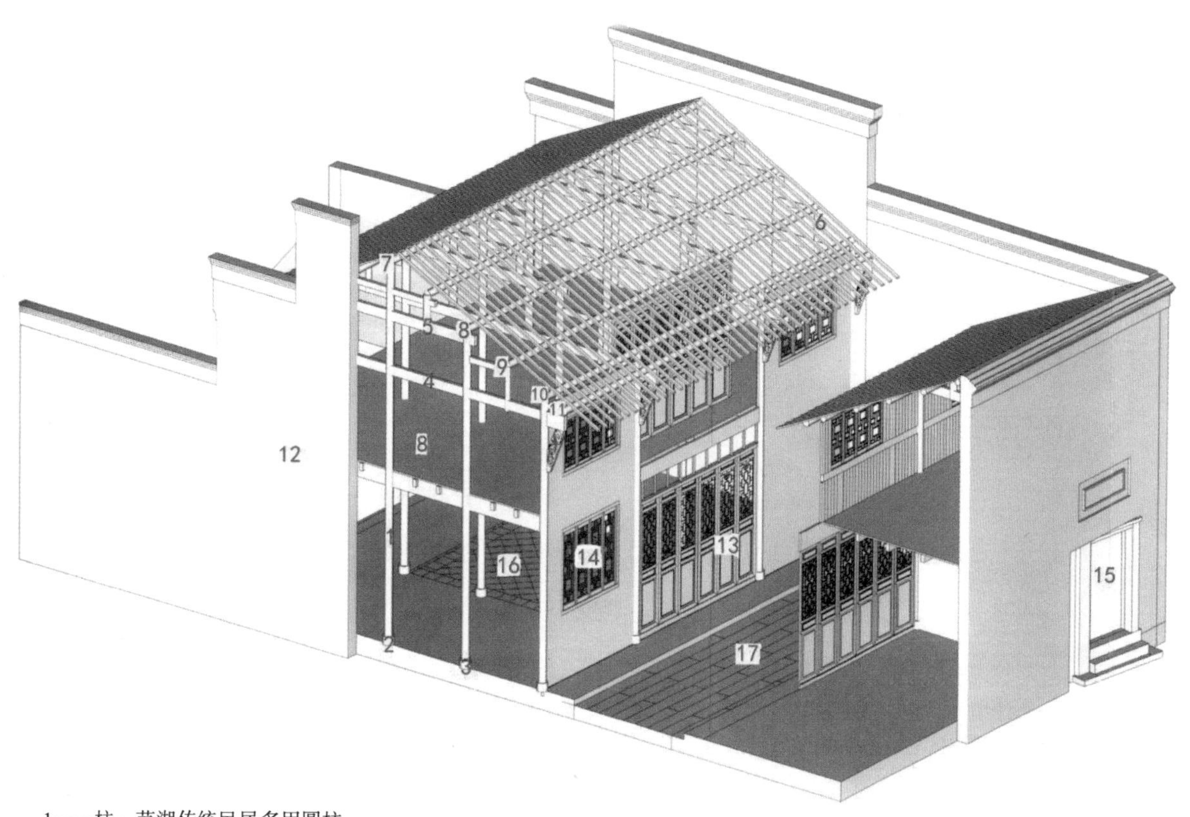

1——柱：芜湖传统民居多用圆柱。
2——柱础：多为鼓磴柱础，少量使用碛形础。
3——柱磉石。
4——大梁（五架梁）：穿斗结构中，多用扁作梁，梁的高度为宽度的2~4倍。
5——三架梁：芜湖传统民居多为扁作梁。
6——椽子。
7——脊檩：脊檩比其他檩略粗30~50mm。
8——上金檩。
9——下金檩。
10——檐檩。
11——挑檐檩。
12——马头墙。
13——长窗：一般当心间为6扇，次间4扇。
14——槛窗。
15——大门：为避免大门垂直面街，入口处做斜向处理。
16——室内铺地：室内一般用地板、青砖席纹、方砖、砖石混砌等几种。
17——室外铺地：一般用砖砌或石砌。

图5-2-9 芜湖古城传统民居建筑特征要素构成图

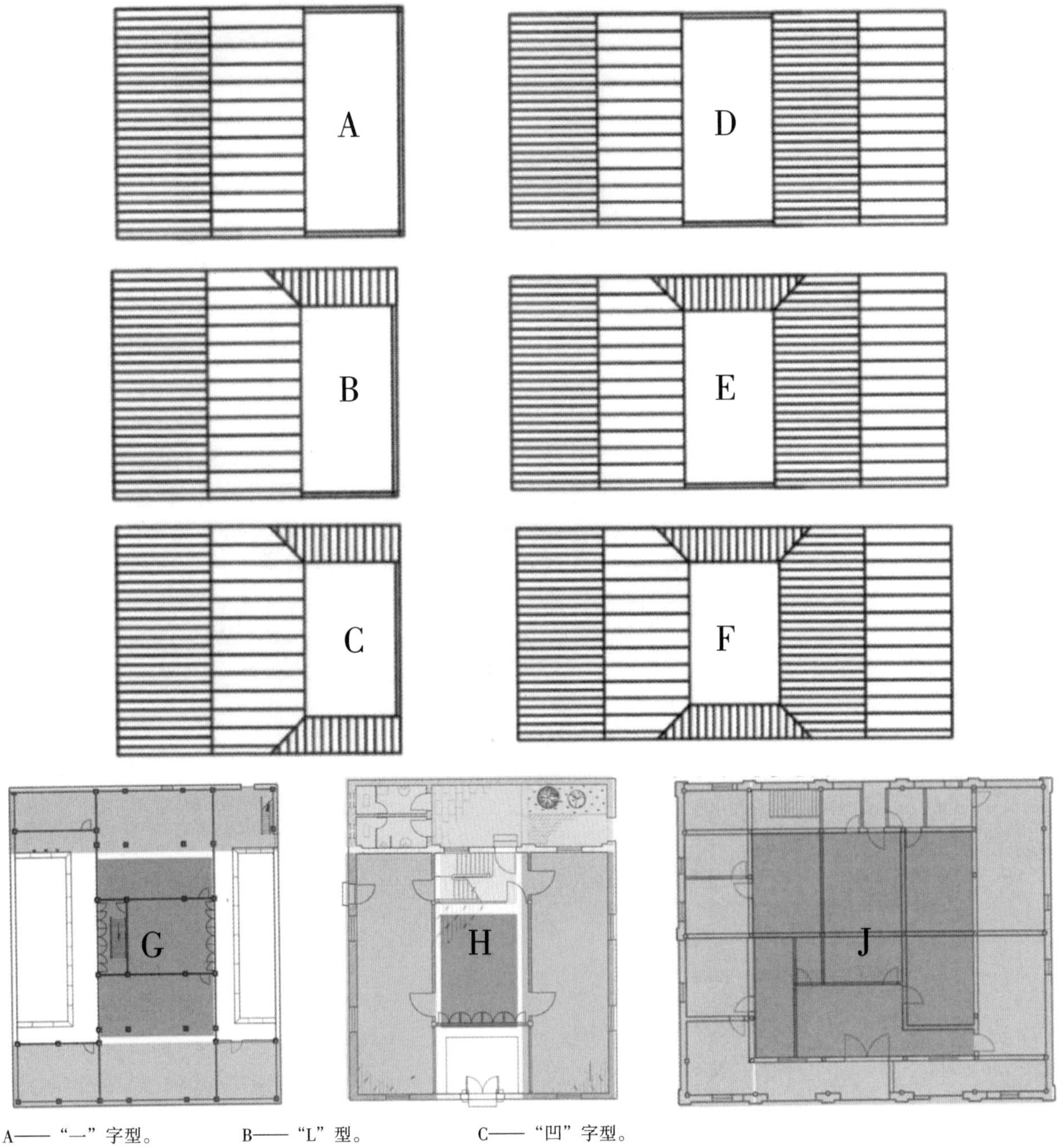

A——“一”字型。　B——“L”型。　C——“凹”字型。

D——“二”字型。　E——“匡”字型。　F——“回”字型。

G——近代院落的变形（公署路66号），主厅变为门厅，厢房与正厅以左右两间拉通作为房间使用，楼体出现在门厅中轴线上。

H——“亚”字型平面（花街27号后厅），为获取南向采光，又限于进深面宽条件，因地制宜地采用了“亚”字型平面，是“凹”字型平面的变体。

J——纯西式平面（薪市街10~12号），以独立式建筑为主，回型外廊包围内部使用空间的形式组织建筑平面。

图5-2-10　院落(标准单元)平面格局图

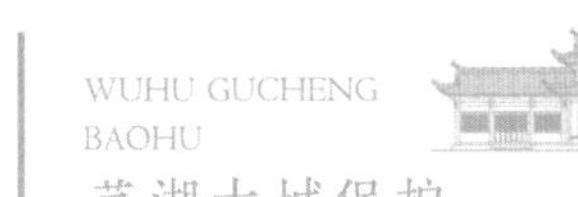

无砖雕门罩：

米市街47号

环城南路7号

环城南路29号

砖雕门罩：

萧家巷3号

太平大路7号

东市街居民

近代西式门罩：

丁字街民宅

公署路66号

萧家巷39号

图5-2-11　门罩细部图

4. 芜湖古城规划设计方案竞赛中选方案简介

2014年3月，东南大学规划设计研究院的中选方案，按竞赛要求完成的成果有三：控制性详细规划方案，修建性详细规划方案，重点地段（一期工程）建筑方案。现将该中选方案简要介绍如下，可作为资料备案，也便于与以后的分期实施参考和对照，还会引发一些思考。

（1）芜湖古城控制性详细规划方案。

①现状分析（图5-2-12）。

规划区域为芜湖古城的东边大半部分，由环城北路、环城东路、沿河路、九华中路围合而成，总用地面积为40.33公顷。这里主要为居住

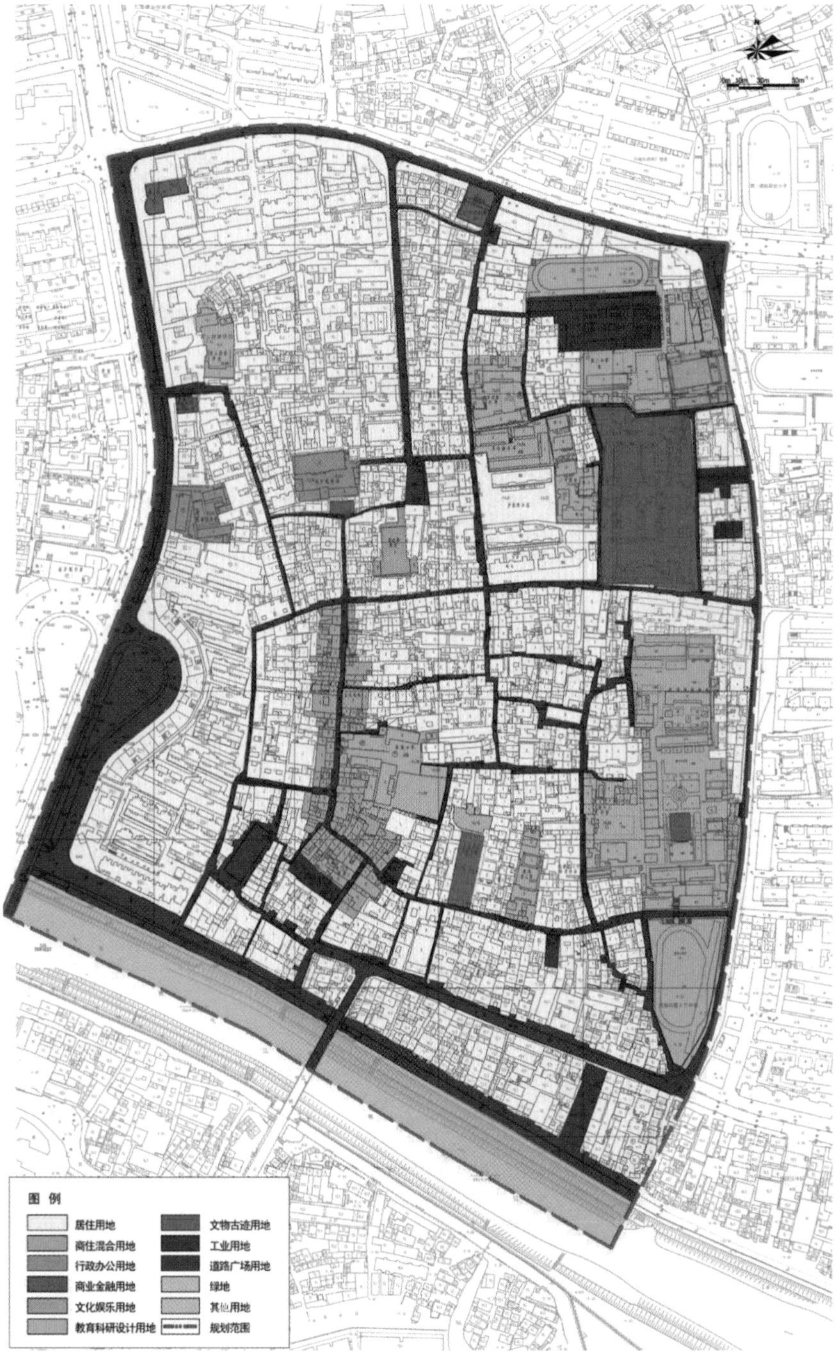

图5-2-12　芜湖古城用地现状图

用地，占建设用地的54.17%；其次为城市道路用地，占21.85%；再次为教育科研用地，占13.46%；其余为文物古迹用地、商住混合用地、工业用地、行政办公用地、娱乐康体用地、商业服务业设施用地等。

道路现状：古城内部大部分为步行街巷，留存的整体街巷保持了传统街巷的风貌。古城内南北两端部分地区可通车。道路系统总体上保存较好，大部分街巷仍保持原有走向，保留了大量的历史信息（图5-2-13）。

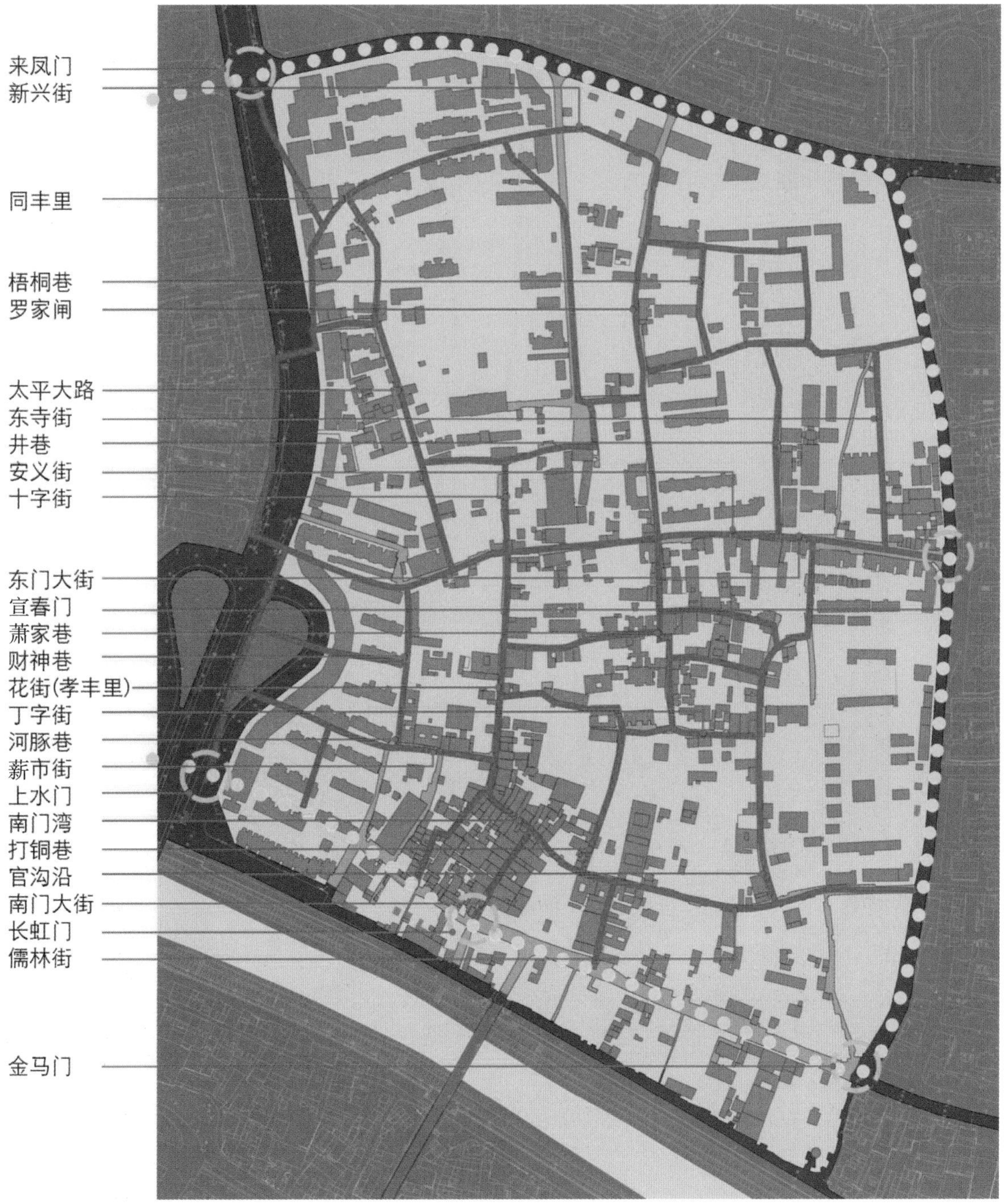

来凤门
新兴街
同丰里
梧桐巷
罗家闸
太平大路
东寺街
井巷
安义街
十字街
东门大街
宣春门
萧家巷
财神巷
花街(孝丰里)
丁字街
河豚巷
薪市街
上水门
南门湾
打铜巷
官沟沿
南门大街
长虹门
儒林街
金马门

图5-2-13　芜湖古城街道历史信息图

建筑现状：现存建筑较集中的区域建筑风貌较好，古城西北角与罗家闸小区区域风貌与传统风貌较为不符。现有建筑建造年代基本在1980年以前，分布有较多民国时期以及部分清代末期建筑（图5-2-14）。建筑结构多为一至二层木结构或砖墙承重的砖木结构，混杂有部分翻建重建的砖混结构建筑。西北角沿九华中路的多层和高层建筑则以钢筋混凝土结构为主。古城内的建筑质量总体上较差，但在几个重要古城节点，遗存建筑仍保留了不少历史信息。古城内现有48处历史建筑，格局保留较为完好。另有33处建议保留建筑。这些都是芜湖传统建筑特色的集中体现，反映了芜湖古城的特有风貌（图5-2-15）。

图5-2-14　芜湖古城建筑年代现状图

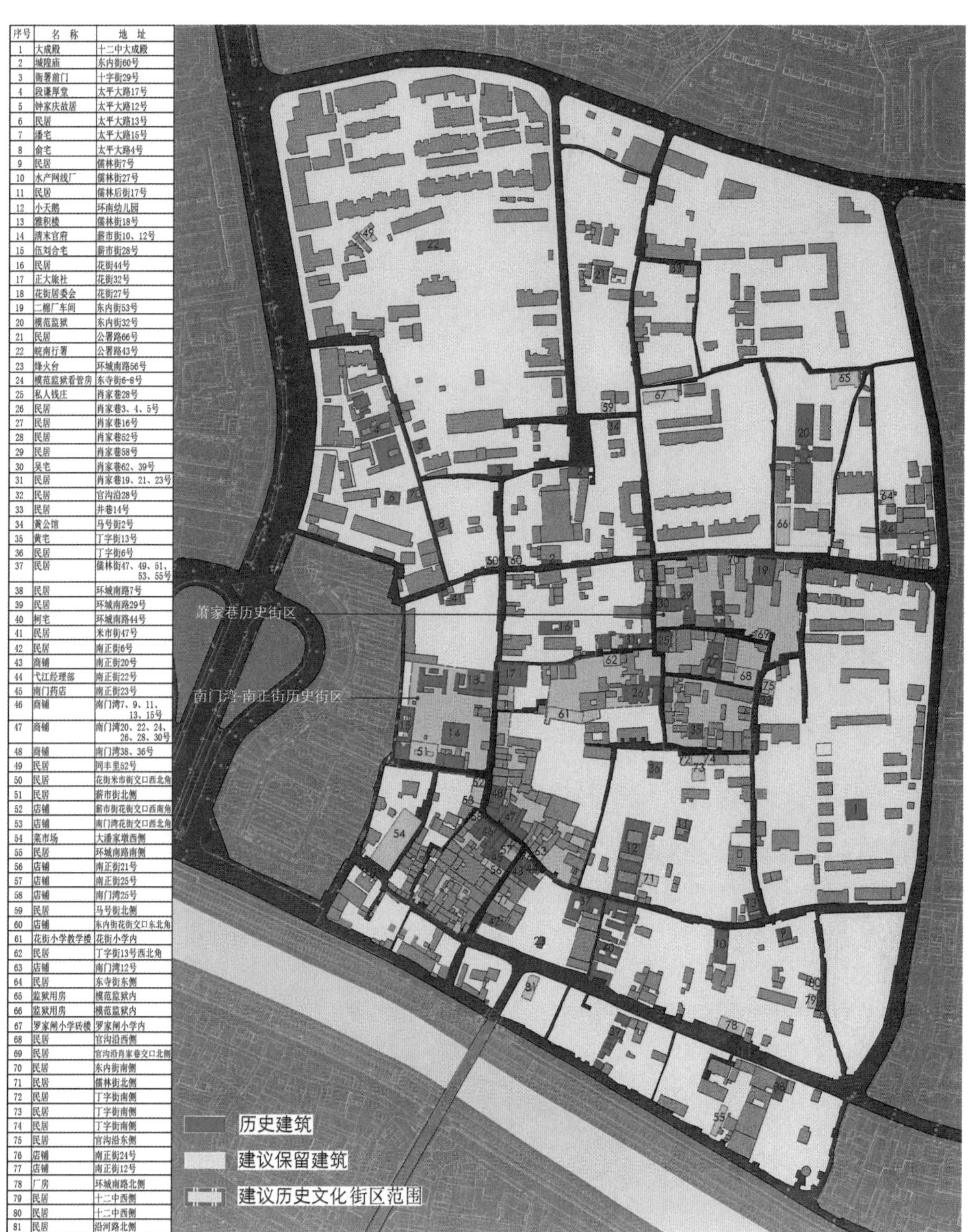

序号	名　称	地　址
1	大成殿	十二中大成殿
2	城隍庙	东内街60号
3	衙署前门	十字街29号
4	段谦厚堂	太平大路17号
5	钟家庆故居	太平大路12号
6	民居	太平大路13号
7	潘宅	太平大路15号
8	俞宅	太平大路4号
9	民居	儒林街7号
10	水产网线厂	儒林街27号
11	民居	儒林后街17号
12	小天鹅	环南幼儿园
13	雅积楼	儒林街18号
14	清末官府	薪市街10、12号
15	伍刘合宅	薪市街28号
16	民居	花街44号
17	正大旅社	花街32号
18	花街居委会	花街27号
19	二棉厂车间	东内街53号
20	模范监狱	东内街32号
21	民居	公署路66号
22	皖南行署	公署路43号
23	烽火台	环城南路56号
24	模范监狱看管房	东寺街6~8号
25	私人钱庄	肖家巷28号
26	民居	肖家巷3、4、5号
27	民居	肖家巷16号
28	民居	肖家巷52号
29	民居	肖家巷58号
30	吴宅	肖家巷62、39号
31	民居	肖家巷19、21、23号
32	民居	官沟沿28号
33	民居	井巷14号
34	黄公馆	马号街2号
35	黄宅	丁字街13号
36	民居	丁字街6号
37	民居	儒林街47、49、51、53、55号
38	民居	环城南路7号
39	民居	环城南路29号
40	柯宅	环城南路44号
41	民居	米市街47号
42	民居	南正街6号
43	商铺	南正街20号
44	弋江经理部	南正街22号
45	南门药店	南正街23号
46	商铺	南门湾7、9、11、13、15号
47	商铺	南门湾20、22、24、26、28、30号
48	商铺	南门湾38、36号
49	民居	同丰里52号
50	民居	花街米市街交口西北角
51	民居	薪市街北侧
52	店铺	薪市街花街交口西南角
53	店铺	南门湾花街交口西北角
54	菜市场	大潘家墩西侧
55	民居	环城南路南侧
56	店铺	南正街21号
57	店铺	南正街25号
58	店铺	南门湾25号
59	民居	马号街北侧
60	店铺	东内街花街交口东北角
61	花街小学教学楼	花街小学内
62	民居	丁字街13号西北角
63	店铺	南门湾12号
64	民居	东寺街东侧
65	监狱用房	模范监狱内
66	监狱用房	模范监狱内
67	罗家闸小学砖楼	罗家闸小学内
68	民居	官沟沿西侧
69	民居	官沟沿肖家巷交口北侧
70	民居	东内街南侧
71	民居	儒林街北侧
72	民居	丁字街南侧
73	民居	丁字街南侧
74	民居	丁字街南侧
75	民居	官沟沿东侧
76	店铺	南正街24号
77	店铺	南正街12号
78	厂房	环城南路北侧
79	民居	十二中西侧
80	民居	十二中西侧
81	民居	沿河路北侧

图 5-2-15　芜湖古城历史建筑与建议保留建筑分布示意图

②规划思路。

功能定位：集文化、商业、居住、旅游、展示、休闲为一体的具有特殊地域特色的历史古城，要展示芜湖亦商亦儒的文化底蕴，体现芜湖徽派建筑文化为主、多元文化共处，并不断发展的文脉特征。

规划特色：规划说明书概括为“记忆之城、对话之城、艺文之城”。对“记忆之城”的解释是“强调‘环境景观形态与真实生活形态双重修复’的规划理念，通过保护历史文化资源，恢复古城标志性要素，延续历史街道脉络等技术手段，还原一座真实而丰富，被大众认可和具有亲切感的古城”。对“对话之城”的解释是“延续芜湖古城‘多元对话’的独特气质，寻求古与今、传统与当代创意、文化与商业、艺术与生活的对话碰撞，还原出一个风貌多元、体验多元、活动多元的特色古城”。对“艺术之城”的解释是“芜湖古城曾是文化艺术活动的繁盛之地，规划关注于新类型设施与文化场所的设置，希望以此形成古城可持续发展的发力点，并将古城打造为芜湖新时期‘文艺复兴’的策源地”。笔者认为可概括为“再现记忆之城，延续对话之城，复兴艺文之城”的三大规划特色。

③保护区划。

划分为核心保护区、风貌协调区、规划控制区三区。此规划核心保护区范围过小，规划控制区应扩大至规划范围以外。

④历史街区。

主要有南门湾历史街区、萧家巷历史街区、打铜巷“徽式洋风”风貌恢复区。

⑤功能结构。

划分为传统风情区、核心区、配套服务区、保留整治区四大片区（图5-2-16）。

⑥道路系统。

规划区内部的街巷延续历史街道网络，构成人车分离的交通体系，规划道分为地区内干线、步行者专用道路（受限车道）、步行道路三个等级（图5-2-17）。

⑦各类用地。

居住用地占34.11%，公共管理与公共服务设施用地占14.78%，商业服务业设施用地占19.87%，道路与交通设施用地占19.53%，公用设施用地占0.25%，绿化广场用地占11.46%。城市建设用地合计38.24公顷。

（2）其他规划设计成果。

根据规划设计任务书要求，一期工程范围面积为85466平方米，中选方案建议扩大64651平方米，故一期工程修建性详细规划范围为150117平方米（图5-2-18）。修建性详细规划设计及重点地段建筑方案设计内容这里从略。还需要提到的是规划设件附件《芜湖古城建筑图则》，从平面组织、结构体系、外观和细部诸方面以图的形式对芜湖地方传统建筑特征进行了分析，又从时（兵利之时、水利之时、市利之时、复兴之时）韵（圆融之韵、交融之韵）人（雅积儒林、艺聚花街、耳音梨黄、笔锻山水）三方面概括了芜湖古城的历史文化内涵和丰厚的非物质文化遗产。

总之，中选规划方案有构想、有策略、有深度、有亮点，是个较好的规划设计方案，为芜湖古城保护项目的具体实施打下了很好的基础。

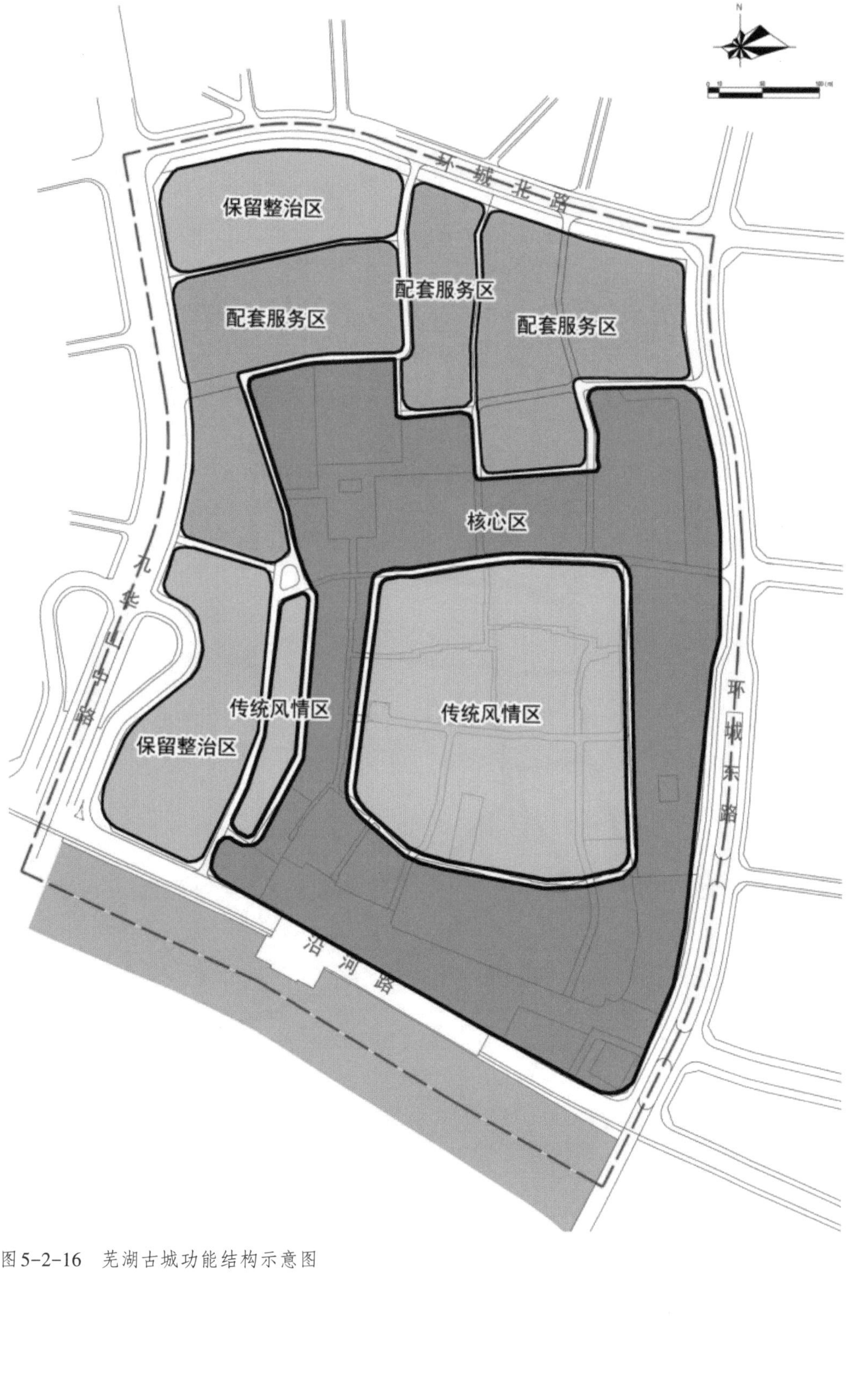

图5-2-16　芜湖古城功能结构示意图

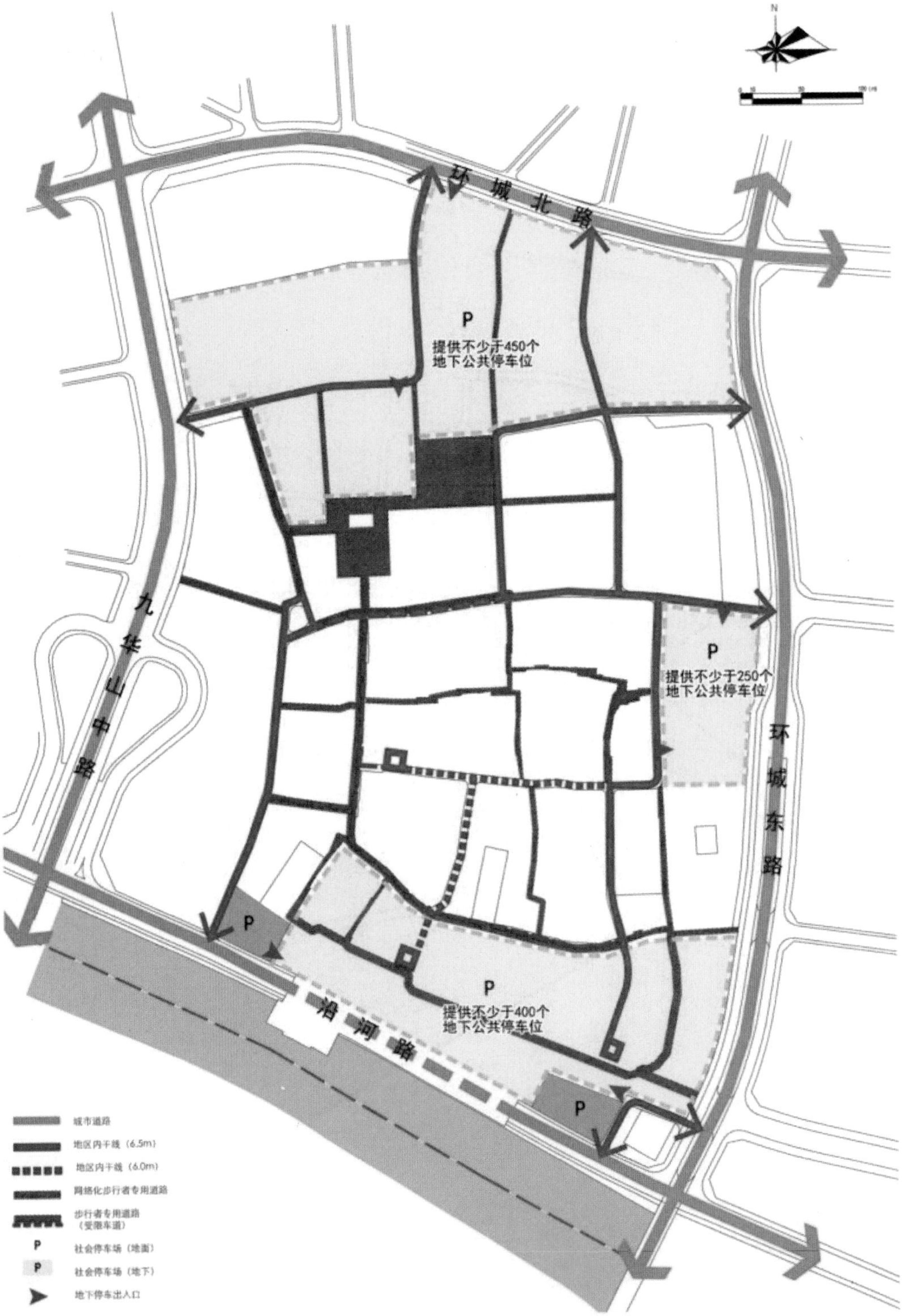

图5-2-17　芜湖古城道路系统规划示意图

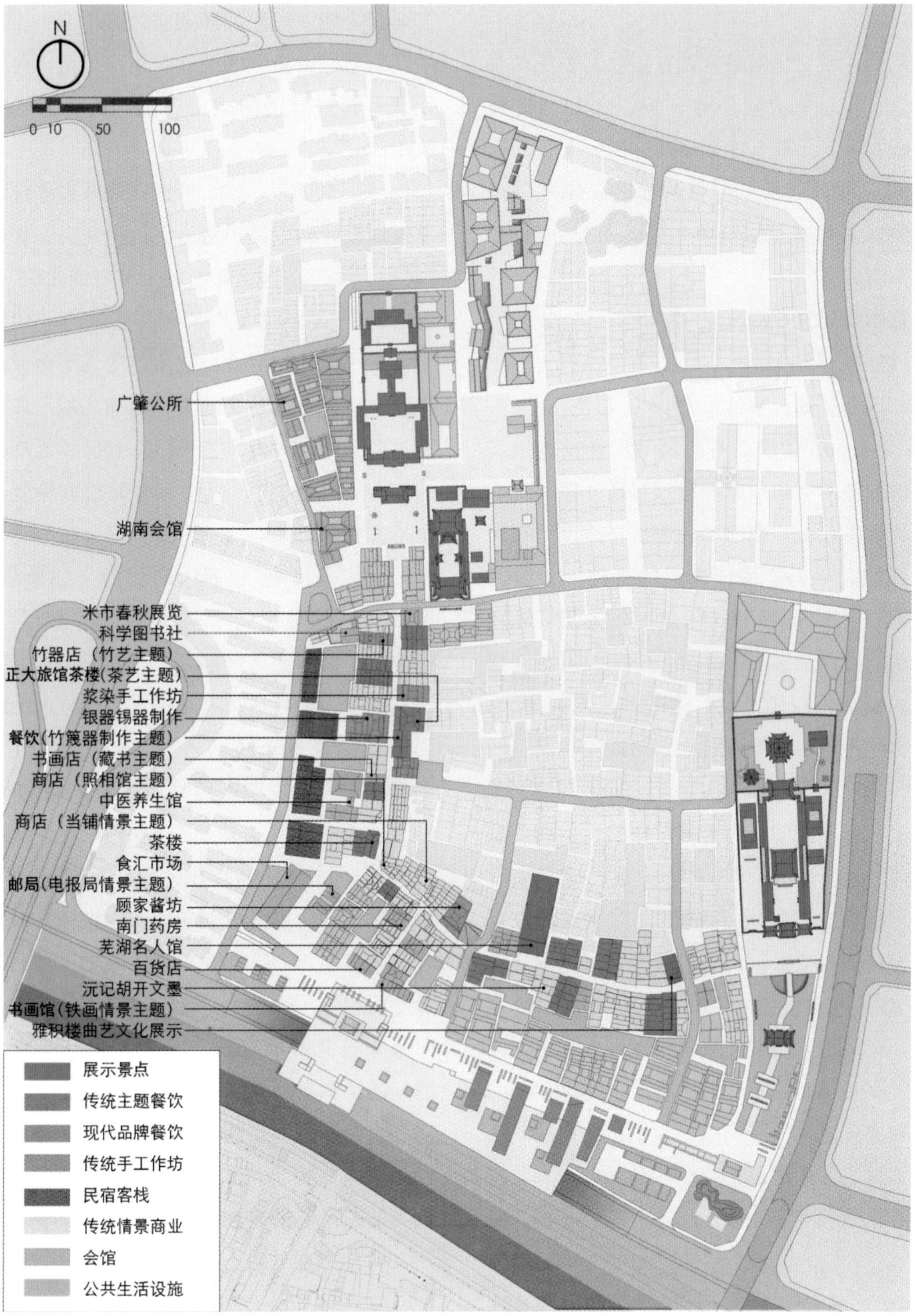

N
0 10 50 100
广肇公所
湖南会馆
米市春秋展览
科学图书社
竹器店（竹艺主题）
正大旅馆茶楼(茶艺主题)
浆染手工作坊
银器锡器制作
餐饮(竹篾器制作主题)
书画店（藏书主题）
商店（照相馆主题）
中医养生馆
商店（当铺情景主题）
茶楼
食汇市场
邮局(电报局情景主题)
顾家酱坊
南门药房
芜湖名人馆
百货店
沅记胡开文墨
书画馆(铁画情景主题)
雅积楼曲艺文化展示

展示景点
传统主题餐饮
现代品牌餐饮
传统手工作坊
民宿客栈
传统情景商业
会馆
公共生活设施

图5-2-18　芜湖古城一期工程建议范围规划总平面示意图

三、芜湖古城一期工程规划设计及其实施

由芜湖古城文化旅游管理有限公司委托柏涛建筑设计（深圳）有限公司于2017年12月完成的《芜湖古城（一期）规划设计方案》定稿，由设计说明、项目展示、项目解读、总体规划设计、旅游策划专篇及建筑单体设计六部分组成，现摘要介绍如下。

1. 总体规划设计概况

1）规划思路。

（1）规划原则："保留、编织、再生"。

"保留——保留修缮有价值的构件及建筑实体，重塑古城的空间形态及规划肌理，保留人们对古城的历史记忆。编织——建筑平面设计在保持传统徽派建筑基本构成方式的基础上，融入'徽风西韵'的风格特征，依据现代生活需要在风格及功能方面加以改进。再生——提炼徽派建筑文化内涵，用现代建筑的建造方式进行演绎，使历史文化符号、传统建筑语言与现代建筑空间整合。"

以上三条原则的提出是不保守的，是有想法的。笔者认为三者并不是并列关系，应有主有次。提"保留"不如提"保护"，保护是最重要的。能保留的都要保留，有欠缺的可以"编织"。"再生"却要把握好分寸，不能走得太远，更不能变味，变得与古城整体风貌格格不入。不同区块可以区别对待，如核心保护区要以"保护"为主，风貌协调区可以"编织"为主，规划控制区多用些"再生"手法也无妨。

（2）规划特色："记忆之城、艺文之城、时尚之城"。

"记忆之城——强调'环境景观形态与真实生活形态双重修复'，通过各种技术手段，以期还原一座真实而丰富，被大众认可并有亲切感的古城。艺文之城——芜湖古城曾是文化艺术繁盛之地，而当代的文化艺术，对芜湖古城这样的历史空间，也能持续给人惊喜体验。时尚之城——北部商业街、南面滨江架空休闲平台……以现代的规划理念，新中式的建筑风格，融入传统景观元素，营造舒适的城市环境，展现古城的崭新风貌。"

"记忆之城、艺文之城"的提法源自东南大学规划设计研究院中选方案的说明书，而第三个"对话之城"在这里却换成了"时尚之城"，令笔者不解。"对话之城"讲的是古与今、传统与当代创意、文化与商业、艺术与生活等多元的对话碰撞，概念很清楚。改为"时尚之城"以后，变成片面强调"时尚"、追求"时尚"，显然是偏颇的。"新中式的建筑风格"并无地方特色，要提也不如提"新徽派的建筑风格"，尤其要"展现古城的崭新风貌"，是欠考虑的。如果是这样，展现出来的恐怕就不是芜湖"古城"，顶多是"仿古城"，甚至是"新城"。能否得到大家认可，就难说了，笔者认为还是提"对话之城"较好。

2）总平面布局。

芜湖古城一期工程总用地面积81707.8平方米，地上总建筑面积69186.6平方米。这是一个完整的区域，北临环城北路，南抵青弋江边，中部有昔日县衙与城隍庙。作为芜湖古城保护工程的启动项目，选此为首先实施的区域是十分合理与明智的。从其总平面图可知，从北入口广场向南穿过北部商业区、谯楼广场、花街—南门湾—南正街老商业街，直抵原长虹门，这是一条南北向主轴线；由西入口向东穿过谯楼广场，经过老东大街，直抵东入口广场（原宣春门），这是一条东西向的次轴线（图5-3-1）。

（1）规划结构。

此区域功能以文化、商业、旅游和服务为主，兼有居住。总体规划沿用了古城的原有格局、现有路网，保留了不少现存的历史建筑，将

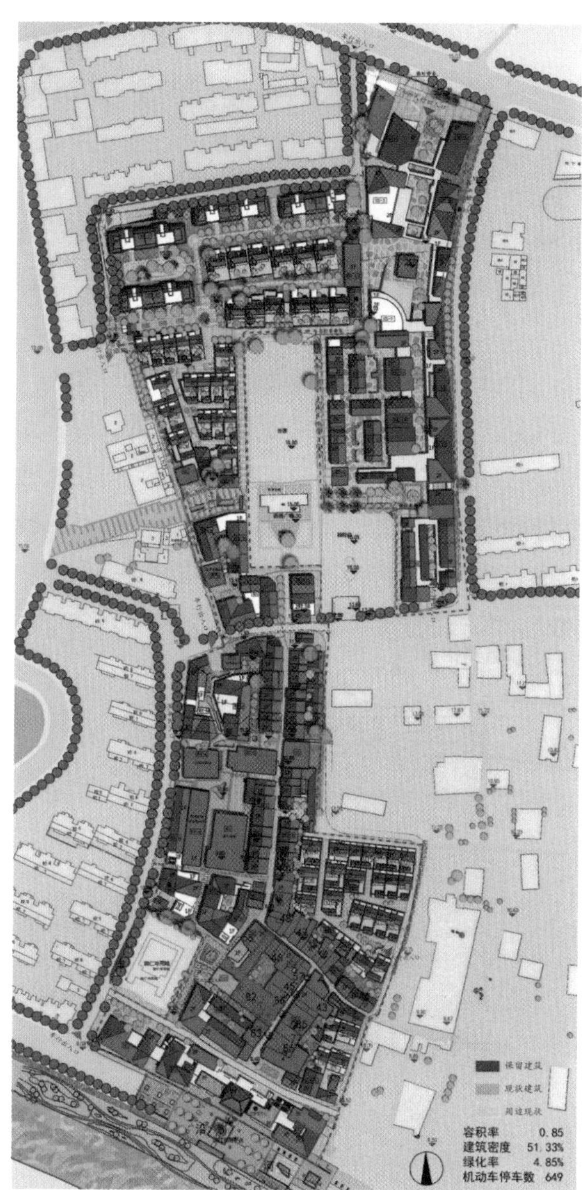

图5-3-1 芜湖古城一期工程总平面示意图

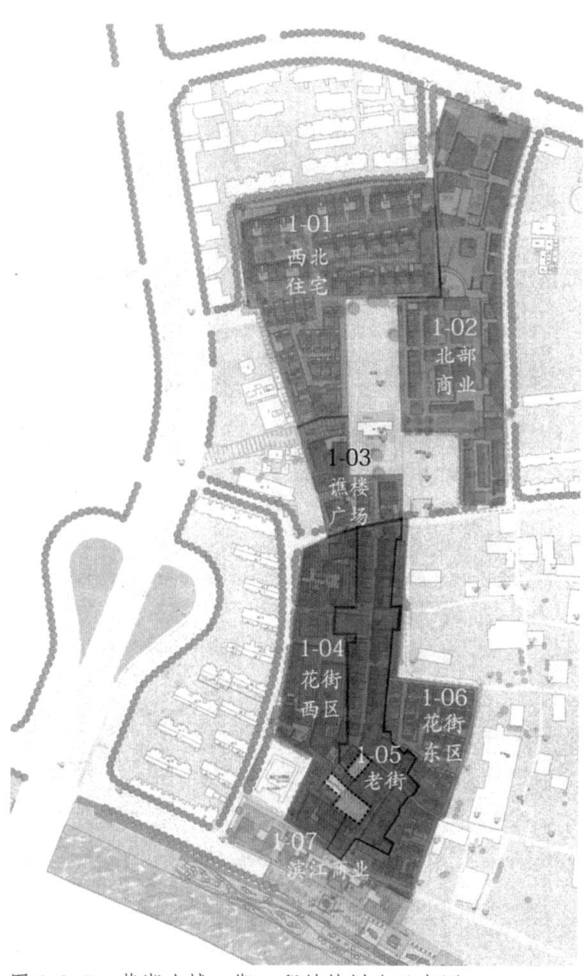

图5-3-2 芜湖古城一期工程地块划分示意图

不同商业、文化、历史街区及保护建筑糅合在一起，形成颇具特色的功能区域。

功能片区共有三大区：北部创意商业区、中部传统历史街区和南部滨江休闲区。

（2）地块划分。

从北向南共分七个地块（图5-3-2）：

1号地块，西北住宅区。位于一期用地西北角，用地性质为居住、商业，北、西两侧均有出入口。西侧为太平大路，外侧有段谦厚堂、华牧师楼等历史建筑，内侧有钟家庆故居。东侧为公署路，内侧移建有原皖南行署建筑，外侧有保留建筑郑宅。

2号地块，北部商业区。位于衙署、城隍庙东北侧，用地性质为商业。北侧临环城北路，是芜湖古城的北入口。

3号地块，谯楼广场区。位于一期工程中部，用地性质为商业。这是芜湖古城总体规划的一处中心节点，是空间动线、景观系统和交通组织的枢纽之一。

4号地块，花街西区。用地性质为商业。薪市街北侧有保留建筑伍刘合宅、清末官府，西南角紧邻能仁寺地块。

5号地块，花街—南门湾—南正街历史商业街，全长约180米。保留有很多历史建筑，恢复此古老的商业街，是一期工程中的重头戏。

6号地块，花街东区。用地性质为居住、商

业。将与萧家巷连片成为核心居住区。

7号地块，滨江商业区。沿河路上加设休闲平台，人车分流，为市民提供亲水、望江之处。复建的长虹门同时作为古城的南部门户和滨江带的标志性建筑。

（3）竖向设计。

此区域地形总体上为北高南低，环城北路海拔标高为15米左右，沿河路海拔标高9.5米左右，衙署内院标高为16米。规划对原有地形不做大规模改变，充分保留原有地貌或依形就势。

4）保留树木。

芜湖古城一期用地内原有树木尽量保留。经实地调查，直径29厘米以上树木共有51株，其中7株已缺失，其他全部保留（图5-3-3）。

5）交通规划。

按照《芜湖古城规划导则》，一期工程车行交通体系纳入古城总体交通体系。通过历史性街区、景观住宅区的道路，原则上是步行专用道，但在规定的时间段，特定的条件下准许车辆通过，并进行限制。在滨江休闲区负一层、北入口广场及西入口广场设大巴落客点各一处。小汽车落客点分别设置在北入口广场、西入口广场及西南角能仁寺广场各一处。地下停车场在一期工程用地北端、西北区及滨江平台下各设置一处。

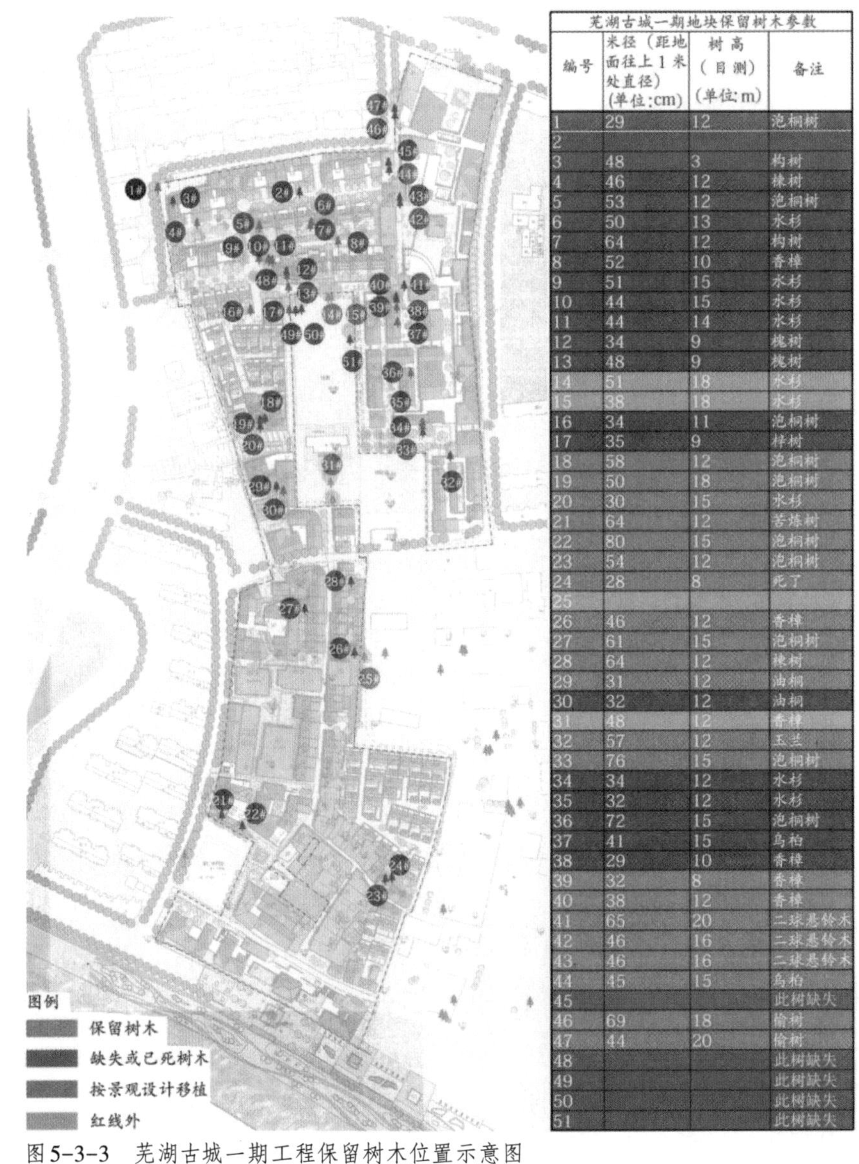

芜湖古城一期地块保留树木参数

编号	米径（距地面往上1米处直径）(单位:cm)	树高（目测）(单位:m)	备注
1	29	12	泡桐树
2			
3	48	3	构树
4	46	12	楝树
5	53	12	泡桐树
6	50	13	水杉
7	64	12	构树
8	52	10	香樟
9	51	15	水杉
10	44	15	水杉
11	44	14	水杉
12	34	9	槐树
13	48	9	槐树
14	51	18	水杉
15	38	18	水杉
16	34	11	泡桐树
17	35	9	梓树
18	58	12	泡桐树
19	50	18	泡桐树
20	30	15	水杉
21	64	12	苦栋树
22	80	15	泡桐树
23	54	12	泡桐树
24	28	8	死了
25			
26	46	12	香樟
27	61	15	泡桐树
28	64	12	楝树
29	31	12	油桐
30	32	12	油桐
31	48	12	香樟
32	57	12	玉兰
33	76	15	泡桐树
34	34	12	水杉
35	32	12	水杉
36	72	15	泡桐树
37	41	15	乌桕
38	29	10	香樟
39	32	8	香樟
40	38	12	香樟
41	65	20	二球悬铃木
42	46	16	二球悬铃木
43	46	16	二球悬铃木
44	45	15	乌桕
45			此树缺失
46	69	18	榆树
47	44	20	榆树
48			此树缺失
49			此树缺失
50			此树缺失
51			此树缺失

图5-3-3　芜湖古城一期工程保留树木位置示意图

2. **详细规划设计概况**

1）北部创意商住区。

（1）北部商业区（2号地块）。

北入口广场以多样的建筑界面形成一个层次丰富、特色鲜明的入口形象（图5-3-4、图5-3-5），两幢保留建筑围合的中心广场将新旧建筑有机组织起来（图5-3-6），南广场两棵古树保留着古城历史的记忆。三个广场串连而成的创意商业街，整体以现代风格和新中式为主，局部采用传统式与周边文物保护建筑相协调，多少显出些许“时尚”（图5-3-7）。

图5-3-4 芜湖古城北入口广场鸟瞰图

图5-3-5 芜湖古城北部商业区北立面表现图

图5-3-6 芜湖古城北部商业街中心广场表现图

（2）西北居住区（1号地块）。

北区西北部为多层住宅，与外围原有多层住宅相协调。北区东南部为低层住宅，在建筑布局、体量、层数和风貌上与用地南侧的衙署相协调（图5-3-8）。南区为商住混合用地，恢复古城风貌，与用地西侧段谦厚堂等保留建筑相呼应。南区东南端设转角商铺，与钟家庆故居一起作为西入口广场的一部分。

2）中部传统历史街区。

（1）谯楼广场区（3号地块）。

谯楼即芜湖古城衙署前门，现已修缮完成，是谯楼广场的主体建筑（图5-3-9）。东北两面均中衙署和城隍庙围合而成。西侧有一组建筑，南侧有两组建筑。谯楼广场西通太平大路和古城西入口广场，东通古城二期工程的中心地带，南面正对花街入口。这是两条主、次轴线的交会点，位置十分显要，因此对广场空间的营造和建筑界面的处理要求很高。

（2）花街—南门湾—南正街历史商业街区（5号地块）。

此街北半部花街按县衙中轴线走向，南半部按长虹门处与南城墙基本垂直的走向，在与东边的儒林街交会处转了个弯，这段称之为南门湾的街道，又分别与花街、南正街垂直（图5-3-10）。整个街道两侧尽为商铺，多为两层，以徽派建筑风格为主，局部加入民国时期建筑元素。

此街规划完全采用东南大学规划设计研究院中选方案设计，可见当时的方案是得到一致认可的，也是切实可行的。南门湾—南正街商铺留存很好，基本保持了原貌，花街拆毁较多，但留下了其中的几幢精品，如正大旅社、潘家“宫宝第”（东、西楼）。花街与薪市街相交处的转角商铺也很有特色。这三条街合称南大街，是芜湖古城十字形主干道之一，能基本完好地保留下来是芜湖古城的一大幸事。街道走向、肌理、尺度、风貌都保持了相当的原真性，是很不容易的（图5-3-11至图5-3-18）。

图 5-3-7a　芜湖古城北部商业区北立面图　　图 5-3-7b　芜湖古城北部商业区南立面图

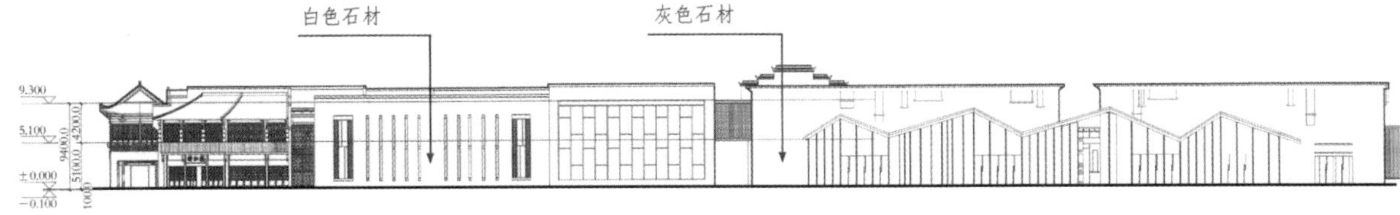

图 5-3-7c　芜湖古城北部商业区东立面图一

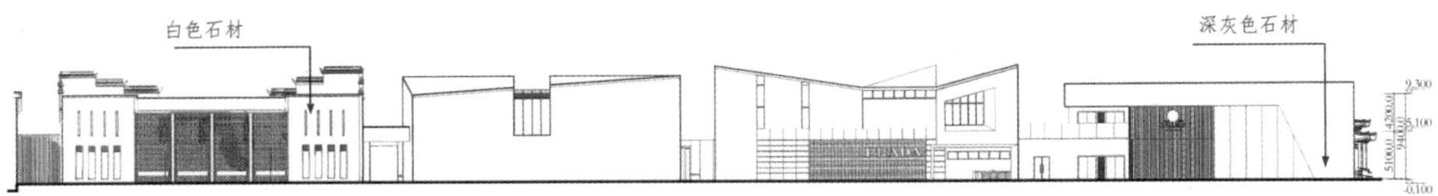

图 5-3-7d　芜湖古城北部商业区东立面图二

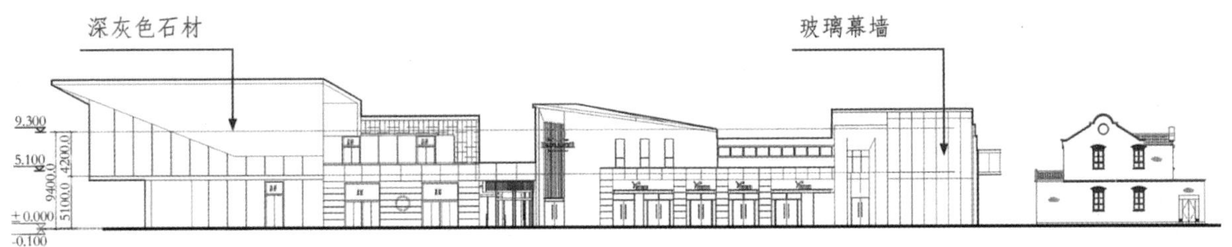

图 5-3-7e　芜湖古城北部商业区西立面图一

图 5-3-7f　芜湖古城北部商业区西立面图二

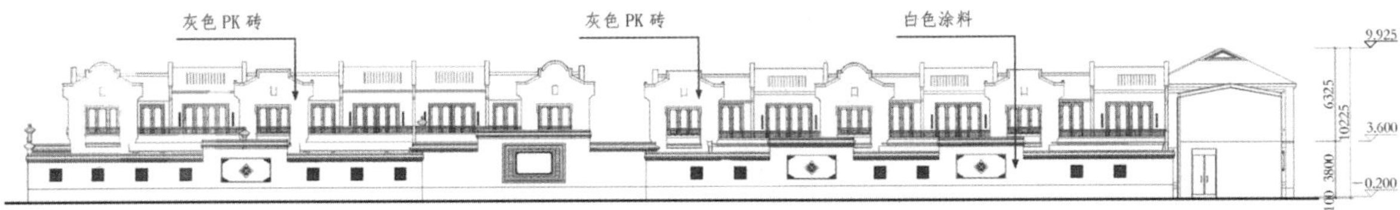

图 5-3-8a　芜湖古城西北居住区低层住宅南立面图

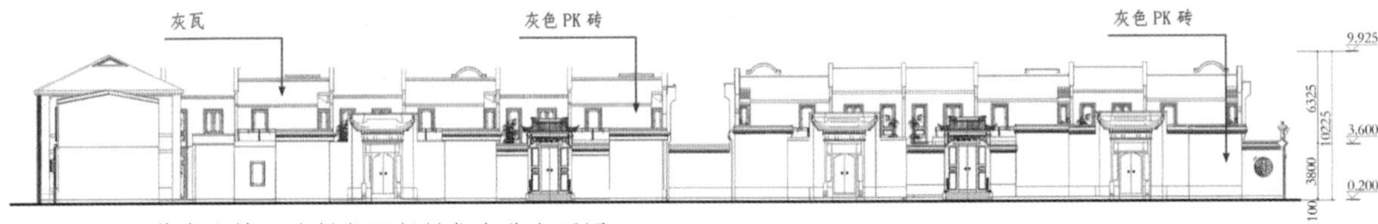

图 5-3-8b　芜湖古城西北居住区低层住宅北立面图

图5-3-9 芜湖古城衙署前门(谯楼)及牌坊

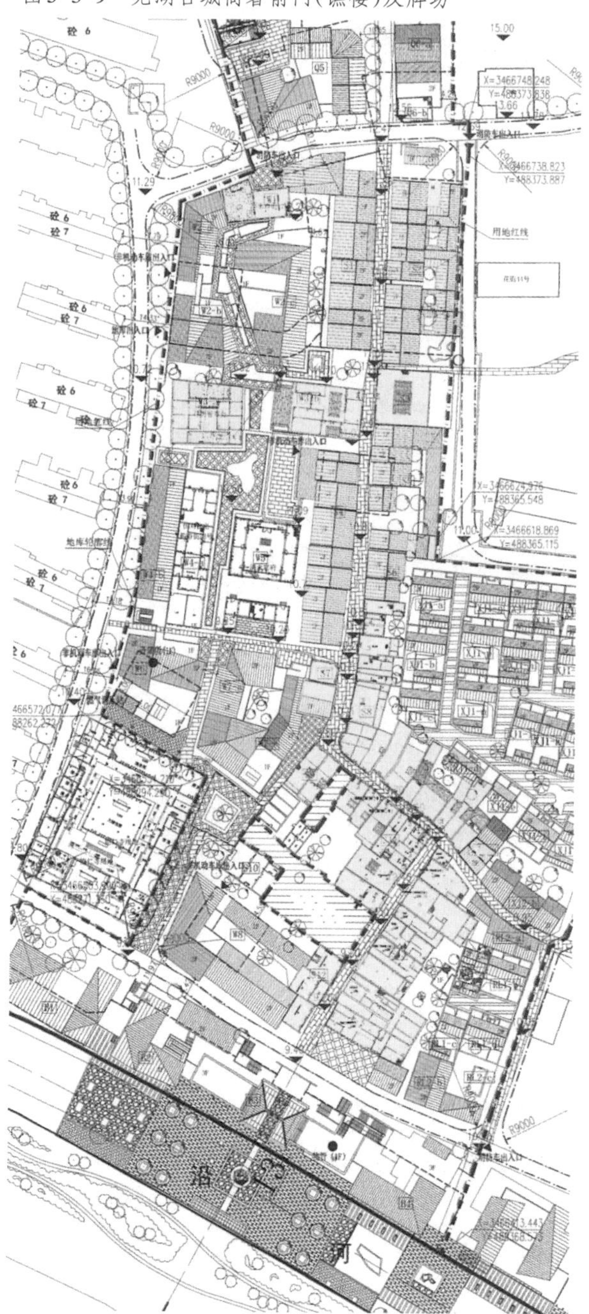
图5-3-10 花街—南门湾—南正街古商业街示意图

图5-3-11 芜湖古城花街入口表现图

图5-3-12 芜湖古城花街转角商铺表现图

图5-3-13 芜湖古城南正街入口表现图

图5-3-14 芜湖古城南正街转角街景

图5-3-15a　芜湖古城花街北立面图

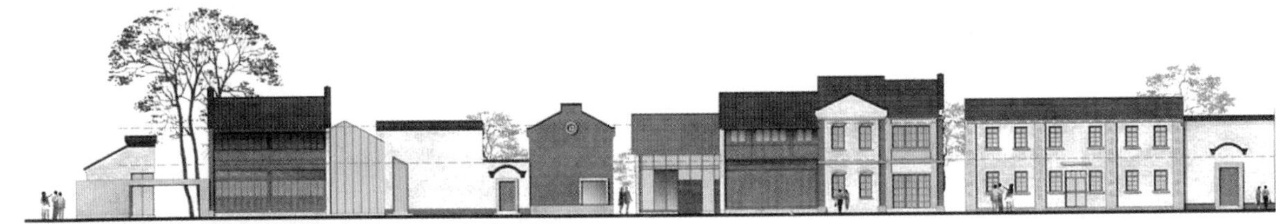

图5-3-15b　芜湖古城花街东立面图(北段)

图5-3-15c　芜湖古城花街东立面图(南段)

图5-3-15d　芜湖古城花街西立面图(南段)

图5-3-15e　芜湖古城花街西立面图(北段)

图5-3-16　芜湖古城南门湾北立面图

图5-3-17 芜湖古城南正街西立面图

图5-3-18 芜湖古城南正街东立面图

（3）花街西区（5号地块）。

此地块位于花街与南正街西侧，内有多处保护建筑，如米市街47号宅，花街27号宅及薪市街北侧的伍刘合宅、清末官府。地块西南侧尚有能仁寺（图5-3-19），导致地块内部用地并不完整，只能成组布置商业建筑。该区内部自北至南规划了一条文化游览路线，与商业也能紧密结合。区内建筑除了考虑与东侧古商业街徽派建筑相协调，也采用了一些新中式建筑风格的处理手法（图5-3-20）。

3）南部休闲滨江区。

（1）花街东区（6号地块）。

此地块位于花街与南正街的东侧，东临保护建筑“小天朝”。南门湾向东延伸，与著名的儒林街相接，成为古商业街与古文化街相联系的重要通道。在“小天朝”保护范围外布置了连排的低层住宅（图5-3-21），成为一片临近青弋江的休闲住宅区。沿街设有商铺，采用传统的“前店后宅”模式，与东面的二期工程有了很好的过渡与衔接。

（2）滨江休闲区（7号地块）。

此地块位于青弋江北侧，北为环城南路，南是沿河路，是一狭长地带。规划的滨江休闲区将建筑与防洪墙相结合，在沿河路上加设休闲平台，也可实现人车分流（图5-3-22）。正对南正街街口之处，原有芜湖古城的南城门长虹门，复建的长虹门城楼将成为古城南部门户的一处标志性建筑（图5-3-23）。此滨江休闲区将向东延伸，形成具有一定规模的滨江休闲地带。

笔者曾去芜湖古城一期工程施工现场，从见到的实景来看，基本上按规划设计的意图进行了有质量的实施（图5-3-24至图5-3-26）。

芜湖古城一期工程花街-南门湾-南正街历史商业街区地块，2018至2019年先行实施了南门湾-南正街区段，基本上均为遗存的历史建筑，进行“修旧如旧”。施工过程中发现街道路面与商铺地坪历代有所增高，现降低了标高，恢复了原貌。2020年施工的花街区段，大部分为复建的传统建筑。滨江休闲区2020年复建了古城南门长虹门，城楼为二层歇山屋顶。青弋江边结合防洪墙新建了休闲平台，景观与观景效果俱佳。

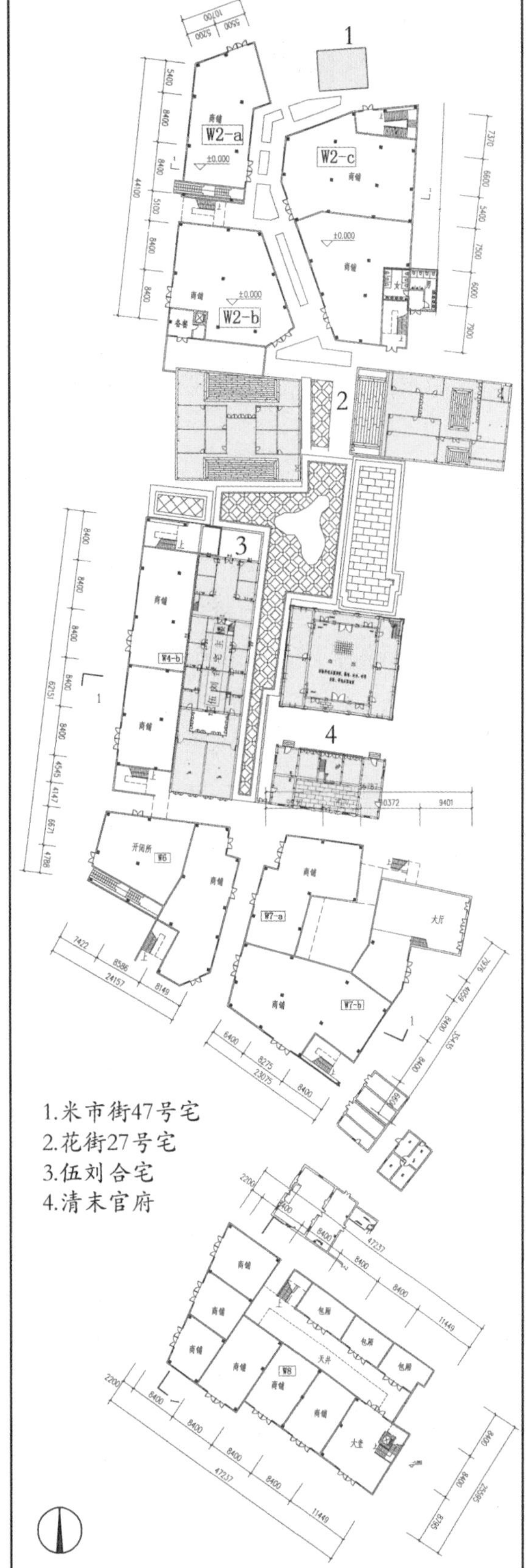

图5-3-19　花街西区一层平面图

图5-3-20a　花街西区建筑表现图一

图5-3-20b　花街西区建筑表现图二

图5-3-20c　花街西区建筑表现图三

图5-3-20d　花街西区建筑表现图四

图5-3-21　花街东区居住建筑表现图

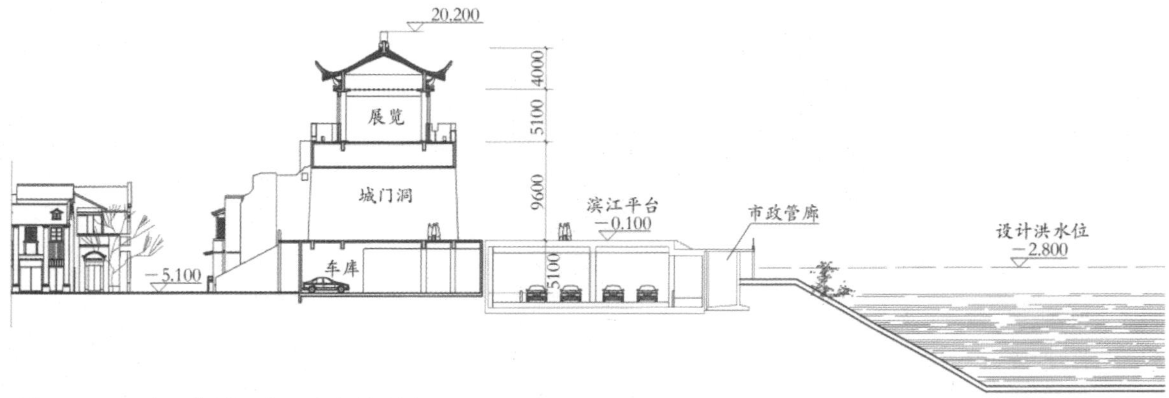

图5-3-22 滨江休闲区滨江平台剖面图

图5-3-23 滨江休闲区沿河表现图之一

图5-3-24a 西北居住区院门

图5-3-24b 西北居住区低层住宅

图5-3-24c 西北居住区水景

图5-3-24d 西北居住区多层住宅

图 5-3-25a 南门湾街景(向东看)

图 5-3-25b 南门湾街景(向西看)

图 5-3-26a 南正街街景一

图 5-3-26b 南正街街景二

图 5-3-26c 南正街街景三

图 5-3-26d 南正街街景四

图 5-3-26e 南正街街景五

四、芜湖古城二期工程规划设计方案概况

2018年年初此项目开始策划。1月底，芜湖市规划局划出芜湖古城二期工程用地范围（图5-4-1），并提出规划设计指标。6月底，芜湖市国土资源局发出用地使用权拍卖出让公告。8月8日，在芜湖市公共资源交易中心举行了现场挂牌会。芜湖古城文化旅游管理有限公司取得二期工程用地使用权后，仍委托柏涛建筑设计（深圳）有限公司进行规划方案设计，11月召开两次规划方案设计的讨论会，会后设计单位对规划方案进行了修改。2019年1月17日，芜湖市规划局主持了芜湖古城二期地块规划设计方案专家评审会，会议原则上赞成规划设计方案，并对该方案的修改完善提出了意见："古城二期规划设计应与一期完全融合，同时作为古城保护重要组成部分，建议适当扩大核心保护区范围，并于本次方案设计中充分考虑未来与政府修建的文物保护项目，西侧堂子巷以及罗家闸小区等周边区域的整合。"会议还要求："建筑风格应与文庙、模范监狱等周边环境相协调，合理安排徽派、西洋、现代等处理手法的比例。"该规划方案修改完善后报芜湖市规划委审批。

1. 总体规划设计概况

规划定位、原则、特色等同一期工程，规划结构为："延用古城现存格局、路网及遗存现状，强化'域'的概念，将不同商业、文化、庙宇、广场与历史街区及保护建筑糅合在一起，形成各具特色的功能区域，并赋予不同文化主题与商业概念。"功能分区（图5-4-2、图5-4-3），按地块分为若干功能区。2-01地块：东北商住区，内部为居住区，沿环城路为商业区。2-02地块：宣春门片区，功能以商业、创意产业、休闲娱乐、影剧为主。2-03地块：萧家巷片区，功能以商业、旅游、居住和服务为主，可开展文化展示、参与体验、历史街区游览等活动。2-04地块，儒林街片区，以居住为主，同时配备沿环城南路商业。2-05地块：滨江休闲片区，以观光休闲及商业为主。2-06地块：西入口商业区，以商业为主。

（1）宣春门区域：位于古城东侧，是芜湖古城的东面门户。沿环城东路建筑界面采用古城墙的建筑意向。建筑群体以复建古城东门宣春门为主导，北侧布置沿路商业街，南侧布置电影院，通过错落的庭院布置化解大的体量，呼应古城肌理。城楼上设置了开放的休闲观景平台。电影院西侧为古城文化展示区（图5-4-4、图5-4-5）。

（2）萧家巷区域：现有房屋大多建于清末民初，多为徽派深宅大院及中西合璧式楼房。在保留古街区原有肌理和传统建筑风貌的基础上，辟出多个空间节点，提炼徽派建筑文化内涵，使新建建筑以徽风西韵与保留建筑相协调。通过建筑、围墙、景观小品等设计，形成步移景异，富于变化的建筑群体形态（图5-4-6）。

（3）儒林街片区：位于儒林街以南，东与文庙建筑群相通。现有建筑多为清代或民国年间建造。现将小天朝、雅积楼等文物价值较高的建筑加以保护、修缮，同时将其丰厚的儒学文化呈现于历史街区内，并使新建建筑与之协调，还需强调其参与性和趣味性（图5-4-7）。

（4）滨江休闲区：此区是一期工程滨江休闲区向东的延伸，是一个整体，都是在沿河路上加设休闲平台，使人车分流，便利交通的同时为市民和游客提供亲水、望江之处；巧妙地将建筑与防洪墙相结合，同时发挥各自的功能作用。建筑采用新中式，并通过绿化大台阶、开阔视廊、休闲广场序列，创造一处滨江览胜之地（图5-4-8）。

（5）西入口商业区：虽属二期工程，但位于一期工程西侧，设有古城的西入口广场。广场南

侧建筑采用新徽派建筑风格，与广场北侧的保护建筑段谦厚堂与华牧师楼相协调。通过入口广场向东进入谯楼广场，很快接近古城北部县衙、城隍庙等核心节点（图5-4-9）。

（6）东北商住区：位于二期用地东北角。内部居住区以两层小体量建筑为主，借鉴堂子巷街区肌理，恢复古城住宅区风貌。沿环城路商业在建筑风格上也采用古城墙的建筑意向（图5-4-10）。

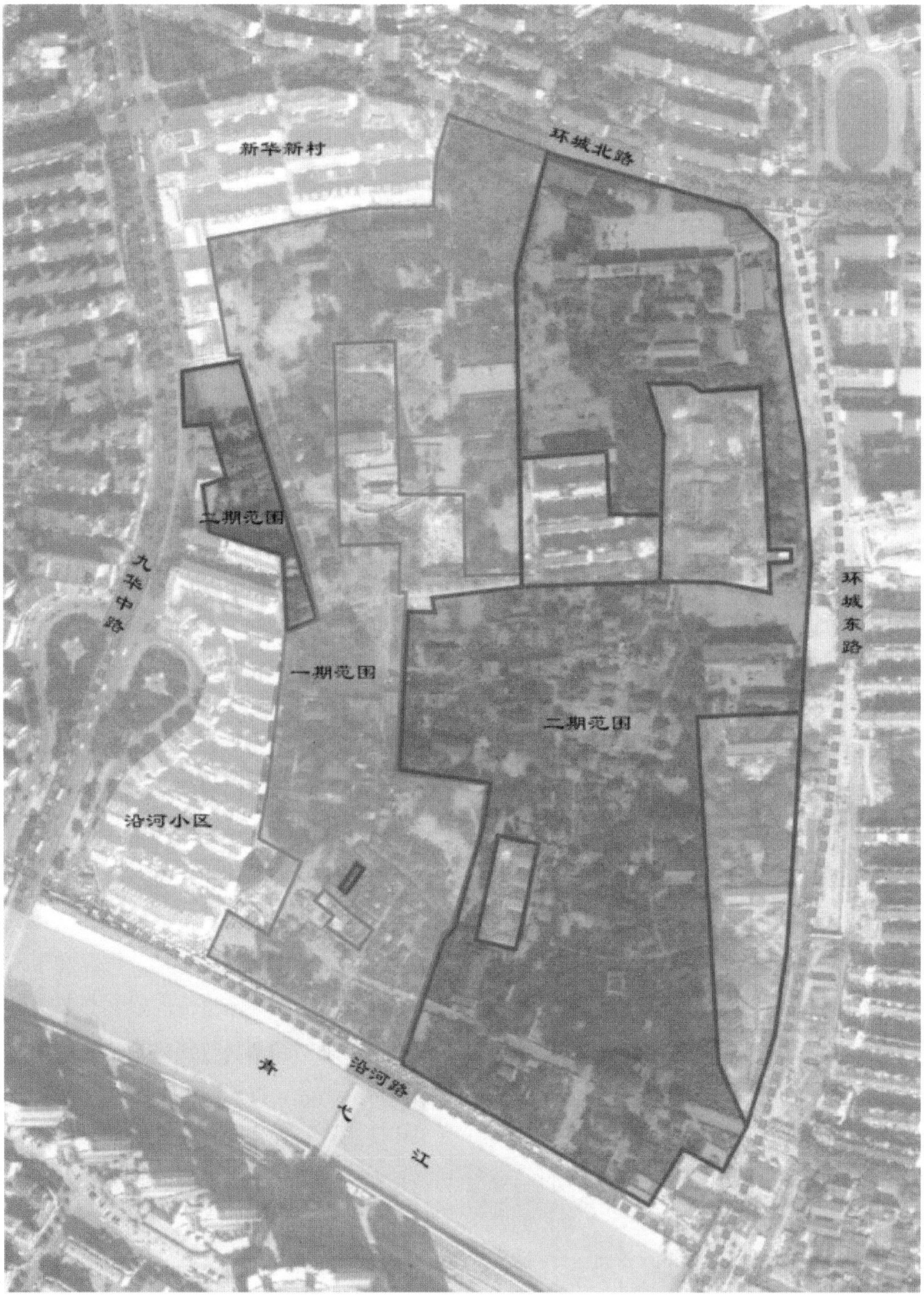

图5-4-1　芜湖古城二期工程用地范围示意图

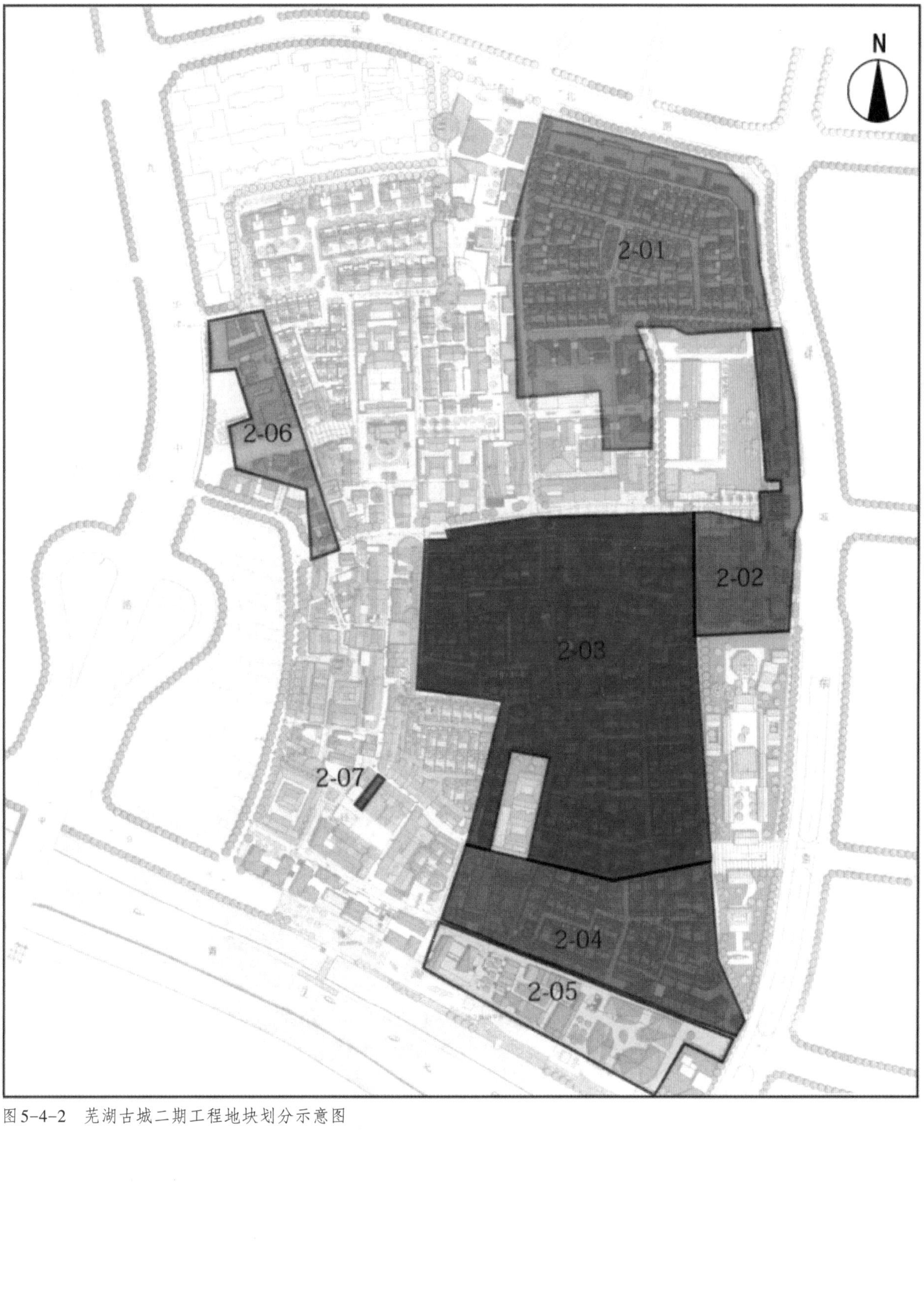

图5-4-2　芜湖古城二期工程地块划分示意图

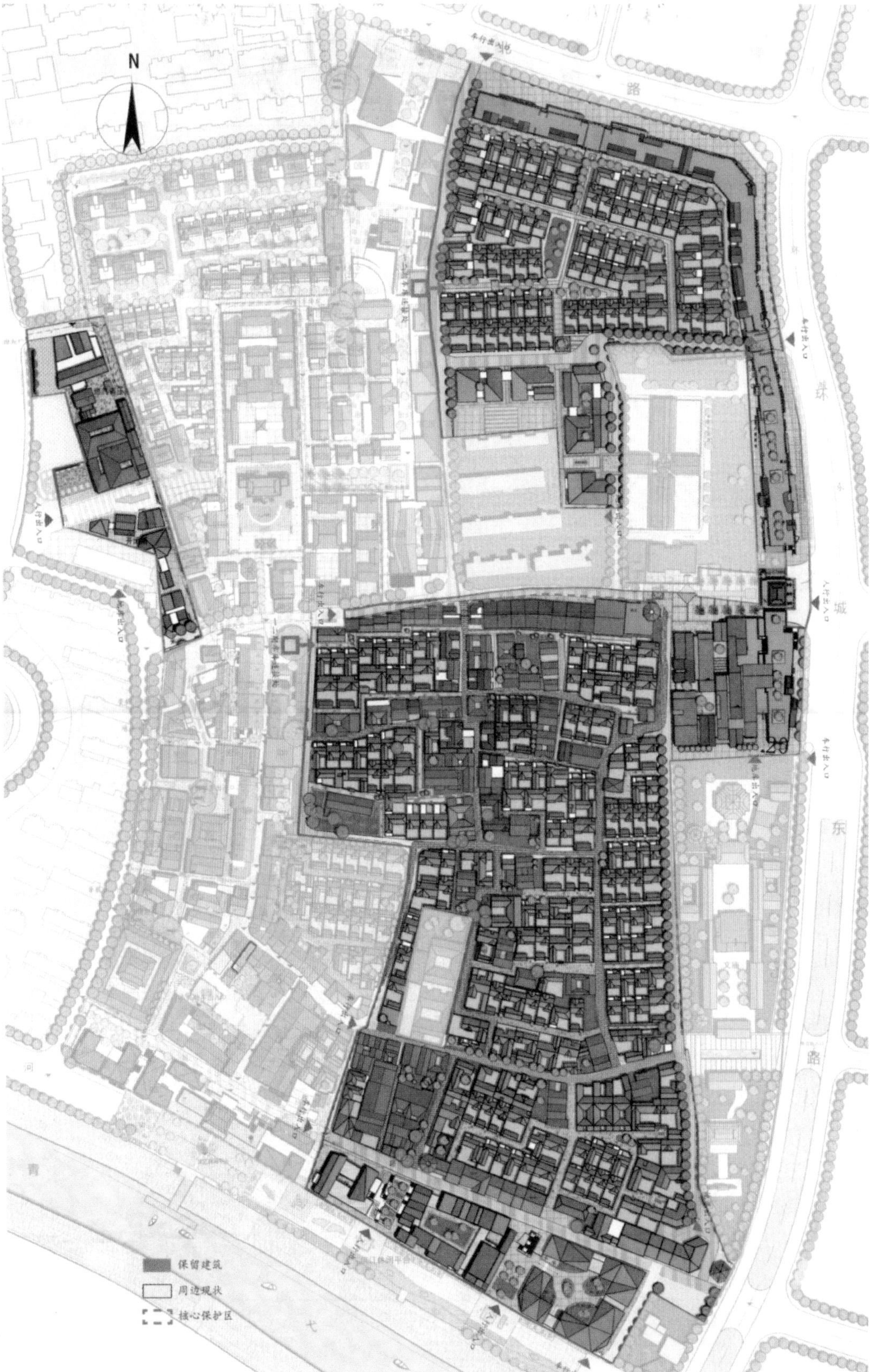

图5-4-3　芜湖古城二期工程总平面示意图

图5-4-4 芜湖古城宣春门鸟瞰图

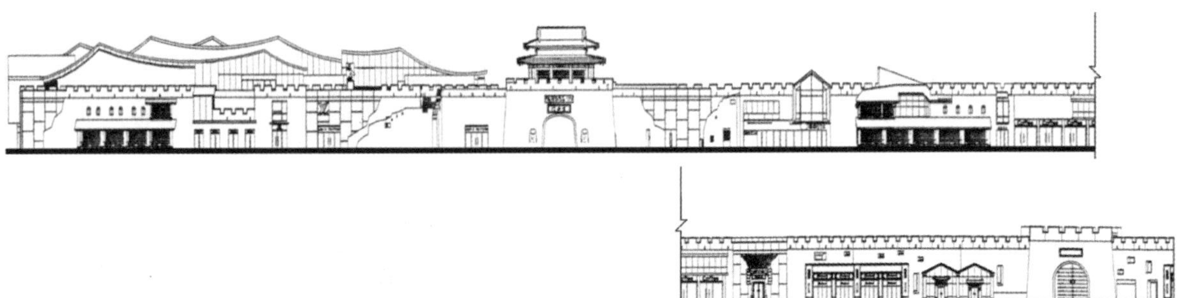

图5-4-5 芜湖古城二期工程宣春门区域东立面图

图5-4-6 芜湖古城二期工程萧家巷区域东立面图

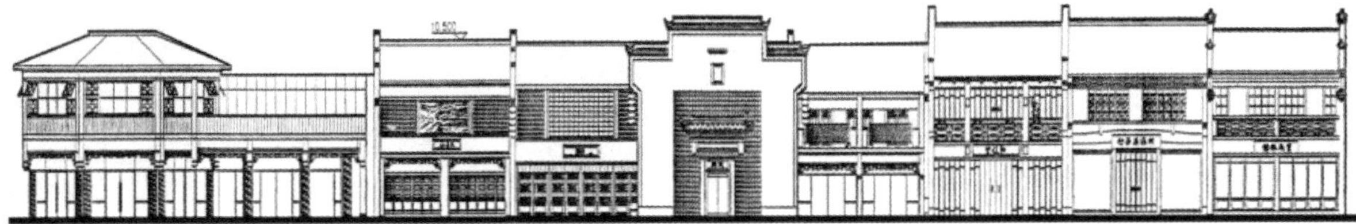

图5-4-7 芜湖古城二期工程儒林街区域环城南路商业区域南立面图

图5-4-8 芜湖古城二期工程滨江休闲区域南立面图

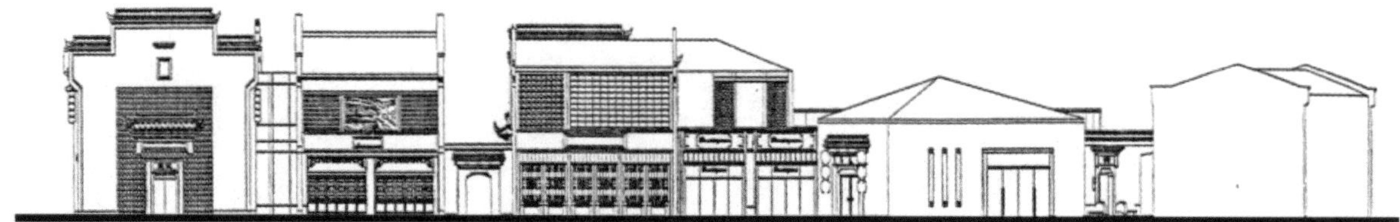

图5-4-9　芜湖古城二期工程西入口商业区域东立面图

图5-4-10　芜湖古城二期工程东北商住区域立面图

2. 萧家巷历史文化街区规划概况

图5-4-11a　萧家巷北入口表现图

图5-4-11b　萧家巷中段街景表现图

此街区位于二期工程用地中部，属芜湖古城的核心保护区。萧家巷主巷为南北走向，东侧有两条支巷，西侧尚有一条支巷。萧家巷至迟形成于明末，其建筑多毁于清咸丰年间（1851—1891）清军与太平军的战火之中。现存建筑大多建于清末民初，留有吴明熙宅、项氏钱庄、翟家花园、季嚼梅故居、张勤慎堂等诸多有价值的保护建筑。

此次规划确定了“保存历史信息，织补消失肌理，强化古城特色，适应当代需要”的指导思想，并依据《芜湖古城规划导则》，参照《芜湖古城保护技术要求与参考图集》，尤其是按照历史文化街区应具备的条件，进行了萧家巷历史文化街区的详细规划。规划按照清末及民国时期的建筑风貌进行恢复，使萧家巷历史文化街区呈现比较完整的历史风貌，用地规模也符合要求。通过精心修缮现存的历史建筑、传统建筑，适当新建与其协调的传统风貌建筑，在保持原有街区肌理的前提下，再通过更新与织补，萧家巷历史文化街区得以恢复与再生（图5-4-11、图5-4-12）。

萧家巷历史文化街区总用地面积19828平方米，规划总建筑面积18282平方米，修缮整治建筑面积6265平方米，更新历史建筑占地面积4813平方米（占24.28%），更新传统建筑占地面积5158平方米（占26.02%），新建传统风貌建筑占地面积9853平方米（占49.70%）（图5-4-13）。

图5-4-12a　萧家巷新建传统风貌建筑意向图一

图5-4-12b　萧家巷新建传统风貌建筑意向图二

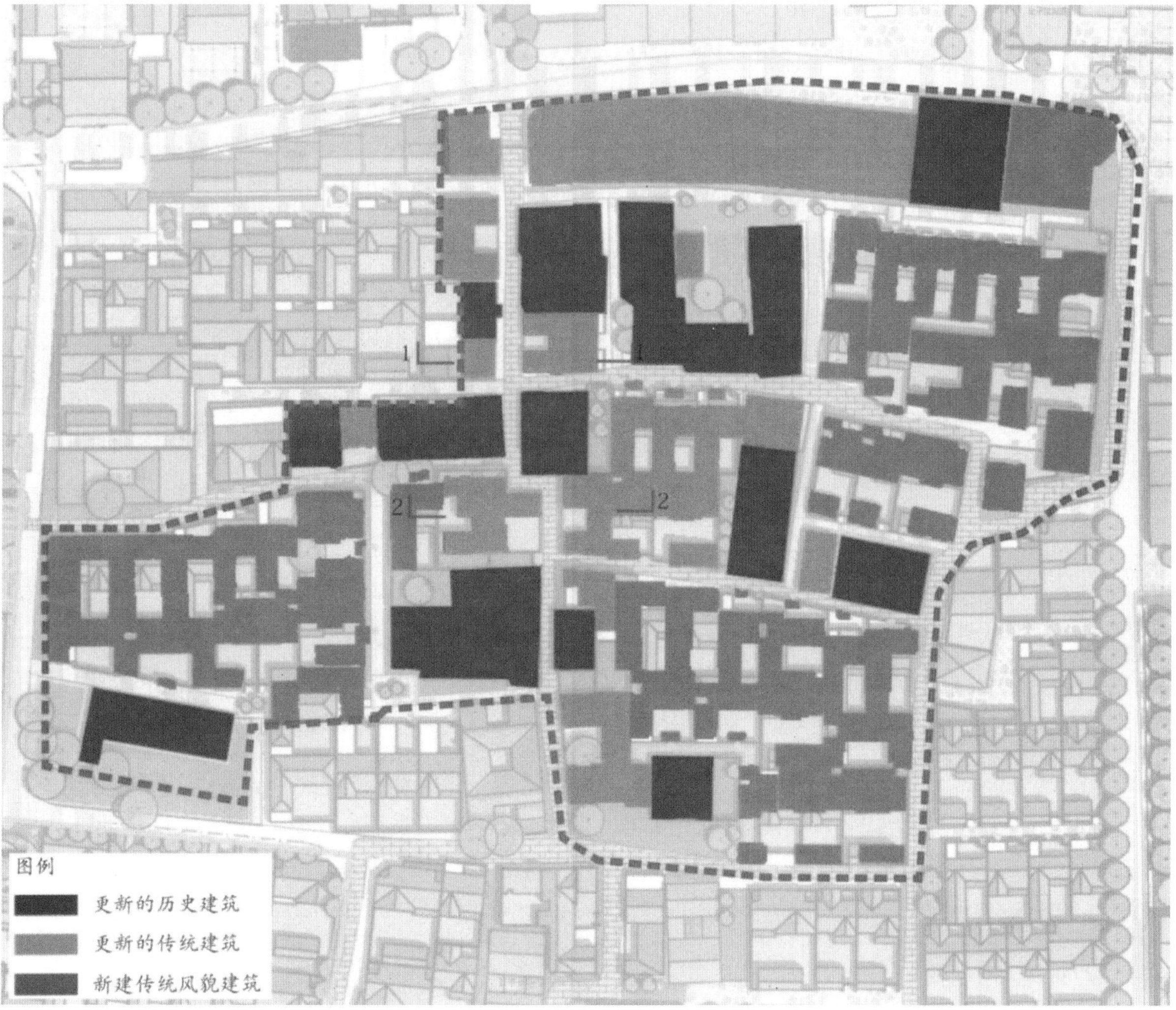

图例

更新的历史建筑

更新的传统建筑

新建传统风貌建筑

图5-4-13　萧家巷历史文化街区建筑风貌分布示意图

3. 芜湖古城后续工程的构想

芜湖古城一、二期工程实施后，也只是完成了古城东边的大半部分。古城西边的小半部分，虽仅存西大街（鱼市街）以北、淳良里以南的堂子巷—索面巷街区，也应作为后续工程，实施保护（图5-4-14）。这样才能真正保护芜湖古城较为完整的古城格局和古城风貌。其西侧，原古城西门外尚存有古代芜湖清真寺，近代芜湖基督教堂等历史建筑和十里长街遗址，须妥善保护。

按照《芜湖市历史文化名城保护规划》的构想，除了古城片区，还有“赭山片区”和“滨江片区”，这两个片区除了存有古代建筑群和历史建筑外，还存有大量优秀的近代建筑，都是构成芜湖历史文化遗产的重要部分（图5-4-15）。待芜湖三个历史文化片区的保护都取得实质性进展以后，芜湖应进入“历史文化名城”的申报日程，再待芜湖历史文化名城得以批准以后，芜湖将进入历史文化名城的保护阶段，从而迎来从古城保护走向历史文化名城保护的飞跃。

《芜湖市历史文化名城保护规划》总结了名城芜湖的五大价值：长江中下游人类早期文明的见证；不同历史时期古城营建思想、方法的见证；中西文化碰撞、交汇与融合之地，文化一体化发展历程的见证；安徽早期革命活动的主要阵地，抗战文化传播发展的见证；文动天下，技传百年——非物质文化遗产传承发展的见证。这些重大的历史文化价值加上现有丰富的历史文化遗存，芜湖历史文化名城的冠名只是时间问题，通过芜湖古城的几期工程，一步一个脚印，踏踏实实地做好保护工作，芜湖历史文化名城的批准是极有希望的。

图5-4-14　芜湖古城总体格局示意图

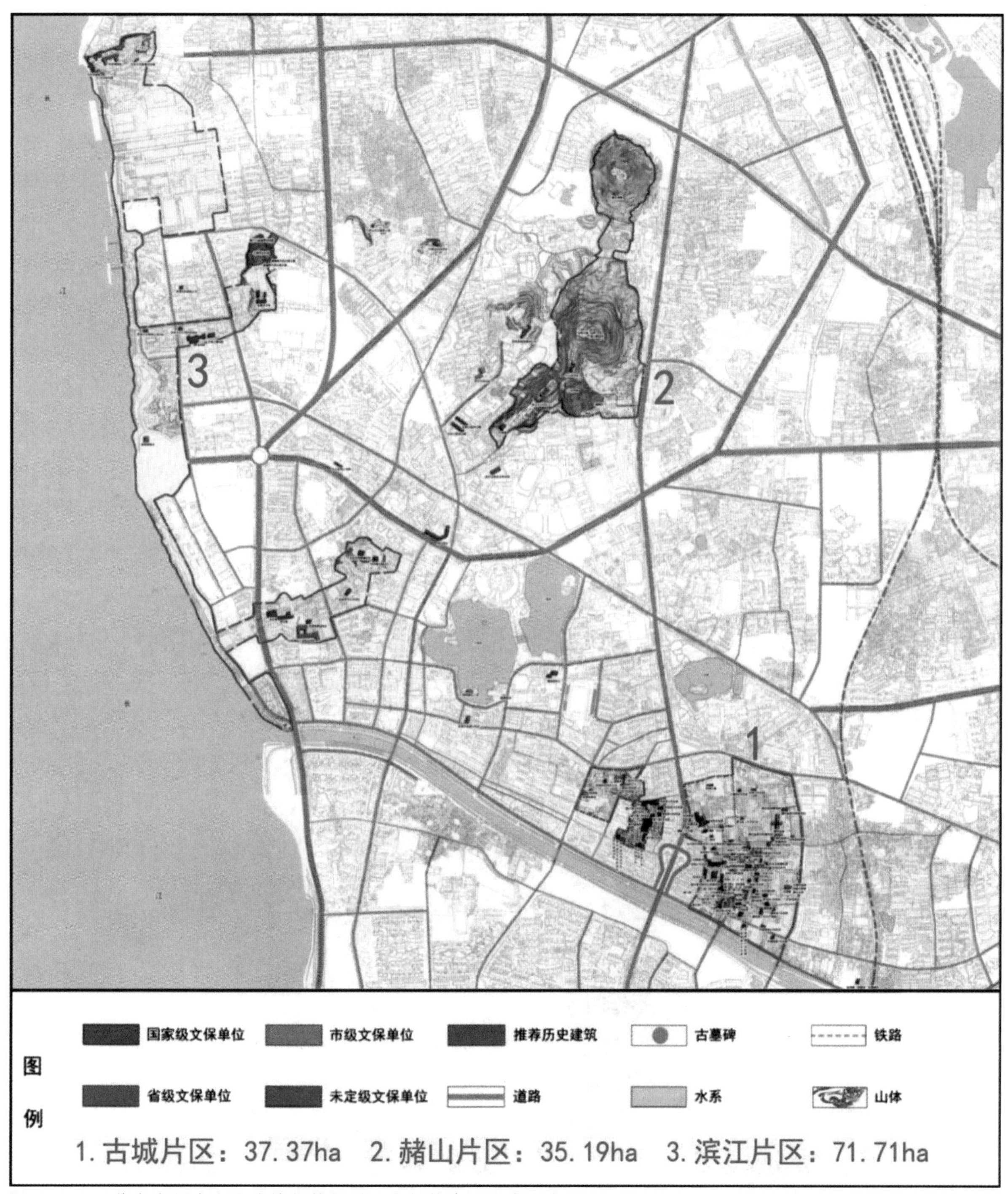

图5-4-15 芜湖市历史文化名城保护规划三大保护片区分布示意图

五、芜湖古城三个重点建筑群的方案设计

1. 县衙建筑群设计方案

此方案是黄山市建筑设计研究院在东南大学规划设计研究院中选方案基础上，于2019年3月设计完成的（图5-5-1）。芜湖县衙建筑群始建于宋代，沿用至清代，今已无存，仅遗宋建谯楼承台（2004年被公布为省级文物保护单位）。为充分保护好芜湖古城，按《芜湖古城规划导则》要求，恢复芜湖传统风貌，对芜湖古城中的县衙建筑群进行修复，已提上日程。芜湖县衙建筑群总体工程定为芜湖地域传统公共建筑修复工程，其中谯楼承台为修缮工程，其他为复建工程。

（1）总平面设计。

芜湖县衙建筑群地块位于芜湖古城中心，中轴线南偏东2.13度。用地东西宽46米，南北长145米，用地面积为6670平方米。此次工程只恢复县衙主轴线上建筑，东、西辅带附属建筑无需复建，故用地较清代县衙有所减少。中轴线上的总体布局，由南至北划分为三个区：谯楼广场区、前衙区、后宅区（图5-5-2、图5-5-3）。

谯楼广场区包括：吴楚名区坊、清晏坊（安阜坊）、旌善亭、申明亭、谯楼及承台。南北长约45米。前衙区包括：仪门、班房、六房、戎石亭、大堂（继美堂）、赞政厅、銮驾库、穿堂、二堂（思政堂）、幕厅、库房、公廨。南北长约82米。后宅区包括：后堂（心闲堂）、县圃、德初堂、明远亭等。南北长约17米。

中轴线空间序列为：吴楚名区坊—谯楼—仪门—戎石亭—露台—大堂—穿堂—后堂（图5-5-4）。

竖向设计：吴楚名区坊台明面为14.79米（国家85高程），向北以2%的坡度上升，至谯楼承台大门南地面为15.3米；再向北以1.2%坡度上升，至仪门室内地面为16.45米，至大堂室内地面为17.2米，达到最高点。二堂、后堂室内地面标高皆同此（图5-5-5）。

经济技术指标：总用地面积6670平方米，总建筑面积2540平方米，容积率0.38，建筑密度33.95%，绿化率5.31%。

图5-5-1　县衙建筑群鸟瞰图

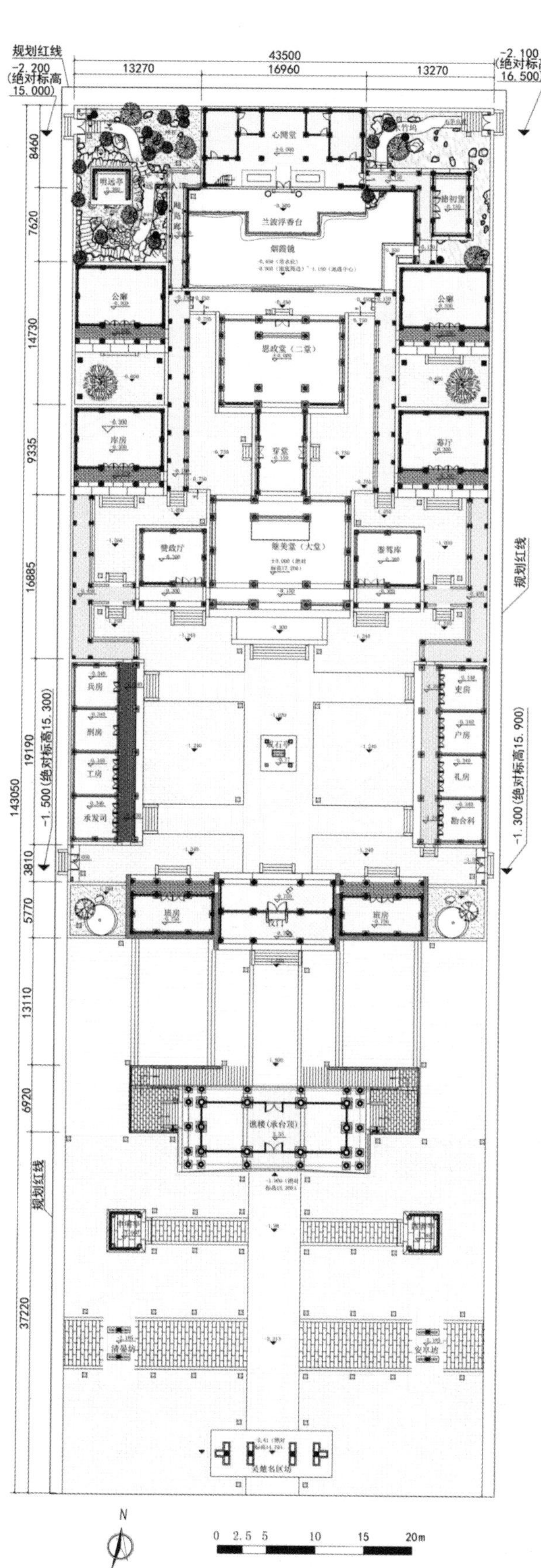

图5-5-2 县衙建筑群总平面图

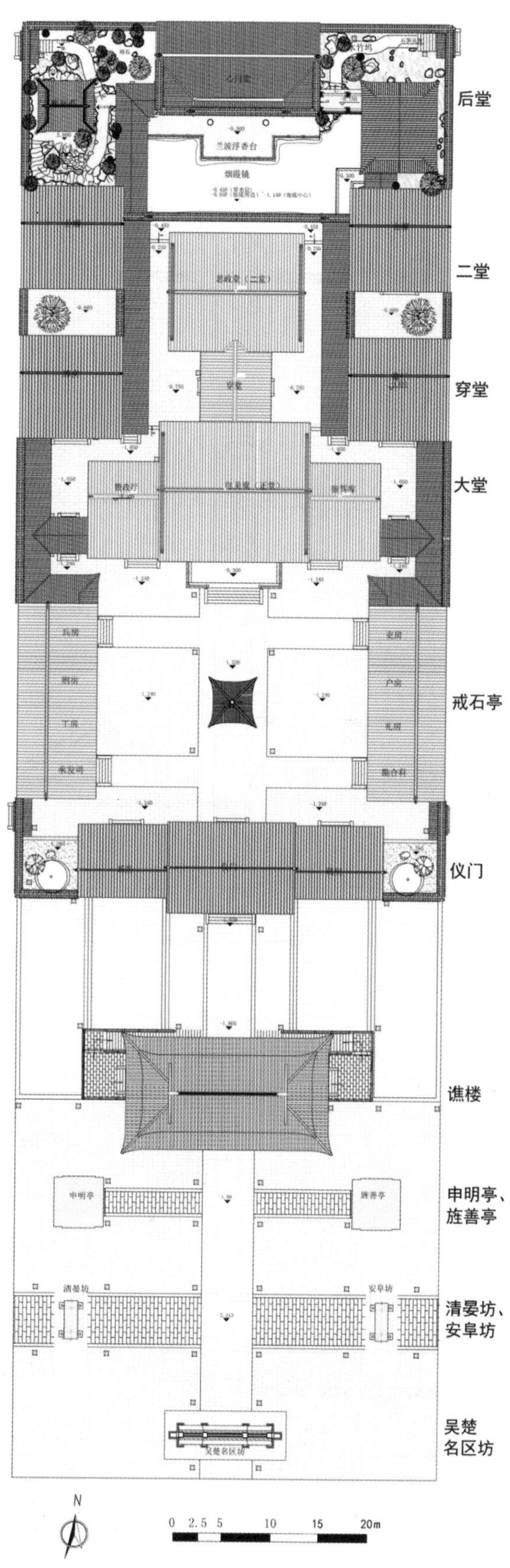

图5-5-3 县衙建筑群屋顶平面图

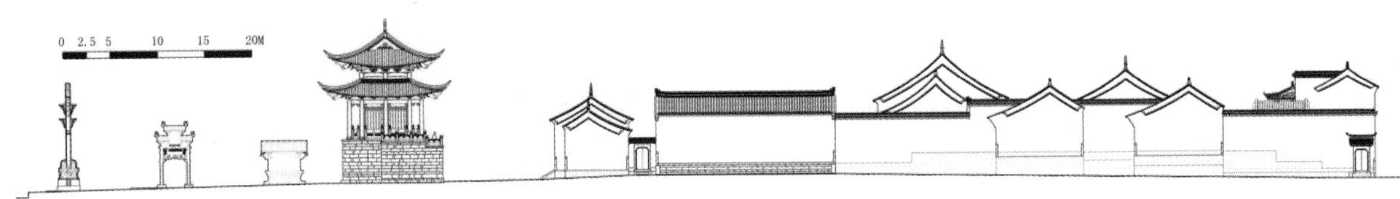

图 5-5-4a　县衙建筑群总体立面图

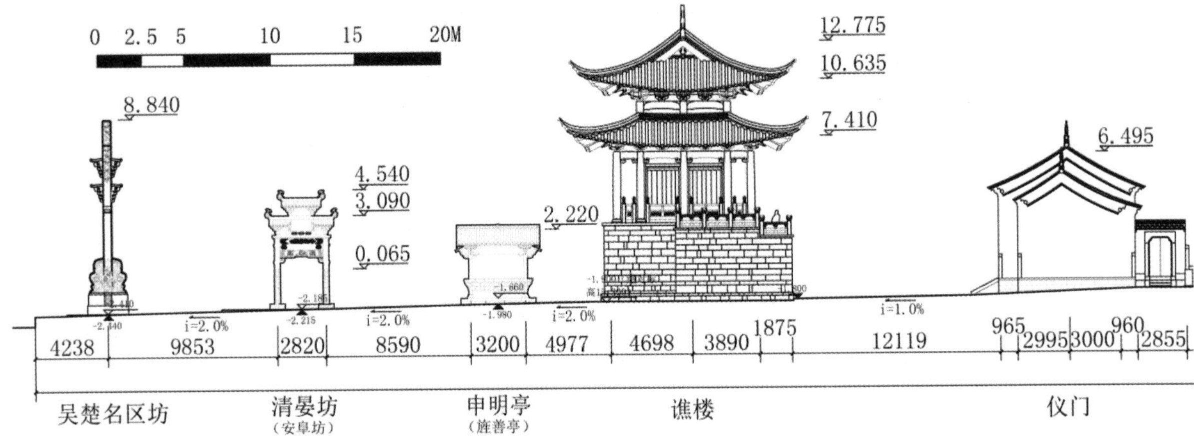

图 5-5-4b　县衙建筑群南段东立面图

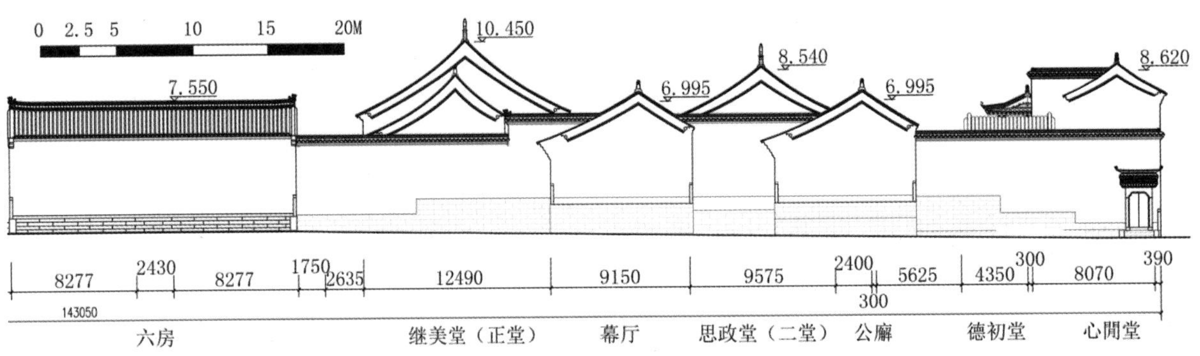

图 5-5-4c　县衙建筑群北段东立面图

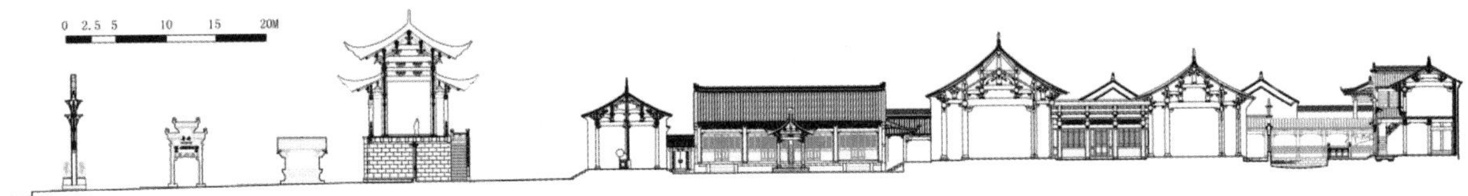

图 5-5-5a　县衙建筑群中轴线总体东立面图

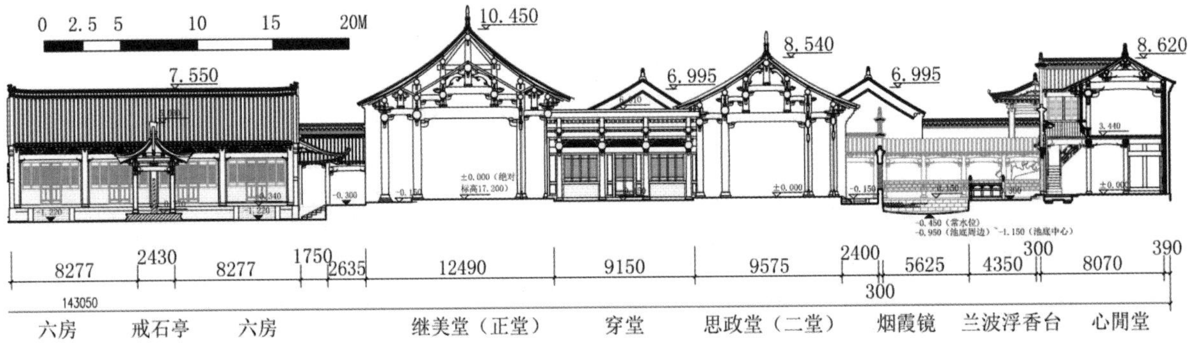

图 5-5-5b　芜湖县衙建筑群中轴线北段剖面图

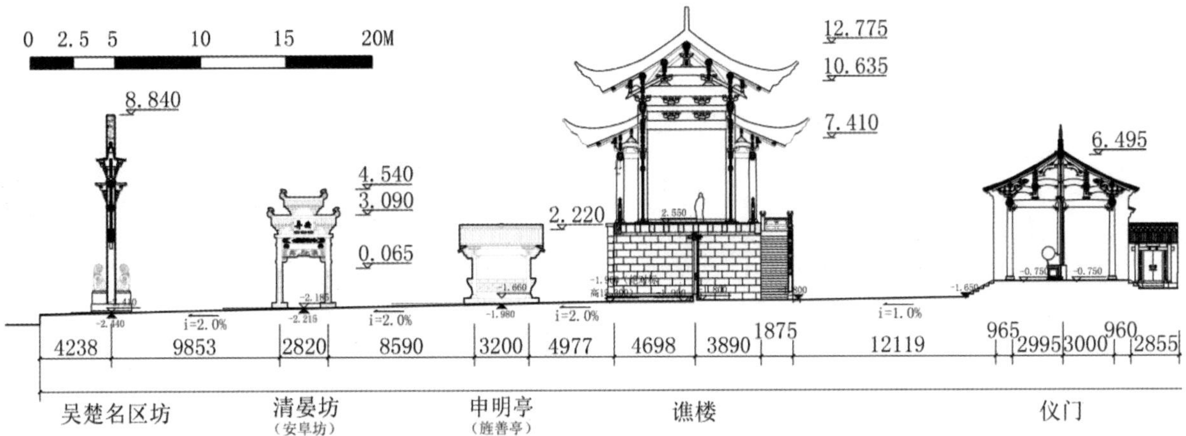

图5-5-5c 芜湖县衙建筑群中轴线南段剖面图

（2）主要建筑单体设计。

①吴楚名区坊：三间四柱三楼，冲天柱式。总宽11.5米，总高11.25米（图5-5-6）。

②清晏坊（安阜坊）：单间二柱三楼，门楼式。总宽3.72米，总高6.73米（图5-5-7）。

③谯楼：现修复为单檐歇山顶，设计建议按原制改为重檐歇山顶，面宽三间，四面有廊。承台高3.85米，从承台面算起谯楼檐高6.1米，脊高10.3米（图5-5-8）。

④仪门：面阔三间，宽11.6米（加两侧班房，总宽31.2米），进深6米。硬山屋顶，檐高5.08米，脊高7.99米（图5-5-9）。

⑤六房：位于大堂前东西两侧。面阔四间，宽18米，进深6.5米。硬山屋顶，前檐高3.9米，后檐高4.9米，脊高7.12米（图5-5-10）。

⑥大堂：是县令举行典礼、审理案件和处理重要政务的地方，又称“正堂”，是主体建筑（图5-5-11）。面阔三间，宽14米（加两侧赞政厅、銮驾库，总宽28.7米），进深10.5米。硬山屋顶，南檐高6.12米，北檐高6.28米，脊高11.47米。

⑦穿堂：是知县预审及会客之处。面阔三间，宽8.4米，进深4.8米（图5-5-12）。

⑧二堂：穿堂北面的二堂是知县退思、小憩之处。面阔三间，宽12.48米，进深8.7米。硬山屋顶，檐高5.83米，脊高9.55米。

⑨后宅：也称后堂，是知县眷属住处，比较私密（图5-5-13）。此设计面阔五间，宽16.2米，进深7.7米。硬山屋顶，南檐高6.4米，北檐高6.94米，脊高8.38米。高两层，一层高3.4米，二层高3.54米。堂前有兰波浮香台，台前有烟波镜水面。堂东侧有德初堂，西侧有明远亭。

大堂、穿堂、二堂平面和剖面结构如图5-5-14所示。

（3）设计点评。

①此设计将谯楼按江南南宋重檐进行修复设计，承台则对已修缮的现状予以完善；谯楼前“吴楚名区”“安阜”“清晏”三坊和“旌善”“申明”两亭，按明代万历时期的风格设计；仪门、大堂、二堂、穿堂、后堂、公廨等按明中期前后风格设计，并采用了得体的硬山屋顶；县圃借鉴明代芜湖园林进行规划设计。这是有道理的，也是可行的。

②前衙区将原中轴外的公廨建筑纳入其中，建筑密度过大。仪门前原有的著名的“江东首邑坊”没有恢复，失去了一处地方特色景观。

③后宅区用地进深现减少过多，规划设计项目又增多，显得局促。

图5-5-6　县衙谯楼广场吴楚名区坊表现图

图5-5-7　县衙谯楼广场清晏坊(安阜坊)表现图

图5-5-8　县衙谯楼南立面表现图

图5-5-9　县衙仪门南立面表现图

图5-5-10　县衙六房正立面表现图

图5-5-11　县衙大堂南立面表现图

图5-5-12　县衙穿堂东立面表现图

图5-5-13　县衙后宅南立面表现图

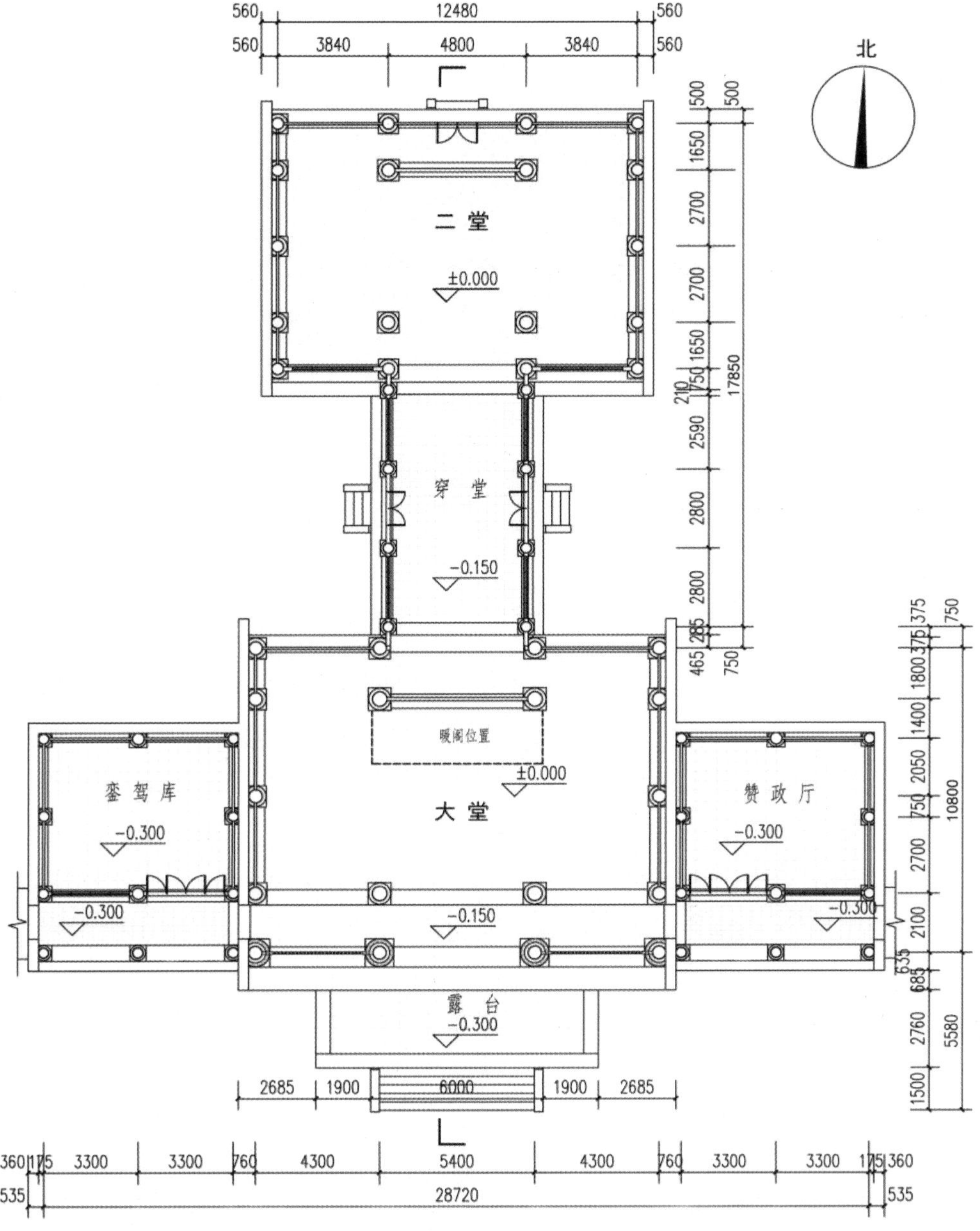

图5-5-14a　大堂、二堂、穿堂平面图

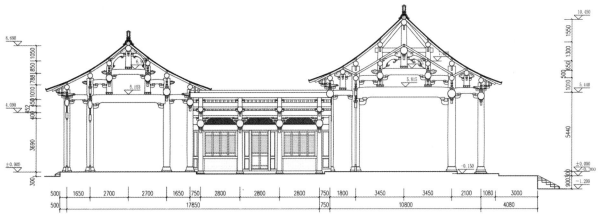

图5-5-14b　大堂、二堂、穿堂剖面图

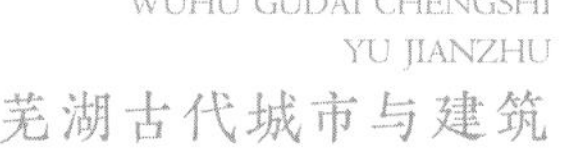

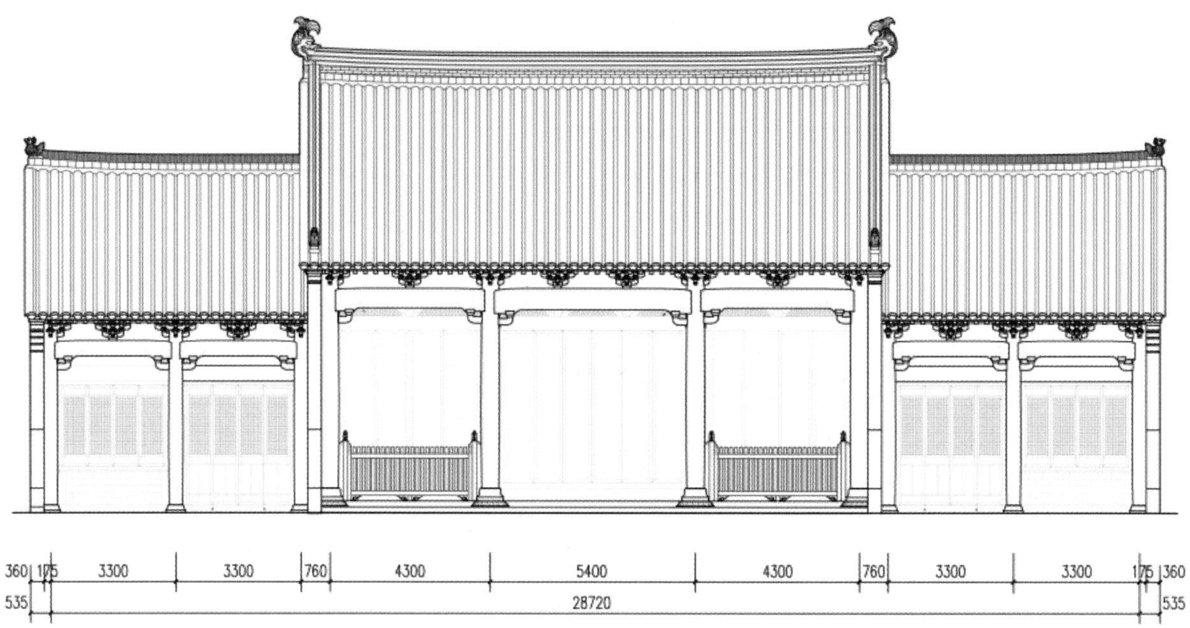

图5-5-14c　大堂南立面图

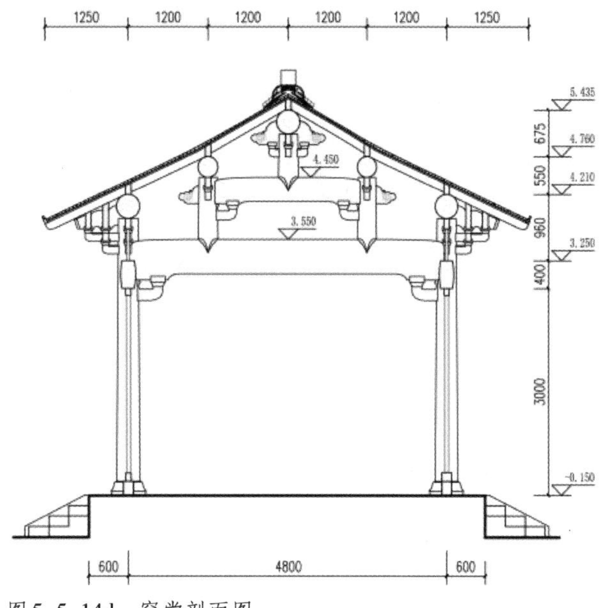

图5-5-14d　穿堂剖面图

2. 城隍庙建筑群设计方案

此方案是黄山市华润轩古建筑装饰有限公司在东南大学规划设计研究院中选方案基础上，于2019年3月设计完成的（图5-5-15）。芜湖宋代城隍庙始建于绍兴四年（1134），规制完备于明成化年间（1465—1487），清咸丰年间（1851—1861）庙毁，光绪年间重修。现仅存前门戏台清末时期的梁架遗构。此次工程对戏台进行修缮，并恢复前廊屋。十王殿、显佑殿、寝殿、配殿及廊庑全部采用南宋时期芜湖地方特色建筑风格复建。

（1）总平面设计。

城隍庙用地东西宽48.87米，南北长约73米，总用地面积3520平方米，总建筑面积1597平方米，容积率1.45，建筑密度46.4%。

总体布局分为四个区：庙前广场区、殿前区、寝殿区、配殿区（图5-5-16）。

中轴线空间序列为：照壁—仪门（戏台）—大殿（显佑殿）—寝殿（娘娘殿）（图5-5-17）。

竖向设计：室外地面结合地形，由南至北逐渐升高。庙前广场为13.35米（国家85高程）。殿前广场为14.5米。仪门室内地坪为13.95米，显佑殿室内地坪为15.3米（图5-5-18）。

建筑高度：照壁顶高6.17米，仪门顶高9.34米，显佑殿顶高15.086米，十王殿顶高5.84米，寝殿顶高9.163米，配殿顶高8.683米，形成了丰富的建筑群体轮廓线（图5-5-19）。

图5-5-15　城隍庙建筑群鸟瞰图

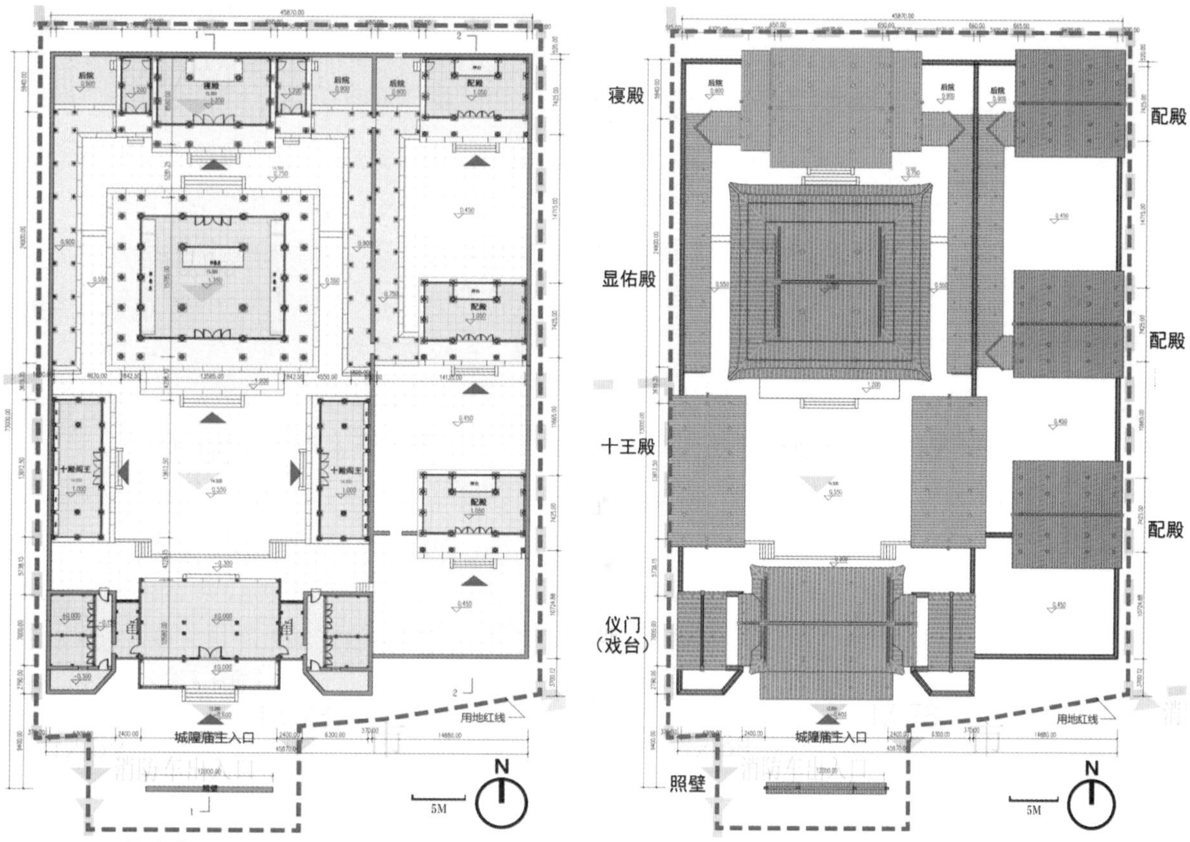

图5-5-16　城隍庙建筑群总平面图

图5-5-17　城隍庙建筑群屋顶平面图

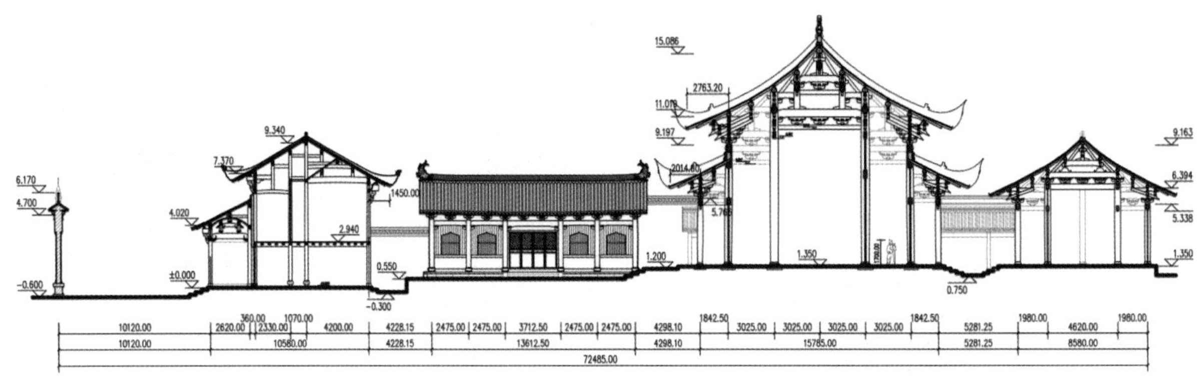

图 5-5-18　城隍庙建筑群纵剖面图

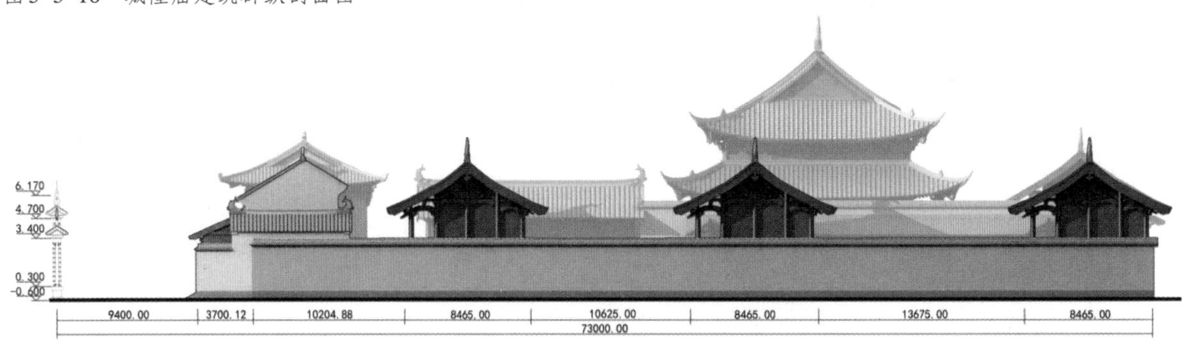

图 5-5-19　城隍庙建筑群东立面图

（2）主要建筑单体设计。

①仪门（戏台）：此建筑的修缮与复建保留了两层戏台与一层西厢房的原有木梁架、木楼板及屋面木基层的清末遗构，恢复了南面入口处的廊屋，仍采用入口从戏台下穿过的处理手法。建筑总面阔30.25米，总进深11.3米（图5-5-20）。戏台部分面阔三间，宽约13米，进深约7.6米，底层高2.94米，二层高3.7米（图5-5-21）。因建筑平面富于变化，屋顶处理较为灵活，戏台主体部分采用了歇山屋顶，整个建筑较为生动。

②显佑殿：城隍庙建筑群的核心建筑，设计规格最高，较为高大。平面近似于方形，面阔三间，进深四间，四周设有走廊，总面阔17.27米，总进深15.78米（图5-5-22）。重檐歇山屋顶，檐下施以斗拱。下檐高5.77米，上檐高9.59米，屋脊高约16米（从室外地面算起）。殿前有月台，宽9.68米，深4.84米。该建筑出檐深远，下檐出挑2.02米，上檐出挑2.76米。

③十王殿：显佑殿前两侧为十王殿，相距约18米。各五间，总面阔13.61米。进深两间，总进深4.62米。悬山屋顶，檐下施以斗拱，檐出挑1.65米（图5-5-23）。

④配殿：芜湖城隍庙主轴线东侧，东西宽14.88米，南北长约65米，用地上布置了三幢配殿，也是出于满足现在使用功能的需要。三配殿沿用地东侧布置，前后相距分别约为11.7米与14.7米，均设前院，且分别与西侧主轴线建筑群相通。各殿面阔皆为三间，阔11.33米。进深三间，另有南廊，总进深7.43米。悬山屋顶，檐下施以斗拱，檐出挑1.65米（图5-5-24）。

⑤寝殿：俗称“娘娘殿”，位于城隍庙中轴线北端，南侧紧邻显佑殿。此殿面阔三间，总面阔11.7米。进深三间，另设南廊，总进深8.58米。悬山屋顶，檐下施以斗拱，檐出挑1.83米。寝殿东西两侧加设了单开间的挟屋，面阔2.75米，总进深7.15米（图5-5-25）。

图 5-5-20a　城隍庙仪门南立面表现图

图 5-5-20b　城隍庙仪门北立面表现图

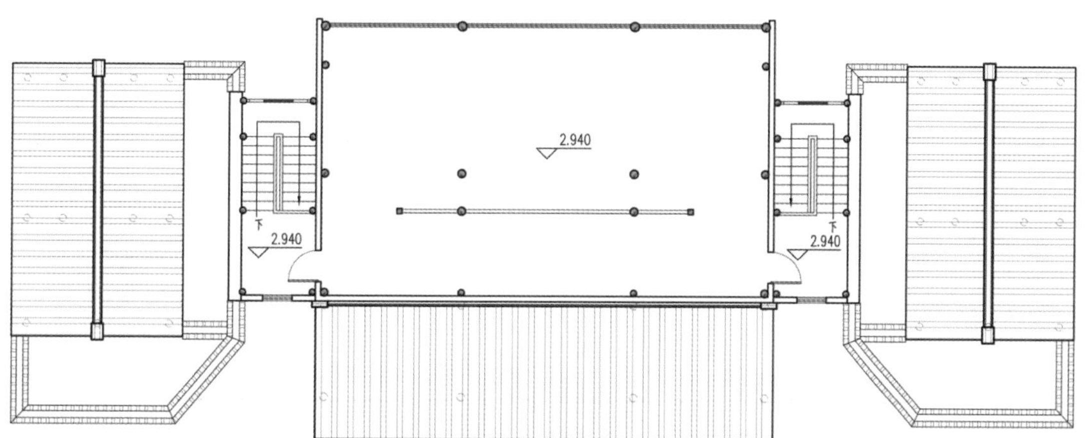

图 5-5-20c　城隍庙仪门二层平面图

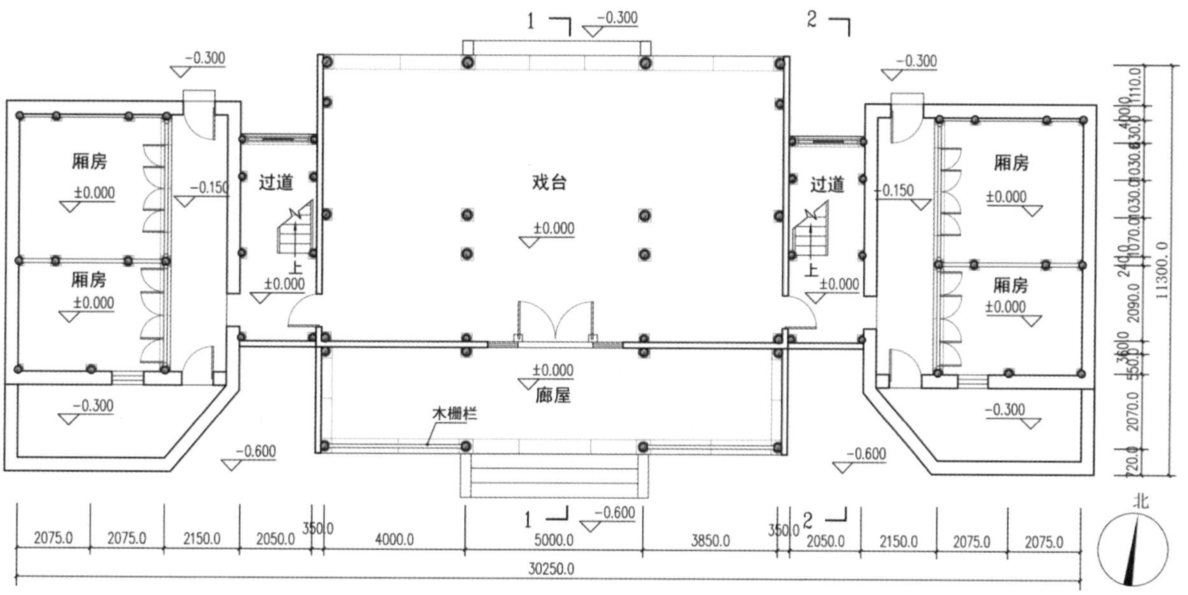

图 5-5-20d　城隍庙仪门一层平面图

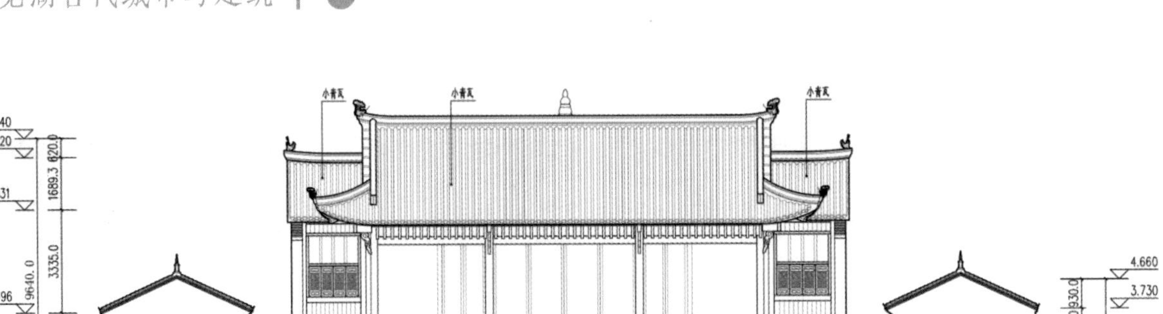

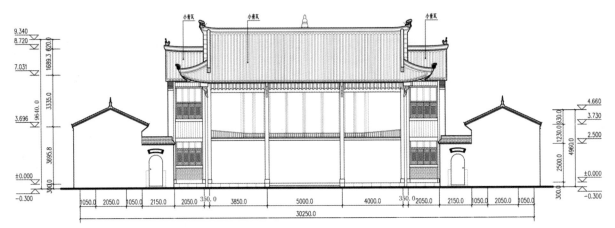

图 5-5-21a　城隍庙仪门北立面图

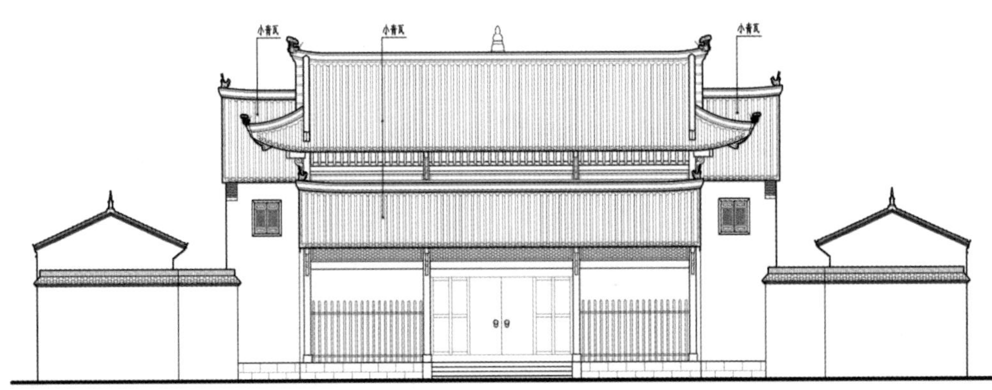

图 5-5-21b　城隍庙仪门南立面图

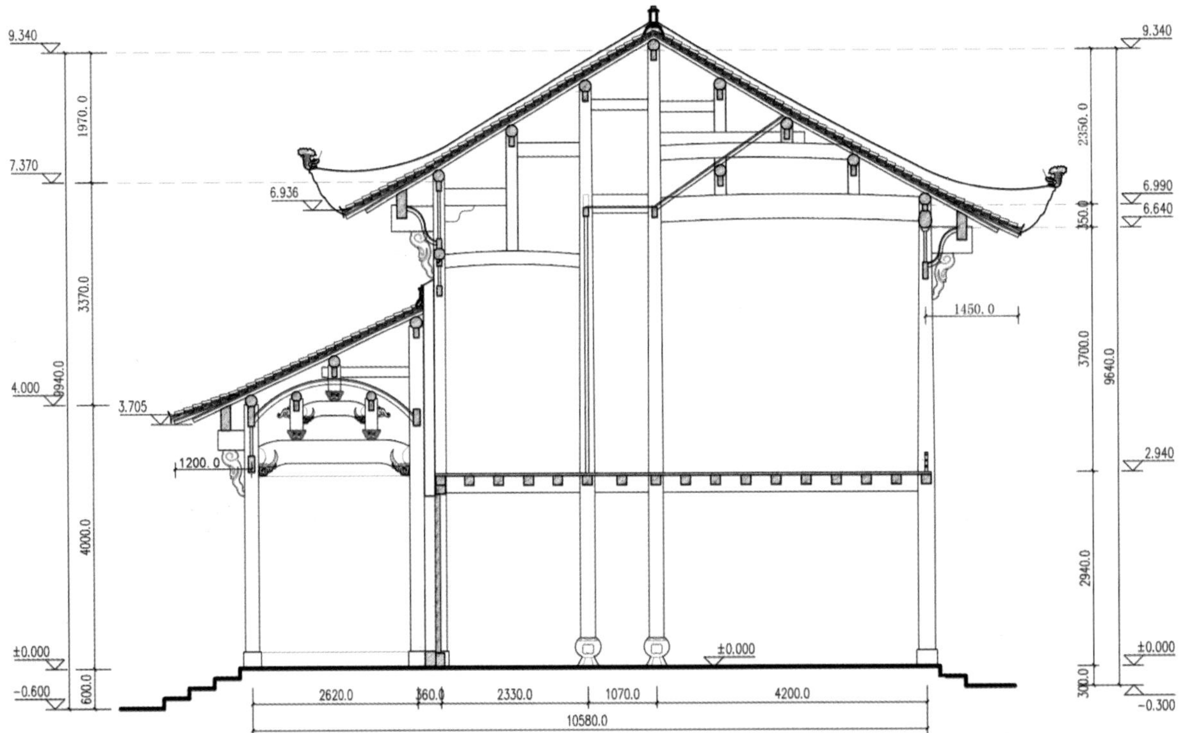

图 5-5-21c　城隍庙仪门剖面图

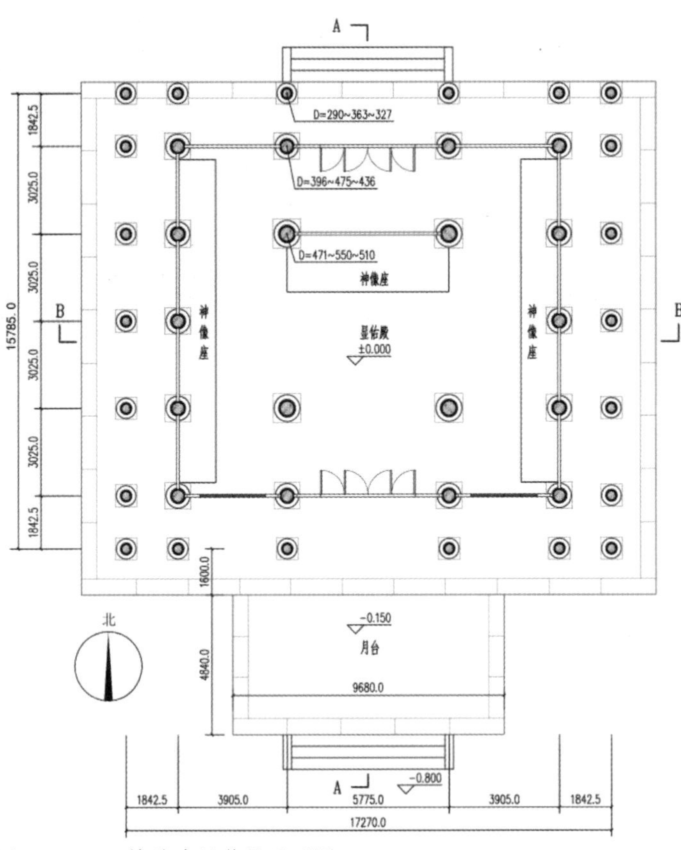

图 5–5–22a　城隍庙显佑殿平面图

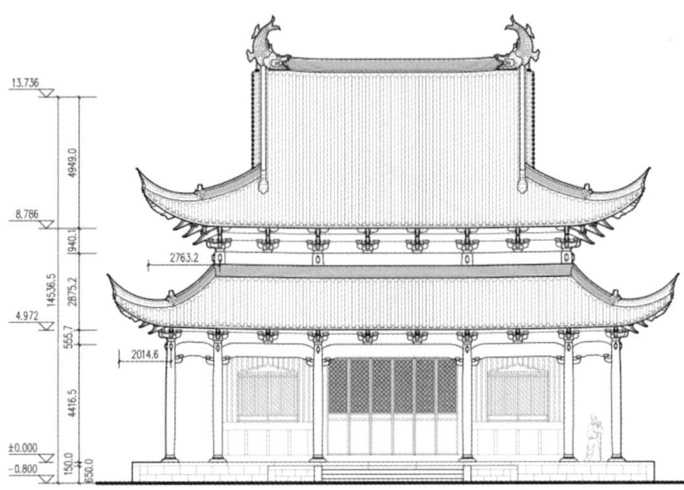

图 5–5–22b　城隍庙显佑殿南立面图

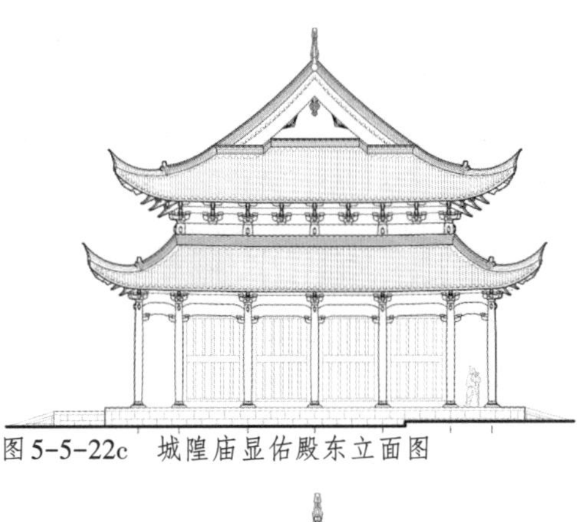

图 5–5–22c　城隍庙显佑殿东立面图

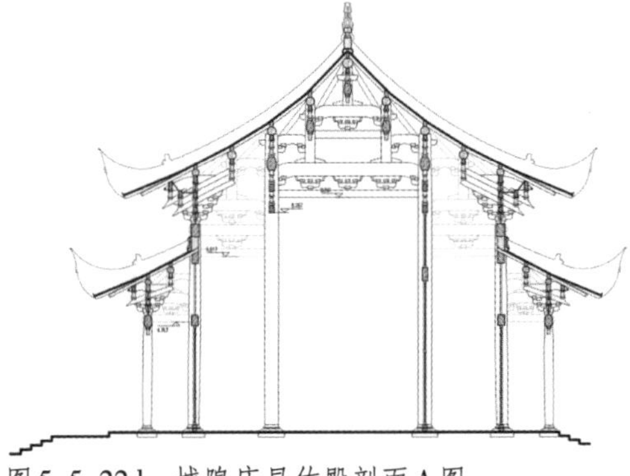

图 5–5–22d　城隍庙显佑殿剖面 A 图

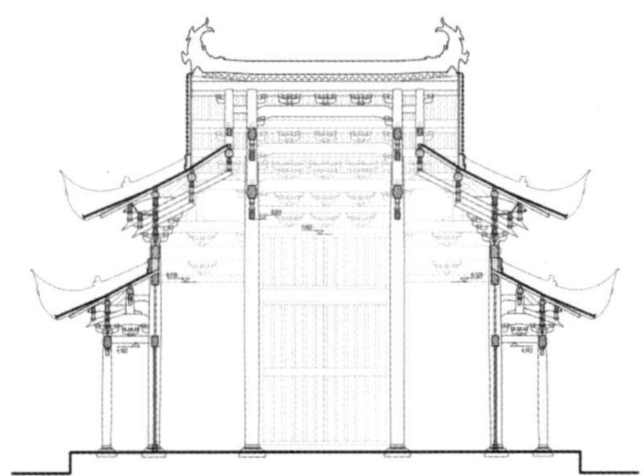

图 5–5–22e　城隍庙显佑殿剖面 B 图

图 5–5–22f　城隍庙显佑殿南立面表现图

图 5-5-23a　城隍庙十王殿南立面表现图

图 5-5-24a　城隍庙配殿南立面表现图

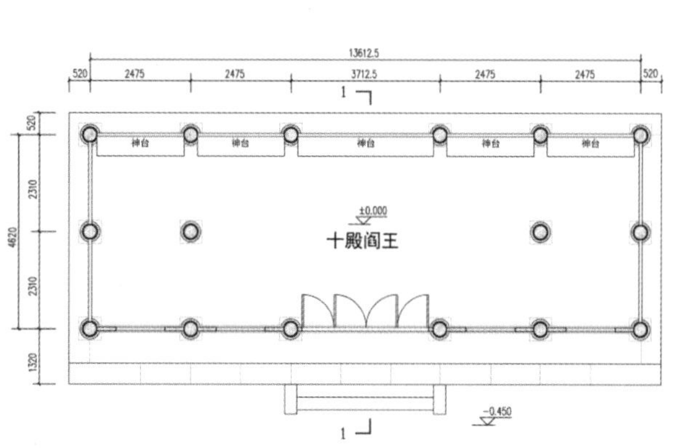

图 5-5-23b　城隍庙十王殿平面图

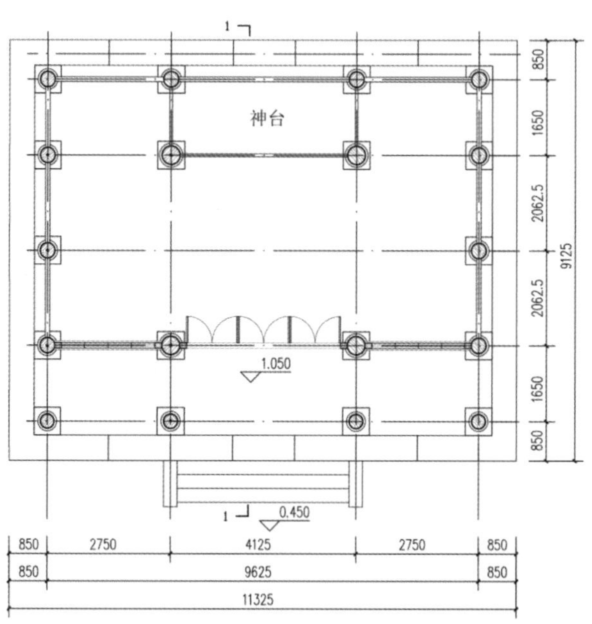

图 5-5-24b　城隍庙配殿平面图

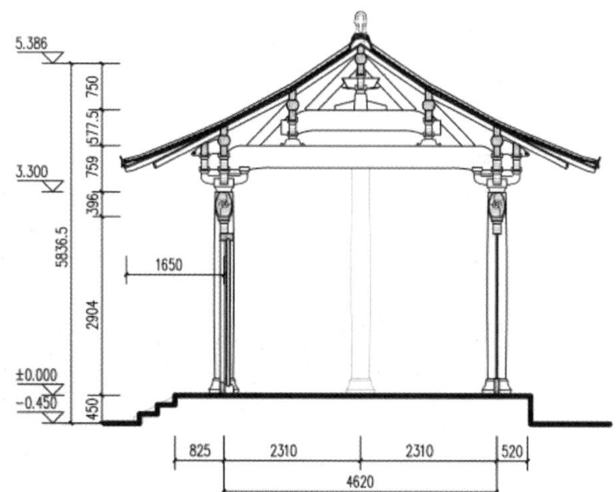

图 5-5-23c　城隍庙十王殿剖面图

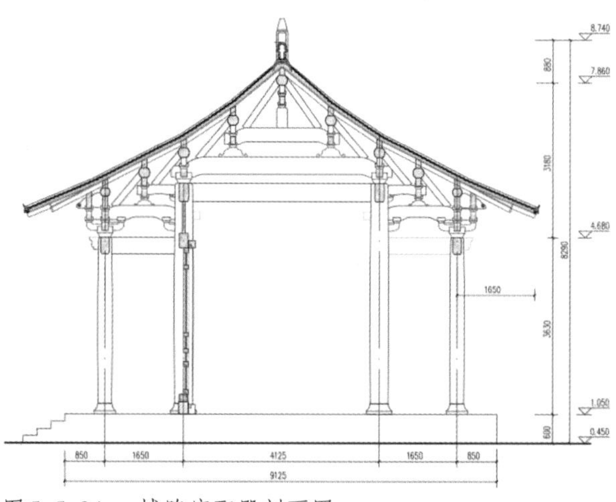

图 5-5-24c　城隍庙配殿剖面图

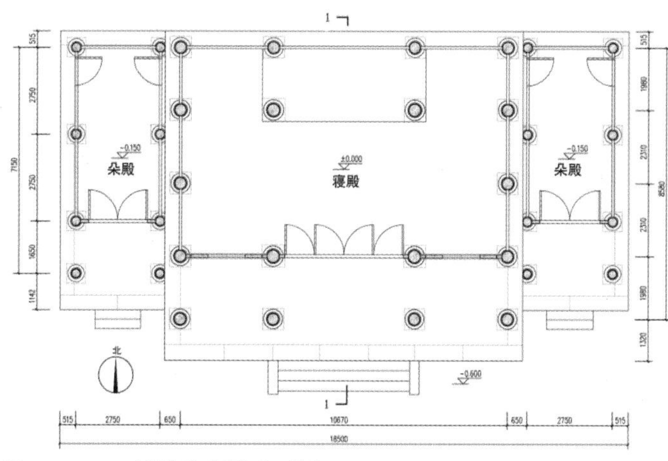

图 5-5-25a　城隍庙寝殿平面图

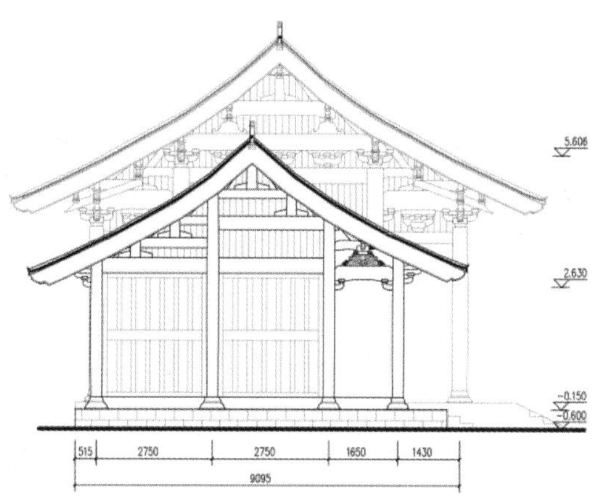

图 5-5-25c　城隍庙寝殿侧立面图

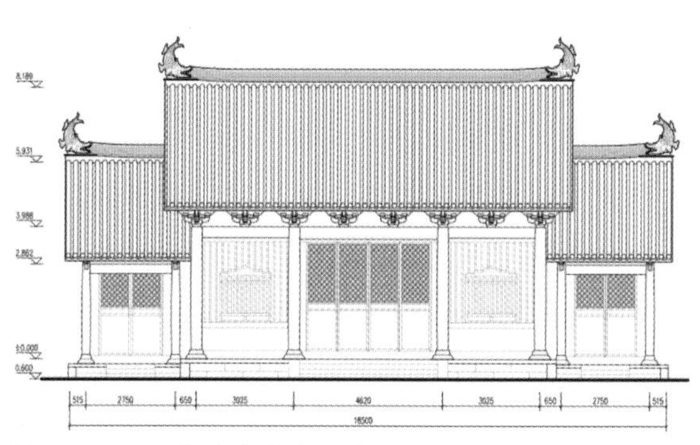

图 5-5-25b　城隍庙寝殿正立面图

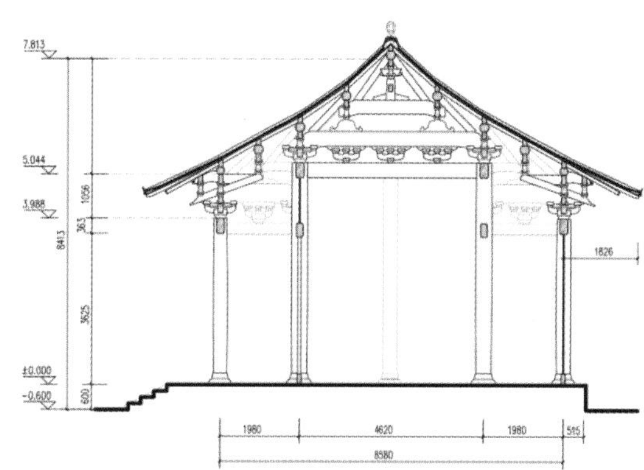

图 5-5-25d　城隍庙寝殿剖面图

（3）设计点评。

①此规划设计较东南大学规划设计研究院中选方案有所改进，对现有仪门（戏楼）遗存进行了很好的保护与修复，按历史照片复建的照壁设计也较合理，在较小的用地面积上较好地处理了总平面布局。仪门（戏楼）按清末光绪年间状态修复，其他建筑按南宋时期芜湖地方公共建筑形式复建也是合理可行的。

②仪门与照壁之间的距离仅有 10 米，使得庙前广场面积偏小，更何况还有一条古城道路从中穿过，会影响庙前广场使用功能的发挥。

图 5-5-25e　城隍庙寝殿南立面表现图

③主体建筑显佑殿与重要建筑寝殿南北紧邻布置，两建筑间空间过于狭小，会影响使用，景观效果也不好。

3. **文庙建筑群设计方案**

此方案是黄山大木古建筑设计有限公司在东南大学规划设计研究院中选方案基础上，于2019年3月设计完成的（图5-5-26）。芜湖文庙建筑群位于芜湖古城的东南角，始建于北宋元符三年（1100），南宋建炎初（1127—1130）毁于兵火。绍兴十三年（1143）重建，之后历代多次重修。至清嘉庆八年（1803），文庙规制已基本完备，但咸丰初又遭兵毁，遗构荡然无存。后又经多次重修，至民国三年（1914）终又“焕然一新”。到21世纪初，芜湖文庙仅存复建于清同治十年（1871）的大成殿，1982年被公布为市级文物保护单位，2012年被公布为省级文物保护单位。

2014年芜湖古城建设投资有限公司会同芜湖市文物管理委员会办公室，对芜湖文庙进行了考古勘探，又有了以下发掘成果：①棂星门基础。发现长10米、宽2.3米，用条石砌筑的铺地石面层和四个柱洞，其明间4.1米，次间2.74米。②泮池。位于棂星门铺地石南3.6米。其平面由北半部的长方形和南半部的弓形组成。池壁用四层条石砌筑，深约1米。③大成坊基础。位于中轴线西侧，距泮池南13.4米。东西长12米，南北宽3.6米，全部用青条石铺砌。④状元桥。位于牌坊基础南9.5米，单跨石拱桥，长6.5米，拱高1.01米，现仅存石砌拱券和桥基石。⑤输水道。位于状元桥南29.3米，条石砌槽壁，青砖发拱券，高1.01米，宽0.8米。水流自西向东，至今仍在使用。⑥通向金马门砖石铺砌的路面。全长58米，路面宽3～4米不等，用不规则石料铺筑。这些勘探资料，成为此次规划设计的重要依据。

（1）总平面设计。

①中轴线的转折处理：南北长约310米的中轴线在戟门前形成一次向西的偏移，偏4.41度。2014年进行的现场考古勘探对此有真实记录。刘平生在《芜湖古城文庙广场考古勘探报告》中有以下描述：在万历四十年（1612）前，大成

图5-5-26　文庙建筑群鸟瞰图

殿、棂星门、泮池、大成坊是在一条南北向的中轴线上；万历四十年后因开辟了城墙上的金马门，为了“与学宫棂星门相对”，棂星门、泮池、大成坊才偏离了中轴线。这个发现对芜湖文庙南部的总平面设计影响很大，也可说至关重要。

②“前庙后学”“右庙左学”总体格局的保留：这是芜湖文庙宋元时期早已形成的总体格局，在明代芜湖古城因重新修筑而收缩时，学宫区大部分用地划出城墙以外，影响了学宫布局的完整性，此次总平面设计只能维持这种形态。

③总平面布局的功能分区：共划分四个区域（图5-5-27、图5-5-28）。a.遗址展示区，包括输水道遗址、甬道及甬道遗址、状元桥遗址、大成坊、泮池及大成桥；b.庙前广场区，包括棂星门及棂星门遗址、腾蛟起凤坊；c.文庙区，包括戟门（含名宦祠和乡贤祠）、东西庑廊、大成殿及月台；d.学宫区，包括儒学门及东西斋房、明伦堂（含祭器库）、宫书宬、碑廊、尊经阁、启圣殿、观德亭。

④中轴线上的建筑布局：自南至北为状元桥—大成坊—泮池—棂星门—戟门—大成殿—儒学门—明伦堂—尊经阁。

⑤竖向设计：总体趋势是由南至北地形逐渐升高，建筑体量逐渐加大（图5-5-29、图5-5-30）。遗址展示区的大成坊及泮池一圈地面标高为9.72米（黄海高程），泮池池底标高8.68米，水面标高9.32米，庙前广场区包括棂星门、腾蛟起凤坊地面标高均为9.72米。文庙区的室内地坪标高，戟门为10.17米，东西庑廊为9.87米，大成殿为10.65米，东西斋房为10.47米。学宫区的室内地坪标高，明伦堂、碑廊、启圣殿为10.8米，尊经阁为11.12米。

⑥植物种植：保留现存松树、柏树、银杏、香樟、广玉兰、水杉、榆树、杨树等50余株，在文庙区重点种植松树、柏树、银杏，在学宫区重点种植广玉兰、松树、柏树、银杏、白玉兰。

⑦技术经济指标：总用地面积16167.8平方米，总建筑面积2780.13平方米，容积率0.17，建筑密度17%，绿化率50%。

（3）主要建筑单体设计。

①三处遗址：需妥善保护，其展示范围分别为甬道遗址长18.36，宽3.11米，状元桥遗址长12，宽10米，棂星门遗址长12.74，宽3.15~4.275米。

②泮池及大成桥：泮池按明嘉靖时期形态恢复，栏杆按清乾隆时期形态恢复。大成桥按清顺治时期形态恢复，桥宽3.8米，桥长34.8米，为三拱桥。中间拱径3.5米，两侧孔径3.2米。

③三处牌坊。

大成坊，芜湖文庙中轴线南端的首座牌坊。明崇祯三年（1630）创立时为木坊，清雍正九年（1731）易为石坊，乾隆四十四年（1779）又改为木坊。此次设计做了木坊、石坊两套方案，为利于长久保护之计，笔者建议采用石坊方案（图5-5-31）。

棂星门，此次设计在棂星门的遗址北侧，按原尺度另行恢复，采用明末时期形态。总面阔9.56米，总高6.556米，采用三间四柱冲天式（图5-5-32）。

腾蛟起凤坊，位于棂星门北的东西两侧，儒林街从两坊的明间穿过。设计参照了旧时照片，按清乾隆时期形态恢复，为单间两柱三楼式，面阔4.2米，脊高8.95米（图5-5-33）。

④戟门。

参照康熙《芜湖县志》戟门，采用重檐歇山屋顶，脊桁顶高9.45米，面阔三间，进深二间，阔13.6米，深7.8米。木构架采用叠柱式和通柱式混合做法。脊缝三间均设门，分为前后廊。东贴名宦祠，西贴乡贤祠，皆单檐歇山屋顶，脊桁顶高6.68米。两祠皆面阔三间，进深二间，阔9.9米，深6米，采取了前后檐均开门的做法。整个建筑总面宽33.44米（图5-5-34）。

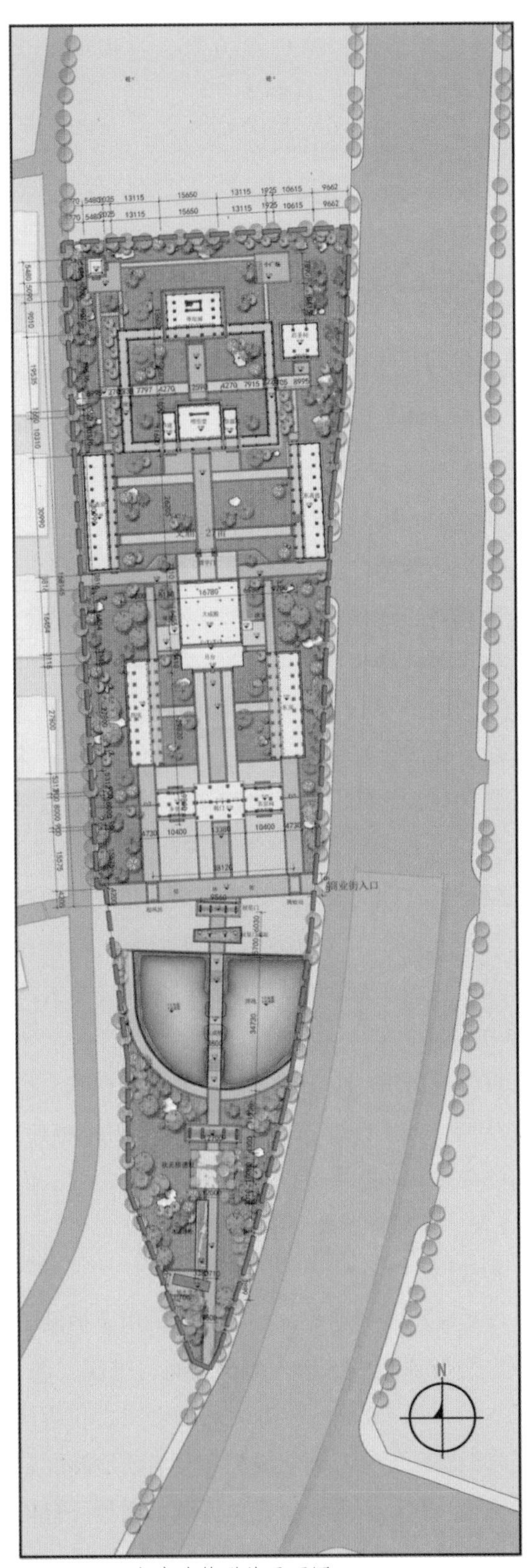

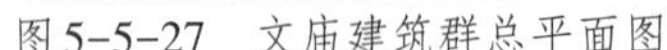
图5-5-27 文庙建筑群总平面图

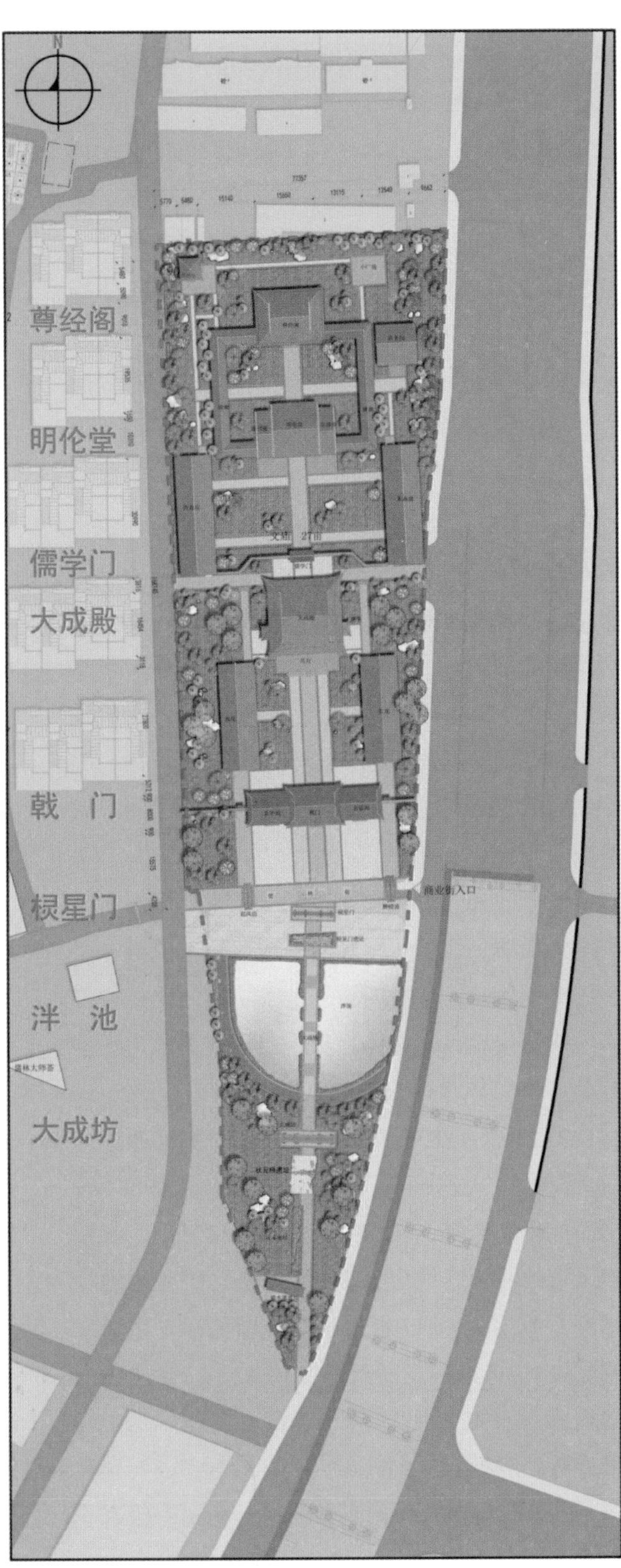

图5-5-28 文庙建筑群屋顶平面图

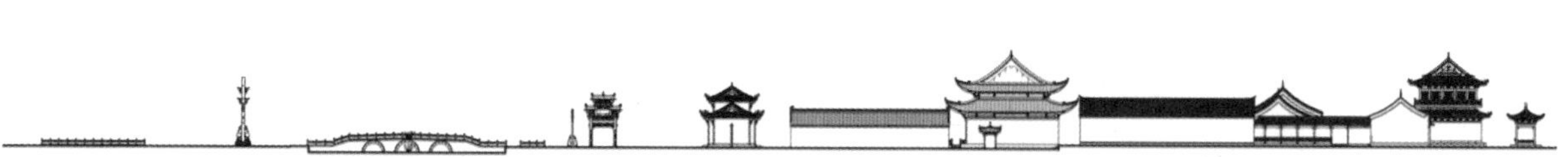

图 5-5-29 文庙建筑群中轴线东立面图

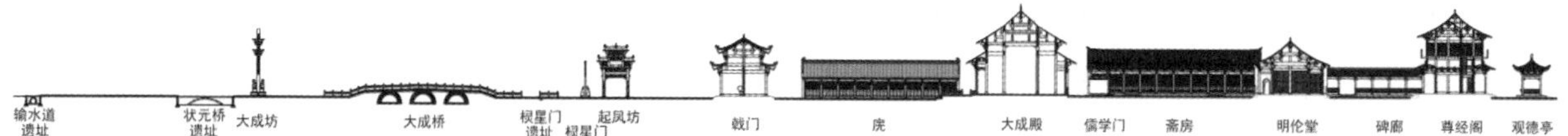

图 5-5-30a 文庙建筑群中轴线总体剖面图

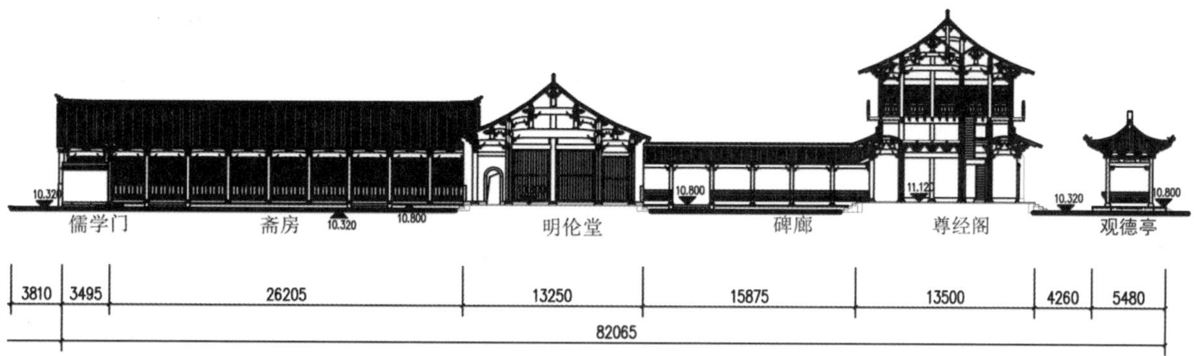

图 5-5-30b 文庙建筑群中轴线北段剖面图

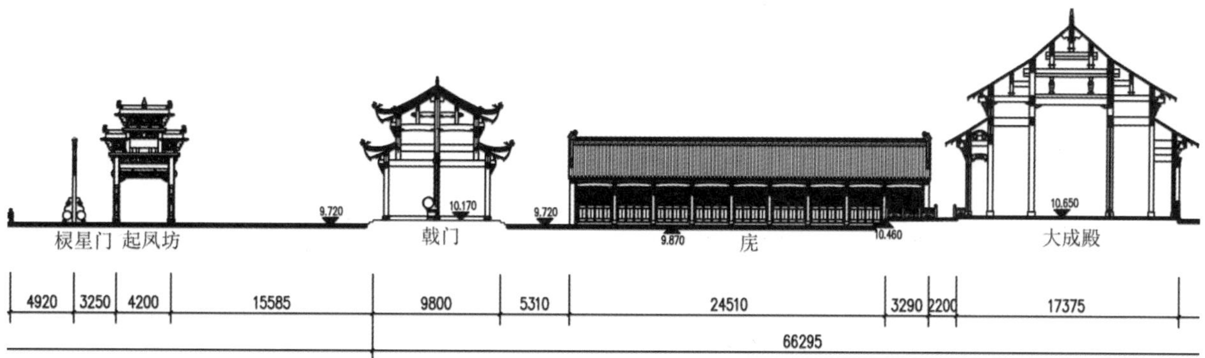

图 5-5-30c 文庙建筑群中轴线中段剖面图

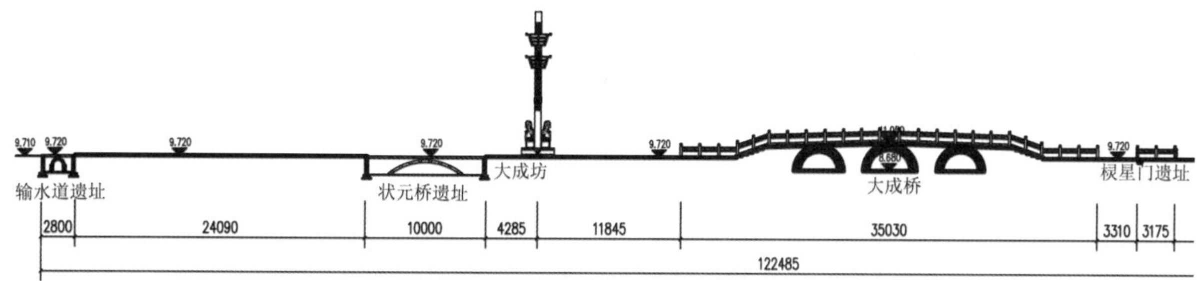

图 5-5-30d 文庙建筑群中轴线南段剖面图

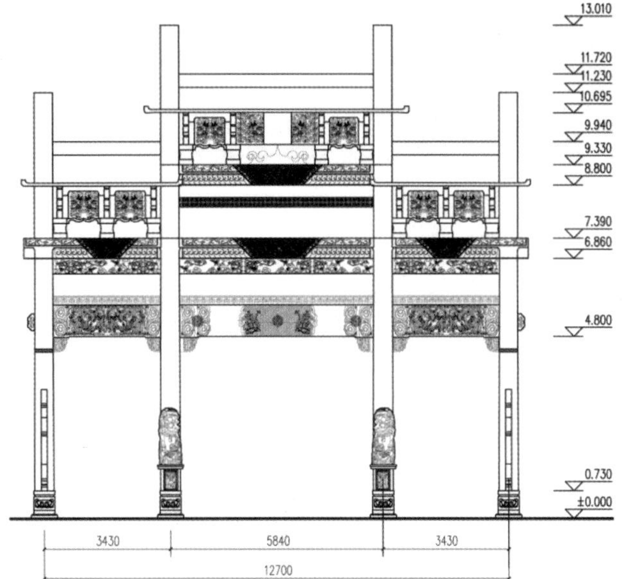

图 5-5-31a　文庙大成坊南立面图

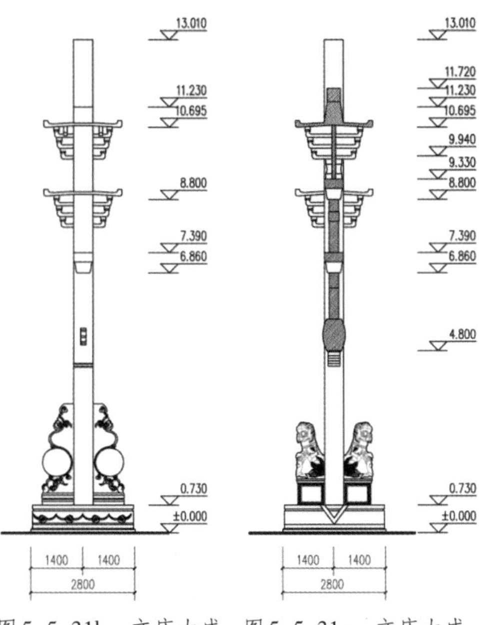

图 5-5-31b　文庙大成坊侧立面图

图 5-5-31c　文庙大成坊明间剖面图

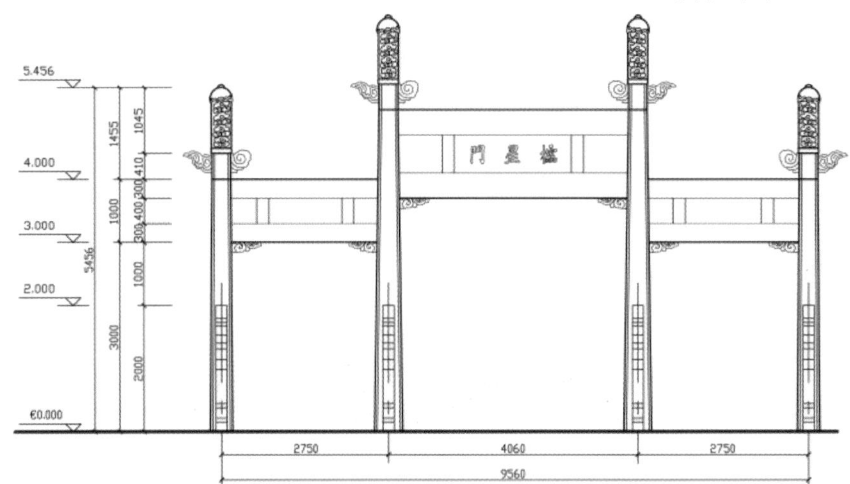

图 5-5-32a　文庙棂星门南立面图

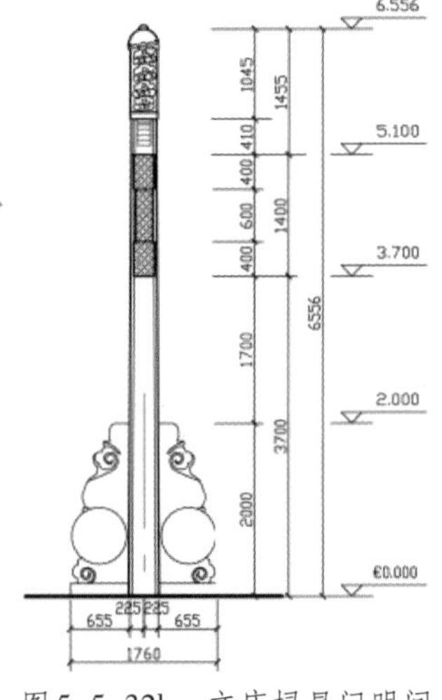

图 5-5-32b　文庙棂星门明间剖面图

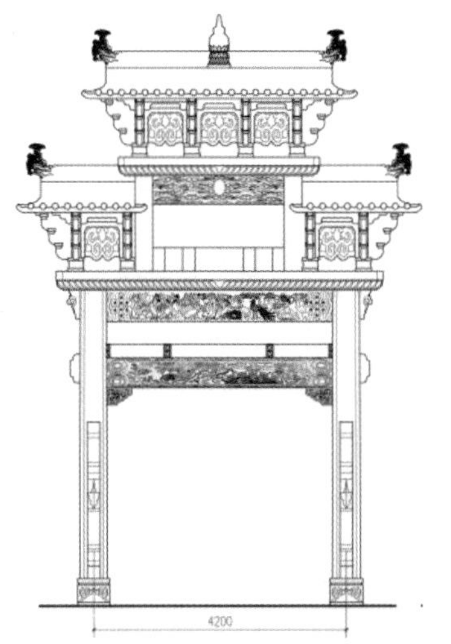

图 5-5-33a　文庙腾蛟起凤坊侧立面图

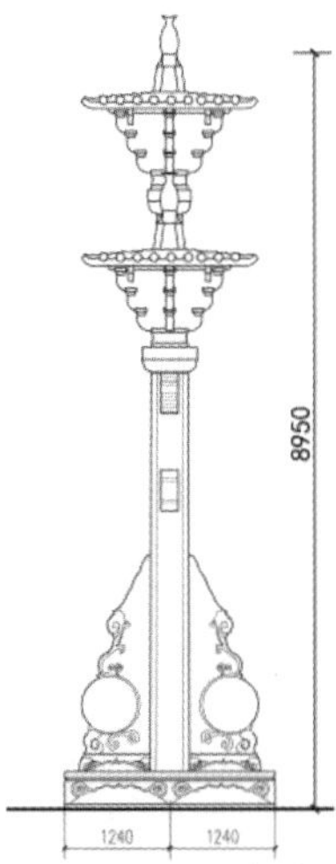

图 5-5-33b　文庙腾蛟起凤坊南立面图

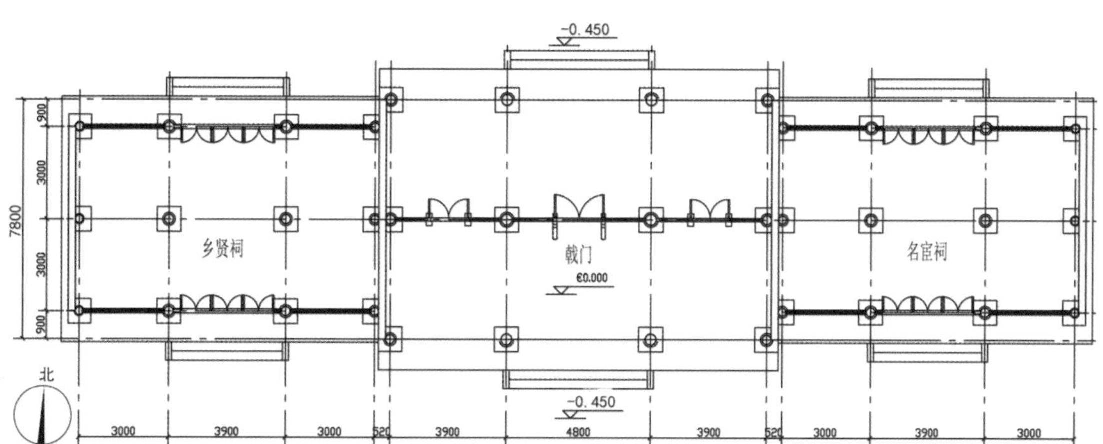

图5-5-34a 文庙戟门平面图

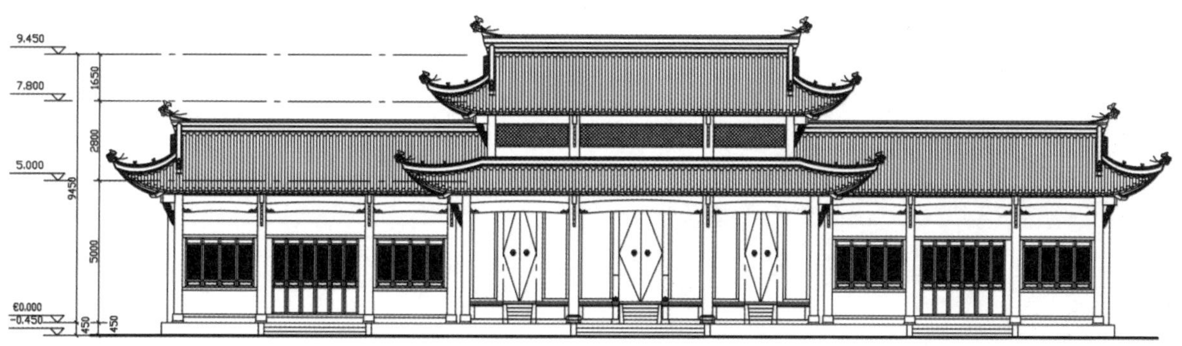

图5-5-34b 文庙戟门南立面图

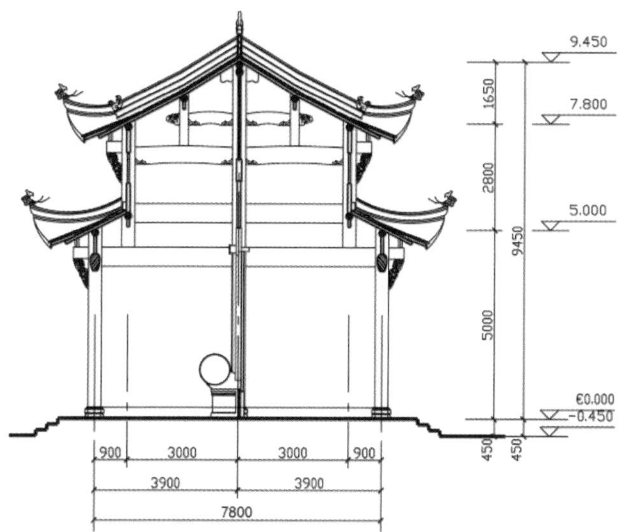

图5-5-34c 文庙戟门剖面图

图5-5-34d 文庙戟门南立面表现图

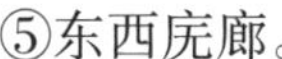

⑤东西庑廊。

大成殿前东西庑廊皆九间，面阔27米，进深8米，前有走廊。硬山屋顶，脊桁顶高5.9米。

⑥儒学门。

大成殿后设有儒学门，两柱单间双坡屋面，面阔4.75米，脊桁顶高5.7米。为拉开与大成殿的距离，儒学门两侧墙体做八字墙，显得宽敞。

⑦大成殿。

此次修缮按清同治、光绪年间风格。现存大成殿为重檐歇山顶，脊桁顶高14.4米。面阔进深均五间，平面方正，边长为16.04米（图5-5-35）。保留大成殿青筒瓦，重新铺盖，正、戗脊吞头更换为鳌鱼，校正构架，更换腐烂构件，恢复太师壁装饰及神座。按同治光绪年间恢复月台石栏杆，恢复东西向台阶，正面台阶重新梳理，御路重新安装。保留两端碑亭，石碑移至碑廊檐墙上展示。

图5-5-35a　文庙大成殿南立面表现图

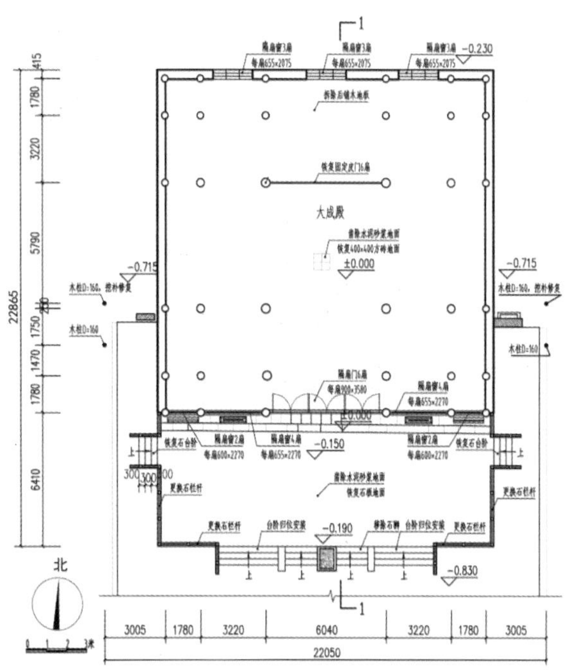

图5-5-35b　文庙大成殿平面图

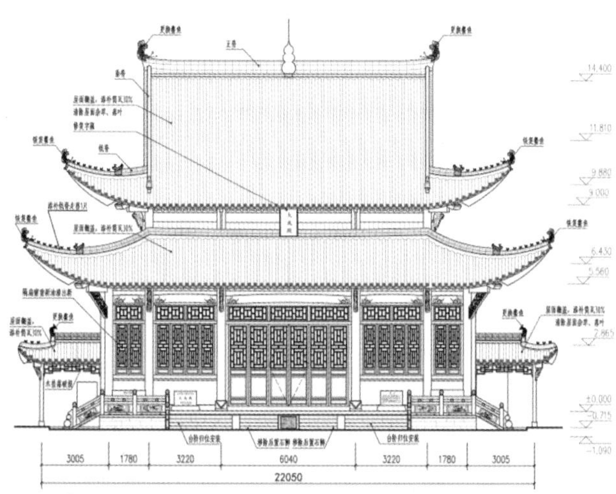

图5-5-35c　文庙大成殿南立面图

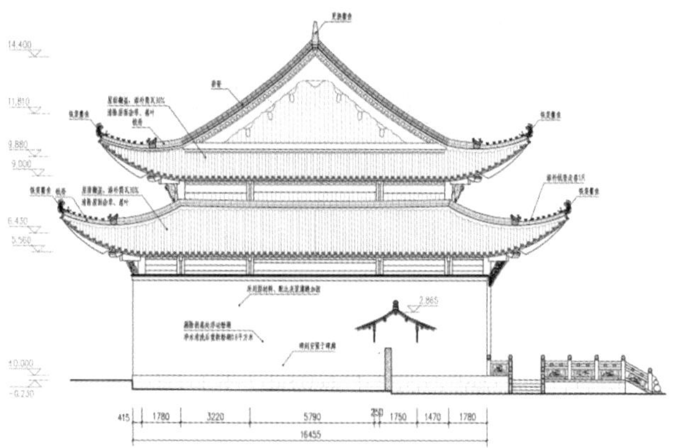

图5-5-35d　文庙大成殿西立面图

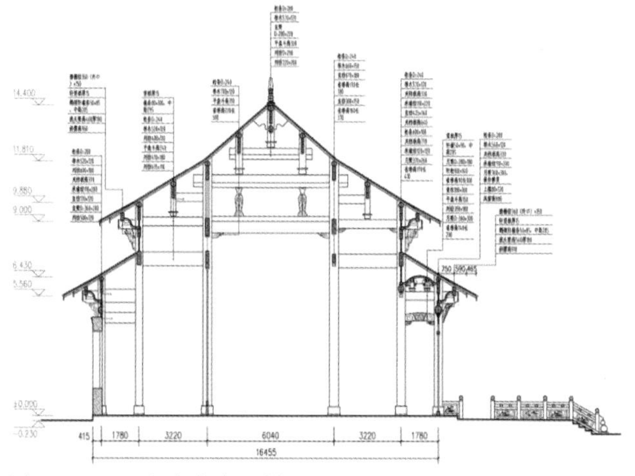

图5-5-35e　文庙大成殿剖面图

⑧明伦堂。

按旧制明伦堂设于大成殿后。明洪武二十九年（1396）重建，按此，面阔三间，进深四间，阔11.55米，进深11.55米，平面方正。硬山顶，脊桁顶高9.03米，东有祭器库，西有宫书宬，皆单间，阔3.575米，深9.905米，也为硬山顶，脊桁顶高7.73米。整个建筑前有走廊相通，总面阔20.76米。斗拱五铺作（图5-5-36）。

明伦堂前两侧有东西廊房，各为10间，总面阔30.62米，进深8.11米（含前廊），硬山顶，脊桁顶高7.01米，斗拱五铺作。

⑨尊经阁。

按旧制尊经阁位于明伦堂后，明弘治十三年（1500）建。按此，面阔五间，进深五间，阔14.91米，深11.11米。前有走廊与碑廊连接，三面封墙，前施通排隔扇门窗。二层四周有走廊。尊经阁外观为歇山顶带平座式楼阁，木构架采用叠柱式和通柱式混合做法。底层一圈廊步均做卷棚轩（图5-5-37）。二层脊桁顶高13.66米，斗拱五铺作。尊经阁与明伦堂之间施“凹”字形碑廊围合，形成内院。廊深2.2米，东西碑廊各有12间（3米1间），斗拱两铺作。

⑩启圣祠与观德亭。

启圣祠位于尊经阁东南侧，按明代中晚期风格恢复。面阔三间，进深四间，宽9.625米，深8.8米。硬山屋顶脊桁顶高7.88米，斗拱五铺作。观德亭位于尊经阁西北侧，按明永乐十二年（1414）始建时形态恢复。方亭，边长3.2米，四角攒尖顶，脊桁顶高5.64米。斗拱五铺作。

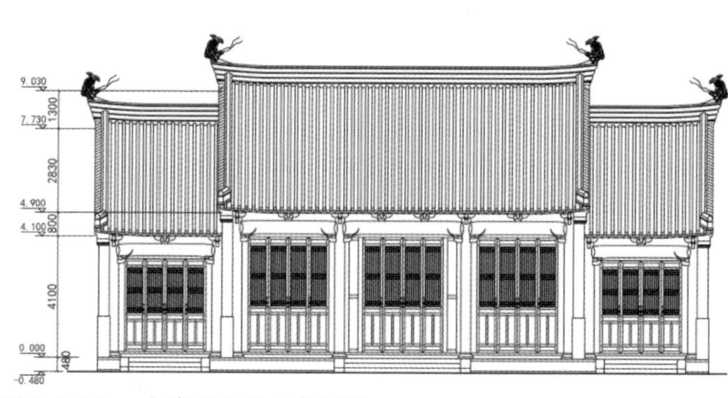

图5-5-36a　文庙明伦堂南立面图

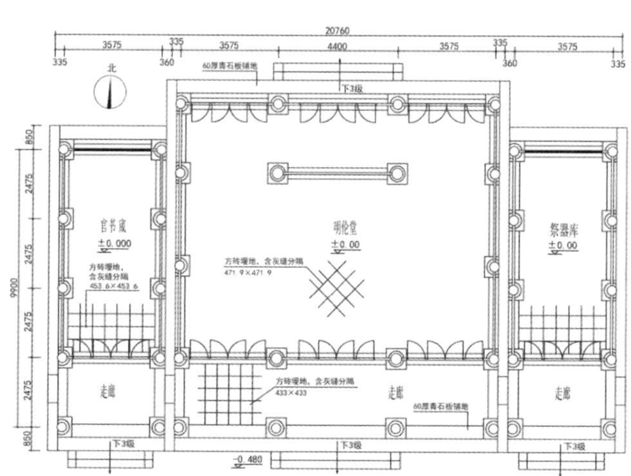

图5-5-36b　文庙明伦堂平面图

图5-5-36c　文庙明伦堂东立面图

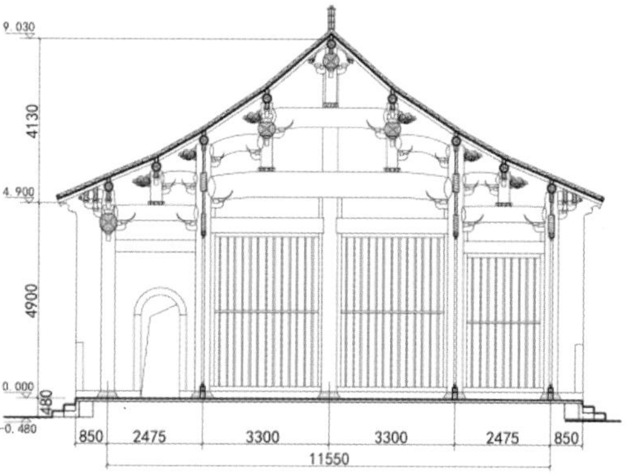

图5-5-36d　文庙明伦堂剖面图

图5-5-36e　文庙明伦堂南立面表现图

图 5-5-37a　文庙尊经阁南立面表现图

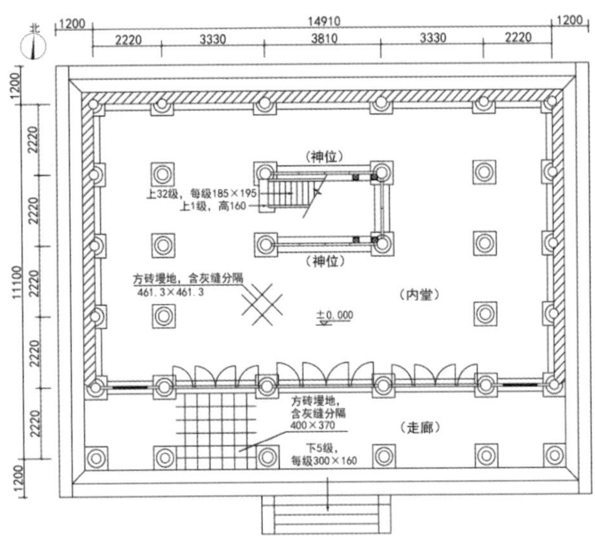

图 5-5-37b　文庙尊经阁平面图

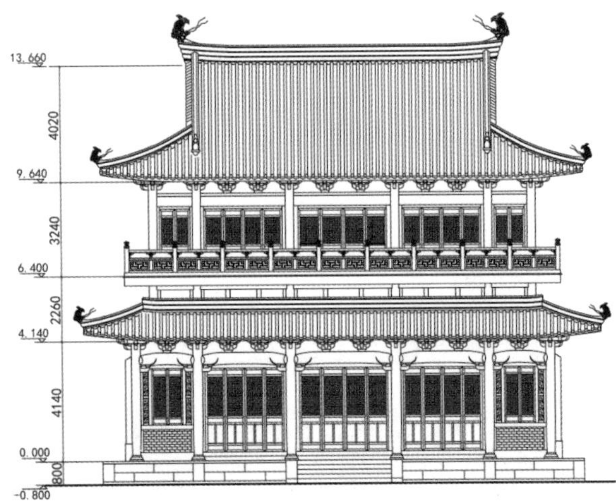

图 5-5-37c　文庙尊经阁南立面图

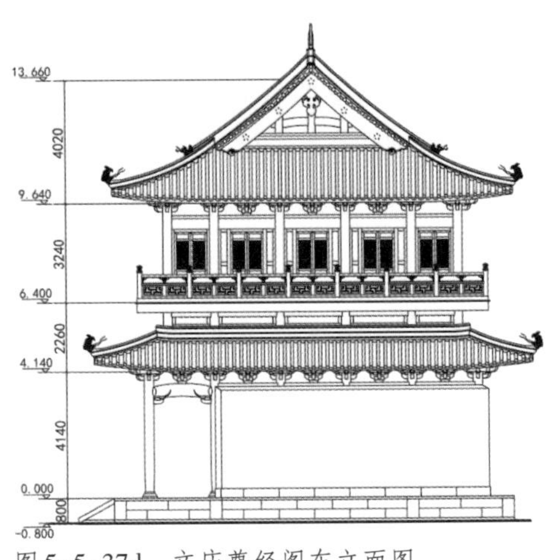

图 5-5-37d　文庙尊经阁东立面图

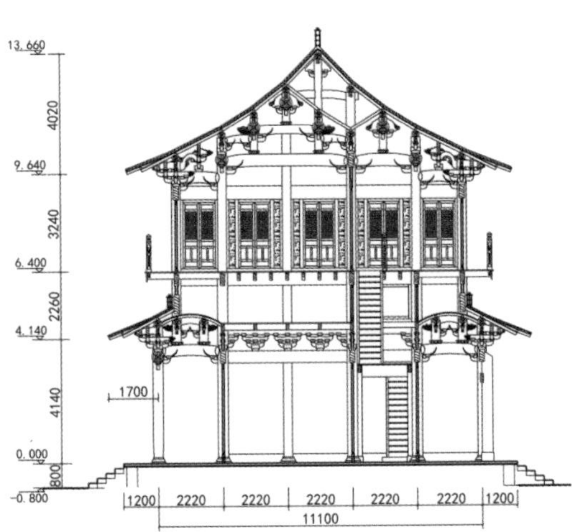

图 5-5-37e　文庙尊经阁剖面图

（3）设计点评。

①此次芜湖文庙建筑群的恢复重建，确定以芜湖地域传统公共建筑风格为主。文庙区采用清代乾嘉年间传统做法，学宫区主要建筑采用明代早期传统做法，庙前广场区采用明末清初传统做法，遗址展示区根据考古发掘断代成果进行保护与展示，都是把握得当的。

②学宫区北部用地不足，建筑过密，启圣祠与碑廊距离尤感过近。儒学门原位于大成门（戟门）东侧，并非在此次规划位置，放在大成殿后不够合理。

③原芜湖文庙中轴线最南端有建于明万历四十年（1612）的金马门，很有特色，理应复建。复建后芜湖文庙中轴线在最南端会有好的起始，也将成为从弋江桥看去的一处标志性景观。

六、结语

1. 对古城保护的认识概要

（1）古代城市起源很早，发展历史漫长。欧美等国家或地区古代城市起源于18世纪中叶，我国古代城市起源于19世纪中叶，先后进入近代城市发展阶段之后，才逐渐产生古代城市保护的概念。1964年在联合国教科文组织倡导下提出的《威尼斯宪章》，明确了文物保护的基本概念，推进了全世界的历史建筑保护工作。1982年我国公布了第一批历史文化名城，进一步推进了我国历史建筑保护和古城保护工作。

（2）古城保护一般是指对古城中历史城区、历史街区、历史建筑等文化遗产及其整体环境的维护、改善、修复和控制。在古城保护的三个层次中，对历史城区的保护是要完整保护好古城的格局、风貌以及邻近的自然和人文环境；对历史街区的保护是要整体保护好街区的肌理、风貌和尺度，力求保持街区建筑、空间、景观的原真性；对历史建筑的保护是要真实保护好建筑本体的实物原状与历史信息以及周边的环境。

（3）古城保护必须坚持的四条原则是：原真性原则、整体性原则、延承性原则和可持续性原则。

（4）古城保护的重要意义是：弘扬古城的历史、艺术、文化等多重价值；保留珍贵、真实的历史文化信息以利于城市文化的传承；培育文化自信和文化认同，也能塑造城市特色、留住城市记忆，进而推动社会、经济的协调发展。

（5）要处理好古城保护与利用的关系。因为古城的历史文化遗产是不可再生的，所以保护是第一位的，而利用是第二位的，只能在保护的基础上才能适当地开发利用。保护不是目的，利用更不是目的，真正的目的都是为了传承，城市文化的传承。保护与利用都是达到文化传承目的的手段，我们要树立“保护优先、合理利用”的理念。

（6）要处理好古城保护与发展的关系。古城保护是社会发展到一定文明程度的必然产物，是培育文化自信和文化认同的重要物质基础。只有城市的社会经济发展了才能使古城保护得到保障。同样，只有城市所处的自然和人文环境得到了整体保护，城市生存的环境得以保留和完善，才能使城市得到更好的发展。古城的保护与发展并存不悖、齐头共进，才是可行的。我们应树立的是“注重保护、促进发展”的理念。

（7）古城保护的类型，按保护内容的完整程度可分为四类：古城格局和风貌都基本保存完整；古城格局还在但已不够完整，古城风貌犹存；古城格局和风貌都基本不存，但至少尚有一处值得保护的历史街区和一些分散的文物建筑；古城格局和风貌均已不存，仅存一些分散的文物建筑。不同的古城类型自然需采取不同的保护方法和措施，包括古城整体保护、古城局部保护、历史街区保护、个别历史建筑保护四种保护层次。

2. 芜湖古城保护二十年的历程小结

（1）2000年，《芜湖古城保护恢复工程》开始启动，保护范围定为环城路以内，未得实质性进展。

（2）2005年，编制《芜湖市历史文化遗存保护规划（2005—2020）》，保护范围为全市域。2006年新一轮《芜湖市城市总体规划（2006—2020）》编制，历史文化遗存保护规划内容纳入，在城市总体规划层面作了原则性的规定。

（3）2007年，《芜湖古城改造更新项目》列入当年芜湖市要实施的二十三项民生工程之一。3月，芜湖市古城项目建设领导小组成立，下设办公室，同时组建了芜湖古城建设投资公司。芜湖古城保护工程开始实质性运作。

（4）2007年6月，召开芜湖古城项目建设座

谈会，市文化委员会提出了“芜湖古城文物保护方案”，市规划局提出了“芜湖古城保护策划方案”。芜湖古城保护进入策划阶段。

（5）2011—2012年，《芜湖古城规划导则》制定，总结了对古城历史与现状的研究成果，概括了芜湖古城保护概念生成的过程，分析了芜湖古城的诸多规划元素，确定了芜湖古城保护的策略、原则和方法，成为以后芜湖古城保护工作的指导性文件。

（6）2013—2014年，举行了《芜湖古城整治保护规划》设计方案竞赛，选出了方案，为进一步优化后组织实施做好了技术准备。此次，规划范围定在古城的九华中路以东。

（7）2015年，编制《芜湖古城保护技术要求与参考图集》，为古城保护工程的设计与施工提供了技术依据和指导。

（8）2016年，编制《芜湖市历史文化名城保护规划》，为芜湖市申报历史文化名城打下了基础并作出了引导，也为芜湖古城保护指出了方向并提出了更高的要求。

（9）2017年下半年，“芜湖古城整治保护一期工程”开始实施，芜湖古城保护有了实质性进展。

（10）2019年下半年，《芜湖古城整治保护二期工程》开始启动，芜湖古城保护规模扩大，有序推进。

3. 芜湖古城保护四十年来的得与失

（1）芜湖市在古城保护方面的成绩或者说经验至少有三：

①领导重视，稳步推进。2007年芜湖市古城项目建设领导小组的成立是关键性的一步，在市政府强有力的领导下，又有下属办公室尽心尽力的工作，古城保护自然走上稳步推进的轨道。

②规划领先，避免失误。2007年前后的认真策划，加上2013年后的高水平规划，为芜湖古城保护工作的顺利实施打下了坚实的基础。前期的策划、规划虽多费了些时日，但为2017年后的快速实施、避免失误提供了保证。

③多元操作，发挥所长。芜湖古城保护工作政府并没有大包大揽，始终起着组织和引导作用，重点项目政府直管，而其他项目分两期工程交给市场，由文化旅游开发企业负责开发建设，而具体项目的施工再交由多个具有文物建筑保护经验的专业施工单位承担，调动了多方面的积极性。

（2）芜湖市在古城保护方面的失误或者说问题至少有二：

①重视发展，忽视保护。20世纪90年代初开始的房地产开发气势凶猛，1993年的“长街改造”拆除历史文化名街长街，使芜湖历史文化遗产遭受无法弥补的损失，教训十分惨痛。

②考虑不周，搬迁过早。在总体规划没有确定的情况下，2008年就开始一下搬走了五千户古城的老住户，古城大部顿时荒无人烟，行动似乎过急。笔者认为应随着两期工程的推进分批进行搬迁。至于老住户都离开古城，对今后古城的恢复活力有无影响，也欠缺周密考虑。

第六章　研究结论

一、芜湖古代的城市发展

1. 芜湖是起源于商周时期的我国古代早期城市

（1）繁昌人字洞遗址（国家级文物保护单位）的发现，证明芜湖地区在距今220万—250万年前的旧石器时代早期就是一处古人类的原始居住点。

（2）南陵大工山-凤凰山古铜矿遗址（国家级文物保护单位）的发现，证明芜湖地区至少从西周算起就进行了大规模的铜矿采冶活动，并延续1000多年。这对附近地区的城市兴起有很大的影响。

（3）南陵和繁昌皖南土墩墓群（国家级文物保护单位）的发现，证明芜湖地区在西周早期至春秋初期已出现当地土著氏族的公共墓地和西周晚期吴国贵族的高等级墓地。墓地与附近地区城市的关系不言而喻。

（4）南陵牯牛山城址（国家级文物保护单位）的发现，证明芜湖地区在西周早期至春秋初期已是我国最早一批早期城市中的一员。牯牛山城址是皖南地区迄今发现的时代最早、规模最大、保存最完整的古城址，填补了吴越地区先秦史的空白。

2. 芜湖古代城市发展的四个时期

（1）西周至秦汉芜湖古代城市发展初期。之前一直认为鸠兹邑古城是芜湖的第一个城址，其实牯牛山城址才是芜湖地区真正最早的城址。由国家文物局批准，1997年所进行的遗址发掘成果，对此作出了有力的证明。“楚王城”遗址（省级文物保护单位）位于牯牛山城址北偏东方向约50千米的水阳江南岸，这是芜湖古城的第一次大迁移。一般认为春秋鸠兹邑与汉代芜湖县治所皆设于此。

（2）三国至隋唐是芜湖古代城市初步发展时

期。三国时期初年，黄武二年（223），孙权将芜湖县治所从楚王城向西迁至约20千米远的鸡毛山高地，这是芜湖古城的第二次大迁移。东晋初年，明帝太宁元年（323）王敦兵反，屯兵芜湖，在鸡毛山“三国城”城址高筑城池，史称“王敦城”。隋唐时期城址未变，城市向四周有所发展。

（3）宋元是芜湖古代城市迅速发展时期。随着地方经济的迅速发展，芜湖古城很快扩大，北宋初年筑城范围已达府城规模。城内县衙、城隍庙、文庙几大建筑群已经建成，城市主要街道骨架也已形成。可惜南宋初与元末的两次战乱，使古城遭到极大破坏。

（4）明清是芜湖古代城市持续发展时期。此时的芜湖已成为全国著名的商业都会，随着封建经济的繁荣和区域经济中心的确立，城市进入持续发展时期。尽管明万历三年（1575）重新筑城时城区范围大为缩小，但城市结构更加紧凑，城市发展未受影响，城内外的建筑活动大为增多。芜湖进入近代以后，古城基本上仍保持着明清时期的城市格局。

3. 芜湖古代城市形态的发展演变

最早的牯牛山古城是西近漳河、四面以水为障的水城，城址呈南北略长的长方形，城内以水为路，以船代步，以桥相通，极有特色。鸠兹邑古城是四面筑有城墙和壕沟的近河之城，城址呈东西略长的长方形。“三国城”“王敦城”以至宋元芜湖城，都是以河为邻的团块状城市。明清以后芜湖古城沿青弋江向西逐渐发展，到清末已成为沿河的带状城市。芜湖进入近代以后，又逐步成为既沿河又临江的“L”形城市。

4. 芜湖古代城市发展的特点

（1）城市起源很早，历经多次迁移，最后定位于江河交汇之处。

（2）城市性质多次转变。牯牛山古城因矿冶而兴，同时成为春秋吴国早期都城；鸠兹邑古城因军事要地而兴，也可能是吴国后来的又一个都城；“三国城”“王敦城”既是军事营垒，又是县城治所；芜湖宋元古城已是江南大县，皖南门户，农业发达，商业兴盛；明清古城已“货殖之富，殆与州郡埒”，成为长江中下游地区的交通枢纽和商业中心；光绪年间设芜湖道，辖皖南诸县，政治地位也有上升。

（3）古代芜湖较早进入近代，1876年被辟为对外通商口岸，近代商业、交通业、金融业、文教业等在安徽省内得到率先发展。

二、芜湖古代的建筑活动

1. 芜湖古代建筑的三大发展阶段

（1）隋唐以前：因历史悠久，史料难寻，全貌不详，但仅提以下三点，已足显其灿烂。繁昌缪墩遗址和南陵奎湖神墩遗址的干栏式建筑，距今六七千年；三国时期建于赤乌二年（239）的芜湖城隍庙是全国最早建造的城隍庙，距今近1800年；初建于唐代的永清寺院（后名广济寺）虽早已不存，但唐肃宗于至德二年（757）赐给金乔觉的九龙背纽金印却流传至今，成为镇寺之宝。

（2）宋元时期：随着宋城的修筑，芜湖古城在宋代迎来第一次建筑活动的高潮。宋代已建成县衙，只是元至正十五年（1355）遭兵革之毁，但六年后即已重建。所幸谯楼石砌宋代台基保存至今，因此衙署前门得以成为省级文物保护单位。城隍庙于宋绍兴四年（1134）在宋城内新建，惜毁于清咸丰年间，宋构无存。芜湖文庙早在宋元符三年（1100）就已始建，二十多年后虽毁于兵火，十多年后又得以重建。至今仍存的广济寺塔建于宋治平二年（1065），成为国家级文物保护单位，是芜湖古建筑中留下的精品。

（3）明清时期：随着明城的修筑，芜湖古城在明代中偏后期进入第二次建筑活动的高潮。这种态势一直时断时续地延至清末。可见，芜湖古

代建筑活动在芜湖城市进入近代初期仍有延续。这些建筑不仅在古城内，在城外也有发展，尤其向西伸展直至江口，向南跨过青弋江也有不少建筑活动，尤其是繁盛的商业街“十里长街”出现过很多有特色的古代建筑。江口的中江塔始建于明万历四十六年（1618），成为标志性的景观建筑，现为省级文物保护单位。位于赭山南麓的广济寺一直香火不断，盛况不减，1983年被公布为全国重点保护寺庙。

2. 芜湖古代的传统建筑体系

芜湖古代建筑和全国一样，采用固有的传统建筑体系。芜湖传统建筑以木构为主，以柱承重，常采用穿斗式构架与抬梁式构架。即使采用砖墙，也不承重，仅起维护作用。芜湖古代建筑中大量存在的是民居和商铺，建筑明间用抬梁式或抬梁穿斗混合做法，山墙为穿斗式做法，中柱落地，构架形式多样。典型民居做法是：对外较为封闭，内院较为开敞，常组织多进院落。典型商铺做法是：沿街底层常用减柱法，采用木板排闼门，二层多为通长槛窗，常为前店后坊或前店后宅。民居与商铺多为二层，采用小青瓦双坡屋面，砖墙也多石灰抹面少有清水墙做法。只有少量的公共建筑才采用施以斗拱的大木大式的构造做法，屋面有歇山、硬山等多种变化。采用传统地方材料和传统施工工艺，也是芜湖古代建筑的共同做法。砖石结构的采用在砖塔与石牌坊等建筑中也有发展。

3. 芜湖古代的建筑风格

宋元之前的芜湖古代建筑还谈不上有什么特殊的建筑风格，要有也只能笼统地说是江南传统建筑风格。明清之后，由于徽商涌入，建筑活动进入兴盛时期，大批徽商云集芜湖，带来了博大精深的徽文化，也在此发扬了徽州建筑特色。尤其是明清时期的芜湖，在量大面广的居住建筑和商业建筑中徽派建筑风格已成为主流。这种建筑风格对其他类型的建筑也有潜移默化的影响。清末民初，芜湖进入近代以后，欧式建筑进入芜湖，徽派与欧式经过对话和融合，产生了中西合璧式建筑风格。当前在芜湖古城保护的实践中提出了“保证古城传统风貌的保存和延续”的要求，设计单位提出了“要融入‘徽风西韵’的风格特征，依据现代生活需要在风格及功能方面加以改进”，并提出：“以现代的规划理念，新中式的建筑风格，融入传统景观要求，营造舒适的城市环境，展现古城的崭新面貌。”［引自《芜湖古城（二期）规划设计方案》设计说明］笔者担心，这种提法是否有利于古城风貌的保护，如果要适应社会的发展，引入一些新的元素，提倡引入“新中式”的建筑风格不如提倡发展“新徽派”的建筑风格。

4. 芜湖古代建筑发展的成果与不足

（1）芜湖古代建筑的发展总的来说成绩斐然，仅留存下来的古建筑就有国家重点保护寺庙广济寺，国家级文物保护单位广济寺塔，省级文物保护单位大成殿、中江塔、衙署前门，市级文物保护单位清真寺、蛟矶庙，还有100多个应保护的历史建筑。有望申报国家级文物保护单位的有中江塔等，有望申报省级文物保护单位的有蛟矶庙等，有望申报市级文物保护单位的有雅积楼、城隍庙、清末宫府、伍刘合宅、段谦厚堂、堂子巷崔府等。在市域范围内还有国家级文物保护单位无为县黄金塔；省级文物保护单位芜湖县珩琅塔，南陵县张氏宗祠、徐家大屋，无为县米公祠、洪巷周氏宗祠等。

（2）芜湖古代建筑发展年代虽久长，但总体来说，作为古代县城，建筑规模毕竟有限，建筑标准还不是很高。尽管如此，芜湖古代建筑在中国古代建筑史上还是有过闪光点，在安徽古代建筑史上还是处于前列。

主要参考文献

1. 芜湖市政协学习和文史资料委员会，芜湖市地方志编纂委员会办公室：《芜湖通史》，合肥：黄山书社2011年版。

2. 方兆本：《安徽文史资料全书·芜湖卷》，合肥：安徽人民出版社2007年版。

3. 郭万清：《安徽地区城镇历史变迁研究（上卷）》，合肥：安徽人民出版社2014年版。

4. 董鉴泓：《中国城市建设史》，北京：中国建筑工业出版社2004年版。

5. 潘谷西：《中国建筑史》，北京：中国建筑工业出版社2004年版。

6. 清康熙十二年《太平府志》。

7. 民国八年《芜湖县志》。

8. 汪德华：《中国城市规划史纲》，南京：东南大学出版社2005年版。

9. 马正林：《中国城市历史地理》，济南：山东教育出版社1998年版。

10. 沈福煦：《中国古代建筑文化史》，上海：上海古籍出版社2001年版。

11. 庄裕光：《中国国宝建筑》，南京：江苏科学技术出版社2014年版。

12. 周崇云:《安徽考古》，合肥：安徽文艺出版社2011年版。

13. 唐晓峰等：《芜湖市历史地理概述》，芜湖市城市建设局1979年版。

14. 杨维发：《芜湖古城》，合肥：黄山书社2011年版。

15. 姚永森：《长江重镇芜湖之谜》，合肥：安徽人民出版社2009年版。

16. 芜湖市党史和地方志办公室：《芜湖史话》，合肥：黄山书社2018年版。

17. 芜湖市文物管理委员会办公室：《鸠兹古韵——芜湖市第三次全国文物普查成果汇编》，合肥：黄山书社2013年版。

18. 芜湖市文物局：《芜湖旧影 甲子流光（1876—1936）》，合肥：安徽美术出版社2019年版。

19. 芜湖市党史和地方志办公室：《芜湖百年建筑》，芜湖：安徽师范大学出版社2013年版。

附　表

图片资料来源一览表

序号	图号	资料来源	图片	照片
第一章　图片17张，照片0张，合计17张			17	0
1	图片：图1-1-1～6	沈玉麟：《外国城市建设史》，中国建筑工业出版社，2007	6	
2	图片：图1-1-7/8	网上下载	2	
3	图片：图1-1-9～11	汪德华：《中国城市规划史纲》，东南大学出版社，2005	3	
4	图片：图1-1-12～14	董鉴泓：《中国城市建设史》，中国建筑工业出版社，2004	3	
5	图片：图1-2-1	张驭寰：《中国城池史》，百花文艺出版社，2003	1	
6	图片：图1-2-2	马正林：《中国城市历史地理》，山东教育出版社，1998	1	
7	图片：图1-2-3	郭万清：《安徽地区城镇历史变迁研究》，安徽人民出版社，2014	1	
第二章　图片17张，照片6张，合计23张			17	6
1	图片：图2-2-3　照片：图2-2-1/2	芜湖市文物局	1	2
2	图片：图2-2-4	网上资料下载加工	1	
3	照片：图2-2-6	繁昌县博物馆		1
4	照片：图2-2-5、图2-2-7a/b	葛立三拍摄		3
5	图片：图2-2-8	唐晓峰等：《芜湖市历史地理概述》，芜湖市城市建设局，1979	1	
6	图片：图2-2-9/11、图2-3-2a/b	葛立三自绘、改绘	4	
7	图片：图2-2-10	萧云从：《太平山水图》，河南美术出版社，2016	1	
8	图片：图2-2-12/13/17/18	民国《芜湖县志》	4	
9	图片：图2-2-14/16	康熙《太平府志》	2	
10	图片：图2-2-15	民国《南陵县志》	1	
11	图片：图2-3-1/3	郭万清：《安徽地区城镇历史变迁研究》，安徽人民出版社，2014	2	

续　表

序号	图号	资料来源	图片	照片
第三章　图片120张,照片68张,合计188张			120	68
1	图片:图3-2-4a~e、图3-2-5a~d、图3-2-9a~f、图3-2-11d~f、图3-2-12a/b、图3-3-2a~c、图3-4-5a~e、图3-4-6a~c、图3-4-7a、图3-4-11a/d、图3-4-12a~c、图3-4-13a/b、图3-4-14a~c、图3-4-19a、图3-5-3a~d、图3-5-4a/b、图3-5-5a/b、图3-5-6a~f、图3-6-2a~d、图3-6-2f、图3-6-4a~d、图3-7-13a~d、	芜湖市古城项目建设领导小组办公室 葛立三改绘,葛立诚制作	70	
2	照片:图3-2-3b/c、图3-2-5e	芜湖市古城项目建设领导小组办公室		3
3	图片:图3-7-2c~h、图3-7-3a~f、图3-7-4a~e、图3-7-4h/i	芜湖市古城文化旅游管理公司	19	
4	图片:图3-2-6/10、图3-4-7b	东南大学规划设计研究院	3	
5	图片:图3-4-3c	原芜湖市规划设计研究院	1	
6	照片:图3-2-5e、图3-2-9d/e、图3-2-12e/f、图3-4-8a~c、图3-4-19b、图3-7-13e	芜湖文物管理委员会办公室:《鸠兹古韵——芜湖市第三次全国文物普查成果汇编》,黄山书社,2013		10
7	照片:图3-4-18e	芜湖市党史和地方志办公室:《芜湖百年建筑》,安徽师范大学出版社,2013		1
8	照片:图3-5-2、图3-8-5c、图3-8-6b	网上下载		3
9	照片:图3-2-2/6/12d、图3-3-3a/b、图3-3-4、图3-4-3a/b、图3-4-4a~c、图3-4-6a/b、图3-4-9a/b、图3-4-11b/c、图3-4-12c/e、图3-4-13c/d、图3-4-14d、图3-4-15b、图3-4-16a/b、图3-4-17a/b、图3-6-3a/b、图3-7-8a/b、图3-7-9a/b、图3-7-10	姚和平拍摄		34
10	图片:图3-1-1、图3-2-1、图3-3-1、图3-4-1/2、图3-4-10、图3-5-1、图3-6-1、图3-7-1、图3-8-1/2、图3-9-1/2、图3-2-3a、图3-4-15a、图3-4-18a1/2、图3-7-7、图3-7-11、图3-7-12b、图3-8-3、图3-8-4a/b、图3-8-6a、图3-8-6c~e	葛立三绘图,葛立诚制作	27	

续　表

序号	图号	资料来源	图片	照片
11	照片:图3-3-2d/f、图3-5-3c、图3-5-4c～e、图3-6-2e、图3-7-2e/f、图3-7-3g、图3-7-4f/g、图3-7-5/6、图3-7-12a、图3-8-5a/b	葛立三拍摄		17
第四章　图片31张,照片57张,合计88张			31	57
1	图片:图4-1-1～4、图4-3-13/14、图4-3-18～22	康熙《太平府志》	11	
2	图片:图4-1-6、图4-2-2、图4-3-15	东南大学规划设计研究院	3	
3	图片:图4-1-5	《新建筑》2014年第4期	1	
4	图片:图4-1-1a/b 照片:图4-1-1c	罗小未,蔡琬英:《外国建筑历史图说》,同济大学出版社,1986	2	1
5	图片:图4-4-2b/c、图4-4-3b/c	潘谷西:《中国建筑史》,中国建筑工业出版社,2004	4	
6	图片:图4-1-7a～d、图4-2-5a～d、图4-3-17、图4-3-24a/b	芜湖文物管理委员会办公室:《鸠兹古韵——芜湖市第三次全国文物普查成果汇编》,黄山书社,2013		11
7	照片:图4-2-3、图4-3-16、图4-4-5a/6a、图4-5-10	芜湖市文物局:《芜湖旧影　甲子流光(1876—1936)》,安徽美术出版社,2019		5
8	图片:图4-1-8a/b、图4-3-23a～d	芜湖市古城项目建设领导小组办公室	6	
9	照片:图4-4-4a～c	芜湖市党史和地方志办公室:《芜湖百年建筑》,安徽师范大学出版社,2013		3
10	照片:图4-2-4	姚和平拍摄		1
11	图片:图4-3-1/12 照片:图4-2-1a～f、图4-3-2～11、图4-5-1～7、图4-4-2c、图4-4-3c	网上下载	2	25
12	照片:图4-4-5b/5c/6b/6c、图4-5-9、图4-5-12、图4-5-13a/b、图4-5-14～16	葛立三拍摄		11
13	图片:图4-5-8/11	葛立三绘图	2	
第五章　图片163张,照片22张,合计185张			163	22
1	图片:图5-1-1、图5-1-4～6	《中国城市地图集》等	4	
2	图片:图5-1-2/3	《城市规划汇刊》2009年第7期	2	
3	图片:图5-2-1～5、图5-2-6a～d	《芜湖古城规划导则》,芜湖市古城项目建设领导小组办公室提供	9	
4	图片:图5-2-7～10　照片:图5-2-11-1～9	《芜湖古城保护技术要求与参考图集》,芜湖市古城项目建设领导小组办公室提供	4	9
5	图片:图5-2-12～18、图5-3-18	《芜湖古城详细规划设计和重点地段建筑设计方案》,东南大学规划设计研究院提供	8	

续 表

序号	图号	资料来源	图片	照片
6	图片：图 5-3-1～6、图 5-3-7a～f、图 5-3-8a/b、图 5-3-9～14、图 5-3-15a～e、图 5-3-16-17、图 5-3-19 图 5-3-20a～d、图 5-3-21～23 照片：图 5-3-25a/b	《芜湖古城（一期）规划设计方案》，芜湖市古城项目建设领导小组办公室提供	35	2
7	图片：图 5-4-1～10、图 5-4-11a/b、图 5-4-12a/b、图 5-4-13～15	《芜湖古城（二期）规划设计方案》，芜湖市古城项目建设领导小组办公室提供	17	
8	图片：图 5-5-1～3、图 5-5-4a～c、图 5-5-5a～c、图 5-5-6～13、图 5-5-14a～d	《芜湖县衙建筑群规划设计方案》，芜湖市古城项目建设领导小组办公室提供	21	
9	图片：图 5-5-15～19、图 5-5-20a～d、图 5-5-21a～c、图 5-5-22a～f、图 5-5-23a～c、图 5-5-24a～c、图 5-3-25a～e	《芜湖城隍庙建筑群规划设计方案》，芜湖市古城项目建设领导小组办公室提供	29	
10	图片：图 5-5-26～29、图 5-5-30a～d、图 5-5-31a～c、图 5-5-32a/b、图 5-5-33a/b、图 5-5-34a～d、图 5-5-35a～e、图 5-5-36a～e、图 5-3-27a～e	《芜湖文庙建筑群规划设计方案》，芜湖市古城项目建设领导小组办公室提供	34	
11	照片：图 5-3-25a/b	网上下载		2
12	照片：图 5-3-24a～d、图 5-3-26a～e	葛立三拍摄		9

后　记

《芜湖古代城市与建筑》写完了，终于又了却了一个心愿。写这本书不像写上一本《芜湖近代城市与建筑》那样早有计划，三十年才磨了那一剑。2018年8月底《芜湖近代城市与建筑》一书定稿后，立即动笔开始了《芜湖古代城市与建筑》的写作，可以说是一气呵成。写的还算顺利，大概有两个因素：一是在过去积累资料准备写近代芜湖的过程中就同时对古代芜湖有所关注和研究；二是芜湖近十几年来古城保护的步伐加快，规划与保护的实践也提供了大量的资料。

《芜湖古代城市与建筑》的写作动机主要有三：一是芜湖是一个有着悠久历史的古城，值得研究。从牯牛山古城算起，已有近3000年的城市发展史，这是一笔十分有价值的历史文化遗产。二是当前的芜湖古城保护实践需要对芜湖古代的城市与建筑有系统而深入的了解。三是想完善和充实芜湖城市建设史和建筑发展史的研究成果，从而做到相对完整。下一步计划写《芜湖现代城市与建筑》，这样三本书就可构成较完整的研究序列。

《芜湖古代城市与建筑》这本书的研究有以下几个特点：一是对芜湖古代城市与建筑之研究同时进行，且从古城研究开始。二是对芜湖古代城市起源的研究从芜湖地区古人类的活动开始，舍弃了芜湖“楚王城”遗址是最早城址的已有结论，采纳考古调查的研究成果，肯定了牯牛山城址是古代芜湖最早城址的观点。三是对芜湖古代城市的研究着重研究古城的总体格局和重点街区，并以明清时期的芜湖为重点。四是对芜湖古代建筑的研究不孤立地进行单个研究，而是放在古城大环境中进行研究，在街区中去研究建筑。五是对芜湖古代县衙、城隍庙、文庙、广济寺等古建筑群和中江塔、广济寺塔两座古塔等芜湖古建筑精粹作深入研究。六是对芜湖古城保护作专项研究，介绍并剖析芜湖古城保护的规划与实施。

本书的写作仍延续《芜湖近代城市与建筑》图文并茂的方式，编入了大量的插图，共有插图501张。其中，照片153张，图片348张，出处详见附于书后的《图片资料来源一览表》。照片中有40张

由笔者自行拍摄，35张由芜湖民俗画家姚和平同志提供。图片中有103张由笔者绘制，其他图片由葛立诚加工改绘。这些插图形象而真实地反映了芜湖古代城市的发展状况和芜湖古代建筑的历史信息，给读者提供了大量珍贵的资料，可为今后进一步的深入研究提供重要参考。

在本书的写作过程中，芜湖市党史和地方志办公室、芜湖市档案馆、芜湖市文物局、芜湖市古城项目建设领导小组办公室、芜湖古城建设投资有限公司、芜湖古城文化旅游管理有限公司、中铁城市规划设计研究院有限公司、中铁时代建筑设计院有限公司、安徽星辰规划建筑设计有限公司、芜湖勘察测绘设计院有限公司、南京市规划设计研究院芜湖分院、浙江华洲国际设计有限公司芜湖分公司等单位，尤其是谢迎春、赵朝兵、张照军、李艳天、徐平、陈厚明、张崖、李磊、刘志全、杜永罡、陆松、徐建、阎岩、赵晶、吴双龙、俞少华、徐玉玉、王彬、姚和平等同志，给予了大力支持和帮助，在此表示诚挚的谢意！

在本书的编写过程中，胞弟葛立诚作为合作者，主要承担了插图的编选、制作和加工工作，付出了艰辛的、有创造性的劳动，所有插图都经过了精细的处理，确保了本书的质量。还要特别提到小妹葛立慈承担了所有文稿的录入工作，也付出了烦琐而艰辛的劳动。还有我所有的家人，对我与立诚弟的支持与帮助，在此也表示深深的感谢！

尤其要感谢安徽师范大学出版社张奇才社长的策划与指导，感谢祝凤霞和彭敏两位编辑的帮助和精心校审，也感谢丁奕奕、汤彬彬两位同志的鼎力协助。

最后对我国著名的中国古代建筑史学家刘叙杰教授（曾任中国建筑学会建筑史分会副会长）能为本书作序，并给予充分肯定和不吝指教，表示万分感谢！

葛立三

二〇一九年九月四日初稿

二〇二〇年一月十日定稿

编辑手记

芜湖，镶嵌在长江之滨上的一颗璀璨明珠。这里地处长江下游，气候温和，腹地广阔，资源丰富，优越的地理位置和自然环境使芜湖成为人类开发较早的地区之一。古代人们对芜湖地区精雕细琢，形成了独特的文化印记，保留在城中的每一座建筑、每一条街道里。歌台暖响，春光融融，芜湖古城用她的瑰丽和精致向世人展现了彼时的繁华和魅力。1876年被辟为通商口岸后，芜湖成为东西方社会文化接触、冲突、融合的典型城市，对外贸易迅速发展，近代工业开始兴起，同时产生了一批类型丰富、特征显著的近代建筑。这些近代建筑与遗存下来的古代建筑相互辉映，成为凝固城市记忆的珍贵文化遗产。它们带着历史的馈赠，在现代社会展现出新的活力和生机。

一、选题缘起

安徽师范大学出版社致力于深耕地方文化，出版了一系列能够展现芜湖独特风貌的精品图书，其中，城市与建筑方面的图书是打造地域文化图书品牌的重要突破口。2018年5月，《芜湖近代城市与建筑》率先策划筹备。作者葛立三先生1962年毕业于南京工学院（现东南大学）建筑系，先后在芜湖市规划设计研究院和芜湖市规划局从事建筑设计和规划管理工作，研究芜湖近代城市与建筑30余年。《芜湖近代城市与建筑》在重点论述芜湖近代城市与建筑发展的基础上，详细剖析了84个芜湖近代建筑典型实例，具有重要的历史文化价值和史料价值。《芜湖近代城市与建筑》2019年7月正式出版后，引发了社会各界的广泛关注和热烈反响，《大江晚报》、芜湖电视台等地方主流媒体先后作专题报道，同时还荣获“芜湖市2019年度精品文艺奖”，取得了很好的社会效益。这更加坚定了我们出版古代和现代分册的信心，形成“芜湖城市与建筑”方面的系列图书，帮助读者立体了解芜湖城市与建筑的全貌。

二、出版价值

第一，历史文化价值。党的十八大以来，习近平同志围绕社会主义文化建设发表了一系列重要论述。2017年他在广西考察工作时说："要让文物说话，让历史说话，让文化说话。要加强文物保护和利用，加强历史研究和传承……" 文化是城市的灵魂，建筑是文化的表征，古建筑研究是保存城市文脉的重要途径。古代芜湖素有"江东名邑""吴楚名区"之美誉，自牯牛山古城算起，有近3000年的城市发展史，积淀了深厚的文化底蕴。早在宋代，芜湖就是皖南山区、巢湖地区以及淮河流域的米粮、食盐、木材和多种手工业产品集散地；到了清末，一度成为"江南四大米市"之首。在自然因素和社会因素的共同作用下，芜湖古代城市城址经过五次变迁，城市规模不断扩大，建筑活动逐渐兴盛，留存了县衙、城隍庙、文庙、广济寺、中江塔等一批古建筑精粹。这些珍贵的文化遗产历经战争的洗劫和城市化进程中的拆建，遭到了极大的破坏，亟待研究和保护。因此，作为一个具有代表性和地域特色的城市，在保护古建筑、保持城市个性的背景下，对芜湖城市历史发展和建筑活动的研究恰逢其时，具有重要的历史文化价值。

第二，重要史料价值。《芜湖古代城市与建筑》延续近代分册的研究路径，将芜湖古代建筑放在城市发展的背景中展开论述，以历史街巷为切入点，对其中的民宅、商铺等进行梳理剖析，同时对县衙、城隍庙、文庙等古建筑精粹进行重点发掘，填补了芜湖古代城市与建筑系统研究的空白，不仅为当代芜湖的城市规划、古建筑保护和旅游资源开发提供了重要资料，而且为其他中小城市的研究提供了有益参考。在参与芜湖古城保护和开发的工作中，葛立三先生搜集了大量的珍贵资料。针对建筑实例，先生从区域位置、平面布局，到建筑风格、内部结构，再到具体尺寸和用材，都做了详尽论述。同时，附插平面图、立面图、剖面图，以及建筑外观和内部构件细节图，直观展示建筑全貌。全书共计501张插图，信息量丰富，直观、形象地反映了芜湖古代城市的演变以及优秀古建筑的结构和风格，具有重要的史料价值。

第三，重要实践意义。城市的活力和生命力，不仅仅在于快速的经济发展，更在于历史的积淀和文化的传承。城市中的历史街区、历史建筑，以及当今的城市生活，共同构成独特的城市历史文脉。历史文脉的保护和更新是城市空间规划的重要内容。《芜湖古代城市与建筑》单列专章对芜湖古城保护作专项研究，介绍和剖析了芜湖古城保护的规划与实施，肯定了芜湖古城保护40年来的成绩，也指出了存在的问题。关于保护与利用、保护与发展的关系，葛立三先生提出"保护优先、合理利用""注重保护、促进发展"的理念，这对芜湖古城保护工作的下一步开展具有重要的指导意义和实践意义。

三、编辑体会

《芜湖古代城市与建筑》一书的编校工作已经结束，即将付梓之际，抚卷回首，有作者的倾心支持，有领导的关心指导，有同事的热心帮助，满是感动和感谢。

甘于付出，成就优秀作品。书稿能够顺利完成，除了葛立三先生在后记中提到的资料准备充分外，更得益于其深厚的专业功底、严谨的治学态度和可敬的奉献精神。作为现代芜湖建设的参与者和见证者，葛立三先生一直对芜湖的历史发展和古建筑遗存保持密切关注和用心研究。难能可贵的是，已近耄耋之年的葛立三先生放弃安逸闲适和天伦之乐，充满激情地将所关注和研究的江城历史文脉付诸笔端。创作期间葛立三先生一度眼疾加重，医生建议尽快手术，但为了不影响书稿进度，先生坚持继续劳作，有时甚至忙到深夜，一直到完稿才接受手术。即使在住院期间，葛立三先生也时刻关注书稿编校情况，我们深受感动。本书可谓先生的心血之作。葛立三先生的胞弟葛立诚先生作为合著者，全力承担了插图加工工作。葛立诚先生1966年毕业于安徽大学物理系，精通计算机，擅长使用制图软件，对插图特别是建筑图纸做了大量修改完善工作，插图质量的提高为本书增色不少。

沟通协作，保障图书质量。关于古代城市的发展，免不了需要参考众多文献资料，为节约先生时间，我们尽最大努力帮助搜集参考资料并专程送至其家中。插图量大给排版带来较大难度，为求图文结合紧密、布局合理，葛立三先生不辞辛劳多次来到出版社和我们当面讨论、确定，特别是在建筑图纸排列的内部逻辑上给予诸多专业指导。为了让我们了解芜湖古城保护的实施情况，葛立三先生还专门联系古城项目实施单位负责人，带领我们到现场参观考察，增加了我们对书中相关内容的感性认知。葛立诚先生远在抚顺，我们多是通过微信交流，每每有需要请教或帮助的信息发出，先生总是第一时间回应，交流群图标常常闪烁至深夜。于我们而言，二位葛先生不仅仅是作者，更是长辈和老师，日常问候和叮嘱让我们倍感亲切，满怀激情奋斗不止的精神让我们钦佩不已。

巍巍古城千百年来历经兴衰嬗变，过往的痕迹正从我们的身边渐渐消失。我们希冀能够通过本书的及时叙述和勉力记录，把那些在时间长河中渐次淹没的滚烫而鲜活的印记撷取出来，凝聚成春光锦绣的江城，奉献给读者。本书不仅倾注了作者的心血，也承载了出版社领导和同仁的辛苦付出。虽然我们做了很大努力，但是由于本书专业性强，编校难度大，难免存在不足或错误之处，热忱希望同行以及相关专家和读者批评指正。

责任编辑　祝凤霞

二〇二〇年十月八日